城市群地区国土空间利
提升理论与技术方法

方创琳　马海涛　李广东　王振波　李秋颖　著

国家重点研发计划生态专项（2016YFC0503006）
国家自然科学基金重大项目（41590840）　资助
国土资源部重大公益性行业科研专项（201411014-2）

科学出版社
北京

内 容 简 介

城市群地区是我国国土空间集约利用与质量提升的战略核心区，但同时又是国土空间利用粗放、集约利用效率低下、生态空间、生产空间和生活空间失调等的问题区。提升国土空间利用质量的重点就是提升城市群地区国土空间利用质量，这对推进国家新型城镇化的健康发展，对优化我国国土开发空间格局，确保实现生产空间集约高效、生活空间宜居舒适、生态空间山清水秀都具有非常重要的战略意义。本书从生态空间、生产空间和生活空间的协调发展角度出发，以山东半岛城市群为例，提出了城市群地区国土空间利用质量提升的理论基础，分析了城市群地区国土空间利用质量提升的影响因素和作用机理，搭建了城市群地区国土空间利用质量评价与提升的技术思路和技术路径，研发了城市群地区国土空间利用质量评价与提升的技术体系与技术方法，开发了城市群地区国土空间利用质量评价技术系统和国土空间利用质量提升技术系统，提出了城市群地区国土空间利用质量分级分区与提升路径。

本书可作为各级国土管理部门、城市发展与规划部门、发展和改革部门、环保部门工作人员的参考书，也可作为大专院校和科研机构相关专业研究生的教材和科研工作者的参考用书。

图书在版编目（CIP）数据

城市群地区国土空间利用质量提升理论与技术方法/方创琳等著. —北京：科学出版社, 2017.8

ISBN 978-7-03-053232-9

Ⅰ. ①城…　Ⅱ. ①方…　Ⅲ. ①城市空间–空间利用–研究–中国
Ⅳ. ①TU984.2

中国版本图书馆 CIP 数据核字(2017)第 128427 号

责任编辑：朱海燕　丁传标 / 责任校对：张凤琴
责任印制：徐晓晨 / 封面设计：北京图阅盛世文化传媒有限公司

科 学 出 版 社出版
北京东黄城根北街 16 号
邮政编码：100717
http://www.sciencep.com

北京厚诚则铭印刷科技有限公司 印刷

科学出版社发行　各地新华书店经销
*
2017 年 8 月第 一 版　开本：787×1092　1/16
2019 年 5 月第二次印刷　印张：20
字数：460 000

定价：148.00 元

(如有印装质量问题，我社负责调换)

前　　言

城市群地区是我国国土空间集约利用的战略核心区和国土空间利用质量提升的战略重点区，也是高度一体化和同城化的城市群体，但同时又是国土空间利用粗放、集约利用效率低下、生态空间、生产空间和生活空间失调等的问题区。2013 年年底中共中央召开的历史上第一次中央城镇化工作会议、2015 年年底召开的中央城市工作会议和中共中央发布的《国家新型城镇化规划（2014～2020 年）》等一系列中央文件首次把城市群作为推进国家新型城镇化的主体，把提升新型城镇化质量作为推进国家新型城镇化的核心。提升国家新型城镇化质量的首要突破口就是提升国土空间利用质量，提升国土空间利用质量的重点就是提升城市群地区国土空间利用质量。这对推进国家新型城镇化的健康发展，对优化我国国土开发空间格局，确保实现生产空间集约高效、生活空间宜居舒适、生态空间山清水秀，进而推进国家生态文明和美丽中国建设都具有非常重要的战略意义。

采用何种技术方法科学评价城市群地区国土空间利用质量？采用何种技术措施提升城市群地区国土空间利用质量？带着这两大问题，本书以国家重点研发计划生态专项“京津冀城市群生态安全保障系统”（批准号 2016YFC0503006）、国家自然科学基金重大项目“特大城市群地区城镇化与生态环境耦合机理及胁迫效应”（批准号 41590840）、国土资源部重大公益性行业科研专项“基于城市群尺度的国土空间利用质量评价提升技术研究”（批准号 201411014-2）等项目为依托，按照全面提升城镇化质量和水平、推动“城乡一体、产城互动、节约集约、生态宜居、和谐发展”的要求，针对城市群地区国土空间利用失衡、空间利用效率偏低等问题，从生态空间、生产空间和生活空间协调发展的角度，在对国内外相关研究进展系统总结的基础上，提出了城市群地区国土空间利用质量提升的理论基础，分析了城市群地区国土空间利用质量提升的影响因素和作用机理，搭建了城市群地区国土空间利用质量评价与提升的技术思路和技术路径，研发了城市群地区国土空间利用质量评价与提升的技术体系与技术方法，开发了城市群地区国土空间利用质量评价技术系统和国土空间利用质量提升技术系统，并以山东半岛城市群为案例区开展了典型示范，实现了城市群地区国土空间利用的经济效益、社会效益和生态环境效益的高效协调统一。最后，提出了城市群地区国土空间利用质量分级分区与提升路径。本书的成果为落实国家优化国土空间开发利用格局目标和完善国土空间利用规划评价的技术体系奠定了扎实的理论基础，也为国家及各级国土资源部门开展工作提供了技术支撑。

本书各章编写分工如下。

前言由方创琳撰写；

第 1 章　国土空间利用质量的理论基础与研究进展由方创琳、马海涛、李秋颖撰写；

第 2 章　城市群地区国土空间利用质量评价与提升技术思路由方创琳、马海涛、李秋颖撰写；

第 3 章　城市群地区国土空间利用质量评价的技术方法由马海涛、李广东撰写；

第 4 章　城市群地区国土空间利用质量提升的技术方法由王振波、方创琳撰写；

第 5 章　城市群地区国土空间利用质量评价与提升系统研发由李广东、王振波、马海涛撰写；

第 6 章　城市群地区国土空间利用质量分级分区与提升路径由李秋颖、方创琳撰写；

附件一由马海涛、李广东编写，附件二由王振波编写。

全书由方创琳、马海涛负责统稿。在本书编写的过程中，先后得到了我的导师、国际欧亚科学院院士毛汉英研究员，刘盛和研究员、黄金川副研究员、鲍超副研究员、马海涛副研究员、张蔷高级工程师、王振波副研究员、李广东副研究员、孙思奥助理研究员、戚伟助理研究员等的指导和帮助，作者的博士研究生王婧、王洋、王德利、吴康、王岩、秦静、邱灵、吴丰林、关兴良、刘起、张舰、王少剑、李秋颖、庞博、张永姣、苏文松、刘海猛、罗奎、崔学刚，作者的硕士研究生赵亚博、梁汉媚、赵杰、任宇飞、于晓华、吕文青等协助搜集了大量资料，进行了数据加工和制图工作，在此对各位老师付出的辛勤劳动表示最真挚的感谢！

作为一位从事中国城市发展研究的科研工作者，研究中国城市群发展是作者学术生涯中的重要尝试，由于对城市群地区国土空间利用质量的研究等热点难点问题至今尚未达成共识，学术界、政界和新闻界仁者见仁、智者见智，本书中提出的一些观点和看法肯定有失偏颇，加之时间仓促，能力有限，书中缺点在所难免，恳求广大同仁批评指正。本书在成文过程中，参考了许多专家学者的论著或科研成果，书中对引用部分都一一做了注明，但仍恐有挂一漏万之处，诚请多加包涵。竭诚渴望阅读本书的广大同仁提出宝贵意见。期望本书为中国城市群的建设、为优化国土开发空间格局和提升国家新型城镇化发展质量提供科学决策依据。

方创琳

2017 年 8 月于中国科学院奥运科技园区

目　　录

第1章　国土空间利用质量的理论基础与研究进展

国土空间利用质量是衡量国土空间集约利用效率的重要指标。本章从国土生态空间、生产空间和生活空间的角度，辨析了国土空间的基本属性、主要功能、基本类型和质量界定等内容，进一步分析了国土空间利用质量研究的国内外进展和影响因素，提出了国土空间利用质量评价与提升的理论基础，阐述了新型城镇化与国土空间利用质量的联动关系。

1.1　国土空间利用质量的基本属性与功能

1.1.1　国土空间的基本属性

何为国土空间？明确国土空间的概念是开展国土空间利用质量评价的前提，国土空间是一个常见词，但少有文献对其界定。国土空间是宝贵的资源，也是我们赖以生存和发展的家园。党的十八大报告提出，要“优化国土空间开发格局，控制开发强度，调整空间结构，促进生产空间集约高效、生活空间宜居适度、生态空间山清水秀，给自然留下更多修复空间，给农业留下更多良田，给子孙后代留下天蓝、地绿、水净的美好家园”。“国土空间”是一个常见词，容易理解但却难以界定。国土空间大量出现在规划领域，在国土空间规划的相关研究中有对国土空间的解释，认为国土空间的广义理解应是国家主权管辖范围内的全部陆地、领海和大陆架，包括地面、水面及其上空和下层；狭义的理解主要是指国家管辖的土地（包括河流、湖泊等水面），在我国就是指约960万km^2的国土。2010年颁布的《全国主体功能区规划》对国土空间进行了明确界定，“国土空间指国家主权与主权权利管辖下的地域空间，是国民生存的场所和环境，包括陆地、陆上水域、内水、领海、领空等”。随着我国城镇化进程的快速推进，国土空间的开发利用和保护问题日渐突出，既要满足人口增加、人民生活改善、经济增长、工业化、城镇化发展、基础设施建设等对国土空间的巨大需求，又要为保障国家农产品供给安全而保护耕地，还要为保障生态安全和人民健康，应对水资源短缺、环境污染、气候变化等，保护并扩大绿色生态空间。因此，如何提高国土空间利用质量成为国家亟待解决的重大课题。然而，目前对国土空间的认识还比较模糊，有必要对国土空间的特征内涵进行深入分析，这是提高国土空间利用质量和保护国土空间的基础。

1. 国土空间是一个复杂空间

国土空间是一个复杂空间，包括土地资源、水资源、矿产资源、生态环境、社会经济等不同主题要素；国土空间的核心是土地资源，但不能简单地理解为土地资源，它是由自然–社会多种要素共同构成的空间。中国科学院地理科学与资源研究所胡序威[1]研究员就强调，国土资源不等同于土地资源或自然资源，国土规划不等同于土地利用规划。

国土空间的复杂性也表现在其利用方式上，可以分为城市空间、农业空间、生态空间和其他空间等多种形态。以提供工业品和服务产品为主的是城市空间，包括城市建设空间和工矿建设空间，是现代社会人类居住和活动的主体，人口多，居住集中，开发强度较高，产业结构以工业和服务业为主。居民点形态主要是规模较大的城市、城市群、城市圈、都市区等。以提供农产品为主的是农业空间，包括农业生产空间和农村生活空间，有耕地、园地、其他农用地、农村居民点、农村公共设施和公共服务用地等多种形式。相对于城市空间，农村空间人口较少、居住分散、开发强度不大、产业结构以农业为主、居民点形态多为相对密集而又分散的小城镇和村庄。以提供生态产品或生态服务为主的是生态空间，可以分为绿色生态空间和其他生态空间两类，包括林地、水面、湿地、内海、人工林、水库、河流、湖泊、沙地、裸地、盐碱地等多种形式。相对于农业空间，生态空间的人口稀少，开发强度很小，经济规模很小，居民点形态为点状分布的数量很少的村庄。此外，还有纵横于上述 3 类国土空间中的交通、能源、通信等基础设施、水利设施，以及军事、宗教等特殊用地的空间。

国土空间本底的复杂性和利用方式的复杂性都要求在国土空间利用过程中和利用质量评价上不可简单对待，可以强调重点问题各个突破，但不能强行采用统一的开发手段和简单的结果比较。

2. 国土空间是一个立体空间

国土空间是一个立体空间，具有长、宽、高三维属性，其空间认知范畴不仅依赖于地图平面投影面积，还要考虑空间实体的重要性。国土空间不仅有耕地、林地、草地、水域等平面可见的地理实体空间，也有地下矿藏空间、地上大气空间，还有社会、经济、信息联系的虚拟网络空间。

可见的地理实体空间是地表平面空间，也是人类活动的支撑和基础。在土地利用类型图上，可见的地理实体空间表现为不同的斑块，根据 2007 年颁布的《土地利用现状分类》国家标准划分，有耕地、园地、林地、草地、商服用地、工矿仓储用地、住宅用地、公共管理与公共服务用地、特殊用地、交通运输用地、水域及水利设施用地、其他土地 12 个一级分类，57 个二级分类。地下矿藏空间属地表以下的国土空间，是人类社会发展的重要的物质基础。中国是世界上为数不多的、矿产资源种类较齐全的、矿产自给程度较高的国家之一，至今已发现 171 种矿产资源（探明储量的有 158 种），几乎所有省份均有分布，但人均储量不高，且存在开发粗放等问题。地上大气空间属地表以上的国土空间，与人类社会经济发展直接相关，又对人类生活产生影响。近年来，中国的大气污染问题开始凸显，特别是雾霾问题已经成为中国多数城市和地区常见的天气现象，直接影响人类的健康生活并对生产活动带来压力。虚拟网络空间是三维空间中的流动空间，由人类的国土空间活动形成，其将各种国土空间斑块联系在一起。

地表平面空间、地下矿藏空间、地上大气空间和虚拟网络空间共同构成国土空间，是一个整体，不可分割。地下矿藏空间的利用影响地表平面空间利用的方式，采矿塌陷区不能用作居民点建设，浅层采矿会对土地带来破坏；地表平面空间的利用直接影响地上大气空间的质量，是大气污染的主要来源；地表、地下和地上的国土空间通过人类活动的虚拟空间紧密联系在一起。

3. 国土空间是一个地理空间

国土空间是一个地理空间，是与具体地域相联系、以土地资源为基础并与其他资源条件相结合的地域资源[1]。我国拥有约960万km^2的陆域国土，自然地理环境和资源基础的区域差异很大，区位条件和区域间相互关系极其复杂，社会经济发展阶段和基本特征也具有鲜明的地方特色[2]。

赵济和陈传康两位先生主编的《中国地理》把中国国土划分成八大地理区域，并分别论述了各区域的地理特征。东北区土地肥沃并有丰富的森林资源和矿产资源，是我国重要的重工业基地和商品粮、大豆、木材生产基地。华北区地理位置优越，是连接东北、西南、东南和中南的中央枢纽，环渤海经济圈的重要组成部分，中国北方经济重心，水资源短缺是其重要的限制因素。晋陕蒙区是中国重要的能源基地和畜牧业基地，也是中国自然环境脆弱、农牧文化交错和土地退化最为严重的地区。长江中下游区自然条件优越、自然资源丰富、经济发达，处于我国经济网络的轴心位置，其经济在全国具有举足轻重的地位。东南区山地多、平地少，耕地不足，人地矛盾尖锐，经济发展迅速。西北区降水奇缺，大片地区自然景观出现荒漠化特征。西南区自然景观的垂直分异显著，农牧业生产的立体性强，降水丰富，热量充分。青藏区自然景观以高寒荒漠、草甸和草原为代表，文化景观以藏族文化为代表，体现了其独特的高原风情[3]。

国土空间规划要因地制宜，充分考虑综合性和地域性，有效地综合开发利用不同地域的自然资源、劳动力资源和经济资源，为在特定的地域上发展生产、从事各项建设、整治和保护环境、改善和丰富人民生活提供最优条件。

4. 国土空间是一个功能空间

国土空间是一个功能空间，每一块国土都有自己的主体功能，从“三生空间”的角度可以划分为生态功能、生产功能与生活功能，从开发利用的角度可以划分为优化开发区域、重点开发区域、限制开发区域和禁止开发区域四大主体功能区。

四大主体功能区是基于不同区域的资源环境承载能力、现有开发强度和未来发展潜力，以是否适宜或如何进行大规模、高强度的工业化、城镇化开发为基准而划分的。优化开发区域是经济比较发达、人口比较密集、开发强度较高、资源环境问题更加突出，从而应该优化进行工业化、城镇化开发的城市化地区。重点开发区域是有一定经济基础、资源环境承载能力较强、发展潜力较大、集聚人口和经济条件较好，从而应该重点进行工业化、城镇化开发的城市化地区。限制开发区域包括农产品主产区和重点生态功能区，把增强农业综合生产能力和增强生态产品生产能力作为发展的首要任务。禁止开发区域是依法设立的各级各类自然文化资源保护区域，以及其他禁止进行工业化、城镇化开发，需要特殊保护的重点生态功能区。

各类主体功能区在全国经济社会发展中具有同等重要的地位，只是主体功能不同、开发方式不同、保护内容不同、发展首要任务不同、国家支持重点不同。对城市化地区主要支持其集聚人口和经济，对农产品主产区主要支持其增强农业综合生产能力，对重点生态功能区主要支持其保护和修复生态环境（全国主体功能区规划）。

5. 国土空间是一个有机空间

国土空间是一个有机空间，各类空间既是相互独立的，又有重叠、冲突、关联，以不同的存在模式共同组成国土空间。国土空间的每个子空间都承载着相应的功能，但空间与功能之间并不是严格的一一对应关系，而是非常复杂的多对多关系[4]，多个子空间共同构成有机联系的空间。

国土空间是一个有机空间，主要表现在国土空间各要素之间、各类型之间、各功能之间都存在紧密联系。从国土空间要素看，水资源脱离不了土地资源而独立存在，矿产资源的作用因经济活动才能得以体现，生态环境受水资源和矿产资源利用方式的影响，各国土空间要素之间相互依存、紧密联系。从国土空间类型看，农村空间为城市空间提供粮食等农产品，城市空间为农村空间提供工业产品和服务，生态空间为城市空间和农业空间提供生态产品，交通空间为其他空间内部和其他空间之间的联系提供条件。从国土空间功能看，生产空间、生活空间和生态空间的划分考虑到了国土空间的主体功能，3 种空间不能完全分开；一个空间单元可能由若干生态、生产与生活空间混合而成，并且这些混合成分无法在单元内部进行适当分解。

随着社会经济的发展和城镇化的推进，国土空间各要素之间的联系不断加强，城市空间不断侵占农村空间和生态空间，“三生空间”之间的矛盾逐渐凸显，因此在国土空间开发利用的过程中，既需要有针对性，又不能顾此失彼。

6. 国土空间是一个稀缺空间

国土空间还是一个有限空间，是宝贵的资源，也是人类赖以生存和发展的家园，具有明显的稀缺性特征。我国陆地国土空间面积广大，居世界第三位，但山地多，平地少，约 60%的陆地国土空间为山地和高原。适宜工业化、城镇化开发的面积有 180 余万平方千米，但扣除必须保护的耕地和已有建设用地，今后可用于工业化、城镇化开发及其他方面建设的面积只有 28 万 km^2 左右，约占全国陆地国土总面积的 3%。适宜开发的国土面积较少，决定了我国必须走空间节约集约的发展道路。国土是生态文明建设的空间载体，必须珍惜每一寸国土，科学合理地开发利用。

1.2.1 国土空间的主要功能

国土空间有哪些功能？全面认识国土空间的功能是国土空间利用质量评价的关键。

“三生空间”或“三生功能”是目前针对国土空间功能最具影响的观点。不同国土空间功能应有不同的开发方式和评价方法。国土利用空间按照所承担的主体功能不同，可划分生态空间、生产空间和生活空间 3 种类型，不同性质的空间主要发挥主体功能，兼顾发挥非主体功能，因而会出现功能叠加和多重功能现象（图 1.1）。

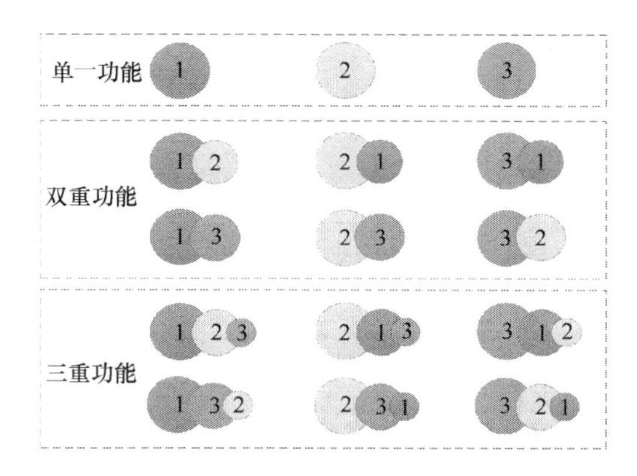

图 1.1　国土空间主体功能与多重功能组合类型图

1 代表生产空间；2 代表生活空间；3 代表生态空间

1. 国土空间的生态、生产、生活功能

生态、生产与生活界定的“三生空间”最早出现于城市规划实践中，如自然保护区等属于生态空间；商业用地、工业用地等属于生产空间；居住用地、广场等公共服务用地属于生活空间。然而，当“三生空间”表达的微观地理现象在空间上进行尺度集成时，一个空间评价单元可能由若干生态空间、生产空间与生活空间混合而成，并且这些混合成分无法在评价单元内部进行适当分解。在宏观尺度沿用“三生空间”概念，如果依然采用微观尺度的认知理念，显然不符合宏观尺度的特征。毕竟宏观尺度国土空间的任何一个地域都是“三生空间”的复合。国土空间的每个子空间都承载着相应的功能，但空间与功能之间并不是严格的一一对应关系，而是非常复杂的多对多关系[4]（图 1.2）。

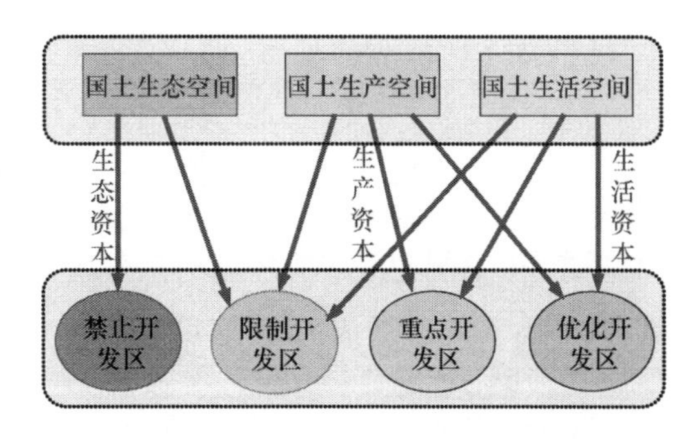

图 1.2　国土空间“三生格局”与主体功能区对应关系图

关于宏观尺度的国土空间可采用“三生功能”进行界定。“三生功能”源于“三生空间”，但其从功能角度定位更符合宏观尺度的国土空间认知。国土空间的“三生功能”

认知不仅包括空间规模的认知，还包括了空间对象的属性认知。国土空间“三生功能”理论给出了宏观尺度国土认知的基本范式，其与微观尺度的“三生空间”有着显著的区别，“三生功能”源于“三生空间”，但又高于“三生空间”的局限[4]。例如，宏观尺度国土生态功能主要是从生物多样性、水源涵养、水土保持、荒漠化防治、洪水调蓄等方面构建国土空间生态安全红线[5]，其与城市生态敏感区保护划定的生态控制线的理念截然不同[6]。

生态空间主要发挥生态功能，积累生态资本，兼顾承载生产生活功能，相当于国家主体功能区中的禁止开发区域。

生产空间主要发挥生产功能，积累生产资本，兼顾承载生活功能，相当于国家主体功能区中的重点开发区和优化开发区。

生活空间主要发挥生活居住服务功能，积累生活资本，兼顾发挥生产与生态功能，相当于国家主体功能区中的限制开发区。

2. 国土空间生态、生产、生活功能与主体功能区的交叉对应关系

“三生空间”与主体功能区之间的相互交叉对应关系如图 1.3 所示。通过“三生空间”的识别、整合与划分，积累“三生资本”，核算“三生承载力”，进而理顺国土空间开发秩序，明确空间发展中哪些空间需要重点保护并禁止开发，哪些空间需要保护与开发并重，哪些空间需要重点开发和优化提升，不同的空间区域发挥其主体功能，兼顾发展辅助功能，确保生态空间山清水秀、生产空间集约高效、生活空间宜居适度，形成各空间单元主体功能明确、互补发展的良性空间格局。在国土空间格局优化过程中，一定要按照“三生空间”整合优化理论，按照“集合、集聚、集中、集成”的“四集”原则，突出“生态空间相对集合、生产空间相对集聚、生活空间相对集中、‘三生空间’相对集成”的优化思路，优化提升和集约利用“三生发展空间”，实现从空间分割到空间整合的转变（图 1.3），提升国土空间运行效率，为建设美丽中国奠定科学依据。

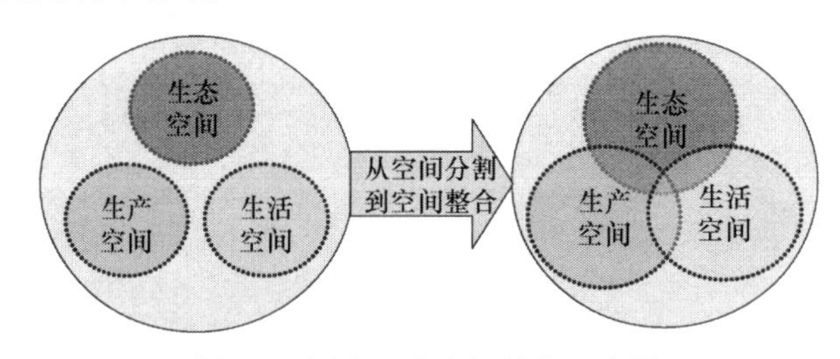

图 1.3 国土三生空间整合示意图

1.3.1 国土空间利用的基本类型

国土空间利用有哪些类型？区分国土空间利用类型是依照功能分类评价的基础。如果从提供产品的类别来划分，国土空间可以分为城市空间、农业空间、生态空间和其他空间 4 类。不同利用类型的国土空间应采取不同的评价方法。

1. 城市空间

城市空间是指以提供工业品和服务产品为主体功能的空间，包括城市建设空间和工矿建设空间。城市建设空间包括城市和建制镇的建成区；工矿建设空间主要是独立于城市建成区之外的独立工矿区。城市空间是现代社会人类居住和活动的主体，人口多，居住集中，开发强度较高，产业结构以工业和服务业为主，居民点形态主要是规模较大的城市、都市区、城市圈、城市群等。

2. 农业空间

农业空间是指以提供农产品为主体功能的空间，包括农业生产空间和农村生活空间。农业生产空间主要是耕地，也包括园地和其他农用地等；农村生活空间为农村居民点和农村其他建设空间，包括农村公共设施和公共服务用地。耕地、园地等也兼有生态功能，但其主体功能是提供农产品，所以应该定义为农业空间。在现代社会，相对于城市空间，农业空间的人口较少，居住分散，开发强度不大，产业结构以农业为主，居民点形态多为相对密集的、分散的小城镇和村庄。

3. 生态空间

生态空间是指以提供生态产品或生态服务为主体功能的空间。从提供生态产品多寡来划分，生态空间又可以分为绿色生态空间和其他生态空间两类。绿色生态空间主要是指林地、水面、湿地、内海，其中有些是人工建设的如人工林、水库等，更多的是自然存在的如河流、湖泊、森林等；其他生态空间主要是指沙地、裸地、盐碱地等自然存在的自然空间。林地、草地、水面虽然也兼有农业生产功能，可以提供部分林产品、牧产品和水产品，但其主体功能应该是生态，若过于偏重于其农业生产功能，则可能损害其生态功能，因此，林地、草地、水面等应定义为生态空间。相对于农业空间，生态空间的人口稀少、开发强度很小、经济规模很小、居民点形态为点状分布的数量很少的村庄。

4. 其他空间

其他空间是指纵横于上述 3 类空间中的交通、能源、通信等基础设施、水利设施，以及军事、宗教等特殊用地的空间。

1.4.1　国土空间利用的质量界定

1. 国土空间利用质量界定的认知过程

目前，学术界还没有对国土空间利用质量公认的界定，甚至还没有提到这个概念。界定可以借鉴“质量”内涵。

“质量”的内容十分丰富，随着社会经济和科学技术的发展，其也在不断充实、完善和深化，同样，人们对质量概念的认识也经历了一个不断发展和深化的历史过程。具有代表性的概念主要有美国著名的质量管理专家朱兰（J.M.Juran）博士的定义、美国质量管理专家克劳斯比的定义和ISO8402—1994质量管理和质量保证“质量术语”定义3种。

朱兰博士从顾客的角度出发，提出了产品质量就是产品的适用性，即产品在使用时能成功地满足用户需要的程度。用户对产品的基本要求就是适用，适用性恰如其分地表达了质量的内涵。

美国质量管理专家克劳斯比从生产者的角度出发，曾把质量概括为“产品符合规定要求的程度”；美国质量管理大师德鲁克认为，“质量就是满足需要”。这一定义有两个方面的含义，即使用要求和满足程度。人们使用产品，总对产品质量提出一定的要求，而这些要求往往受到使用时间、使用地点、使用对象、社会环境和市场竞争等因素的影响，这些因素变化，会使人们对同一产品提出不同的质量要求。因此，质量不是一个固定不变的概念，它是动态的、变化的、发展的；它随着时间、地点、使用对象的不同而不同，随着社会的发展、技术的进步，它会不断更新和不断丰富。

ISO8402—1994质量管理和质量保证“质量术语”定义为反映实体满足明确或隐含需要能力的特性总和：①在合同环境中，“需要”是规定的，而在其他环境中，隐含需要则应加以识别和确定。②在许多情况下，“需要”会随时间而改变，这就要求定期修改规范。从定义可以看出，质量就其本质来说是一种客观事物具有某种能力的属性，由于客观事物具备了某种能力，才可能满足人们的需要，“需要”由两个层次构成：第一层次是产品或服务必须满足规定或潜在的需要，这种“需要”可以是技术规范中规定的要求，也可能是在技术规范中未注明，但用户在使用过程中实际存在的需要。它是动态的、变化的、发展的和相对的，“需要”随时间、地点、使用对象和社会环境的变化而变化。因此，这里的“需要”实质上就是产品或服务的“适用性”。第二层次是在第一层次的前提下，质量是产品特征和特性的总和。因为，“需要”应加以表征，必须转化成有指标的特征和特性，这些特征和特性通常是可以衡量的：全部符合特征和特性要求的产品，就是满足用户需要的产品。因此，“质量”定义的第二个层次实质上就是产品的符合性。另外，“质量”的定义中所说的“实体”是指可单独描述和研究的事物，它可以是活动、过程、产品、组织、体系、人，以及它们组合。国土空间利用是一种活动和过程，适用于“质量”定义，但需要与产品区别看待。

2. 国土空间利用质量的基本定义

国土空间利用质量是国土空间的利用能够满足人类发展需要能力的特性总和。具体说，国土空间利用质量是指国土空间利用这一人类活动过程或结果能够满足人类健康可持续发展需要的各项能力的总和；人类健康可持续发展需要是一种与国土空间利用相匹配的明确或隐含需要，可用一系列具有明确理想值或隐含理想区间的指标来表达（建立一系列规范，是动态变化的）；国土空间利用的当前状态接近于理想值（或理想区间）的程度，即是能力的体现；国土空间利用的一系列能力的总和就形成国土空间利用质量。不同尺度国土空间利用质量关注人类发展的方面不同，因此具有不同的指标和标准。

1.2　国土空间利用质量研究进展与总体评价

1.2.1　国土空间利用质量研究现状及发展趋势

1. 国土空间利用质量辨识技术研究现状及发展趋势

传统的土地可持续利用评价、土地集约程度评价、土地利用结构评价和土地利用适宜性评价可以为国土空间利用质量评价提供借鉴。傅伯杰等[7]从生态、经济和社会 3 个方面建立了土地可持续利用评价的指标体系。陈逸等[8]利用文献资料法、因果分析法和层次分析法（AHP），选择了土地投入产出状况、土地承载状况和土地利用生态效应三大类 11 个指标，对城镇化进程中的开发区土地集约利用水平进行了评价，并揭示了影响区域土地集约利用水平的主要因素。姜广辉等[9]综合运用地理信息系统（GIS）空间分析、信息熵等方法，刻画了北京城市空间、农业空间、生态空间和其他空间结构间的均衡程度和稳定程度，并应用空间转换矩阵分析了国土空间结构变化，揭示了国土空间利用中存在的问题。唐常春和孙威[10]以长江流域为研究区，建立了开发约束、开发强度、开发潜力 3 个维度的指标体系，应用加权求和的方法，给出了区域国土空间利用的评价分级与类型分区。以单一评价目标的国土空间利用评价受到了关注，但在新型城镇化背景下，要从生态空间、生产空间和生活空间协调发展的角度来评价国土空间利用质量，这些指标和方法在全面性、针对性和规范性方面还存在明显不足。

2. 国土空间利用质量评价研究现状及发展趋势

对国土空间利用质量进行综合评价，是国土开发格局优化与区域协调发展的科学基础。国土空间利用质量评价是当前的一个前沿研究领域。唐常春和孙威[10]研究了国土空间开发适宜性综合评价指标体系；洪辉[11]从生态、人口、经济等角度，利用 GIS 手段，分析了重庆市国土空间开发布局优化影响因素的空间分异特征。城市化质量评价是国土空间利用质量评价的重要内容。国外城市质量评价是空间规划的重要内容，有借鉴意义的为欧盟的“空间规划”，即通过合理划分标准地域统计单元获取各区域基本数据，通过包含地理位置、空间融合、经济实力、自然资源、文化资源、土地利用压力、社会融合等方面的空间发展评价标准（ESDP）评价各城市区发展状况[12]。目前，国内城市化发展质量问题的研究主要集中在城市化质量的内涵、综合测度、影响因素及提升对策研究等方面。方创琳和王德利[13]借助象限图法，通过对城市化质量、速度与城市化水平互动协调关系的分析，从经济、社会、空间 3 个方面建立三维指标球及判别标准值，构建了城市化发展质量的分要素测度模型和分段测度模型，进而对中国城市化发展质量及其空间分异特征作出总体评价（图 1.4）。

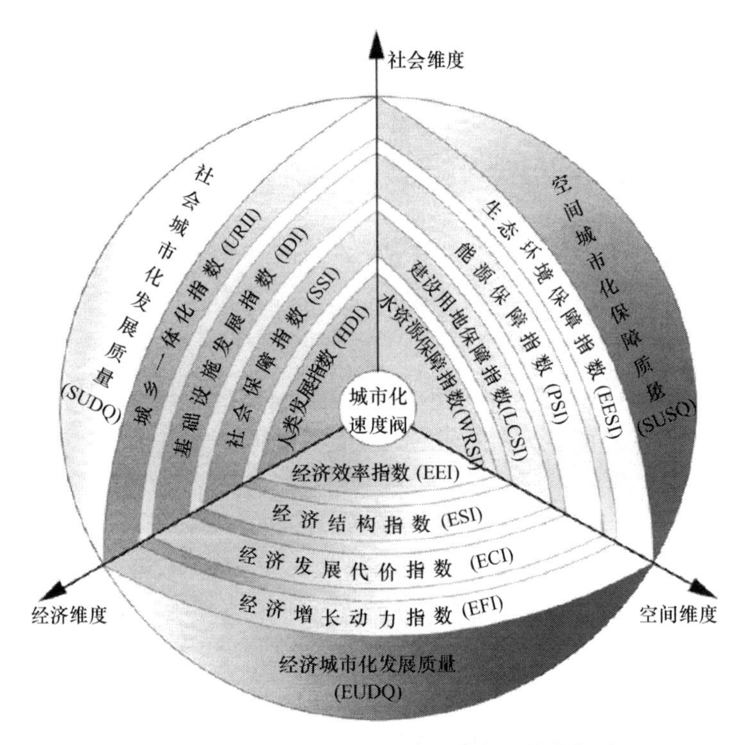

图 1.4　城市化发展质量综合测度的三维指标球

从整体看来，目前对国土空间利用质量评价的研究较少，从生态空间、生产空间和生活空间协调发展的角度出发，已有的土地利用生态安全评价指标体系、土地集约利用评价指标体系、宜居城市评价指标体系、土地适宜性评价指标体系和土地可持续利用评价指标体系等能够为其提供参考。

在空间数据的挖掘与融合研究方面，李德仁等[14]在国内最早提出从 GIS 数据库可以发现几何信息、空间关系、几何性质与属性关系，以及面向对象知识等多种知识。从当前研究现状看来，空间数据挖掘的技术和算法较多，但针对具体领域特点而专门设计的技术和算法较少，对多源空间数据进行预处理和融合的研究不多，研究多为静态数据，缺乏时间属性，因而需要对其进行深化研究，使其适用于国土空间利用质量评估体系。多源异构数据集成主要包括空间数据交换模式、数据互操作模式和直接操作模式[15]。统一的多源异构数据集成平台研发将成为未来发展的必然趋势。

在土地利用生态安全评价研究上，现阶段国内外尚无统一的土地利用生态安全评价体系，在指标选择方面，有“压力–状态–响应”土地资源生态安全评价指标体系[16]和土地自然生态安全系统、土地经济生态安全系统和土地社会生态安全系统构成的指标体系[17]。在评价方法方面，比较常用的方法有综合指数评价方法、生态承载力分析法与景观生态学方法[18~19]。综合指数评价方法应用层次分析法、德尔菲法（Delphi）等方法确定指标权重。生态承载力分析法最常用的是传统的土地资源承载力分析方法和近年来兴起的生态足迹法。

土地集约利用研究可追溯至精明增长理论。1991 年美国规划协会（APA）提出新一代的规划法规研究，1999 年研究完成“精明地增长的城市规划立法指南”[20]。国内主流的研究思路是从土地集约利用的内涵出发，构建评价指标体系，选择定量模型评价具体城市的土地集约利用状况。从指标体系的构建看，绝大多数学者主要从城市土地的投入、产出、利用的合理性或可持续性等多个方面选择指标，也有学者从不同空间尺度下城市土地集约利用的具体问题出发，分别从宏观、中观和微观层次构建相应的指标体系[21~23]，这种思路在国土资源部《城市土地集约利用潜力评价指标体系设计》技术报告（2002 年）中也得到了体现。

在宜居性评价方面，国外对于宜居城市的理解比较注重城市现有和未来居民生活质量的三大类因素，即适宜居住性、可持续性、适应性[24]。在国内研究方面，张文忠[25]认为，宜居城市的评价指标体系应由主客观评价体系共同构成，其中包括安全性、健康性、生活方便性、出行便捷度和居住舒适度五大方面。任学慧和林霞[26]运用层次分析法和 Q 型聚类分析法，通过选取公共安全性、居住健康性、生活方便性等指标，来对大连市居住适宜性进行空间评价。有一些学者将注意力由城市转移向农村，如陈鸿彬[27]构建了包括经济发展、设施环境、居民生活和社会进步 4 个评价子系统的农村建制镇宜居评价体系。

土地适宜性评价旨在根据人类要求、意愿或对一些未来活动的预测而确定土地利用最适合的空间模式[28~29]。GIS 与多指标决策（MCDM）方法的整合极大地提高了传统地图叠加方法在土地适宜性领域的应用[30]，但不同的多指标分析会产生截然不同的土地适宜性评价结果[31]，人工智能方法，如模糊逻辑技术、神经网络、遗传算法、元胞自动机（CA）等可以较好地解决这一问题。但在大空间尺度上，由于数据繁多、人工智能处理方式复杂，其应用受到一定限制。目前，土地适宜性评价研究正朝着综合化、精确化和动态化的方向发展，网络技术的发展也影响着土地适宜性评价方法发展的进程，多媒体 GIS 将现代技术与土地适宜性评价相结合，成为传统方法进行延伸的平台，可以为土地利用决策更好的服务。

3. 国土空间利用提升技术研究现状及发展趋势

国土空间利用质量提升技术是当前的一个前沿研究领域，传统的土地利用优化技术能够为该研究提供参考。对于土地利用空间格局的优化，主要通过设立一系列约束条件和相应优化目标来建立优化模型，对土地利用的数量和格局进行优化，获取土地利用的最优配置。一般地，土地利用优化包括数量优化和格局优化。

数量优化模型可以反映一定优化目标下土地利用系统变化的宏观驱动因素，从而达到总量预测的目的。目前，常见的数量优化模型主要有一般线性规划模型、灰色线性规划模型、多目标线性规划模型等。一般线性规划模型是在多变量约束的条件下，解决或规划一个对象的现行目标函数的最优化问题。刘彦随和方创琳[32]依据三峡库区土地适宜性，综合考虑社会经济发展和生态环境建设目标要求，利用线性规划模型方法，模拟获得了三峡库区各类土地利用之间的最佳组合方案。灰色线性规划模型具有动态性和多解性，其优化结果更切合实际[33]。康慕谊等[34]应用该方法对陕西省关中地区的土地利用结构进行了优化，得到了 3 种较为典型的配置方案作为备选方案；胡振波等提出了东部丘陵矿区复垦土地利用结构优化方案[35]。

土地利用格局优化模型概括为三大类：基于GIS适宜性评价的格局优化模型、基于CLUE系列模型的格局优化模型和基于元胞自动机的格局优化模型。基于GIS适宜性评价的格局优化模型是以GIS为工具，根据研究目标来对研究区进行土地适应性评价，得到土地利用适应性等级图，然后以土地利用数量优化模型计算出各类用地的最佳分配值为基础，遵循各地类空间配置的原则，利用GIS将最优的地类组合结果配置到空间上[36]。将CLUE系列模型与土地利用数量优化模型相结合来实现土地利用空间格局的优化是目前广泛应用的土地优化思路之一[37]。第三类是基于CA的格局优化模型。在CA的转换规则中，嵌入可持续发展目标，则可以模拟出不同目标下土地利用的优化格局，从而为政府的土地利用规划提供有力的决策支持[38]。

4. 城市群地区国土空间利用研究现状及发展趋势

20世纪80年代，在全球经济一体化背景下，众多学者日益关注城市群空间结构的研究。Friedmann和Worf[39]、Sassen[40]从全球经济一体化、区域经济一体化、跨国网络化城市体系等视角探讨其对空间组织结构的影响；杜克西亚迪斯、Fishman、阿部和俊、高桥伸夫等从人类居住形式的演变过程入手，提出了未来城市群体空间结构的演变必然体现人类对自然资源最大限度使用的要求，提出了世界连绵城市（ecumunopolis）结构理论[41~42]；同时，学者们热衷于使用各种信息技术与数学模型对城市群空间结构进行研究，如Batty和Xie[43]、Besuss等[44]基于CA模型模拟城市增长、演变过程的动态研究；Simeon和Caroline[45]对城市体系空间相互作用重力模型理论进行了研究。上述理论或方法被广泛应用于城市群空间结构分析、演化研究、城镇体系研究等多方面，并在很多国家得到进一步延伸和发展。中国城市群研究发展迅速。方创琳等先后通过对武汉城市群、西陇海—兰新经济带城市群、长株潭城市群、南北钦防城市群、成渝城市群、中原城市群、天山北坡城市群、关中城市群等若干城市群的实地考察和规划研究，提出了中国城市群空间范围的识别标准、基本框架与“三高四低”的特点，深入揭示了中国城市群结构体系的形成发育阶段，定量测度了中国城市群的发育程度、紧凑程度、空间结构稳定程度和投入产出效率，以及地域分异规律，揭示了城市群空间拓展的生态影响机理和产业联系强度，计算了城市群生态系统服务价值与城市群资源环境承载力，建立了城市群可持续发展的计算实验系统，并先后在科学出版社出版《中国城市群可持续发展理论与实践》著作，于2010年发布了国内第一部《中国城市群发展报告》。

总体来看，虽然诸多学者对国土空间利用进行了大量评价研究，但目前尚缺乏一个综合而系统的国土空间利用质量评价与提升研究体系。多数研究仍针对单一的国土要素展开，部门化、单一化和非系统性是目前国土空间利用质量评价研究的主要不足。因此，综合的国土空间利用质量评价体系设计、评价平台构建和集成表达将是未来发展的重要趋势。

1.2.2 国土空间利用质量研究的国内外进展

1. 国土空间利用质量驱动力的研究进展综述

深入研究国土空间利用质量的各种驱动力，有助于加深对国土空间利用质量的原因、内部机理和基本过程的理解，实现对未来变化发展的趋势预测和调控，据此制定相关政策。

1）生产空间利用质量驱动力因素

由于建设用地利用质量特征和变化过程与空间尺度和时间尺度紧密关联，因此在不同的空间尺度和时间尺度，建设用地利用质量的驱动因素会有所不同[46~47]。在宏观尺度上，经济发展和产业结构是建设用地利用质量最根本的动力因素[48~49]。人口变化是建设用地利用质量产生差异最具活力的驱动力。政策因素，特别是土地市场的发育程度是影响土地资源配置和建设用地利用质量的重要因素，不同的土地市场发育阶段，建设用地利用质量不同[50]。政府对农地的保护政策在一定程度上激励集约利用土地。区域自然条件和地理环境差异作为本底条件对建设用地利用质量有一定影响[51]。区位条件和经济发展水平对所有的空间尺度都有重要影响[52]，如城市群[53]、省域[54]、地级市[55~57]、开发区[58]、科技园区[59]及乡镇层次[60]的研究都是很好的验证。在微观尺度上，开发区作为独特的空间单元，其建设用地利用质量的驱动力与城市和区域有所差异，区位对工业地价的影响明显，产业政策、产业结构和用地结构是影响其建设用地质量的主要影响因素。目前，有关农用地集约利用的研究多是从投入和产出等社会经济角度进行[61~63]，由于农用地利用质量特征和变化过程与空间尺度和时间尺度紧密关联，因此在不同的空间尺度和时间尺度，农用地利用质量的驱动因素会有所不同[64]。从宏观角度来看，杜国明和刘彦随[65]认为，引起黑龙江省农用地集约利用水平空间分异的原因主要区位状况、自然特征和经济条件等。熊鹰等[66]认为，影响农用地数量动态变化驱动机制具体表现如下：非农产业的发展建设与人口城镇化的发展对农用地的冲击，种植业效益下降、农用地利用方向的调整，以及管理上的不完善和疏漏等[67]。从微观尺度来看，家庭收入水平、农业收入比例及劳动力数量对农用地集约度的影响最大。农用地集约利用的首要贡献来自于化肥、机械、农药等省工性劳动的大量使用，其次是资本投入和劳动力；农用地自然本底条件、农用地经济收益和劳动力生产率与农用地集约度呈正相关，而农用地非农化效益与农用地利用集约度呈负相关[68]。赵京和杨钢桥[69]提出，GDP、农村劳动力工价和财政支农是影响农用地投入强度的重要因素；农民文化程度、城镇化率和人均农用地面积也不同程度地影响着农用地利用集约度。农用地利用系统受自然本地条件和社会经济因素的共同制约[70]。

2）生活空间利用质量驱动力因素

生活空间利用质量的影响因素较多，包括城市规划、基础设施水平、经济因素、社会因素和环境因素等[71~72]。城市规划和乡村规划直接影响了宜居生活空间的建设和发展，合理的地区规划能科学合理地进行土地优化配置，平衡不同部门之间的用地结构，既保障经济发展的要求，同时又满足公共设施用地的需要，给居民提供了舒适的生活环境。地区规划有力践行了新城市主义和精明主义的发展[73~74]。基础设施水平建设的高低直接关系到宜居生活空间利用质量的高低，地区交通基础设施的发展影响着当地经济发展和居民的生活水平，高铁站点的分布、铁路网和公路网的密集程度、城市道路的长度和合理间距结构等对地区交通基础设施的发展产生重要影响[75]。地区教育资源、医疗资源和绿地公园休闲基础设施等的配置对生活空间利用质量有重要影响。经济发展水平是宜居生活空间利用质量重要的影响因素之一，地区对居民强大的吸引力在于其充满经济活力，较高的经济发展水平能为地区基础设施的建设提供较强的经济支撑。先进的经济发展结构和创新的经济技术为经济发展带来活力，同时，为居民提供大量的就业机会和高回报的工资水平，能保障居民维持较高的生活水平[76~78]。社会因素影响着居民对宜居生活空间的认知，具体表现为居民的学历、家庭生命周期阶段、收入水平、个人价值观、社会地位和期望水平等都影响了居民对宜居生活空间的满意程度[79~80]。例如，不同生命周期的家庭对接近优质教育资源、优质医疗资源的偏好有所不同；高收入家庭在选择居住的区位条件、小区周围的环境时较低收入家庭有更多的选择权。

3）生态空间利用质量驱动力因素

土地利用方式的转变，工业化和城镇化的发展带来了如气候变化[81]、热岛效应、大气污染[82]、土壤污染[83]、荒漠化[84]、水污染[85]、生物多样性丧失[86]等一系列环境问题，在过去的 50 年里，全球 60%的生态系统发生退化，生态系统提供服务的能力越来越难满足人们的需要[87]。随着诸多环境问题的加剧，生态空间的评价和研究在区域和城市中的作用也日益显著[88~89]。

经济增长、城镇化与生态空间利用质量的关系一直是学术界关注的焦点问题。研究理论基础主要包括耦合裂变律、动态层级律、随机涨落律、非线性协同律、阈值律和预警律六大基本定律[90]。学术界注重城镇化对生态环境的胁迫效应研究[91]和生态环境对城镇化的约束效应研究[92]。城镇化的快速发展对水资源、土地、能源、空气、植被等国土空间要素产生重要影响，城镇化与生态空间利用的矛盾日益升级。乔标等[93]应用双指数模型对城市化与生态环境交互双指数曲线进行了验证分析，在城市化与生态环境的交互耦合过程中，可能会出现低级协调型、生态主导型、同步协调型、城市化滞后型、逐步磨合型、城市化超前型、生态脆弱型、低级磨合型和不可持续型 9 种基本耦合类型。Jill 等[94]和 Kijima 等[95]认为，经济增长和环境之间的复杂关系符合库兹涅茨曲线。姜涛等[96]应用投入产出模型对人口–资源–环境–经济系统的耦合度进行定量分析。学术界普遍认为经济增长和生态空间利用之间存在着交互耦合胁迫关系[97~98]。

2. 国土空间利用质量评价方法的研究进展综述

从相关文献来看，国土空间利用质量的评价方法以建立指标体系，并通过不同分析方法得出国土空间利用质量指数为主。较为常用的方法是单因子指数法、加权求和指数法、主成分分析法、层次分析法，物元分析法也有较多应用。不同评价方法在处理分析问题上各有利弊，评价者应根据评价目的选择适宜的方法（表 1.1）。

表 1.1　国土空间利用质量评价方法一览表

名称	特征	优点与缺点
单因子指数法	用某一个指标来客观、准确地反映事物的内在特征和属性	这种方法简单、容易操作、一目了然，便于不同地区间对比分析。但国土空间利用质量是个多维度、多目标的复杂问题，单一的指标无法解释和反映国土空间利用质量这个复杂系统
加权求和指数法	把问题分解为多个指标，可以综合观察某个指标或多个指标变动时，对问题的影响程度和影响方向，进而评价其优劣	该方法的优点是通俗易懂、实际操作简单，但缺点是综合表达式和指标的标准化不统一，在求和过程中，状态不佳的变量容易被状态较好的变量所掩盖；没有考虑指标的相关性，容易导致指标间出现相互繁冗重复的现象，相关性强的指标进行叠加容易产生国土空间利用质量被提高或被降低失真的评价结果
主成分分析法	主成分分析法旨在利用降维的思想，将多指标转换为少数指标。通过计算相关系数矩阵，得到特征根，进而解释主成分的物理意义	该方法的优点是有效缩减了统计数据量，但该方法是在假设各指标是多元线性相关的前提下进行的，当指标间是非线性时，该方法有一定局限性，需要先对指标是否存在共线性问题进行假设检验；另外，在指标标准化环节，应将负向指标转换为正向指标，避免主成分的向量系数为负
层次分析法	根据资料收集情况和资源特点划分评价单元，然后进行单元分值计算。该方法能够把抽象的目标分解成层级和相对独立的单元组成的结构系统，能够反映目标问题的层次性和结构性，也能够处理多种类型的信息和数据	由于该方法的权重确定上一级的得分基于下一级指标计算而来，不同的确权方法对最终的计算结果影响较大。该方法的一大缺陷是对准则层之间的相关性考虑不足
物元分析法	关于特征 C 的量值为 V，以有序 3 元组 $R=(N, C, V)$ 作为描述向量的基本元，物元分析是研究物元及其变化，并用以解决矛盾问题的规律和方法。按照确定经典域、确定节域计算关联函数，即计算待评价事物关于等级的关联度	有助于从变化的角度识别变化中的事物，运算简便、物理意义明确、直观性好，但该方法是对一种主观产生的“离散”过程进行综合的处理，其方法本身存在缺陷，取大取小的运算法则会遗失大量有用的信息，而且评价因素越多，遗失的有用信息越多，信息利用率越低，误判的可能性会越大。另外，关联函数形式确定不能规范，难以通用

1）单因子指数法

用某一个指标来客观、准确地反映事物的内在特征和属性。例如，如反映地区经济发展水平时，往往选用 GDP 和人均 GDP 指标。刘慧[99]通过计算不同测度方法，选用农村人均纯收入差距作为测量区域差异的指标，这种方法简单、容易操作、一目了然，便于不同地区间对比分析。但国土空间利用质量是个多维度、多目标的复杂问题，单一的指标无法解释和反映国土空间利用质量这个复杂系统。

2）加权求和指数法

把问题分解为多个指标，可以综合观察某个指标或多个指标变动时，对问题的影响程度和影响方向，进而评价其优劣。该方法的优点是通俗易懂、实际操作简单，但缺点是综合表达式和指标的标准化不统一，在求和过程中，状态不佳的变量容易被状态较好的变量所掩盖；没有考虑指标的相关性，容易导致指标间出现相互繁冗重复的现象，相关性强的指标进行叠加容易产生国土空间利用质量被提高或被降低的失真评价结果。同时，该方法在权重的确定过程中，主观成分较大，容易受到研究者本身认知程度的影响，从而影响结果的科学性和客观性。

3）主成分分析法（PCA）

在解决实际问题中，为全面、系统地分析问题，必须考虑众多的影响因素，这些因素在评价体系中被称为指标，在统计分析中也被称为变量。因为每个变量都在不同程度上反映了问题的部分信息，且指标之间彼此具有一定的相关性，最后得到的统计数据反映的信息在一定程度上有重叠的问题，而且变量太多会增加计算量和增加分析问题的复杂性，而理想的方式是定量分析中涉及的指标较少，得到的信息量较大。主成分分析法旨在利用降维的思想，将多指标转换为少数指标。通过计算相关系数矩阵，得到特征根，进而解释主成分的物理意义[100]。该方法的优点是有效缩减了统计数据量，但该方法是在假设各指标是多元线性相关的前提下进行的，当指标间是非线性时，该方法有一定局限性，需要先对指标是否存在共线性问题进行假设检验；另外，在指标标准化环节，应将负向指标转换为正向指标，避免主成分的向量系数为负。

4）层次分析法

层次分析法是应用较多的方法之一，它是将问题元素分解成目标、准则、方案等层次，在此基础上进行定量和定性分析的方法[101~103]。根据资料收集情况和资源特点划分评价单元，然后进行单元分值计算。该方法能够把抽象的目标分解成层级和相对独立的单元组成的结构系统，能够反映目标问题的层次性和结构性，能够处理多种类型的信息和数据。但是该方法具有较大的不确定性，如在城镇国土空间利用质量评价中，不同的学者构建的指标层级设计是不同的，“经济+效益+效率+公平”的“4E”评价框架[104~105]和“结构+效益+效率+管理”的四维评价体系[106]是有差异的。准则层和对象层的指标设计较为随意，层级之间的关系不明确、相互交叉。对于同一个科学命题，不同的学者构建的指标差异较大，得出的结论可能是互不相同的。因此，在选择该方法时，要在科学界定问题的基础上，结合专家的意见，审慎地设计准则层，尽量能够科学、合理地界定每个层级的外延和内涵。由于该方法的权重确定上一级的得分基于下一级指标计算而来，不同的确权方法对最终的计算结果影响较大。该方法的一大缺陷是对准则层之间的相关性考虑不足。

5）物元分析法

物元是指给定事物的名称为 N，它关于特征 C 的量值为 V，以有序三元组 $R=(N, C, V)$ 作为描述向量的基本元，物元分析是研究物元及其变化，并用以解决矛盾问题的规律和方法[107]。按照确定经典域、确定节域计算关联函数，即计算待评价事物关于等级的关联度。该模型中关联度数值在实数轴上的大小表征了被评价对象属于某一级别的程度，物元模型的关联度将逻辑值从模糊数学的[0，1]闭区间拓展到 $(-\infty, +\infty)$ 实数轴后，比模糊数学的隶属度所代表的内涵更丰富，能揭示更多的分异信息。鲍超和方创琳[108]基于物元模型对西北干旱区城市环境质量进行了综合分析，选取了反映地表水质量的溶解氧（DO）、化学需氧量（COD）、酚等指标和反映大气环境质量的总悬浮物（TSP）、SO_2、NO_x等指标。罗文斌等[109]基于物元方法对城市土地生态水平进行了评价。该方法在处理用精确的数学方法描述复杂系统方面表现出了独特的优越性，有助于从变化的角度识别变化中事物，其运算简便、物理意义明确、直观性好，但该方法是对一种主观产生的“离散”过程进行的综合处理，一些学者认为，该方法本身存在缺陷，取大取小的运算法则会遗失大量有用信息，而且评价因素越多，遗失的有用信息越多，信息利用率越低，误判的可能性会越大[110]。另外，关联函数形式确定不能规范，难以通用，在确定经典域和节域时，要求数据本身有较强的数据断裂点或区分度[108]。

3. 国土空间利用质量评价指标体系的研究进展综述

1）生产空间利用质量评价指标体系研究

国土生产空间利用质量包括非农生产空间利用和农业生产空间利用两部分。有学者认为，非农生产空间利用质量是对土地利用方式和结果的综合性表征，也是对土地利用过程中所形成的格局和功能（结果）、效率（土地利用方式）、效益（结果）的全面评价[111]。非农生产空间利用质量是对城镇土地利用的制度安排，也是城镇土地资源不同配置结构、不同利用程度而产生的利用效益等综合结果，还是城镇土地资源利用方式、格局和功能的全面表征[106]。大多数学者认为，非农生产空间利用质量是城镇土地在不同部门之间的配置而形成的利用结构及土地不同利用程度而产生的效率、效益、绩效或质量的综合体现[112]。

基于非农生产空间利用质量的多层次性、多目标性、区域差异性等特性，如何合理运用一套评价体系来合理地度量非农生产空间利用质量，已成为亟须探讨的难题。在构建指标方面，由于关注的视角不同，研究框架的设计有所不同。比较典型的有“土地投入+土地产出+土地承载”三维评价模型[113]；“社会效应+经济效应+生态安全”评价模型[114]；“经济+效益+效率+公平”的“4E”评价框架[104]；“结构+效益+效率+管理”的四维评价体系[106]；“利用程度+效率+可持续性+管理”评价框架[115]；“集约度+利用程度+效率+效益”评价框架[116~117]；“结构配置效应+经济效应+公平配置效应”评价体系[118]；“土地利用效益+土地利用效率+创新能力”评价模型[111]。

评价指标体系的构建是农业生产空间利用质量研究的核心工作。现有研究的指标体系的选择主要是基于对农用地利用质量内涵的理解，研究评价视角集中在耕地的投入、产出两方面。Li 和 Wang[119]采用复种指数、化肥使用量、灌溉面积、粮食产量与单位面积产量等指标，对我国农业用地利用集约度变化的区域差异进行研究。许月卿等[67]从微观农户的角度出发，基于农户调研数据，结合自然本底因素及土地利用现状等相关数据，构建基于土地利用投入指标、劳动力质量、家庭年收入、农业收入比、户均农用地面积和地形条件的农用地集约利用评价指标体系。王国刚等[68]基于劳动力投入、化肥投入、农药投入、机械投入、地均农业支出、复种指数、相对撂荒指数、农用地变化率和有效灌溉面积比重，构建了农用地集约利用指标体系。崔丽和许月卿[120]从投入强度、利用程度、利用效率和持续状况来测度农用地集约利用水平。投入强度包括单位化肥投入、单位劳动力投入、单位动力投入指标；利用程度包括复种指数、灌溉指数；利用效率包括劳均产值、粮食单产和粮食安全系数；持续状况包括劳动力指数、人均农用地指标。评价方法主要采用指标评价法、层次分析法、因子分析法、能值分析法等[121~123]。尽管复种指数、化肥使用量、灌溉面积、粮食产量与单位面积产量等指标可以从不同视角反映一个地区土地的利用程度，但这些指标反映的内涵单一，各有侧重。这些指标的单位主要基于实物形态，存在量纲不统一的问题，不便于区域间的综合比较。

2）生活空间利用质量评价指标体系研究

生活空间利用质量是一个由多种因素构成的复杂系统，应该重点选择能够反映对生活空间利用质量影响程度较大的指标，并将其作为考核指标，如居住舒适度、出行便捷度和社会保障程度等[124~126]。居住舒适度的重要考核指标为建筑容积率和居住面积等。不同层高、不同类型的住宅对建筑容积率有具体的规定，容积率过低会影响集约发展水平和商业收益，而容积率过高则会影响居民的住宅舒适度；人均居住面积按照《城市用地分类与规划建设用地标准》规定为18～28 m^2。居民日常生活中利用各种设施的方便程度也直接影响着宜居生活空间的质量，如学校的数量和质量、医疗设施的数量和等级、文化设施的数量和等级、商场的数量和档次等。出行便捷度是影响生活空间利用质量的重要指标之一，具体包括居民到出行地的方便程度、公交线路的便捷程度、道路的等级和道路的通畅程度等。较高的社会保障程度是居民宜居生活空间利用质量的重要保证，如养老保险覆盖率、失业保险覆盖率、医疗保险覆盖率、工伤和失业保险覆盖率等。

3）生态空间利用质量评价指标体系研究

生态空间系统是由土地、水资源、能源矿产、空气、动物、植被等各要素构成的系统，其发挥着重要的生态功能，为区域和城市提供了诸多的生态服务[127]。健康的生态系统所提供的服务是人类社会可持续发展的基础，生态系统服务是人类从生态系统中所获得的权益[87]。

20世纪90年代末期，以Costanza等[128]为代表的学者尝试对全球的自然资本进行评估，随后相关研究增长迅速[129~132]。谢高地等[133]在征求200位生态学者意见的基础上，总结了包含气体调节、气候调节、水源涵养、土壤形成与保护、废物处理、生物多样性维持、食物生产、原材料生产、休闲娱乐在内的9项生态系统服务功能，得出了“中国生态系统生态服务价值当量因子表”。该表规定每平方千米全国平均产量的农田的经济价值为1，其他地类生态服务功能根据比例计算得出，生产系统服务单价为当年粮食的市场价格。de Groot主要加强了对生态系统服务价值的研究，系统地提出了将生态系统服务功能分为调节功能、栖息地功能、生产功能和信息功能四大类功能共计23项具体功能的分类体系[134~135]。近年来，生态系统服务价值在GIS技术的支持下进行空间制图与定量化表达，加强了生态系统服务价值评估的应用[136~137]。

生态空间生态功能的有效发挥取决于生态空间的构成、结构、分布格局、规模和管理水平等[138~139]。近年来，生态空间的生态结构评价从微观尺度逐渐发展到宏观的区域尺度。在微观尺度上，生态空间结构评价的主要内容包括物种的组合，乔木、灌木、草本等植被结构的合理配置[140]。在区域尺度和中尺度上，生态空间结构评价包括对生态空间斑块面积大小、斑块性质，以及生态空间与其他要素景观格局分布的分析和评价[141~142]。生态斑块为存在于区域范围内的由各类农用地、湿地、水域、林地、公园绿地组成的面积不同、形态各异的斑块。

1.2.3 国土空间利用质量研究进展的总体评价与展望

1. 总体评价

城市群地区国土空间利用质量研究是一项综合性的研究，涉及生产空间利用质量、生活空间利用质量和生态空间利用质量等内容。生产空间利用质量根据不同的用途可分为非农生产空间利用质量和农业生产空间利用质量。科学地进行空间利用评价是国土空间利用质量提升和结构优化的基础工作。学者们进行了长期而深入的研究，但目前国土空间利用质量的研究仍然存在一些缺陷和不足，这也在一定程度上限制了国土空间利用质量研究的深度。

（1）尚未形成统一的城市群地区国土空间利用质量评价理论框架。现有的国土空间利用质量研究大多是针对国土空间的某个方面进行研究，从综合的研究视角进行分析的研究较少，且缺乏长时间序列、不同研究尺度的分析。国土生产空间利用质量、生活空间利用质量和生态空间利用质量是一个有机的整体，但目前对国土空间利用质量的综合评价尚缺少公认统一的研究体系和研究范式。探索不同空间之间的交互影响来揭示国土空间利用质量的机理是亟待思考的课题。目前，相关内在机理和相互作用过程的分析缺乏系统性，国土空间利用质量基础理论亟须系统地进行归纳与总结。

（2）城市群地区国土空间利用质量评价以单要素评价研究为主，缺乏通用权威的综合评估指标体系。城市群地区国土空间利用质量评价涉及的内容复杂，科学合理指标体系的构建是城市群地区国土空间利用质量的重点和难点。综观国土空间利用质量的研究，大多侧重于某些单要素的国土空间利用质量的研究，特别是短缺性的水资源、土地资源、能源、植被等要素的研究。但国土空间是十分复杂的有机体，单一要素所代表的国土空间利用质量具有一定的局限性和片面性，而目前国内外国土空间利用质量的综合量化研究仍然未有突破性进展，对综合的国土空间的互动机理等进行系统深入分析的研究成果不多。

2. 研究展望

（1）亟须完善城市群地区国土空间利用质量评价研究的概念框架。党的“十八大”

报告明确提出要促进生产空间集约高效、生活空间宜居适度和生态空间山清水秀。加强国土空间的基础理论研究是一项迫切而艰巨的任务。完善的概念框架和评价指标体系对城市群地区国土空间利用质量研究至关重要。唯有明确了城市群地区国土空间利用质量的概念和影响机理，才能够准确把握研究对象与研究内容。

（2）迫切需要建立科学完善的城市群地区国土空间利用质量评价指标体系。科学合理地进行城市群地区国土空间利用质量评价是国土空间利用质量提升的重要前提，指标体系的建立是城市群地区国土空间利用质量评价的重点和难点。指标体系的构建涉及评价模型的构建、指标的遴选和权重的确定等，任何一个步骤都能够影响城市群地区国土空间利用质量评价的合理性与准确性。应参照国家新型城镇化发展的战略需求，逐步建立统一的概念框架，明晰城市群地区国土空间利用质量各组成要素的内涵，遵循指标的科学性、客观性、可操作性原则，构建出能科学反映城市群地区国土空间利用质量的综合指标体系。

1.3 国土空间利用质量评价的理论基础

城市群地区国土空间利用质量评价研究的基本理论包括自然–经济–社会复合系统理论、土地资源优化配置理论、精明增长理论、区域管治理论、人地关系理论和边际效益理论。自然–经济–社会复合系统理论阐明了国土空间是一个复杂的耦合系统，在国土空间利用质量研究中必须全面综合考虑；土地资源优化配置理论是国土空间优化配置的理论基础；精明增长理论提出的混合式多功能土地利用对国土空间利用质量提升有一定借鉴作用；区域管治理论对优化国土空间结构提出了相应的分级管治措施；人地关系理论则阐明了发展过程就是人类活动与地理环境相互作用的过程，因此国土空间利用质量研究必须考虑人类在区域发展中的主动性作用，在发展过程中应注意保持人地和谐；边际效用理论强调了土地作为基本生产要素与资本、人力的相互替代机制，国土空间利用质量研究要考虑市场发挥的重要作用。

1.3.1 自然–经济–社会复合系统理论

1. 基本原理

20 世纪 80 年代初，马世骏提出了社会–经济–自然复合生态系统理论，认为虽然社会、经济和自然是 3 个不同性质的系统，但都有各自的结构、功能及其发展规律，它们各自的生存和发展又受其他系统结构、功能的制约。此类复杂问题不能单一地看成是社会问题、经济问题或自然生态学问题，而是若干系统结合的复杂问题，称其为社会–经济–自然复合生态经济问题[143]。在此类复合系统中，人是积极因素，也是破坏因素，兼有复杂的社会属性和自然属性两方面的内容：一方面，人是社会经济活动的主人，以其特有的文明和智慧驱使大自然为自己服务，使其物质文化生活水平以正反馈为特征持续上升；另一方面，人毕竟是大自然的一员，其一切宏观性质的活动都不能违背自然生态系统的基本规律，都受到自然条件负反馈的约束和调节。这两种力量间的基本冲突正是复合生态系统的一个最基本的特征[143]。该理论还明确指出，城市是一类以人类技术和社会行为为主导、生态代谢过程为经络、受自然生命支持系统所供养的人工生态系统，是一个“社会–经济–自然复合生态系统”[144]。

2. 对国土空间利用质量评价研究的指导作用

社会–经济–自然复合生态系统理论是研究复杂系统内部组成要素及其相互作用关系的基本理论，这一理论的指导意义如下：①根据社会–经济–自然复合生态系统理论，国土空间利用质量的研究对象应为构建于社会–经济–自然复合生态系统基础之上的一个更加复杂的生产–生活–生态空间复合生态系统，其子系统、子系统之间的联系，以及它们的自组织演化都具有复杂的规律性，因此，必须采用复杂系统的思维方式和研究方法进行研究。②国土空间是人口、经济、社会、资源及生态环境相互依存、相互依赖、共同生存的共生系统，国土空间利用质量子系统构成的“生产–生活–生态”复合生态系统在其内部相互作用机理的影响下，产生自我调控功能，能够自组织演化，协调各子系统间的相互作用关系。提高国土空间利用质量应该充分利用子系统间的这种自我调控机制，协调区域子系统间的生产、生活与生态空间的关系，以及各子系统分要素间的联动关系，从而实现区域系统的协调发展。

1.3.2　国土资源优化配置理论

1. 基本原理

土地利用配置可以认为是为了达到一定的生态经济最优目标，依据土地特性和土地系统原理，依靠一定的科学技术和手段，对区域有限的土地资源的利用结构、方向，在时空尺度上分层次进行安排、设计、组合和布局，以提高土地利用效率和效益，维持土地生态系统的相对平衡，实现土地资源的可持续利用[145]。土地利用优化配置既包括宏观数量与空间结构格局的优化，也包括微观尺度生产要素的合理比配，是一个多目标、多层次的持续拟合与决策过程[146]。土地资源优化配置是针对土地资源经济供给的稀缺性与不平衡性，以及土地利用过程中的不合理性而提出来的，以期实现资源系统的最大功能和综合效益。“优化”既是相对于不合理的土地利用问题而存在的人类期望和目标，也是科学决策操作与及时反馈调节相结合的双向行为过程。由此，土地作为一种资源，其优化配置是区域多种土地利用类型的宏观构成及其在国民经济各产业部门之间的高效组合；作为一种资产，它是土地产权在不同财产行为主体之间的优化分配；作为一种生产要素，它是微观层次上对土地与劳动力、资本、技术等生产要素的配比投入的优化。与土地资源优化配置相关的理论应包括地域分异理论、系统控制理论、地租理论、土地产权理论、空间结构关联理论、报酬递减理论等。土地资源优化配置理论作为城乡建设用地统筹置换研究的基础理论之一，要求在研究过程中，综合考虑城乡土地空间结构与数量结构，以供给平衡和合理、高效、集约利用为配置目标，通过适当挖掘结构内部用地潜力、科学重构土地利用结构，以价格、产权和综合效益为约束配置的媒介，正确指导城乡建设用地置换研究与实践。

2. 对国土空间利用质量评价研究的指导作用

国土空间利用的目标就是要实现地区社会、经济、生态效益的最大化，实现空间的集约、有序和可持续利用。土地资源优化配置理论是国土空间利用优化配置的理论基础。国土空间利用优化模拟分析的主导方法就是土地资源优化配置中的科学技术与手段，即研究区域多种土地利用类型的宏观构成及其在国民经济各产业部门之间的高效组合。国土空间利用的调控过程就是利用政策和规划手段，对当前空间利用中存在的不良组织、非优化布局、非理性扩展问题进行引导和调整。

1.3.3 国土空间精明增长理论

1. 基本原理

精明增长理论是当前最为流行的城市管治和城市发展理论，也是可持续城市发展观的体现。精明增长理论是对城市发展问题的全面反思，涉及城市发展的社会经济、空间与环境、城市规划的设计与管理、法规与实施的各个方面[147]。“精明增长”首先是由美国马里兰州州长 P. N. G. Lendening 于 1998 年提出的，其初衷是限制现存的城市和村庄内低密度的居住用地与带状的商业设施向外溢出，这是建立一种使州政府能指导城市开发的手段，并使州政府财政支出对城市发展产生正面影响。对“精明增长”的理解也因人而异，不同的政府、不同的学者对其的理解都不尽相同[20]。美国规划协会定义的“精明增长”是指努力控制蔓延，规划紧凑型社区，充分发挥已有基础设施的效力，提供更多样化的交通和住房选择。精明增长在线（SGO）指出，“精明增长”的十大原则是复合土地功能、紧凑的发展模式、多种居住选择方式、创造舒适的步行环境、鼓励城市特色、保护公共用地、大力倡导公共模式、鼓励公众参与及文化保护等。尽管对“精明增长”还存在着争论，但是目前对其的认同度越来越高，人们认为“精明增长”有助于实现 6 个目标：①邻里的可居住性；②更良好的可达性；③促进城市、郊区和城镇的繁荣；④利益共享；⑤较低的成本和税收；⑥保持开敞空间的开放性等。

2. 对国土空间利用质量评价研究的指导作用

精明增长理论提出混合式多功能的土地利用；垂直的紧凑式建筑设计；紧凑的发展模式；多种居住选择方式；保护空地、农田、风景区和生态敏感区等原则对我国国土空间利用质量的提升具有一定的借鉴作用，为加强国土利用管治提供了可借鉴的管治工具。但在应用中也应注意我国国情和局地的特殊情况，并进行适当调整。

1.3.4 国土空间管治理论

1. 基本原理

管治（governance）是一种在政府与市场之间进行权力平衡再分配的制度性理念。

其中，研究者用公地悲剧、囚徒困境博弈和集体行动逻辑模型来对国家和市场之外存在的各种制度安排在理论和经验上做出高度的概况。博弈论是研究决策主体行为之间相互作用和决策的理论，其基本观点是决策主体的选择受到其他主体决策选择的影响，而且反过来影响其他主体选择的决策。博弈论可以划分为非零和博弈（合作博弈）和零和博弈（非合作博弈）。前者指博弈双方相互作用时，达成了一个双方都有约束力的协议，从而使双方都从中获利；后者指博弈双方相互作用时，并没有达成具有约束力的协议，每一方都希望自己从中获得最大的收益。从深层次上讲，前者强调团队理性、效率、公正；后者强调个人的理性、个人最优决策，其结果可能是最有效率的，也可能是无效率的。从区域规划的角度看，管治主要集中于以下两方面：一是如何协调好政府各个部门之间的利益冲突，协调局部利益或部门利益与全局利益或整体利益、短期利益与长远利益的矛盾。例如，协调经济社会管理部门、城市规划管理部门、资源与生态环境管理部门存在的明显的利益冲突。二是如何协调好上下级关系，以及机构内部同级部门之间的关系，达到目标一致、相互协调[2]。空间（区域）管治遵循依法行政、有限干预、明晰事权的原则，在对各类政策分区进行分类管治的同时（通常根据现状发展条件和对社会经济整体发展影响程度，将某一区域划分为经济振兴扶持区、城镇发展提升区、区域性基础产业与装备制造业集聚区、区域性交通通道、区域性交通枢纽与物流基地、区域自然保护区和绿地等若干政策分区），进一步将各类管治要求落实到空间上，形成分级管治方案，如一级管治为监督型管治，二级管治为调控型管治，三级管治为协调型管治，四级管治为指引型管治。对不同类型地区提出相应的分级管治措施和行动计划，以实现优化空间结构、改善生态环境的目的[148]。

2. 对国土空间利用质量评价研究的指导作用

无论是区域之间还是区域内部，各城市之间必然存在着各种直接联系和间接联系，各城市也必然采取各种策略在各城市间的竞争与合作中谋求自身更好的利益，这就构成了博弈论中的决策主体。从博弈论观点来看，城市群地区总体发展希望走向非零和博弈，使区域内每一个个体都能有长足的发展。山东半岛城市群地区一体化的目的也是为了谋求本地区的共同发展，最终提高本地区的综合竞争力，进而提升其在更大范围的竞争力。

1.3.5　边际效用理论

1. 基本原理

边际效用是西方经济的一个传统理论，门格尔在 1871 年《国民经济学原理》中阐述了其观点，边际效用递减规律，当消费更多数量的同一物品时，增添最后一个单位的物品所增加的效用，即当某一物品的消费量增加时，该物品的边际效用（它的最后一个单位增添的效用）趋于递减。萨姆尔森以“总效用和边际效用的经济学原理”来考察市场需求。随着可变要素投入量的增加，可变要素投入量与固定要素投入量之间的比例在发生变化。在可变要素投入量增加的最初阶段，相对于固定要素来说，可变要素投入过少，因此，随着可变要素投入量的增加，其边际产量递增，当可变要素与固定要素的配合比例恰当时，边际产量达到最大。如果再继续增加可变要素投入量，由于其他要素的数量是固定的，可变要素就相对过多，于是边际产量就必然递减。

2. 对国土空间利用质量评价研究的指导作用

该理论后被引用到地理学中，用于城市规模效益分析。影响城市规模效益发挥的 3 个因素如下：规模结构、职能结构和空间结构。从空间分布的要求来看是政府对城镇体系的划分是否合理，有些划分虽然满足了政府的有利管理和控制，但不符合城市规模效益发挥的要求。因此，要从根本上提高城市规模效益，必须按城市规模效益对以上 3 个方面的要求，从整体上完善城市体系，以求加速生产要素在城乡之间的合理流动，最大限度地增强城市规模效益。

1.4 国土空间利用质量提升的影响因素

1.4.1 土地价格和土地供给市场机制

1. 土地价格与市场机制

土地价格是影响城市群地区国土空间利用质量的重要因素。在市场经济中，土地是一种商品，符合市场价格理论，如土地收益理论和土地供求理论。土地收益理论认为土地价格是土地收益，即地租资本化。土地具有多项用途，必须测算其处于最佳利用方向的土地收益。从用地本身来看，如果土地取得的成本高于建筑容积率所需要的费用，用地单位便会提高建筑容积率来规避重新取得高成本土地，从而提高国土空间利用质量。反之，如果土地价格过低，将有助于建设用地空间外向扩展，而非主动实现内部挖潜和节约高效利用。在一个市场机制健全的土地市场环境中，土地价格是极为重要的指标。按照阿朗索的竞租理论来看，某一特定区域总有一种土地用途比其他任何用途有更高的地租报酬。从微观经济效益的角度来看，这种用途总是土地利用最为有效的利用方式，也是效率最高的利用方式。不同的土地用途产生经济地租递减曲线，在经济利益的驱动下，不同用地类型呈现出有规律的流转，即农用地转为非农用地，中低地价用地类型向高地价用地流转，这在整体上会提高土地资源的利用效益。同时，由于土地是稀缺性资源，在特定的区位可能存在激烈的竞争，价格的上涨是一般趋势，较高的土地价格将迫使用地者采用要素替代的方式，少占用土地，多增加资本、技术、劳动力等要素投入，来提高单位面积土地的产出效益，从而提高国土空间利用质量。对于农用地、林地、草地等土地而言，也存在类似的规律。农用地的稀缺性决定了增加资本、劳动力、化肥、农药等生产资料来提高单位面积土地的产出效益，从而提高国土空间利用质量。

2. 土地市场与土地交易制度

土地市场一般有广义和狭义之分。广义的土地市场是指土地这种特殊商品在流通过程中发生的经济关系的综合；狭义的土地市场是指土地资源或资产交易的场所。“土生万物”，土地是一切最终产品产生的源头，因而土地市场无疑是整个市场体系中的基础性环节。从土地市场本质来看，它是一种土地配置利用调控制度和调控机制，无论是土地交易的价格机制，还是与之相关联的税收、金融和政府管制制度，都是土地市场不可分割的组成部分。异质性、区域性、权利主导性、不完全性和专业性是土地市场的基本特征。

土地市场对国土空间利用质量的影响主要体现在两个方面：一是健康的土地市场的运行将有助于提高土地资源的配置效率，引导区域土地节约高效利用，提高区域整体的国土空间利用质量；二是土地市场依托其宏观调控能力，为产业结构调整提供杠杆，优化产业结构，通过产业结构与用地结构双向优化调控途径来提高国土空间利用质量。

土地交易制度主要通过对土地市场交易行为的控制来影响国土空间利用质量。在计划经济时代，国土空间用地采取行政划拨的方式，土地成本对用地单位不构成约束，因此国土空间粗放利用问题比较严重，随着市场经济改革的不断深入，土地交易采取“招、拍、挂”等市场方式，使价格的调节作用得以发挥，土地价值得以体现，级差地租在国土空间土地利用结构调整中起着重要作用，使国土空间利用质量向着更加集约的方式发展。其他的土地交易制度，如土地的产权制度，农用地转用制度、土地收益分配制度无不对国土空间利用质量产生直接影响。

3. 土地供给总量与稀缺程度

土地供给总量和稀缺程度是国土空间利用质量最为直接的推动因素。土地位置的固定性决定了在特定的区域单元内可供给的土地总量是一定的。这一限制为无节制的用地扩展套上了“紧箍咒”。在土地供给总量一定的前提下，最为合理的方式就是实现内部挖潜，优化结构配置，优化功能组合，实现紧凑发展，实现空间的高效利用。世界上一些土地资源较为稀缺的国家和地区也往往是国土空间利用质量较高的典范，如日本、荷兰、中国香港等。香港特别行政区土地总量仅相当于中国县域平均面积的 1/4（面积为 1104.43km^2，中国县域平均面积为 4141.30km^2），人口密度却达到 6544 人/km^2（2012 年），地均 GDP 高达 3.30 亿美元/km^2（2011 年），毛容积率是大陆城市的 3 倍左右。如此高度的集约利用水平与极为紧缺的土地资源紧密相关。同时，不同等级和不同规模的城市的土地供给状况和稀缺状况可能存在显著差异。往往由于用地需求量大，规模大等级高的城市更容易面临用地短缺的困扰，因此也更容易实现空间质量的提升。土地供给总量更多地表现为一种约束力，是对国土空间利用质量提升的倒逼。

1.4.2　工业化水平与城镇化水平

1. 工业化水平

工业化水平是国土空间利用质量提升的重要因素。众多经济发达国家的历史经验和实践经验表明，国土空间利用质量提升是经济发展到一定阶段的产物，经济发展水平较低，进行国土空间的整治和改造会缺乏资金；只有以较高的经济发展水平为依托，才能为国土空间利用质量提升提供充足的资金支持，才能提高单位面积上的投入水平，从而推动国土空间利用质量的提升。工业化对国土空间利用质量的影响主要体现在两个方面：一是工业化水平提高，将导致资本、技术、劳动力等要素对土地替代作用的增强，在单位面积上实现更高的投入、更大的产出，从而实现国土空间利用质量的提升；二是工业化水平提高，如加大对国土空间的公共投资水平、大力发展公共交通、提高容积率、建设高层建筑、开发地上地下空间、提高区域的资源环境承载力等，都有利于国土空间利用质量的提升。

2. 城镇化水平

城镇化的核心是人的城镇化，人口的非农变化将引起国土空间利用质量的一系列变化。城市人口规模的扩大势必导致大量的土地需求，从而引导人们展开土地高效集约利用。同时，人口密度的增加将引致建筑容积率和建筑密度的提高，从而提高土地的利用程度。在城镇化发展初期，人口迅速集聚和产业急剧膨胀，导致土地需求以外延扩张为主。城镇化发展进入成熟期后，由于生活水平的提高，人们对生活质量有更高的要求，历史上形成的传统物质环境已经不能满足经济和社会活动的要求。对城市功能调整和更新，会引起对存量土地需求的增加，从而达到国土空间高效利用的目的。从这层意义上看，国土空间利用提高也是城镇化发展到一定阶段的产物，不同的城镇化发展阶段，国土空间利用质量的程度和形式可能存在差异。

1.4.3　用地结构和产业结构

在特定的空间范围内，用地结构反映了土地利用系统的结构，决定了用地的利用效率；社会经济系统的结构、产业的结构布局决定了社会经济的生产效率。因此，二者对国土空间利用质量具有重要影响。

用地结构调整后，生产空间占地比例减少，生态空间和生活空间面积增加，国土空间利用质量提高，“三生空间”比例更为协调；产业结构优化后，产业发展对用地的需求不断降低，将这部分用地用于生态空间和部分生活空间，将有效改善生态环境，提高人民生活水平，促进区域均衡协调发展。

产业结构是影响国土空间利用质量的一个重要因素。随着经济的发展，产业结构的变化呈现出“一、二、三”到“二、三、一”再到“三、二、一”的递次升级规律，而随着这种升级，主导产业部门土地生产率、利用率不断升高，对土地的依赖程度越来越弱，更加追求集聚效益，资本、技术、信息等生产要素在经济发展中发挥越来越大的作用。从土地利用角度来看，产业的集聚和升级表现为土地利用结构的变化，城市边缘区的第一产业用地不断转换为城市第二产业用地，原来城市内部的第二产业用地则不断调整为第三产业用地，使得国土空间的利用质量不断提高。

用地结构优化的核心在于提高生态空间和生活空间的比重，降低生产空间的比重。在生产空间中，重点降低农业的用地比重，提高工业和服务业的比重。在工业用地中，提高节地工业的用地比重，降低耗地工业的用地比重。与用地结构相对应的产业结构的重点是发展第二、第三产业，提高两者比重，降低第一产业比重。在第一产业中，应提高林业、渔业和牧业的比重，降低传统种植业的比重。在第二产业中，应提高节地工业的用地比重，降低耗地工业的用地比重。在第三产业中，要提高节地服务业的用地比重，降低耗地服务业的用地比重。总之，用地结构和产业结构双向优化调控的目的在于提高国土空间利用质量，提高“三生空间”的平衡协调水平。

1.4.4　规划管制与宏观调控政策

规划管制和宏观调控政策是来自行政机制的驱动因素，“政府的手”对国土空间利用质量具有极为重要的影响。国土规划、土地利用规划、城市规划和其他空间规划往往在宏观上指明了未来城市的发展方向，对城市内部不同功能区域的国土空间利用质量有着较大的影响。规划确定的新的商业中心、行政中心、地铁沿线地段必然会吸引人口和资金的集聚，促进该区域国土空间利用质量的提升。

国土空间利用质量深受国家政策和制度的影响和制约。国家通过土地政策、金融政策、税收政策等来干预土地供给者和土地利用者的行为，已达到提升国土空间利用质量的目的，如征地补偿制度、用途管制制度、建设用地审批制度、土地规划制度、土地储备制度等。在宏观调控上，国土空间利用质量提升主要是通过规定土地利用的建筑密度、容积率和单位面积上土地投入产出值等硬性指标。另外，近年来，国家出台了限制农用地转用的相关政策，其最终效果均促使国土空间利用质量内涵被挖潜，进而促进国土空间利用质量的提升。

由于占用农用地的成本过低，导致用地部门或单位为降低建设成本，宁可舍近求远到城郊征用土地（农用地），使城市加速向外扩展，而目前因土地利用规划与城市规划等的主从关系尚未理清和缺乏相关的明确的政策规定，因此，这一现象尚未得到根本解决。不少地方政府采取“低价征用，高价出让”等办法获取巨额土地收益。现行政策允许农村集体可以用自有土地兴办企业，但未明确规划用地限制，结果导致各类企业遍地开花。农业比较效益低下不仅导致农田荒芜，甚至将农田出租给非农企业发展乡村工业，以获取高额的租金收入，这是当前农用地流失的一种不可忽视的新形式。

1.4.5　科技进步水平

科技进步为国土空间利用质量的提升提供了可能，决定了不同时代的国土空间利用质量的水平。科技进步水平对国土空间利用质量的影响主要体现在两个方面：一方面，国土空间利用质量水平是随着科技的发展而动态变化的，过去某一特定时代的所谓国土空间利用质量高在当前看来可能是粗放的；另一方面，科技进步将赋予人们更大的能力对过去利用程度较低的空间进行改造，使国土空间利用质量得到提升。例如，随着建筑技术的发展，人们已经开始逐步利用土地地上及地下空间等三维空间，极大地提升了国土空间利用质量；大容量快速公共交通方式（地铁、轻轨等）的出现有利于城乡人口流动和城乡互动发展，也有利于区域中心土地利用强度的提高。

科技进步除了直接通过新技术、新材料的应用来提高建筑密度、容积率，通过提高单位面积上的土地投入产出率来直接促进国土空间利用提升外，还通过引致效应来促进国土空间利用质量的提升。例如，通过促进经济增长、引导产业结构升级、改变产品结构和层次，间接促进建设用地国土空间利用质量提升。

1.4.6　土地质量、区位和交通

土地质量一般是指土地健康或条件，尤其是指土地利用和环境管理的可持续利用能力。土地质量的一大特点就是存在显著的区域差异。土地质量的差别，实质上是土地生产力高低的差异。土地质量可以用可度量测定的土地属性，即土地特性指标综合表述，也可以用土地生产力的指标表示，如产量、产值、净产值、纯收入、利润、级差收益等。

土地质量往往与土地所处的区位和交通条件密切相关。区位和交通条件优越的土地相比其他条件的土地投入更多，从而更容易提升国土空间利用质量。从农业用地来讲，一般肥沃的土地将投入转化为收益的能力更强。也就是说，国土空间利用质量受到土地转化力的影响，这种转化力决定了最终的产出水平。所谓转化力，是指一定技术经济条件下，土地对人类给予的各种投入的承受能力和产出能力。如果土地的转换力达不到提高国土空间利用质量的要求，强制性地增加单位面积土地上的技术、劳动投入，其产量不但不会提高，还有可能下降。

1.4.7　自然地理和生态条件

自然地理条件是国土空间利用质量的影响因素之一。良好的自然地理条件对国土空间利用质量的提升是有利的，不仅可以供给更多的资源，而且对城市排放的废物有更大的受纳能力。从自然地理环境的构成来看，良好的大气、水资源和生物资源都有利于为国土空间利用质量的提升提供良好的外部条件。同时，国土空间利用质量在很大程度上受地基承载力的影响和制约，地基承载力大，则比较适宜进行高密度、高强度的土地开发，有助于提高土地利用强度，从而促使国土空间利用质量的提高；反之，地基承载能力较弱时，只能因地制宜地进行低密度的土地开发。总之，良好的自然地理条件可以承载更多的人口和经济、社会活动，允许城市向更大规模发展，从而使国土空间利用质量更加集约。中国的地形起伏度与人口密度有较好的对数拟合关系，拟合度高达 0.91；全国 85%以上的人口居住在地形起伏度小于 1 的地区，在地形起伏度大于 3 的地区居住的人口总数只占全国的 0.57%[149]。

反之，恶劣的自然地理条件可能成为国土空间利用质量提升的限制因素，尤其是地形地貌条件、地震、泥石流和其他地质灾害等的限制。在某些特殊区域，这些因素甚至占据主导地位，成为国土空间利用质量能否提升的关键。

生态环境是国土空间利用质量重要的限制性因素，主要原因在于国土空间利用增加了对环境的压力，造成了环境透支加剧，即环境容量决定了国土空间利用质量提升的最高强度。

1.4.8　集约节约用地意识

用地认识、对国土空间集约利用的认知，以及传统文化观念也是不容忽视的重要因素。国土空间作为人类主导缔造的物质形态，城市空间利用的方方面面都体现了人类的意识、决策行为和认知。例如，由于美国注重个人隐私，非常愿意使用私人汽车和独户住宅，所以这也成为美国土地利用粗放的重要原因。

然而，在中国的某些区域，国土空间利用发展往往取决于地方长官的意志，为了片面追求政绩，某些地方不惜牺牲资源环境为代价，“比洋气、比大、比规格、比花费”成风，造成了土地和资金的严重浪费。各地的新区、新城建设更是以满足发展需求和转型发展为幌子，变相圈地。在国土空间利用质量粗放发展的背后，这种极不健康的用地观念和用地模式可能比其他因素更为重要。

当然，居民个人的集约用地意识也有待提高。传统的建房虚荣攀比观念和风水迷信思想还深刻影响着微观层面国土空间利用质量水平的提升。特别是广大的农村区域，农民的乡土情结和家族观念深刻影响着国土空间利用的决策行为。

1.5　新型城镇化对国土空间利用质量的新要求

国家新型城镇化对国土空间利用的新要求应该成为国土空间利用质量评价中理想值和理想区间的依据。新型城镇化建设是在各地基础和条件不同、发展不平衡的差异中推进的，既不能搞“一线平推”和“一刀切”，又不能套用一种模式，必须规划先行，优化空间，因地制宜发展，科学定位发展。

1.5.1　新型城镇化的核心内涵

新型城镇化是以城乡统筹、城乡一体、产城互动、节约集约、生态宜居、和谐发展为基本特征的城镇化，是大中小城市、小城镇、新型农村社区协调发展、互促共进的城镇化。新型城镇化的“新”就是要由过去片面注重追求城市规模扩大、空间扩张，改变为以提升城市的文化、公共服务等内涵为中心，真正使我们的城镇成为具有较高品质的适宜人居之所。新型城镇化的核心在于不以牺牲农业和粮食、生态和环境为代价，着眼农民，涵盖农村，实现城乡基础设施一体化和公共服务均等化，促进经济社会发展，实现共同富裕。新型城镇化的核心是“人的城镇化”，这就不仅要实现物化形态的城镇规模扩张，更要促进精神层面的城市文明传播。由此，不仅城乡关系会发生根本性变化，而且国土空间资源的配置效率也会显著提高。党的十八大报告提出，要促进工业化、信息化、城镇化、农业现代化同步发展，这就明确了新时期城镇化的重要地位和实现路径；

2012年年底的中央经济工作会议进一步指出，要把生态文明理念和原则全面融入城镇化全过程，走集约、智能、绿色、低碳的新型城镇化道路，从而赋予了新型城镇化更多促进发展方式转型的要求。

1.5.2　新型城镇化对国土空间利用的要求

（1）城市经济集聚能力日益提高，城乡结构更加合理，基础设施更加完备、利用效率不断提升。多元化、安全、完善的资源供应系统和高效、绿色、低碳的资源利用系统初步建立，社会经济发展对资源的依赖程度逐步降低，资源节约集约利用水平显著提高，资源保障体系基本建立。

（2）在国土开发利用过程中，应根据生态学、生态工程理念对国土生态关系进行重构，保持国土与生态协调统一发展。要遵循因地制宜的原则选择土地用途，构建完善、合理的国土空间结构与布局。将国土利用与自然覆被有机结合起来，构建国土生态系统结构与功能布局。要在对国土资源环境保护的基础上，严控土地开发强度，维护国土资源自我更新能力；治理已经退化的国土资源，保持国土资源可持续发展。

（3）加大国土投入力度，提高国土资源生产能力。国土资源生产能力的高低取决于土地自身的自然本底，也依靠人类追加的投入，如经济投入、科技投入、人力投入等。因此，在土地资源利用中，必须把增加投入、提高生产能力放在突出位置。增加投入、提高生产能力不能走粗放式利用道路，也不能走掠夺式不可持续的道路，必须以提高国土资源转化效率和利用效益为前提，与长远利益有机结合，提高生产能力的可持续性。因地制宜，注重增加土地开发、节约集约利用、整治与保护力度，追求社会经济生态效益的综合性提高。

（4）依据经济、社会与生态效益（三效合一）相结合的原则，管控国土资源开发强度与空间建构，促进生产空间、生活空间、生态空间（三生空间）的优化。加快推进主体功能区战略，促进各地区严格按照功能地位优先度发展，打造科学合理的城市发展格局、农业发展格局及生态安全格局。

（5）中国土地整治的范畴、目标、内涵和方式等都需要进行深刻变革，在整治范畴上，由分散的土地开发整理向集中连片的田、水、路、林、村综合整治转变；在整治目标上，由单纯的补充耕地向建设性保护耕地、推进新农村建设和城乡统筹发展相结合转变；在整治内涵上，由增加耕地数量为主向“数量管控、质量管理、生态管护”三位一体综合管理转变；在整治方式上，由以项目为载体向以项目、工程为载体，结合城乡建设用地增减挂钩政策、工矿废弃地复垦调整利用等政策的运用转变。

1.5.3　新型城镇化与国土空间资源的优化配置

将城镇化与国土空间资源的配置紧密联系起来，一方面是因为“国土空间是宝贵的资源，是人类赖以生存和发展的家园”，国土空间不仅是有限的，更是多用途的，因而具有明显的稀缺性特征，只有高效利用、提升其承载力，才能支撑经济、社会的持续发展；另一方面，城镇化在促进产业发展、改善居民生活质量的同时，必然会增加自然生态环境的负荷，加剧国土开发与保护之间的矛盾，这就要求提高国土空间资源的产出效率、减少不必要的浪费。因此，促进分工深化、集聚经济及国土资源的价值回归非常重要[150]。

分工深化促进国土资源的利用效率提升。新型城镇化要协调好经济发展和生态保护的关系，就必须着眼于提高经济活动的产出效率，降低对自然资源的消耗强度。而从城镇化自身的动力机制看，也只有同时提高农业和非农产业的产出效率，才能真正使城镇化成为经济社会发展的重要标志，这正是新型城镇化的正确道路。因为工业化和农业现代化乃是分工演进的重要标志，信息化则对降低交易成本具有积极作用，城镇化则不仅是分工演进的成果，更会因为人口和产业的集聚为分工深化和交易成本节约创造条件，它们之间的互促发展将促进整个国家发展质量和效率的提升。在新型城镇化过程中，首要关心的应该是以创新促进分工深化，而不是更大规模的土地城镇化，从这个意义上说，城镇化是可以通过效率提升来减少生态环境负荷的（图1.5）。

以集聚经济降低对国土资源的过大压力。“新型城镇化是以人为核心的城镇化”，这就凸显了城市文明理念和城市生活方式传播的重要性。在分工深化的过程中，随着产出效率的提升，城乡居民收入水平都会显著提高，从而有条件追求更为舒适的生活，这便可能带来更多的生态足迹。但是，在我国，更为舒适的生活难以通过大规模地消耗物质资源来实现，这就要求切实转变消费观念和生产观念，更多地以无形要素投入创造更美的生活。同时，以集聚经济和规模经济提高资源的使用效率。

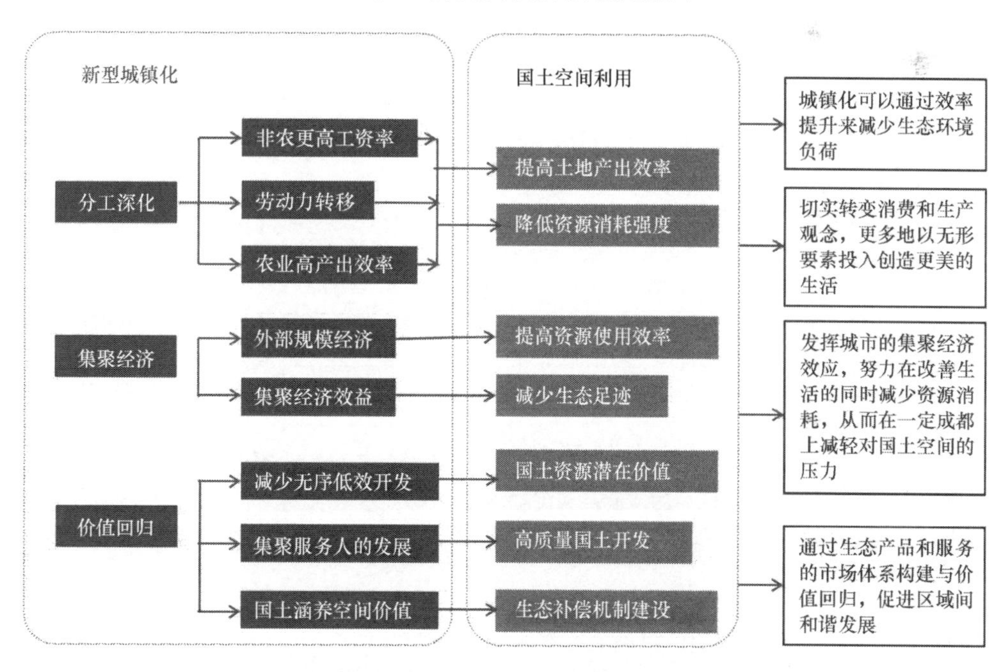

图1.5　新型城镇化与国土空间利用的内在关系示意图

以价值回归实现国土资源的合理开发。新型城镇化是在我国经济规模快速扩张但资源瓶颈日渐明显的背景下提出的，强调“新型”也就与发展方式的转型密切相关，主要是摆脱传统的以投资拉动和有形资源投入为主的发展模式，“努力实现集约、智能、绿色、低碳的发展”。在此过程中，城镇化可以改变国土空间的开发格局，使城镇更高效率地集聚人口和非农产业，将更多的国土作为生态涵养的空间，从而实现整个区域和国家的生态环境优化。

主要参考文献

[1] 胡序威. 国土规划与区域规划. 经济地理, 1982, 2(1): 3-8.

[2] 樊杰. 主体功能区战略与优化国土空间开发格局. 中国科学院院刊, 2013, 28(2): 193-206.

[3] 赵济, 陈传康. 中国地理. 北京: 高等教育出版社, 1999.

[4] 马世发, 黄宏源, 蔡玉梅, 等. 基于三生功能优化的国土空间综合分区理论框架. 中国国土资源经济, 2014, (11): 31-34.

[5] 俞孔坚, 李海龙, 李迪华, 等. 国土尺度生态安全格局. 生态学报, 2009, 29(10): 5163-5175.

[6] 盛鸣. 从规划编制到政策设计: 深圳市基本生态控制线的实证研究与思考. 城市规划学刊, 2010, (S1): 48-53.

[7] 傅伯杰, 陈利顶, 马诚. 土地可持续利用评价的指标体系与方法. 自然资源学报, 1997, 12(2): 112-118.

[8] 陈逸, 黄贤金, 陈志刚, 等. 城市化进程中的开发区土地集约利用研究——以苏州高新区为例. 中国土地科学, 2008, 22(6): 11-16.

[9] 姜广辉, 付晶, 谭雪晶, 等. 北京国土空间结构与未来空间秩序研究——基于主体功能区划框架. 中国人口·资源与环境, 2011, 21(1): 20-27.

[10] 唐常春, 孙威. 长江流域国土空间开发适宜性综合评价. 地理学报, 2012, 67(12): 1587-1598.

[11] 洪辉. 基于GIS的重庆市国土空间综合评价及开发布局优化研究. 重庆: 西南大学硕士学位论文, 2010.

[12] 刘慧, 樊杰, 王传胜. 欧盟空间规划研究进展及启示. 地理研究, 2008, 27(6): 1381-1389.

[13] 方创琳, 王德利. 中国城市化发展质量的综合测度与提升路径. 地理研究, 2011, 30(11): 1931-1946.

[14] 李德仁, 王树良, 史文中, 等. 论空间数据挖掘和知识发现. 武汉大学学报: 信息科学版, 2001, 26(6): 491-499.

[15] 周顺平, 魏利萍, 万波, 等. 多源异构空间数据集成的研究. 测绘通报, 2008, (5): 25-27.

[16] 汤洁, 朱云峰. 东北农牧交错带土地生态环境安全指标体系的建立与综合评价——以镇赉县为例. 干旱区资源与环境, 2006, 20(1): 119-124.

[17] 高桂芹, 韩美. 区域土地资源生态安全评价——以山东省枣庄市中区为例. 水土保持研究, 2005, 12(5): 271-273.

[18] 王根绪, 程国栋, 钱鞠. 生态安全评价研究中的若干问题. 应用生态学报, 2003, 14(9): 1551-1556.

[19] 唐剑武, 叶文虎. 环境承载力的本质及其定量化初步研究. 中国环境科学, 1998, 18(3): 34-42.

[20] 张庭伟. 构筑21世纪的城市规划法规——介绍当代美国“精明地增长的城市规划立法指南”. 城市规划, 2003, 27(3): 49-52.

[21] 汪波, 王伟华. 城市土地集约利用的内涵及对策研究. 重庆大学学报(社会科学版), 2005, 11(5): 16-18.

[22] 谢敏, 郝晋珉, 丁忠义, 等. 城市土地集约利用内涵及其评价指标体系研究. 中国农业大学学报, 2006, 11(5): 117-120.

[23] 王国恩, 黄小芬. 城镇土地利用集约度综合评价方法. 华中科技大学学报(城市科学版), 2006, 23(3): 69-74.

[24] Asami Y. Residential Environment: Methods and Theory for Evaluation. Tokyo: University of Tokyo Press, 2001.
[25] 张文忠. 宜居城市的内涵及评价指标体系探讨. 城市规划学刊, 2007, (3): 30-34.
[26] 任学慧, 林霞. 大连城市居住适宜性的空间评价. 地理研究, 2008, 27(3): 683-692.
[27] 陈鸿彬. 农村建制镇宜居指数的构建. 生产力研究, 2007, (23): 34-37.
[28] Hopkins L. Methods for generating land suitability maps: a comparative evaluation. Journal for American Institute of Planners, 1997, 34(1): 19-29.
[29] Collins M G, Steiner F R, Rushman M J. Land-use suitability analysis in the United States: historical development and promising technological achievements. Environmental Management, 2001, 28(5): 611-621.
[30] Carver S J. Integrating multicriteria evaluation with geographical information systems. International Journal of Geographical Information System, 1991, 5(3): 321-339.
[31] Heywood I, Oliver J, Tomlinson S. Building an Exploratory Multicriteria Modeling Environment for Spatial Decision Support. London: Innovations in GIS 2, Taylor & Francis, 1995.
[32] 刘彦随, 方创琳. 区域土地利用类型的胁迫转换与优化配置——以三峡库区为例. 自然资源学报, 2001, 16(4): 334-340.
[33] 苏伟, 陈云浩, 武永峰, 等. 生态安全条件下的土地利用格局优化模拟研究——以中国北方农牧交错带为例. 自然科学进展, 2006, 16(2): 207-214.
[34] 康慕谊, 姚华荣, 刘硕. 陕西关中地区土地资源的优化配置. 自然资源学报, 1999, 14(4): 363-367.
[35] 胡振波, 赵淑芹. 中国东部丘陵矿区复垦土地利用结构优化研究. 农业工程学报, 2006, 22(5): 78-81.
[36] Li Z, Li X, Wang Y. Land-use change analysis in Yulin prefecture, northwestern China using remote sensing and GIS. International Journal of Remote Sensing, 2004, 25(24): 5691-5703.
[37] 郑江坤, 余新晓, 夏兵, 等. 基于生态服务价值的潮白河上游土地利用优化. 农业工程学报, 2010, 26(12): 337-344.
[38] 刘小平, 黎夏, 彭晓鹃. "生态位"元胞自动机在土地可持续规划模型中的应用. 生态学报, 2007, 27(6): 2391-2402.
[39] Friedmann J, Wolf G. World city formation. International Journal of Urban and Region Research, 1982, 6(3): 309-344.
[40] Sassen S. The Global City. New York: Princeton University Press, 1991.
[41] Richardson R. Globalization, Social Theory and Global Culture. London: Sage, 1992.
[42] 高桥伸夫. 新都市地理学. 东京: 东洋书林株式会社, 1997.
[43] Batty M, Xie Y. From cells to cities. Environment and Planning B, 1944, (21): 531-548.
[44] Besussi E, Cecchini A, Rinaldi E. The diffused city of the Italian North-East: identification of urban dynamics using cellular automata urban models. Computers, Environment and Urban Systems, 1998, 22(5): 497-523.
[45] Simeon D, Caroline F. Trade flows in the former Soviet Union, 1987 to 1996. Journal of Comparative Economics, 2002, 30(1): 76 -90.
[46] 邵晓梅, 刘庆, 张衍毓. 土地集约利用的研究进展及展望. 地理科学进展, 2006, 25(2): 85-95.
[47] 王静, 邵晓梅. 土地节约集约利用技术方法研究: 现状、问题与趋势. 地理科学进展, 2008, 27(3): 32-42.
[48] 韩峰, 王琢卓, 杨海余. 产业结构对城镇土地集约利用的影响研究. 资源科学, 2013, 35(2): 388-395.
[49] 何为, 修春亮. 吉林省城市土地集约利用的空间分异. 自然资源学报, 2011, 26(8): 1287-1296.
[50] 曲福田, 吴郁玲. 土地市场发育与土地利用集约度的理论与实证研究——以江苏省开发区为例. 自然资源学报, 2007, 22(3): 445-454.
[51] 宋维佳, 贺雷. 辽宁沿海经济带土地集约利用问题研究. 城市发展研究, 2011, 18(8): 53-58.

[52] 陈雯, 孙伟, 禚振坤. 无锡都市区制造业的区位决策影响与适宜性分区. 地理科学进展, 2009, 28(6): 926-931.
[53] 史进, 黄志基, 贺灿飞, 等. 中国城市群土地利用效益综合评价研究. 经济地理, 2013, 33(2): 76-81.
[54] 卞兴云, 冉瑞平, 贾燕兵. 山东省城市土地集约利用时空差异. 地理科学进展, 2009, 28(4): 617-621.
[55] 朱红梅, 王小伟, 谭洁. 长沙市城市土地集约利用评价. 经济地理, 2008, 28(3): 442-444.
[56] 黄大全, 洪丽璇, 梁进社. 福建省工业用地效率分析与集约利用评价. 地理学报, 2009, 64(4): 479-486.
[57] 秦鹏, 陈健飞. 香港与深圳土地集约利用对比研究. 地理研究, 2011, 30(6): 1129-1136.
[58] 孙明芳, 陈华. 综合园区存量土地集约利用方法探索——以无锡新区为例. 城市发展研究, 2010, 17(11): 101-105.
[59] 刘海燕, 方创琳, 班茂盛. 北京市海淀科技园区土地集约利用综合评价. 经济地理, 2008, 28(2): 291-296.
[60] 邵晓梅, 王静. 小城镇开发区土地集约利用评价研究——以浙江省慈溪市为例. 地理科学进展, 2008, 27(1): 75-81.
[61] 朱会义, 李秀彬, 辛良杰. 现阶段我国耕地利用集约度变化及其政策启示. 自然资源学报, 2007, 22(6): 156 -167.
[62] 陈瑜琦, 李秀彬. 1980 年以来中国耕地利用集约度的结构特征. 地理学报, 2009, 64(4): 326-340.
[63] Dumanski J. Land quality indicators-preface. Agriculture Ecosystems & Environment, 2000, 81(2): 81.
[64] 冷疏影, 李秀彬. 土地质量指标体系国际研究的新进展. 地理学报, 1999, 54(2): 1221-1229.
[65] 杜国明, 刘彦随. 黑龙江省耕地集约利用评价及分区研究. 资源科学, 2013, 35(3): 554-560.
[66] 熊鹰, 王克林, 吕辉红, 等. 湖南省耕地动态变化及驱动机制研究. 地理科学, 2004, 24(1): 123-131.
[67] 许月卿, 王静, 崔丽, 等. 基于多元数据集成的农用地集约利用评价——以北京市平谷区为例. 资源科学, 2009, 31(7): 1117-1124.
[68] 王国刚, 刘彦随, 陈秧分. 中国省域耕地集约利用态势与驱动力分析. 地理学报, 2014, 69(7): 907-915.
[69] 赵京, 杨钢桥. 耕地利用集约度变化影响因素典型相关分析. 中国人口·资源与环境, 2010, 20(10): 35-41.
[70] 刘成武, 李秀彬. 基于生产成本的中国农地利用集约度的变化特征. 自然资源学报, 2006, 21(1): 9-15.
[71] 李王鸣, 叶信岳, 孙于. 城市人居环境评价——以杭州城市为例. 经济地理, 1999, 19(2): 65-73.
[72] 湛东升, 孟斌, 张文忠. 北京市居民居住满意度感知与行为意向研究. 地理研究, 2014, 33(2): 336-348.
[73] Breheny M. Urban compaction: feasible and acceptable? Cities, 1997, 14(4): 209-217.
[74] 徐煜辉, 徐嘉, 李旭. 宜居城市视角下中小城市总体规划实施评价体系构建——以重庆市万州区为例. 城市发展研究, 2010, 17(2): 154-158.
[75] 王德利, 杨青山. 北京城区交通便捷性空间分异特征及问题分析. 经济地理, 2012, 32(10): 49-55.
[76] Spencer J H. An emergent landscape of inequality in Southeast Asia: cementing socio-spatial inequalities in Viet Nam. Globalizations, 2010, 7(3): 431-443.
[77] 王坤鹏. 城市人居环境宜居度评价——来自我国四大直辖市的对比与分析. 经济地理, 2010, 30(12): 1992-1997.
[78] 王颖. 建设宜居城市有关问题的探讨——以秦皇岛市为例. 城市发展研究, 2009, 16(2): 8-11.
[79] 刘云刚, 周雯婷, 谭宇文. 日本专业主妇视角下的广州城市宜居性评价. 地理科学, 2010, 30(1): 39-44.

[80] 王兴中. 当代国外对城市生活空间评价与社区规划的研究. 人文地理, 2002, 17(6): 1-5.
[81] Kaufmann R K, Seto K C, Schneider A, et al. Climate response to rapid urban growth: evidence of a human-induced precipitation deficit. Journal of Climate, 2007, 20(10): 2299-2306.
[82] Gautam H R, Bhardwaj M L, Kumar R. Climate change and its impact on plant diseases. Current Science, 2013, 105(12): 1685-1691.
[83] Reay D S. Fertilizer“solution”could turn local problem global-protecting soil and water from pollution may mean releasing more greenhouse gas. Nature, 2004, 427(6974): 485.
[84] Deng X Z, Bai X M. Sustainable urbanization in Western China. Environment, 2014, 56(3): 12-24.
[85] Smith J T, Comans R N J, Beresford N A, et al. Pollution-Chernobyl's legacy in food and water. Nature, 2000, 405(6783): 141.
[86] Gasto K J. Global patterns in biodiversity. Nature, 2000, 405(6783): 220-227.
[87] Millennium Ecosystem Assessment. Ecosystems and Human Well-being: Synthesis. Washington, WA: Island Press, 2005.
[88] Fisher B, Turner R K, Morling P. Defining and classifying ecosystem services for decision making. Ecological Economics, 2009, 68(3): 643-653.
[89] Chee Y E. An ecological perspective on the valuation of ecosystem services. Biological Conservation, 2004, 120(4): 549-565.
[90] 方创琳, 杨玉梅. 城市化与生态环境交互耦合系统的基本定律. 干旱区地理, 2006, 29(1): 1-8.
[91] Shen W J, Wu J G, Grimm N B, et al. Effects of urbanization-induced environmental changes on ecosystem functioning in the Phoenix Metropolitan Region, USA. Ecosystems, 2008, 11(1): 138-155.
[92] Ducrot R, Page C L, Bommel P, et al. Articulating land and water dynamics with urbanization: an attempt to model natural resources management at the urban edge. Computers, Environment and Urban Systems, 2004, 28(1-2): 85-106.
[93] 乔标, 方创琳, 黄金川. 干旱区城市化与生态环境交互耦合的规律性及其验证. 生态学报, 2006, 26(7): 2183-2190.
[94] Jill L, Caviglia H, Dustin C. Taking the “U” out of Kuznets: a comprehensive analysis of the EKC and environmental degradation. Ecological Economics, 2009, 68(4): 1149-1159.
[95] Kijima M, Nishide K, Ohyama A. Economic models for the environmental Kuznets curve: a survey. Journal of Economic Dynamics & Control, 2010, 34(7): 1187-1201.
[96] 姜涛, 袁建华, 何林, 等. 人口–资源–环境–经济系统分析模型体系. 系统工程理论与实践, 2002, (12): 67-72.
[97] Fang C L, Guan X L. Input-output efficiency of urban agglomeration in China: an application of Data Envelopment Analysis(DEA). Urban Studies, 2013, 50(13): 2766-2790.
[98] Wang S J, Ma H T, Zhao Y B. Exploring the relationship between urbanization and the eco-environment-a case study of Beijing-Tianjin-Hebei region. Ecological Indicators, 2014, 45(5): 171-183.
[99] 刘慧. 区域差异测度方法与评价. 地理研究, 2006, 25(4): 710-718.
[100] 曹银贵, 周伟, 王静, 等. 基于主成分分析与层次分析的三峡库区耕地集约利用对比. 农业工程学报, 2010, 26(4): 291-296.
[101] 唐常春, 孙威. 长江流域国土空间开发适宜性综合评价. 地理学报, 2012, 67(12): 1587-1598.
[102] 顾朝林, 张晓明, 刘晋媛, 等. 盐城开发空间区划及其思考. 地理学报, 2007, 62(8): 787-798.
[103] 祁豫玮, 顾朝林. 市域开发空间区划方法与应用——以南京市为例. 地理研究, 2010, 29(11): 2035-2044.
[104] 吴一洲, 吴次芳, 罗文斌. 浙江省县级单元建成区用地绩效评价及其地域差异研究. 自然资源学报, 2010, 25(2): 330-340.
[105] 潘竟虎, 郑凤娟. 甘肃省县域土地利用绩效的空间差异测度及其机理研究. 西北师范大学学报: 自然科学版, 2011, 47(1): 87-92.
[106] 张荣天, 焦华富. 转型期省际城镇土地利用绩效格局演变与机理. 地理研究, 2014, 3(12):

2251-2262.
[107] 蔡文, 杨春燕. 可拓学的基础理论与方法体系. 科学通报, 2013, 58(13): 1190-1199.
[108] 鲍超, 方创琳. 基于物元模型的西北干旱区城市环境质量综合评价——以河西走廊的张掖市为例. 干旱区地理, 2005, 28(5): 659-664.
[109] 罗文斌, 吴次芳, 吴一洲. 城市土地生态水平物元分析评价——以山东省滨州市为例. 生态学报, 2009, 29(7): 3818-3827.
[110] 姚治君, 王建华, 江东, 等. 区域水资源承载力的研究进展及其理论探析. 水科学进展, 2002, 13(1): 111-115.
[111] 班茂盛, 方创琳, 刘晓丽, 等. 北京高新技术产业区土地利用绩效综合评价. 地理学报, 2008, 63(2): 175-184.
[112] 宋戈. 中国城镇化过程中土地利用问题研究. 北京: 中国农业出版社, 2005.
[113] Li G D, Fand C L, Pang B. Quantitative measuring and influencing mechanism of urban and rural land intensive use in China. Journal of Geographical Sciences, 2014, 24(5): 858-874.
[114] 李灿, 张凤荣, 朱泰峰, 等. 基于熵权 TOPSIS 模型的土地利用绩效评价及关联分析. 农业工程学报, 2013, 29(5): 217-227.
[115] 周晓飞, 雷国平, 徐珊. 城市土地利用绩效评价及障碍度诊断: 以哈尔滨为例. 水土保持研究, 2012, 19(2): 126-130.
[116] Xiao Y, Wei C F, Yin K. Recent 10-year land use change and evaluation of their performance, in Chongqing, China. Energy Procedia, 2011, 22(5): 457-461.
[117] 陈士银, 周飞, 吴雪彪. 基于绩效模型的区域土地利用可持续性评价. 农业工程学报, 2009, 25(6): 249-253.
[118] 瞿忠琼, 濮励杰, 黄贤金. 中国城市土地供给制度绩效评价指标体系的建立及其应用研究. 中国人口•资源与环境, 2006, 16(2): 51-57.
[119] Li X B, Wang X H. Changes in agriculture land use in China: 1981-2000. Asian Geographer, 2003, 22(1): 27-42.
[120] 崔丽, 许月卿. 河北省农用地利用集约度时空变异分析. 地理科学进展, 2007, 26(2): 116-125.
[121] Godfray H C J, Beddington J R. Food security: the challenge of feeding 9 billion people. Science, 2010, (327): 812-818.
[122] 谢花林, 邹金浪, 彭小琳. 基于能值的鄱阳湖生态经济区耕地利用集约度时空差异分析. 地理学报, 2012, 67(7): 889-902.
[123] Lambin E F, Rounsevell M D A, Geist H J. Are agricultural land-use models able to predict changes in land-use intensity? Agriculture, Ecosystems and Environment, 2000, (82): 321-331.
[124] 李丽萍, 郭宝华. 关于宜居城市的理论探讨. 城市发展研究, 2006, 13(2): 76-80.
[125] 龚华, 柴彦威, 刘志林. 深圳市民工作日生活活动时空结构特征研究. 人文地理, 2000, 15(6): 60-66.
[126] 徐一骐. 为宜居和健康的环境设计城市. 城市发展研究, 2008, 15(S1): 270-279.
[127] Meyer B C, Wolf T, Grabaum R. A multifunctional assessment method for compromise optimisation of linear landscape elements. Ecological Indicators, 2012, (22): 53-63.
[128] Costanza R, dArge R, deGroot R, et al. The value of the world's ecosystem services and natural capital. Nature, 1997, 387(6630): 253-260.
[129] Daily G C, Soderqvist T, Aniyar S, et al. Ecology-the value of nature and the nature of value. Science, 2000, 289(5478): 395-396.
[130] Wolf T, Meyer B C. Suburban scenario development based on multiple landscape assessments. Ecological Indicators, 2010, 10(1): 74-86.
[131] Willemen L, Verburg P H, Hein L, et al. Spatial characterization of landscape functions. Landscape and Urban Planning, 2008, 88(1): 34-43.
[132] Gulickx M M C, Verburg P H, Stoorvogel J J, et al. Mapping landscape services: a case study in a

multifunctional rural landscape in the Netherlands. Ecological Indicators, 2013, (24): 273-283.
[133] 谢高地, 鲁春霞, 冷允法, 等. 青藏高原生态资产的价值评估. 自然资源学报, 2003, 18(2): 189-196.
[134] de Groo R S, Wilson M A, Boumans R M J. A typology for the classification, description and valuation of ecosystem functions, goods and services. Ecological Economics, 2002, 41(3): 393-408.
[135] de Groot R. Function-analysis and valuation as a tool to assess land use conflicts in planning for sustainable, multi-functional landscapes. Landscape and Urban Planning, 2006, 75(3-4): 175-186.
[136] Egoh B, Reyers B, Rouget M, et al. Mapping ecosystem services for planning and management. Agriculture Ecosystems & Environment, 2008, 127(1-2): 135-140.
[137] Gret-Regamey A, Bebi P, Bishop I D, et al. Linking GIS-based models to value ecosystem services in an Alpine region. Journal of Environmental Management, 2008, 89(3): 197-208.
[138] 傅伯杰, 吕一河, 陈利顶, 等. 国际景观生态学研究新进展. 生态学报, 2008, 28(2): 798-804.
[139] 毛齐正, 罗上华, 马克明, 等. 城市绿地生态评价研究进展. 生态学报, 2012, 32(17): 5589-5600.
[140] Nowak D J, Stevens J C, Sisinni S M, et al. Effects of urban tree management and species selection on atmospheric carbon dioxide. Journal of Arboriculture, 2002, 28(3): 113-122.
[141] Devuyst D, Hens L. How Green Is the City? Sustainability Assessment and the Management of Urban Environments. New York: Columbia University Press, 2001.
[142] Maas J, Verheij R A, Groenewegen P P, et al. Green space, urbanity, and health: how strong is the relation? Journal of Epidemiology and Community Health, 2006, 60(7): 587-592.
[143] 马世骏, 王如松. 社会–经济–自然复合生态系统. 生态学报, 1984, 4(1): 1-9.
[144] 方创琳, 黄金川, 步伟娜. 西北干旱区水资源约束下城市化过程及生态效应研究的理论探讨. 干旱区地理, 2004, 27(1): 1-7.
[145] 邓祥征, 林英志, 黄河清. 土地系统动态模拟方法研究进展. 生态学杂志, 2009, 28(10): 2123-2129.
[146] 刘彦随. 土地利用优化配置中系列模型的应用——以乐清市为例. 地理科学进展, 1999, (1): 28-33.
[147] 梁鹤年. 精明增长. 城市规划, 2005, 29(10): 65-69.
[148] 毛汉英, 方创琳. 我国新一轮国土规划编制的基本构想. 地理研究, 2002, 21(3): 267-275.
[149] 封志明, 唐焰, 杨艳昭, 等. 中国地形起伏度及其与人口分布的相关性. 地理学报, 2007, 62(10): 1237-1249 .
[150] 孔翔. 新型城镇化与国土空间资源的优化配置. 广西城镇建设, 2013, (10): 24-29.

第2章　城市群地区国土空间利用质量评价与提升技术思路

城市群是高度一体化和同城化的城市群体，其形成发育过程是一个由竞争转为竞合的“同城化”过程和“一体化”过程。针对城市群地区国土空间利用质量评价与提升的特殊性，分析了城市群地区国土空间利用质量的功能分类与空间作用机理，提出了城市群地区国土空间利用质量评价与提升的技术内容与技术路径，进一步提出了城市群地区国土空间利用质量的核心目标与概念框架。

2.1　城市群地区国土空间利用质量的基本特征

2.1.1　不同空间尺度国土空间的差异特征

国土空间分区体系应该与国土空间规划体系保持一致，根据执行和实施主体的不同，表现出国家、省、地域、市和县等不同尺度。在中国，无论是整个国家的国土开发格局，还是一个城镇内部的布局，不同空间尺度都存在着人和自然、生产和生活活动、自然生态系统内部关系不尽协调的矛盾。国土规划决策者追求目标的差异性决定了国土空间利用及管理措施具有差异性[1]。

1. 国家尺度

强度生态、生产与生活空间的合理协调，追求生产空间集约高效、生活空间宜居适度、生态空间山清水秀的宏观国土空间利用质量的提升与优化。

2. 城市群尺度

重点协调城市间跨界生态系统的保护和协调，推进建设和保护绿色开敞空间系统，大力保护生态敏感区，以各城市生态空间的连接为着力点，统筹规划生态廊道。以各城市交通基础设施的互联互通为基础，注重将区域的生产空间和生活空间规划培育成为“极核-串珠模式”，避免城市边缘区的无序蔓延，严格控制城镇沿道路发展形成“马路城镇”的空间形态。对核心城市和外围城市的生产和生活空间进行合理规划，切实保护各城市间必要的绿色间隔，将外围城市生产空间对核心城市生活空间的影响程度降至最低，同时引导外围城市形成生产空间和生活空间有序协调发展的格局。

3. 城市尺度

进一步优化城乡之间的用地空间布局，增强城镇集聚产业、承载人口、辐射带动区域发展的能力。省、市、县（市）要尽快完成新型城镇化社区规划、村镇体系规划和村庄布局规划，实现多规合一、总规牵引，形成多层级、多模式、多功能的发展格局。在纵向上体现多层级，坚持中心城市组团式发展、县城区内涵式发展、乡镇社区联建式发展、农产区基地式发展，构成集约高效、多级互动的产城链；在横向上探索多模式，加强协调统筹，科学选点定项目，如产城互动、引进社会资本参与、土地增减挂钩、生态旅游、休闲农业、加工服务、文化传承等模式，以丰富新型城镇化建设的内涵和路径；在要素上彰显多功能，合理分配产业比、人口比、节地比、就业结构比，实现资源有效整合，用地集约高效，吸引人口和产业向城市新区集聚，促进产城互动发展，功能复合构建互补，形成产业促就业、新城带新村的滚动效应。

4. 建成区尺度

强调城市内部空间组织优化，城市组团发展，产城融合互动发展，功能复合构建互补，内涵式发展等内容。

2.1.2　城市群的尺度特征与国土空间利用问题

1. 城市群的概念与尺度特征

城市群是城镇化的主要载体。有中国特色的城镇化道路就应该以大城市为依托，以中小城市为重点，逐步形成辐射作用大的城市群，促进大中小城市和小城镇协调发展，科学规划城市群内各城市功能定位和产业布局，缓解特大型城市的压力，强化中小城市产业功能，增强小城镇公共服务和居住功能，推进大中小城市一体化建设和网络化发展。

城市群，是指在特定地域范围内，以 1 个以上特大城市为核心，由 3 个以上都市圈（区）或大中城市为基本构成单元，依托发达的交通通信等基础设施网络，所形成的空间组织紧凑、经济联系紧密并最终实现高度同城化和高度一体化的城市群体。在此群体内，将突破行政区划体制束缚，实现区域性产业发展布局一体化、基础设施建设一体化、区域性市场建设一体化、城乡统筹与城乡建设一体化、环境保护与生态建设一体化、社会发展与社会保障体系建设一体化，逐步实现规划同编、产业同链、城乡同筹、交通同网、信息同享、金融同城、市场同体、科技同兴、环保同治、生态同建的经济共同体和利益共同体[2]。

在城市群范围内，原来单独的城市和另外的城市形成互补关系，大城市的功能不断升级，给小城市和小城镇带来了机遇。小城市和小城镇在城市群范围内的区位劣势在弱化，而成本优势在强化。原来我们说城市之所以发展缓慢，是因为有区位劣势，始终是很小的规模，产业和人口集聚不了，但在城市群中，由于交通条件的改善，区位劣势就不存在了。小城市和小城镇里各种要素成本都很低，如零部件产业就可以在小城镇和小城市得到发展。

城市群经济竞争力的提升和经济空间的改善并不是孤立的，只有与国土开发利用紧密结合，才能保障其可持续发展的能力。全国主体功能区规划将国土开发密度已经较高、资源环境承载能力开始减弱的区域划定为优化开发区，而将资源环境承载能力较强、经济和人口集聚条件较好的区域划定为重点开发区，正是体现了国土开发利用对区域经济空间提升的重要作用。我国城市群主要位于优化开发区和重点开发区。

首先，城市群作为我国经济发展的核心引擎，在加快经济空间完善的同时，必须意识到资源环境和生态因素带来的国土开发压力，应该以资源、环境和生态承载力为约束，避免城市群的盲目扩张与无序发展。其次，现阶段城市群发展应该更加重视环境保护，积极控制污染排放，扶持环境友好型产业的发展。再次，城市群发展促进了经济活动的集聚，有利于推动城市群国土利用效益的提升。鉴于我国实施最严格的土地管理制度，城市群应该坚持节约集约用地的原则，努力增加单位投入的产出效益，带动区域国土资源的高效利用，真正落实国土规划。最后，进一步加强城市群内部资源与经济要素的整合，发挥中心城市的辐射作用，扩大市场潜力，这将有助于提升城市群的经济空间。

2. 城市群尺度的国土空间利用问题

国土空间利用质量评价的目的在于服务于人类健康发展，城市群尺度的国土空间利用质量评价的目的在于城市群的健康持续发展，因此有必要清晰认识城市群国土空间利用中现存的问题，通过评价，有针对性地解决问题，具体问题如下。

1）城市群土地集约利用问题

随着城市群的不断发展，农业用地与建设用地及生态用地之间的矛盾也日益加剧。在土地资源总量不变的情况下，解决这些矛盾的关键在于提高土地产出率[3]。

2）沿海城市群经济结构不尽合理且严重缺水

一是产业结构不合理。由于受到区域政策体制、区域经济发展水平差异等因素的影响，中心城市与周围城镇之间，城乡之间，东中西三大地带之间的产业转移的障碍较大，从而也牵制了沿海地区城市群的产业产品结构的优化升级。二是城市群内部工业结构趋同化现象严重。城市群内部中心城市之间，中心城市与次中心城市之间，大城市与小城市之间的分工协作性不强，各城市的工业结构相似性程度高，专业化程度低，必然会造成重复建设和资源不合理利用问题突出，这在一定程度上影响了区域经济的进一步协调发展，也削弱了城市间经济联系及城镇间网络的进一步完善。

沿海城市群还存在着资源，特别是水资源严重不足的现象。即使是原来水资源比较充沛的南方地区，如长江三角洲、珠江三角洲，由于城市群内乡镇企业较发达且布局分散，水资源受到的污染较严重，许多城市的用水也变得比较紧张。

3）城市群生态环境退化，地下水环境问题突出

伴随着沿海地区城市群的经济高速增长，城市人口激增，特别是农村人口大量涌向城市地区。然而，由于城市基础设施短缺或不配套，使得城市自然环境和城市居民的生

活条件都日趋恶化。从某种程度上说，沿海地区许多城市在开放初期实际上采用的是“先污染，后治理”的发展模式，是以环境破坏、资源消耗为代价换取经济的高速增长，注重经济速度，而忽视生态效益和社会效益。显然，城市生态环境恶化势必会增加经济发展的社会成本，从而进一步牵制经济的高速发展。

苏锡常地区经济高度发达，城市化程度高，地下水开发利用程度也较高，主要开采第Ⅱ承压地下水。自 20 世纪 60 年代以来，地下水的开发利用经历了 4 个阶段。地下水长期过量开采导致地下水位不断下降，地下水资源日益减少，并产生了严重的区域性地面沉降和地裂缝等地质灾害[4]。

4）城市群管理体制不顺

一个城市群可能分属若干不同的行政区，在发展战略目标、产业结构、产业布局、环境保护等方面，城市群区域与各行政区域之间、城市群内部各城市之间都有可能存在明显的冲突，缺乏协调一致。区域行政壁垒的存在导致要素流动和进入成本偏高。中心城市管理职能的不完备导致城市群区域内经济发展无法协调。要素市场化程度低的根本原因在于体制性障碍的制约与束缚。从区际要素流动来看，这种体制性障碍集中表现为区域行政壁垒对要素自由流动的限制，导致要素流动与进入成本偏高，致使区域资源要素不能顺畅流向优势区位——城市，从而影响和制约了城市群的发展[5]。

5）城市群内部结构功能不完善

从城市群网络体系的内部结构来看，国外成熟城市群大都以大城市为核心，以卫星城市为依托，形成类似于金字塔的比例结构。中国城市群的内部结构虽然有所调整，但仍然存在较大的缺陷。在东部地区的三大城市群中，除长江三角洲城市群结构比较合理外，其余两大城市群均存在着较为严重的结构失衡问题。例如，珠江三角洲城市群区域内（不含港、澳地区），特大城市、大城市、中等城市、小城市结构比不尽合理，大城市和小城市数量偏少，整个城市体系结构缺乏有效的传承环节[6]。

6）城市群的中心城市实力弱，区域经济缺乏核心辐射源

由于城市群缺乏强有力的核心辐射源，加大了城市之间的竞争，加重了区域内部协调发展的矛盾。大城市，已不是一个单纯的点，它与周边城市是相互联系、唇齿相依的共生体，大城市是一个核心，其他周边城市则是拱卫中心城市的重要基础。然而，目前我国的大城市还仅仅局限于点的发展，没有形成面的扩展和辐射作用，限制了大城市的延伸，大大降低了大城市的功能。

7）城市之间缺乏分工协作，产业结构趋同

各城市发展目标相似，产业结构雷同，生态环境系统缺乏引导控制，导致整个区域资源使用浪费和发展水平落后现象非常普遍。在招商引资上竞相出台优惠政策，在外贸出口上竞相压价，导致过度甚至恶性竞争，损害了区域的整体利益。

8）产业链条薄弱，城市之间难以融合

我国城市群内的城市间的联系不紧密，区域内的城市各自为政，城市发展的目标大体相似，产业结构雷同，因此导致整个区域内资源浪费。各城市之间的竞争明显大于联合，摩擦高于融合，无形之中削弱了城市群的繁荣和发展。

9）中心城区人口密度过大，生态环境承载能力减弱

中心区域人口剧增，工业污水和生活污水排放量急剧增加，缺乏足够的环保设施和生态功能区，导致生态环境恶化，生态环境承载能力减弱[7]。

2.2 城市群地区国土空间利用质量的功能分类与作用机理

国土空间利用质量评价需要综合自然要素和人文要素，既要体现自然本底条件，也要结合社会经济发展的综合性特征。国土空间的生态、生产与生活功能的界定在微观尺度上能较好的进行，如自然保护区等属于生态空间，商业用地、工业用地和仓储用地等属于生产空间，居住用地、广场等公共服务用地属于生活空间。但当对“三生空间”的概念在宏观尺度上进行综合分析时，一个评价单元是由 3 种空间混合而成，很难进行清晰的划分，不符合宏观尺度的国土空间利用质量评价的需求。鉴于国土空间具有多尺度特征，因此，在宏观尺度沿用“三生空间”的说法不太科学，毕竟宏观尺度国土空间的任何一个地域都是“三生空间”的复合。关于宏观尺度国土空间的认知，采用“三生功能”进行界定。“三生功能”源于“三生空间”，但其从功能角度定位更符合宏观尺度的国土空间认知[8]。国土空间功能具有空间异质、时间变异、主观认知、多样构成和相互作用五大属性[1]。地域单元既具备地域功能的基本特征又有自己独特的属性[9]。

2.2.1 城市群地区国土空间的功能分类

《辞海》中，功能的概念是指“有特定结构的事物或系统在内部和外部的联系和关系中表现出来的特性和能力”。按照分类视角不同，功能具有不同的划分标准。功能按照通性划分为一般功能和特殊功能；按照功能的作用强度划分为主导功能和辅助功能；按照功能的服务对象划分为基本功能（满足乡村地域以外的区域功能需求）和非基本功能；按照职能和属性划分为生产功能、生活功能和生态功能等。

功能在地理空间上往往表现为对立统一的关系，刘燕华等[10]从自然生态和社会经济两类要素构建了国土空间体系；方创琳等[11]从生产系统、生活系统和生态系统 3 个方面对地区承载力进行了分析；王强等[12]、朱传耿等[13]主要从资源环境承载和社会经济开发两个方面进行分析；刘秀花等[14]提出了包括生态环境、经济和社会 3 个耦合系统的分析系统；杜红亮[15]将国土空间分为生产功能、生活功能和生态功能 3 类；刘彦随等[16]将国土空间划分为经济发展功能、粮食生产功能、社会保障功能和生态保育功能。

念沛豪等[17]从“三生”角度对国土空间进行划分，认为生产功能包括农产品供给、工业产品供给、能源矿产供给和景观产品供给；生活功能包括城镇人居服务和乡村人居服务；生态功能由生物多样性保护、沙漠化防治、洪水蓄洪、水土保持和水源涵养组成。本书对国土空间功能进行了综合分类（表 2.1）。

表 2.1　基于“三生”角度的国土空间功能分类一览表

一级功能	二级功能	表征指标
生态功能	环境净化功能	水体和废物的净化，对废气、废水、固体废弃物的净化，对气体的调节
	承载功能	地貌地形特征、土壤保持、生物多样性特征
	调节功能	气候调节、地表水调节
生活功能	居住承载功能	住房、交通和公共服务承载
	生活保障功能	基本收入、基本储蓄额、城乡收入差距
	服务功能	教育、医疗设施、交通服务设施等
生产功能	农业生产功能	食物供给
	非农业生产功能	商品和服务产品生产
	能源供给功能	能源和矿产的供需状况

2.2.2　城市群地区国土空间功能的作用机理

1. 生态功能对国土空间利用质量的作用机理

国土生态功能是国土空间其他功能的基础，起着重要的支撑作用和制约作用。只有在一定的生态环境条件下，经济和人类活动才能持续发展。生态空间子系统是指影响人类与生物生存和发展的一切外界条件的总称，主要包括各种自然条件及人类与自然要素间形成的各种生态关系两部分。从自然地理环境的构成来看，良好的地形条件、大气、水资源和生物资源都有利于为国土空间质量的提升提供良好的外部条件[18~19]。中国的地形起伏度与人口密度有较好的对数拟合关系，拟合度高达 0.91；全国 85%以上的人口居住在地形起伏度小于 1 的地区，在地形起伏度大于 3 的地区居住的人口总数只占全国的 0.57%[20]。良好的水资源条件可以承载更多的人口和经济、社会活动，允许城市向更大规模发展[21~22]。经济过程和人类活动对地区的生态空间子系统产生了一些影响，同时，经济过程和人类活动各发展阶段又都受到生态子系统不同程度的限制和约束。经济效率提高、经济结构优化、经济规模扩大、科学技术进步等构成经济发展过程中的发展圈，土壤环境、水环境、大气环境和生物环境等就形成发展过程中的限制圈，如图 2.1 所示。社会经济发展过程就是上述发展圈和限制圈相互影响、相互制约的过程。

生态环境的保障能力直接影响着区域的可持续发展、经济发展和社会进步。良好的自然地理条件对国土空间利用质量的提升是有利的，可以供给更多的资源，对排放的废物有更大的受纳能力；投资环境竞争力增强，能吸引大量资本和项目，加快经济水平提高；而且居住环境舒适度高，人民的满意度和幸福感增强。生态环境恶化将影响居住环

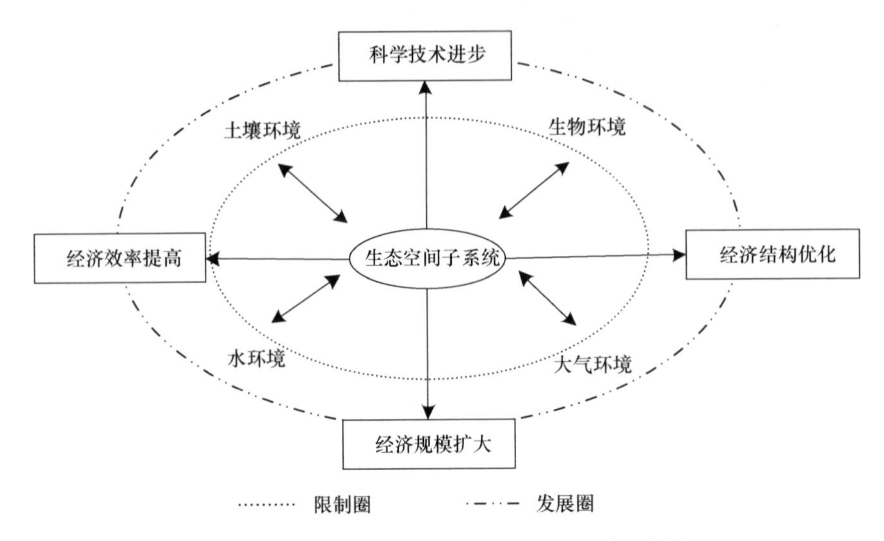

图 2.1　生态空间子系统与经济增长关系示意图

境的舒适度，降低人们的生活质量；降低投资环境的竞争力，使经济增速下降，减缓城镇化进程[23]。对污染物的处理水平的提高可以改善生态环境（图 2.2）。

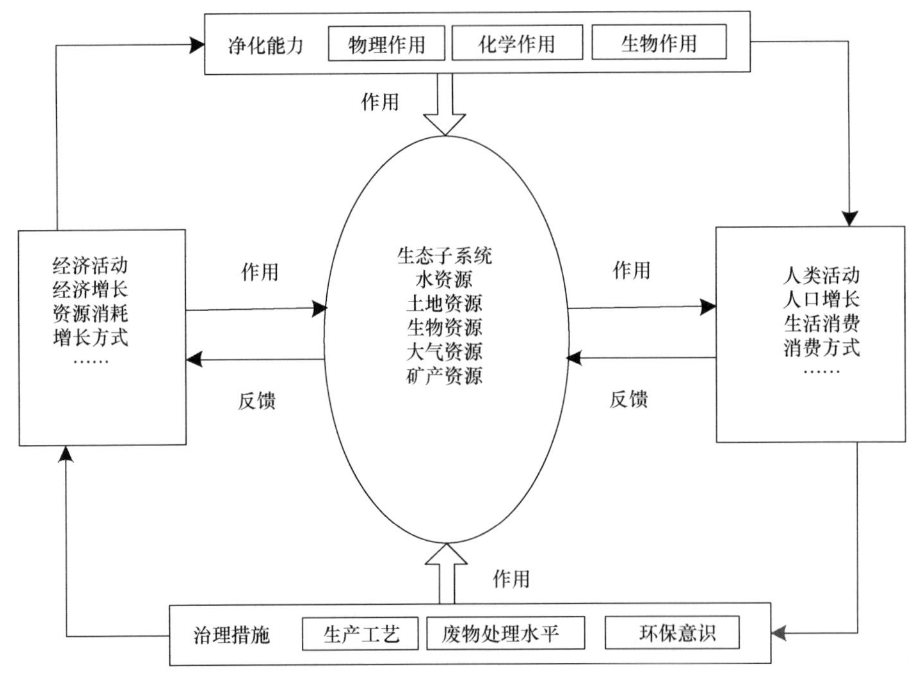

图 2.2　生态功能子系统影响因素示意图

2. 生活功能对国土空间利用质量的作用机理

生活功能是人类实现自身生存和可持续发展的主要功能，生活功能是生产功能和生态功能追求的目标，包括居住条件、基础设施水平、社会保障程度等内容（图 2.3）。

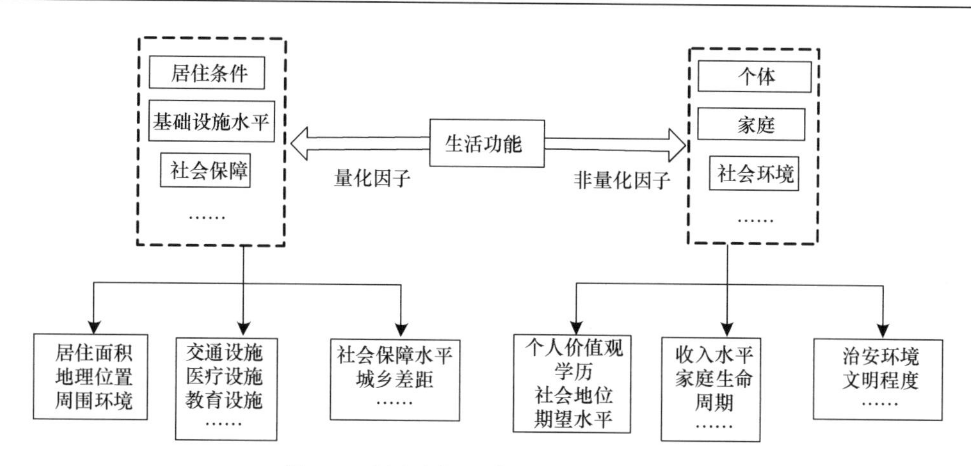

图 2.3　生活功能子系统影响因素示意图

住宅是固定地占用一定土地和空间资料、具有综合消费功能、为个人和家庭提供居住功能的建筑物，是一种特殊的、重要的生活消费品[24]。在高房价时代，住宅问题成为政府和居民持续关注的焦点，是涉及社会公平和社会稳定、人民生活水平提高、居民幸福感提升、和谐社会建设、城市化可持续推进的关键问题[25]。基础设施建设主要包括公路、铁路、机场、水电煤气管道设施、通信设施等公共设施。交通条件对地区经济、文化、教育和科技等方面的发展有重要影响，是居民方便出行和享受生活的重要保证。清洁的饮用水和环保的节能燃气对维持人类生存和改善环境具有重要作用，是生活水平的重要指标之一，用水普及率和燃气普及率也是新型城镇化的考核指标之一。

社会保障水平影响着经济的发展和社会的稳定，它的适度与否对社会经济的健康发展有着相当大的影响[26]。适度的社会保障水平可以保障公民的基本生活需求，有利于社会保持相对稳定，为国民经济发展创造有利环境。但社会保障水平过高或过低，则会破坏地区的健康发展。城乡一体化水平是衡量生活水平的重要标准之一，城乡收入差距与城镇化的关系基本呈倒“U”形[27]。由于历史原因，在特定历史时期形成的城乡二元结构一直持续要现在，我国城乡收入差距较大，随着中国经济的发展和城镇化进程的加快，城乡收入之间的差距不断扩大。如果城乡收入差距超过一定程度，则不利于生产要素的合理配置，农村地区居民的基本生活难以保证，从而不利于社会的稳定和谐发展[28]。

生活功能是否能达到人们的满意程度，不仅取决于以上提到的可量化的基础条件水平，还包括个体、家庭和社会环境等较难量化的内容。不同居民对生活条件的认可度是不同的，居民的个人价值观、学历、社会地位和预期水平都影响着对生活子系统的满意程度。不同的收入水平和处在家庭不同生命周期的居民的选择会不同。社会的发展阶段、生活方式和文明程度影响着生活功能的发挥程度。

3. 生产功能对国土空间利用质量的作用机理

生产功能是国土空间的主导功能，为人类提供基本的物质资料。按照生产方式的不同，生产功能可分为农业生产功能和非农生产功能。非农生产功能指以土地作为载体空间，并以直接生产的物质为原料进行加工，获取新产品的生产。非农生产功能主要包括商品生产和服务产品生产，即第二产业和第三产业的生产，在用地方面主要依托于建设用地。生产功能的发挥程度主要体现在土地投入产出效率、人口–产业–土地配置、产业结构等方面[29]（图 2.4）。

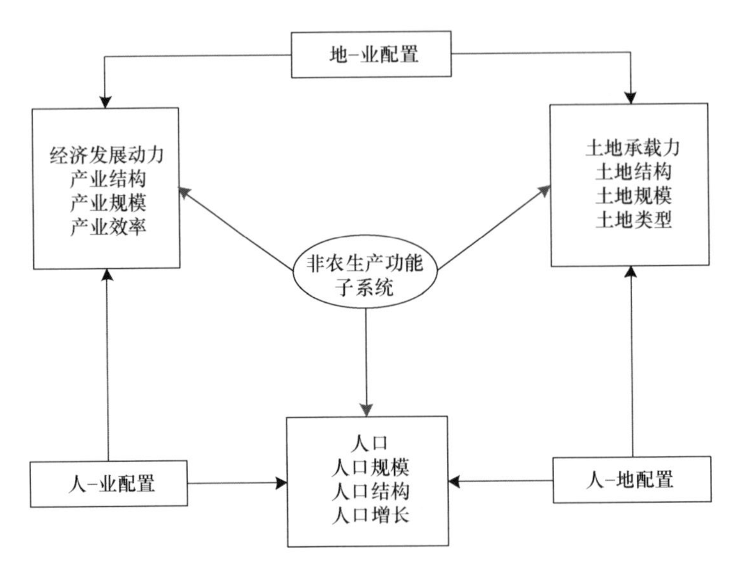

图 2.4　非农生产功能子系统影响因素示意图

经济效率主要体现在经济效益和资源的优化配置方面。资本、劳动力、土地投入和产出的比值可以反映地区之间的经济效率水平。国际经验表明，合理的城镇化是生产力增长和经济效率提升的重要推动力，因为城镇区域可以更好地发挥集聚效应，具有降低公共设施的投资、劳动力市场更大、降低交易成本等优势。中国一直采用的是资本拉动经济的策略，投资占 GDP 的比重达 45%以上，在总需求量中的比重接近一半。然而，受全球金融危机的影响，中国的增量资本产出率（ICOR）从 1991～2011 年的 3.6 上升至 2009～2011 年的 4.7，远高于韩国、日本高速增长期时 3.2 及中国台湾高速增长期时 2.7 的水平[30]。经济发展和城镇化进程需要消耗大量土地，随着城镇化的速度明显加快，中国正经历着历史上前所未有的城镇化速度和规模，城市数量和规模速度迅速增加，土地利用效率低下的问题较为突出[31~32]。

在经济由低级向高级发展的过程中，产业结构会随之转变。产业结构由劳动密集型向资本密集型转变进而向知识密集型转变。在经济发展的最初阶段，经济以劳动密集型产业为主，三次产业贡献率呈现“一、二、三”的结构态势；随着经济的发展，经济逐渐向资金密集型发展为主，三次产业贡献率呈现“二、一、三” 或“二、三、一”的结构态势；工业发展的高级阶段，经济以技术密集型为主，三次产业将发展为“三、二、一”结构[33]。经济结构调整能否成功，其关键之一在于各地城市能否形成服务业与制造业相互协调的产业结构，能否为各地经济带来更高的效益[34]。

随着产业的这种升级，主导产业部门土地生产率、利用率不断升高，对土地的依赖程度越来越弱，更加追求集聚效益，资本、技术、信息等生产要素在经济发展中发挥越来越大的作用。从土地利用角度来看，产业的集聚和升级表现为土地利用结构的变化，城市边缘区的第一产业用地不断转换为城市第二产业用地，原来城市内部的第二产业用地则不断调整为第三产业用地，使得国土空间的利用质量不断提高。用地结构优化的核心在于提高生态空间和生活空间的比重，降低生产空间的比重。在生产空间中，重点降低农业的用地比重，提高工业和服务业的比重。在工业用地中，提高节地工业的用地比重，降低耗地工业的用地比重。与用地结构相对应的产业结构的重点是发展第二、第三产业，提高两者比重，降低第一产业发展比重。在第一产业中，应提高林业、渔业和牧业的比重，降低传统种植业的比重。在第二产业中，应提高节地的工业用地比重，降低耗地工业的用地比重。在第三产业中，要提高节地服务业的用地比重，降低耗地服务业的用地比重。总之，用地结构和产业结构双向优化调控的目的在于提高国土空间利用质量，提高“三生空间”的平衡协调水平[35]。

农业功能主要是直接从土地获取的各种物质、食物等，用地方面依托于耕地（图 2.5）。由于人口数量的约束，我国庞大的粮食需求一直居高不下，而且还将不断延续，我国有限的耕地资源承受着巨大的粮食生产压力[36]。粮食安全事关国民经济与社会发展全局，是保障国家安全的重要基石[37]。耕地生产功能与粮食生产效率及其变化取决于耕地、劳动力和资本的投入状况与投入变化[38~39]。耕地质量是影响耕地集约利用的自然基础条件，一般耕地质量较好，相同投入条件下产出较高[40]；粮食单产变化与单位播种面积上土地、资本与劳动力的投入变化有关。资本投入主要包括物质投入（化肥、农药、农膜等）、机械和电力投入，劳动投入则指单位面积耕地的劳动力投入[41]。复种指数是反映耕地生产功能程度的一个定量指标，一般而言，复种指数越高，耕地、劳动力、资本等生产要素的投入越大，耕地的生产率越高[42]。农民农业生产积极性是影响粮食生产功能的决定性因素之一，但受耕地生产比较效益驱使，农民种粮积极性下降导致耕地边际化问题日益严重[43]。

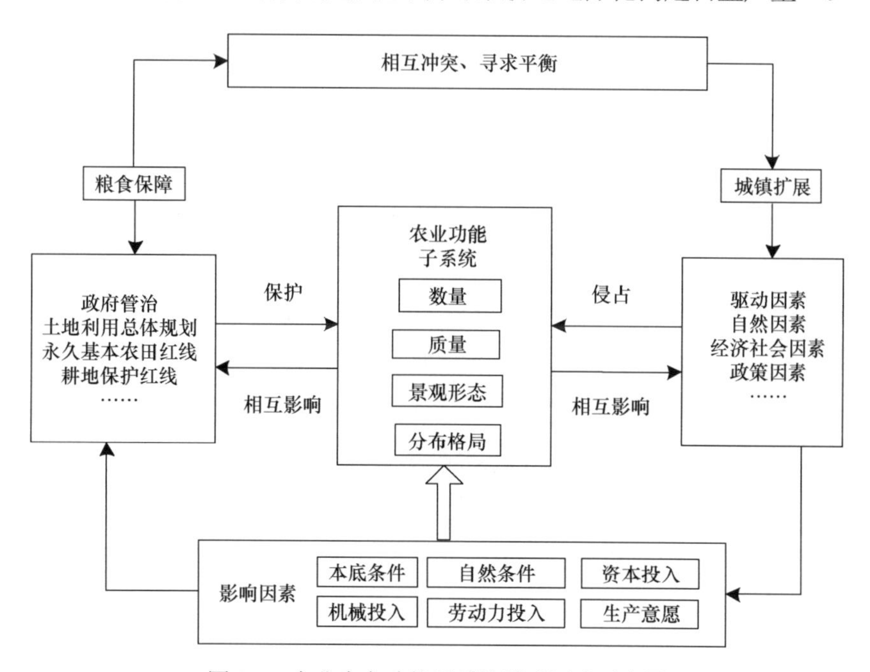

图 2.5　农业生产功能子系统影响因素示意图

2.2.3　城市群地区国土空间功能间的耦合作用

国土生态功能是国土生产功能和国土生活功能的基础，起着重要的支撑作用和制约作用。只有在一定的生态环境条件下，经济社会才能够持续发展。因此，优化国土空间利用质量必须处理好经济社会发展与资源环境的关系。

生产功能是国土空间的主导功能，按照生产方式的不同，可分为农业生产功能和非农生产功能。农业生产功能是在土地、水、生物和气候等因素综合作用的基础上，提供给人类食物。非农生产功能是利用土地的空间属性，进行工业品和服务产品的提供。城市地域以非农生产功能为主，农村地域以农业生产功能为主。

生活功能是生态功能和生产功能实现的目标，也是人类实现自身生存和可持续发展的主要功能。其他功能是为生活功能服务的，生活功能是其他功能追求的目标。

空间多功能之间存在着相互作用，空间功能并不是均衡地与其他功能发生作用，当某种功能出现或增强时，会对另一部分功能产生积极或消极影响。通常，国土空间多功能间的作用形式有 3 种（图 2.6）：①拮抗作用，即某种国土空间功能的增强对另一种功能的发展产生抑制作用，拮抗作用程度加剧时就表现为功能间的冲突；②协同作用，即一种功能的增强能促进另一种功能的发展；③兼容性，即两种或多种功能之间的相互作用微弱或相互之间没有作用关系[9]。空间功能性的复杂关系是引起国土空间利用协调或冲突的基础。

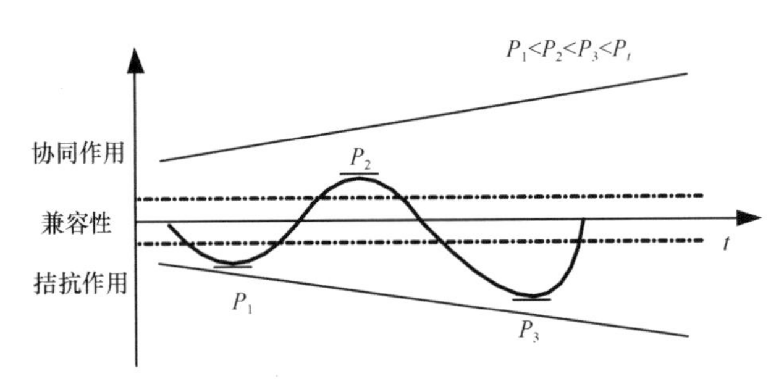

图 2.6　功能间作用方式演进示意图[9]

在明确“三生功能”相互胁迫的基础上，借助于系统论思想来建立三者之间的动态耦合模型，分析由生产功能、生活功能、生态功能所组成的复合系统的动态演变及耦合状态。

任何两个功能的变化过程都是一种动态耦合过程，其演化方程可以表示为

$$\frac{\mathrm{d}x(t)}{\mathrm{d}t}=f(x_1,x_2,\cdots,x_n);\ i=1,2,\cdots,n \tag{2.1}$$

f 为 x_i 的非线性函数。

由于非线性系统运动的基本特性取决于一次近似系统特征根，因此在保证稳定性的前提下，将其在原点附近按泰勒级数展开，并略去高次项，从而可以得到非线性系统的近似表达[44]：

$$\frac{\mathrm{d}x(t)}{\mathrm{d}t}=\sum_{i=1}^{n}a_i x_i;\ \ i=1,2,\cdots,n \tag{2.2}$$

可以建立的生产功能、生活功能、生态功能变化过程的一般函数为

$$\begin{aligned} f(P)&=\sum_{j=1}^{n}a_i x_i;\ \ j=1,2,\cdots,n \\ f(L)&=\sum_{i=1}^{n}b_i y_i;\ \ i=1,2,\cdots,n \\ f(E)&=\sum_{l=1}^{n}c_i z_i;\ \ l=1,2,\cdots,n \end{aligned} \tag{2.3}$$

式中，f（P）、f（L）、f（E）分别为生产功能子系统、生活功能子系统、生态功能子系统；x，y，z 为系统的元素；a，b，c 为各元素的权重。

鉴于生产功能、生活功能、生态功能三者的胁迫关系，可以把它们作为一个系统来考虑，f（P）、f（L）、f（E）是这一复合系统的主导部分，按照相互作用理论，该复合系统的演化方程可以表示为

$$\begin{aligned} A&=\frac{\mathrm{d}f(P)}{\mathrm{d}t}=T_1 f(E)+T_2 f(L)+T_3 f(P) \\ B&=\frac{\mathrm{d}f(L)}{\mathrm{d}t}=T_1 f(E)+T_2 f(L)+T_3 f(P) \\ C&=\frac{\mathrm{d}f(E)}{\mathrm{d}t}=T_1 f(E)+T_2 f(L)+T_3 f(P) \end{aligned} \tag{2.4}$$

式中，A、B、C 分别为受生产功能、生活功能和生态功能影响下生产功能子系统、生活功能子系统和生态功能子系统的演化状态（图 2.7）。在整个复合系统中，生产功能、生活功能和生态功能是相互影响的，任何一个功能的变化都会导致整个系统的变化。整个系统的演化可以看作是 A、B、C 的复合函数。

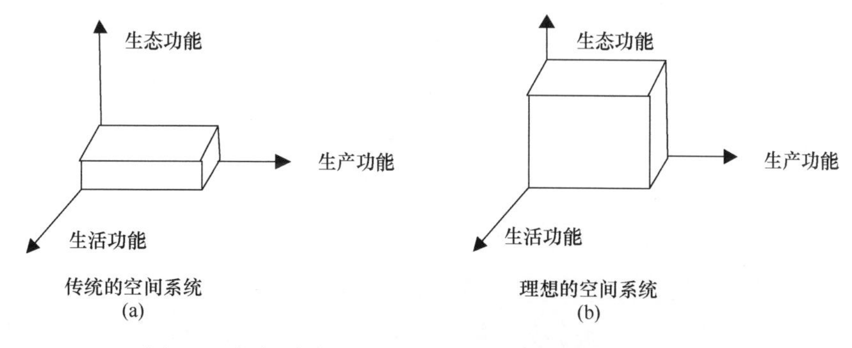

图 2.7　生态–生产–生活功能的理想空间系统演进趋势图

地域空间的多样性和有限性决定了社会主体对地域空间利用存在竞争，当各主体利益者对地域功能需求不一致时，就会产生功能冲突。在生产力水平较低时，地域功能系统之间的作用比较微弱，在生产力提高时，地域功能系统之间的关系开始增强，矛盾和冲突凸显。国土空间功能统筹是保障各个功能充分发挥作用的基本条件，需要政府通过

各种各样的手段协调不同功能间的演进速度，调节不同利用主体的行为和区域功能冲突，平衡各种功能的关系，实现区域国土空间整体功能的最大化。

2.3　城市群地区国土空间利用质量评价与提升的技术内容与技术路径

2.3.1　城市群地区国土空间利用质量评价与提升的技术内容

1. 城市群地区国土空间利用质量评价技术

按照新型城镇化对区域国土空间利用的总体要求，充分运用数据挖掘与融合技术，研发城市群地区国土空间利用质量的辨识与评价技术体系，并重点针对区域国土开发强度、区域城镇等级规模体系、区域城镇产业结构布局、区域交通网络一体化等反映国土空间利用质量的关键领域进行深入研究，构建能够全面反映城市群地区国土空间利用质量现状、问题和时空变化特征的评价技术，并开发相应的评价软件系统。

1）构建城市群尺度国土空间利用质量综合评估指标体系

依据新型城镇化战略背景，按照城市群地区“三生空间”协调和城乡统筹、城乡一体、产城互动、节约集约、生态宜居与和谐发展的具体要求，按照可比、可量、可获和可行的原则，从区域管理者的视角，构建由目标层–准则层–指标层组成的城市群国土空间利用质量评价指标体系。借鉴国内外高质量城市群地区发展的经验判据，综合考虑城市群地区的现实情况，制定城市群国土空间利用质量评价标准阈值，并将其作为城市群地区国土空间利用质量评价的重要依据。

2）研究城市群地区空间开发强度诊断评价技术

从城市群地区的自然资源开发强度、用地开发强度和社会公共服务开发强度等方面，构建城市群地区空间开发强度评价指标体系，再分别构建城市群地区重要资源保障评价技术、城市群地区建设用地开发强度评价技术、城市群地区基本公共服务均等化评价技术，应用GIS空间平台及空间分析方法，集成城市群地区空间开发强度评价模型，形成城市群地区空间开发强度评价技术。

3）城市群地区城镇等级与规模诊断评价技术

以城市群地区人口与经济数据为基础，构建城市群地区人口分布均衡度评价指标体系与城镇体系合理性评价指标体系，构建城镇人口均衡度评价模型、城市规模–位序法则模型等方法，形成城市群地区人口集聚和均衡度评价技术与城市群地区城镇体系合理性评价技术，应用GIS空间平台及空间分析方法，集成城市群地区城镇等级与规模评价模型，形成城市群地区城镇等级与规模评价技术。

4）城市群地区城镇产业结构诊断评价技术

以城市群地区各城镇产业及行业数据为基础，构建城市群地区城镇产业结构评价指标体系，应用偏离–份额分析方法（shift－share method，SSM）模型与主成分分析模型，借助 SPSS 等分析平台，针对城市群产业结构、主导产业选择、产业空间结构等内容，形成城市群地区城镇产业结构评价技术。

5）城市群地区城镇交通一体化诊断评价技术

以城市群地区城镇交通体系数据（城市群下垫面地理数据、公路交通数据、铁路交通数据、航空交通数据）为基础，构建城市群地区城镇交通一体化评价指标体系，借助 GIS 空间分析平台，构建矢量网络分析可达性模型、栅格加权距离可达性模型和矢量/栅格集成建模等模型和方法，构建城市群地区城镇交通一体化评价模型，形成城市群地区城镇交通一体化评价技术。

6）城市群地区国土空间利用质量综合评价技术

以城市群尺度国土空间利用质量评价指标体系为基础，集成城市群地区空间开发强度诊断评价技术、城市群地区城镇等级与规模诊断评价技术、城市群地区城镇产业结构诊断评价技术、城市群地区城镇交通一体化诊断评价技术，参考城市群国土空间利用质量评价标准阈值，应用 GIS 平台和矢量–栅格数据叠置方法、加权求和方法、乘积法等方法进行要素归并与叠置计算，构建城市群地区国土空间利用质量评价技术。

7）城市群地区国土空间利用质量综合评价技术导则编制和软件系统开发

综合城市群地区空间开发强度评价技术、城市群地区城镇等级与规模评价技术、城市群地区城镇产业结构评价技术、城市群地区城镇交通一体化评价技术，以及城市群地区国土空间利用质量评价技术，集成编制城市群地区国土空间利用质量评价技术导则，同时，应用 GIS 数据访问及数据分析处理工具组件平台，研发城市群地区国土空间利用质量综合评价软件模块。

2. 城市群地区国土空间利用质量提升技术

按照新型城镇化对区域国土空间利用的总体要求，在城市群地区国土空间利用质量评价技术的基础上，以服务于国土规划的关键技术应用为目标，研究城市群地区国土开发强度控制技术、城市群地区城镇等级与规模调控技术、城市群地区产业结构优化技术和城市群地区综合交通网络优化技术，并将其集成为新型城镇化的城市群地区国土空间利用质量提升技术，以此为基础，集成开发城市群地区国土空间利用质量提升技术软件模块。

1）城市群地区国土开发强度控制技术

以城市群地区的生态、资源与环境承载力评价和主体功能区方案为基础，以城市群地区空间开发强度评价技术分析结果为支撑，综合考虑工业化城镇化空间开发态势和生态环境容量制约等因素，开发城市群地区国土空间开发合理强度的技术模型，研究制定形成技术导则。

2）城市群地区城镇等级与规模调控技术

以城市群地区的生态、资源与环境承载力及其空间差异性和“三生空间”功能分工为基础，结合现状城镇体系的空间布局及组合形式、每个城镇发展的竞争力及其辐射带动效应、区域城镇规模配比规律等，遵循空间要素组合的成本最低和效率最高原则，开发城市群地区城镇等级与规模优化技术，研究制定技术导则。

3）城市群地区产业结构优化技术

以城市群地区的生态、资源与环境承载和产业发展条件评价为基础，以城市群地区产业结构评价技术的分析结果为支撑，按照发挥比较优势、主导产业突出、城镇错位竞争、区域分工协作等原则，开发城市群地区产业布局优化与提升技术，研究制定技术导则。

4）城市群地区综合交通网络优化技术

根据城市群地区城镇交通一体化评价结果，依据城市群地区不同城镇的空间开发强度控制方案、城镇等级与规模优化和提升方案及产业空间布局优化方案，以及地区的经济社会发展需求等要素，基于 GIS 空间分析模型，开发城市群地区综合交通网络优化提升技术，研究制定技术导则。

5）城市群地区国土空间利用质量提升软件系统模块的开发

将城市群地区国土开发强度控制技术、城市群地区城镇等级与规模调控技术、城市群地区产业空间布局优化技术和城市群地区综合交通网络优化技术集成为新型城镇化的城市群地区国土空间利用质量提升技术，以 GIS-VB.NET 为系统开发语言，借助 ArcEngine10.0、ArcSDE10.0、Oracle11g 等平台，搭建由空间分析模块、数据管理模块和人机交互模块构成的城市群地区国土空间利用质量提升软件模块。

3. 典型城市群地区国土空间利用质量评价与提升技术示范

选取山东半岛城市群作为典型示范区进行新型城镇化的城市群地区国土空间利用质量评价与提升技术示范，具体包括基于城市群尺度的国土空间利用质量评价技术和面向新型城镇化的城市群尺度国土空间利用质量提升技术，以及城市群地区国土空间利用质量综合评价系统模块和城市群地区国土空间利用质量提升系统模块。

2.3.2　城市群地区国土空间利用质量评价与提升的技术路径

构建城市群地区国土空间利用质量指标体系，确定指标阈值，研发城市群地区国土空间利用质量评价技术及软件模块、城市群地区国土空间利用质量提升技术及软件模块，并以山东半岛城市群的济南、青岛、烟台、淄博、威海、潍坊、东营、日照 8 个地级市为示范区，进行技术应用、示范推广，为落实国家优化国土空间开发利用格局战略目标提供基础，也为国家和地方编制实施相关规划提供重要的技术支撑。

1. 具体技术路线

综合应用 GIS、遥感（RS）平台，集成空间分析模型、SPSS 分析方法，采用研究—示范—反馈的工作模式，开发城市群地区国土空间利用质量评价与提升技术。其主要包括 3 个关键技术：一是构建城市群地区国土空间利用质量评价指标体系，进行指标辨识并确定指标阈值；二是研发城市群地区国土空间利用质量评价技术，主要包括城市群地区空间开发强度评价技术、城市群地区城镇等级与规模评价技术、城市群地区城镇产业结构评价技术、城市群地区城镇交通一体化评价技术，以及在此基础上进行的城市群地区国土空间利用质量综合评价软件模块的集成；三是研发城市群地区国土空间利用质量提升技术，主要包括城市群地区国土开发强度控制技术、城市群地区城镇规模调控技术、城市群地区产业结构优化技术和城市群地区综合交通网络优化技术，以及在此基础上进行的城市群地区国土空间规划软件模块集成与开发。具体技术路线如图 2.8 所示。

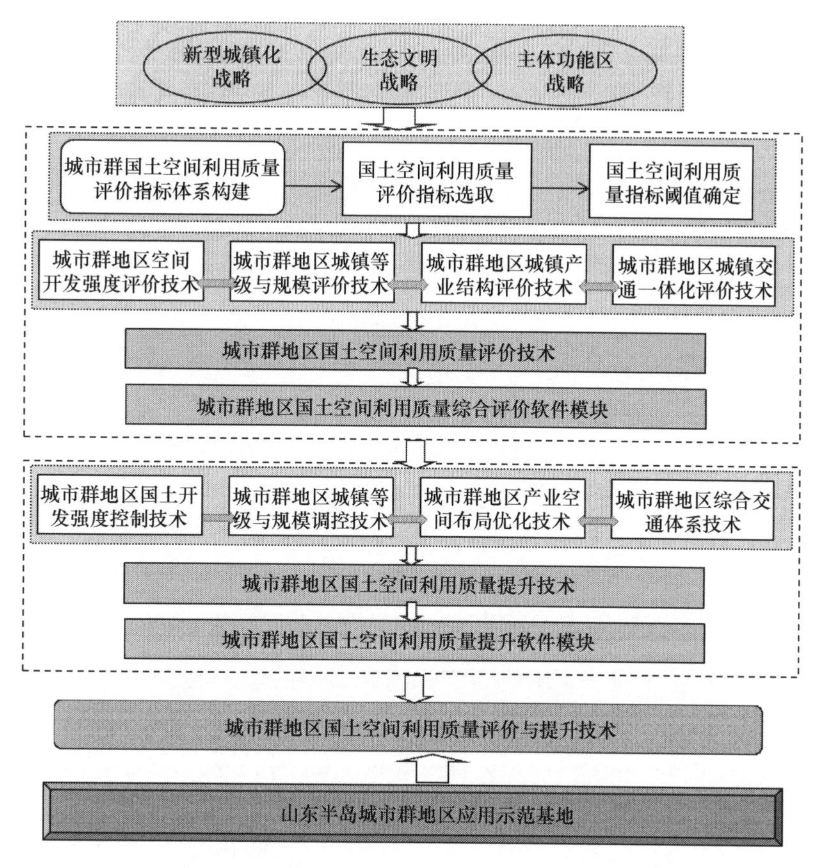

图 2.8　城市群地区国土空间利用质量评价与提升技术路线示意图

2. 实施技术路径

1）开展城市群尺度国土空间利用质量指标研究和示范区现场调研与资料收集

开展城市群尺度国土空间利用质量概念和指标体系的研究，建立反映国土空间利用质量的指标信息类型，深入山东半岛城市群的济南、青岛、烟台、淄博、威海、潍坊、东营、日照 8 个市进行现场调研，深入座谈、走访，了解山东半岛城市群各城镇国土空间利用的现状特征，收集相关的数据和资料，具体包括 2012～2015 年以 Landsat TM 数据为主体、SPOT 数据为补充的中、高分辨率遥感影像，土地利用历史数据，相关专题辅助数据（如交通图、形状区划图、地形图等），以及社会经济统计数据。进行预处理之后，在“3S”①技术的综合支持下，建立满足技术试验研究需要的模拟数据平台。

2）实施城市群地区国土空间利用质量评价关键技术的研发

（1）构建城市群尺度国土空间利用质量评估指标体系框架。首先，按照可比、可量、可获和可行的原则，从城市群地区“三结构一网络”的视角出发，从城市群地区空间开发强度评价、城市群地区城镇等级与规模评价、城市群地区城镇产业结构评价和城市群地区城镇交通一体化评价等方面，构建由目标层–准则层–指标层组成的城市群地区国土空间利用质量评估指标体系。其次，推进城市群尺度国土空间利用质量阈值研发方案。借鉴国内外高质量城市化地区发展的经验判断依据，基于资源环境承载力分析模型和阈值分析模型，综合考虑当地现实情况，制定国土空间利用质量评价阈值标准，采用问卷调查、层次分析、回归模型等定性与定量相结合的方法，研发城市群国土空间利用质量甄别技术，为城市群国土空间质量评价与提升技术的研发奠定基础。实施方案如图 2.9 所示。

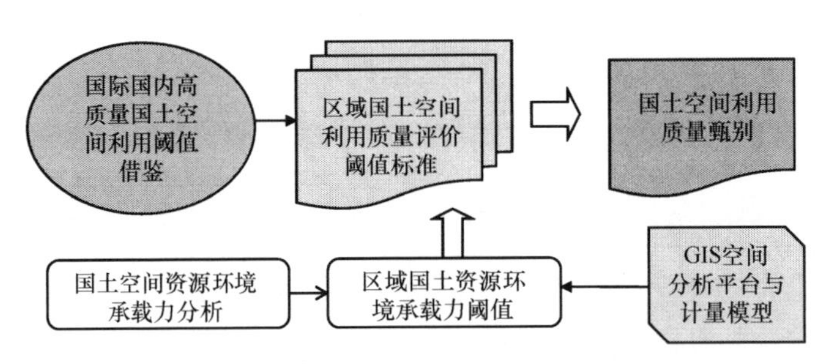

图 2.9　城市群地区国土空间利用质量阈值框架

（2）城市群尺度国土空间利用质量评价技术。按生产空间集约高效、生活空间宜居适度和生态空间安全健康的具体要求，借助 GIS 空间分析平台，综合运用主成分分析法和层次分析法，确定指标理想值和指标权重并进行相应精度的 GIS 格网化，社会经济统计单元为县域单元，分别从城市群地区空间开发强度评价技术、城市群地区城镇等级与规模评价技术、城市群地区城镇产业结构评价技术、城市群地区城镇交通一体化评价技

① “3S”即遥感（RS）、地理信息系统（GIS）、全球定位系统（GPS）。

术对相应的内容进行科学评价，在此基础上，依据城市群尺度国土空间利用质量评估指标体系与阈值，应用 GIS 平台和矢量–栅格数据叠置方法、加权求和方法、乘积法等方法进行要素归并与叠置计算，构建城市群地区国土空间利用质量评价技术，对城市群地区国土空间利用质量进行重点发展潜力区、问题区、保护区和整治区等类型区划分。

（3）城市群尺度国土空间利用质量综合评价系统模块的集成与开发。利用 ArcGIS 提供的 GIS 数据访问及数据分析处理工具组件平台，将 4 个关键技术进行集成，对任意数据图层的属性信息进行相关分析，并给出相关系数矩阵，发现空间关系规律，形成城市群地区国土空间利用质量综合评价软件系统（图 2.10）。在系统开发的同时，进行城市群地区国土空间利用质量综合评价技术规程的编制。

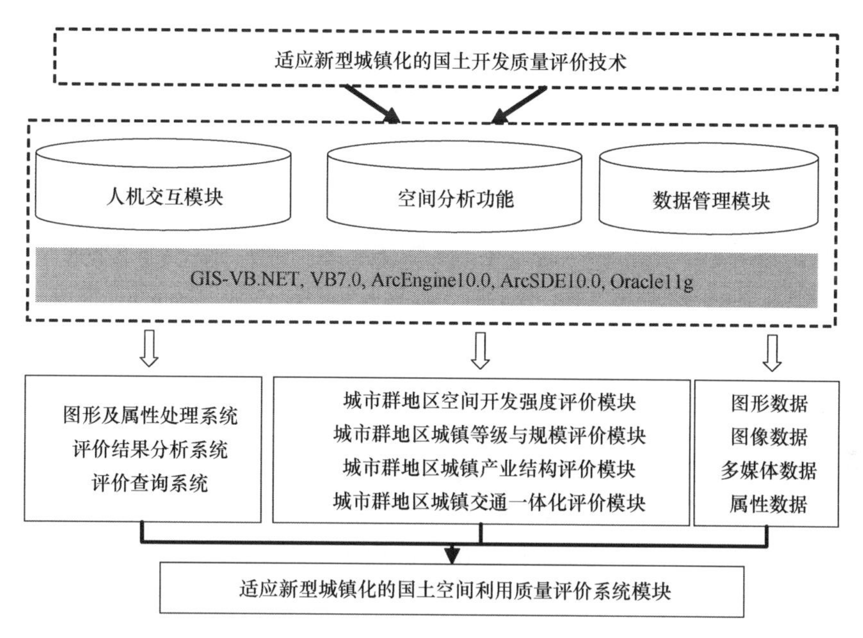

图 2.10　城市群地区国土空间利用质量综合评价系统模块

3）研制城市群地区国土空间利用质量提升关键技术

（1）面向城市群地区国土规划的关键提升技术。在城市群地区国土空间利用质量评价技术的基础上，以服务于城市群国土规划的关键技术应用为目标的预设，借助 GIS 空间分析模型、CA 模型和 SPSS 软件，通过预测各类经济社会指标进行近期、中期和长期目标的预设，设定国土生产空间利用质量评价指标理想阈值，测试现状值与理想阈值之间的差距，明确各类区域的提升方向，研发城市群地区空间开发强度提升技术、城市群地区城镇等级与规模提升技术、城市群地区城镇产业结构提升技术、城市群地区城镇交通一体化提升技术，并将其集成为新型城镇化的城市群地区国土空间利用质量提升技术，以此为基础，集成开发山东半岛城市群地区国土空间利用质量综合提升软件模块（图 2.11）。

（2）城市群地区国土空间利用质量提升系统的集成与开发。在成功开发一系列山东半岛城市群地区国土空间利用质量提升技术的基础上，以 GIS-VB.NET 为系统开发语言，借助 ArcEngine10.0、ArcSDE10.0、Oracle11g 等平台，搭建由空间分析模块（包括城市群地区空间开发强度控制技术模块、城市群地区城镇等级与规模调控技术模块、城市群地区城镇产业空间布局优化技术模块和城市群地区综合交通运输优化技术模块、新型城镇化城市群地区国土空间利用质量综合提升技术模块）、数据管理模块和人机交互模块构成的城市群地区国土空间利用质量提升软件系统模块。

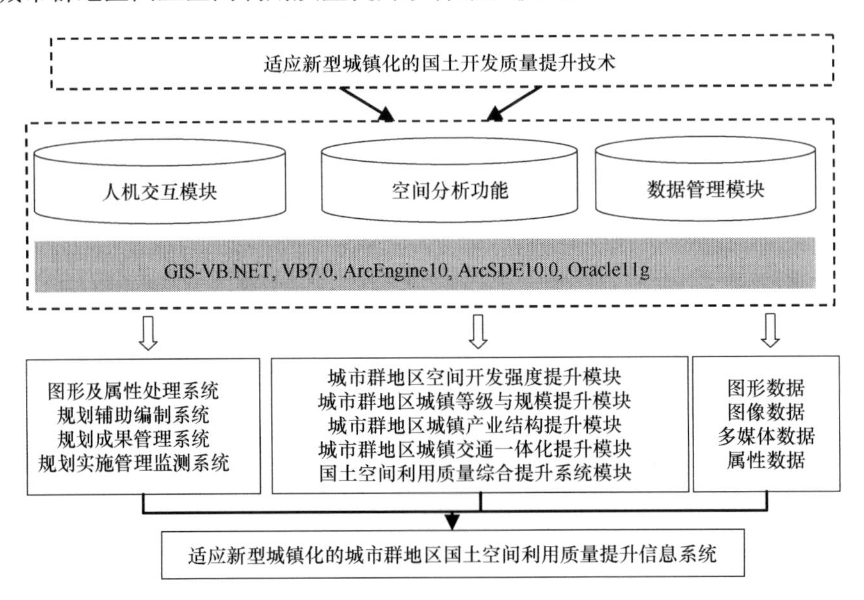

图 2.11　城市群地区国土空间利用质量提升软件系统模块

（3）在山东半岛城市群进行应用示范。以山东半岛城市群为示范试验区，应用开发的一系列适应于城市群地区新型城镇化国土空间利用的关键技术与系统，对山东半岛城市群的国土生产空间、生活空间和生态空间的利用质量进行评价，并从城市群地区空间开发强度控制、城市群地区城镇等级与规模调控、城市群地区城镇产业结构优化和城市群地区城镇交通一体化等方面进行技术和系统的试验与示范。

2.4　城市群地区国土空间利用质量的核心目标与概念框架

2.4.1　城市群国土空间利用质量提升的理想目标

城市群国土空间利用质量是能够满足城市群的健康可持续发展需要的特性总和。根据城市群的定义[2]，城市群的健康可持续发展的理想目标是实现“六个一体化”，即区域性产业发展布局一体化、基础设施建设一体化、区域性市场建设一体化、城乡统筹与城乡建设一体化、环境保护与生态建设一体化、社会发展与社会保障体系建设一体化。将这六个一体化落实在国土空间上，即是“产业发展空间一体化、基础设施空间一体化、城乡建设空间一体化、社会发展空间一体化、市场建设空间一体化、生态环境空间一体化”（图 2.12）。

2.4.2　城市群地区国土空间利用的核心内容分解

用六个一体化对应的城市群特征、城市群国土空间利用特征、城市群国土空间利用质量评价和城市群国土空间利用问题破解，将城市群国土空间利用质量评价的核心内容分解（图 2.13）。由图 2.13 可以看出，城市群产业发展空间一体化是指城市群区域内产业同链、各城市产业功能互补合作、产业（企业）联系紧密。基础设施空间一体化是指城市群区域基础设施共建共享，包括交通同网、信息同享、电力燃气一体化配置。城乡建设空

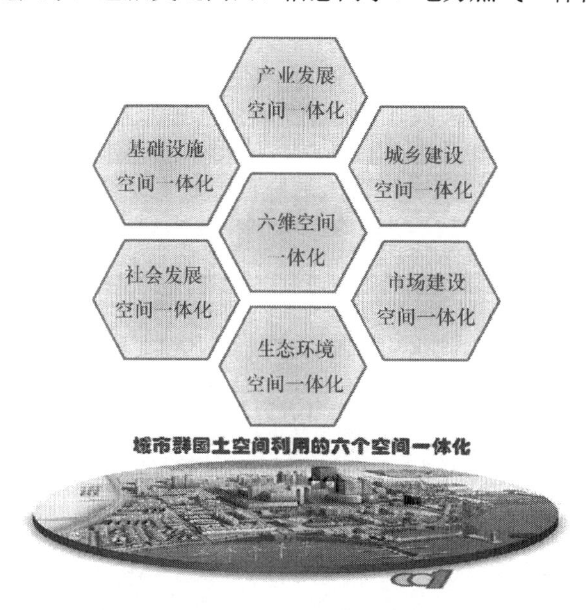

图 2.12　城市群国土空间利用质量提升的理想目标

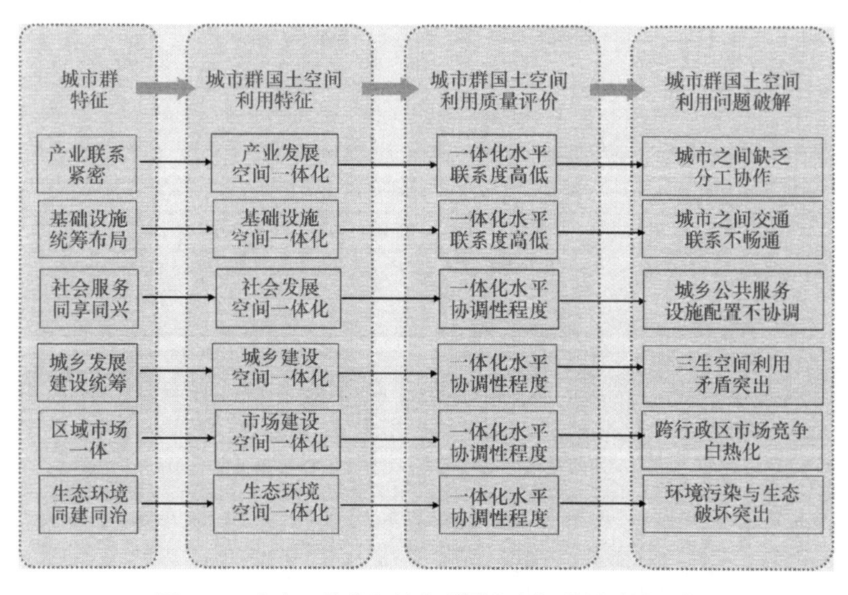

图 2.13　六个一体化与城市群国土空间利用质量评价

间一体化是指城市群区域内城乡统筹、城镇等级体系合理、土地集约利用程度高、城乡用地转换效率高。社会发展空间一体化是指城市群区域的社会公共服务一体化布局，包括金融同城、社保同城、科技同兴、教育均等。市场建设空间一体化是指城市群区域内市场同体，包括市场发育、市场配置、市场交易等方面统筹考虑。生态环境空间一体化是指城市群区域工业废水、废物排放达标率高，城市空气优良率高，绿地覆盖率高等。

2.4.3　城市群地区国土空间利用质量评价的概念框架

基于对国土空间利用质量的概念认知，着眼于新型城镇化对国土空间利用的要求，结合城市群、市域和建成区 3 个空间尺度，从统筹协调、集约高效、生态文明、安全宜居和传承共享 5 个方面建立城市群国土空间利用质量的概念框架（图 2.14）。

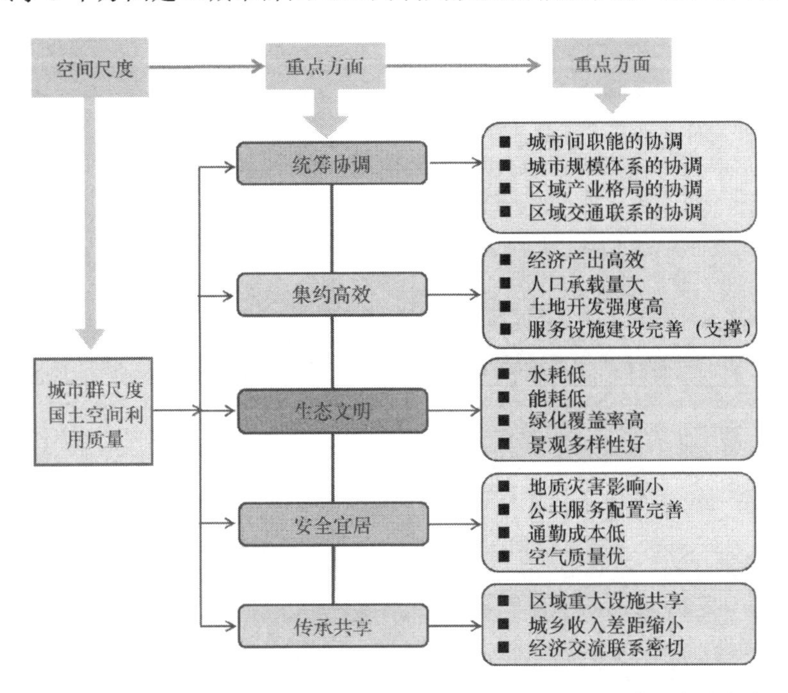

图 2.14　面向新型城镇化要求的城市群国土空间利用质量评价的概念框架

从统筹协调方面来看，城市群尺度的国土空间利用应关注区域内城市间的职能、规模、产业和交通 4 个方面，可用城市群区域城市职能协调指数、城市群区域城镇规模协调指数、城市群区域产业紧凑度、城市群区域交通便捷度等指标来反映。

从集约高效方面来看，城市群尺度的国土空间利用应关注单位国土空间的经济产出和人口承载、土地开发强度和服务设施完善程度，可用工矿建设用地产出率、单位建设用地人口承载量、国土空间产出强度、国土空间开发强度、人均基础设施用地面积等指标来反映。

从生态文明方面来看，城市群尺度的国土空间利用应关注水、能、绿化和景观几个方面，可以用万元 GDP 用水量、万元 GDP 能耗、绿地覆盖率、景观多样性指数几个指标来反映，目的是实现水耗、能耗低，绿化覆盖率达到要求，景观多样性不受破坏。

从安全宜居方面来看，城市群尺度的国土空间利用应关注居住安排、服务周到、出行方便和空气质量，可以用建设用地与地质灾害重合度、公共服务设施配置完备度、城市间通勤时间成本、城市空气质量优良率几个指标来反映。

从传承共享方面来看，城市群尺度的国土空间利用应关注城市间的设施共享、经济联系和收入差距问题，可以用区域性重大基础设施共建共享程度、城乡收入协调度、城市群经济联系强度来反映。

主要参考文献

[1] 樊杰. 我国主体功能区划的科学基础. 地理学报, 2007, 62(4): 339-350.
[2] 方创琳. 城市群空间范围识别标准的研究进展与基本判断. 城市规划学刊, 2009, (4): 1-6.
[3] 于凤芳, 徐红. 山东半岛城市群城市土地集约利用问题及对策. 北方经济, 2009, (2): 74-75.
[4] 胡建平, 吴士良. 苏锡常城市群地区地下水环境问题. 水文地质工程地质, 1998, (4): 7-9.
[5] 盖文启. 我国沿海地区城市群可持续发展问题探析——以山东半岛城市群为例. 地理科学, 2000, 20(3): 274-278.
[6] 吴传清, 李浩. 关于中国城市群发展问题的探讨. 经济前沿, 2003, (Z1): 29-31.
[7] 汪丽. 我国城市群发展现状、问题和对策研究. 宏观经济管理, 2005, (6): 40-42.
[8] 马世发, 黄宏源, 蔡玉梅, 等. 基于三生功能优化的国土空间综合分区理论框架. 中国国土资源经济, 2014, (11): 31-34.
[9] 刘玉, 刘彦随, 郭丽英. 乡村地域多功能的内涵及其政策启示. 人文地理, 2011, 26(6): 103-106.
[10] 刘燕华, 郑度, 葛全胜, 等. 关于开展中国综合区划研究若干问题的认识. 地理研究, 2005, 24(3): 321-329.
[11] 方创琳, 鲍超, 张传国. 干旱地区生态–生产–生活承载力变化情势与演变情景分析. 生态学报, 2003, 23(9): 1915-1923.
[12] 王强, 伍世代, 李永实, 等. 福建省域主体功能区划分实践. 地理学报, 2009, 64(6): 725-735.
[13] 朱传耿, 仇方道, 马晓冬, 等. 地域主体功能区划理论与方法的初步研究. 地理科学, 2007, 27(2): 136-141.
[14] 刘秀花, 李永宁, 李佩成. 西北地区不同地域生态–经济–社会综合区划指标体系研究. 干旱区地理, 2011, (4): 642-648.
[15] 杜红亮. 土地利用功能统筹研究的理论与实践——以河北省和冀中区为例. 北京: 中国科学院博士学位论文, 2007.
[16] 刘彦随, 刘玉, 陈玉福. 中国地域多功能性评价及其决策机制. 地理学报, 2011, 66(10): 1379-1389.
[17] 念沛豪, 蔡玉梅, 张文新, 等. 面向综合区划的国土空间地理实体分类与功能识别. 经济地理, 2014, 34(12): 7-14.
[18] Chen J F, Wei S Q, Chang K T, et al. A comparative case study of cultivated land changes in Fujian and Taiwan. Land Use Policy, 2007, 24(2): 386-395.
[19] Barbera E C, Curro C, Valenti G. A hyperbolic model for the effects of urbanization on air pollution. Applied Mathematical Modelling, 2010, 34(8): 2192-2202.
[20] 封志明, 唐焰, 杨艳昭, 等. 中国地形起伏度及其与人口分布的相关性. 地理学报, 2007, 62(10): 1237-1249.
[21] Ren W W. Urbanization, land use, and water quality in Shanghai 1947-1996. Environment International, 2003, 29(5): 649-659.
[22] 鲍超. 干旱区城市化进程中的水资源约束力研究. 北京: 中国科学院博士学位论文, 2007.

[23] 黄金川, 方创琳. 城市化与生态环境交互耦合机制与规律性分析. 地理研究, 2003, 22(3): 212-220.
[24] 包宗华. 住宅与房地产. 北京: 中国建筑工业出版社, 2002.
[25] 王洋, 方创琳, 盛长元. 扬州市住宅价格的空间分异与模式演变. 地理学报, 2013, 68(8): 1082-1096.
[26] 徐红芬. 我国社会保障水平及适度水平的统计研究. 长沙: 湖南大学硕士学位论文, 2005.
[27] 王德利. 中国城市化质量的调控机理与提升对策研究. 北京: 中国科学院博士学位论文, 2011.
[28] 陈斌开, 林毅夫. 发展战略、城市化与中国城乡收入差距. 中国社会科学, 2013, (4): 81-102.
[29] Henderson V. The urbanization process and economic growth: the so-what question. Journal of Economic Growth, 2003, 8(1): 47-71.
[30] 国务院发展研究中心和世界银行联合课题组, 李伟, Indrawati S M, 等. 中国: 推进高效、包容、可持续的城镇化. 管理世界, 2014, (4): 5-41.
[31] Zhang K H, Song S. Rural-urban migration and urbanization in China: evidence from time-series and cross-section analyses. China Economic Review, 2003, 14(4): 386-400.
[32] 陆大道, 姚士谋. 中国城镇化进程的科学思辨. 人文地理, 2007, 22(4): 1-5.
[33] Kolko J. "Can I Get Some Service Here? Information Technologies, Service Industries and the Future of Cities". Working Paper Harvard University, 1999.
[34] 柯善咨, 赵曜. 产业结构、城市规模与中国城市生产率. 经济研究, 2014, (4): 76-88.
[35] 李广东. 城镇空间集约利用功能识别与优化调控研究. 北京: 中国科学院博士学位论文, 2014.
[36] 刘成武, 李秀彬. 基于生产成本的中国农地利用集约度的变化特征. 自然资源学报, 2006, 21(1): 9-15.
[37] 宋小青, 欧阳竹. 1999-2007 年中国粮食安全的关键影响因素. 地理学报, 2012, 67(6): 793-803.
[38] Garnett T, Appleby M C, Balmford A, et al. Sustainable intensification in agriculture. Science, 2013, 341(6141): 33 -34.
[39] Foley J A, Ramankutty N, Brauman K A, et al. Solutions for a cultivated planet. Nature, 2011, 478(7369): 337-342.
[40] Chen J. Rapid urbanization in China: a real challenge to soil protection and food security. Catena, 2007, 69(1): 1-15.
[41] 张琳, 张凤荣, 安萍莉, 等. 不同经济发展水平下的耕地利用集约度及其变化规律比较研究. 农业工程学报, 2008, 24(1): 108-112.
[42] 闫慧敏, 刘纪远, 曹明奎. 近 20 年中国耕地复种指数的时空变化. 地理学报, 2005, 60(4): 559-566.
[43] Huang J K, Wang X B, Zhi H Y, et al. Subsidies and distortions in China's agriculture: evidence from producer-level data. The Australian Journal of Agricultural and Resource Economics, 2010, 55(1): 53-71.
[44] 乔标, 方创琳. 城市化与生态环境协调发展的动态耦合模型及其在干旱区的应用. 生态学报, 2005, 25(11): 3003-3009.

第3章　城市群地区国土空间利用质量评价的技术方法

国土空间是一个复杂的、立体的、多样的空间，国土空间利用质量评价则是一个技术性难题。依据国土空间利用质量的概念界定和概念框架构建，在经过多轮研究、讨论和专家咨询的基础上，建立了由新型城镇化所倡导的统筹协调、集约高效、生态文明、安全宜居和传承共享5个方面的二级指标和20个三级指标构成的城市群国土空间利用质量评价指标体系，研发了评价指标的数据标准化方法、权重确定方法、综合测算方法和评价指数计算等技术方法，并对每个指数的阈值厘定进行了专门研究；最后以山东半岛城市群为案例，对城市群地区国土空间利用质量评价的技术方法进行了实地评价应用，并取得了较好的效果。

3.1　城市群地区国土空间利用质量评价的指标体系

国土空间利用质量评价指标体系的构建过程是一个不断否定、不断提升和螺旋上升的过程，先后经历了6次构建，最终确定了城市群地区国土空间利用质量评价的指标体系。指标体系的设计原则如下：①针对性原则。针对城市群地区的国土空间特征，区别于国家尺度、城市市域尺度和城市建成区尺度，把握城市群国土空间的问题和重要特征，基于此建立评价指标。②可行性原则。数据可获得、评价方法可推广。评价所需的数据可以通过各种途径获得，并能保证数据的客观性；尽可能选择通用的指标，评价方法可以应用到全国其他各城市群的国土空间利用质量评价中去。③实用性原则。对国土空间利用质量提升具有监测作用，针对城市群国土空间在多种类型利用中存在的现实问题，通过检测评价，为解决国土空间的现实问题提供客观依据。④动态性原则。把握时代特征和变化的需求，将新型城镇化对国土空间利用的新要求与不同功能空间的差异要求应用于评价准则的制定中。

3.1.1　国土空间利用质量评价理想指标体系

（1）设计特点：自下而上，指标全面。

（2）构建思路：全面掌握现有文献中的相关评价指标，尽可能将国土空间利用相关的指标都纳入指标体系，包括生产空间中的开发区土地集约利用评价、建设用地节约集约利用评价、农用地质量分级评价；生活空间中的宜居性评价；生态空间中的环境质量评价、生态评价等内容，力求综合、全面。

（3）主要内容：从国土生产空间利用质量指数B1、国土生活空间利用质量指数B2、国土生态空间利用质量指数B3、国土“三生空间”协调利用质量指数B4共4个基准层和国土生产空间利用效益指数C1、国土生产空间利用强度指数C2、国土生产空间利用可持续性指数C3、国土生活空间适宜程度C4、国土生活空间便捷程度C5、国土生活空间保障程度C6、国土生活空间安全程度C7、国土生态空间生态利用质量指数C8、国土生态空间环境利用质量指数C9、国土生态空间景观利用质量C10、“三生空间”结构协调度C11、“三生空间”规模协调度C12、“三生空间”功能协调度C13共13个准则层出发，建立完备的指标体系。

（4）指标数量：88个（表3.1）。

（5）存在问题：指标数量过多，指标之间重叠、相关联，指标与国土空间利用的贴切程度不够，很多指标不易获取。

表3.1 城市群地区国土空间利用质量评价的理想指标体系

目标层	基准层	准则层	指标层		指标说明
国土空间利用质量A	国土生产空间利用质量指数B1（集约高效）	国土生产空间利用效益指数C1	D1	城镇工矿建设用地产出率/（万元/km^2）	该指标是反映城镇工矿建设用地对GDP贡献程度的基本指标。城镇工矿建设用地产出率＝地区GDP/城镇工矿建设用地面积。城镇工矿建设用地，即城市建设、建制镇建设用地和独立工矿用地之和。该指标是新型城镇化评价指标之一
			D2	城市土地开发利用率/%	该指标是城镇工矿用地扣除闲置地、空闲地的总面积占城镇工矿用地的比重，反映土地的利用效率
			D3	城市地均财政收入/（万元/km^2）	该指标反映地均政府的财政收入水平，是建设用地利用的效益指标之一
			D4	地均农用地第一产业产值/（万元/km^2）	该指标反映地均农用地第一产业产值水平，是农用地利用的效益指标之一
			D5	粮食播种面积单产/（t/km^2）	该指标反映单位面积耕地的产能，是农用地利用的效益指标之一
			D6	地均工矿仓储用地第二产业产值/（万元/km^2）	该指标反映地均工矿仓储用地第二产业产值水平，是建设用地利用的效益指标之一
			D7	地均商服用地第三产业产值/（万元/km^2）	该指标反映地均商服用地第三产业产值水平，是建设用地利用的效益指标之一
			D8	土地销售产出率/（万元/km^2）	该指标指单位土地面积产出的工业销售收入，可以考核开发区土地利用效率和产出规模，是开发区评价指标之一
			D9	土地增加值产出率/（万元/km^2）	该指标指单位土地面积产出的工业增加值，可以考核开发区土地对地区生产总值的贡献，是开发区评价指标之一
			D10	土地利润产出率/（万元/km^2）	该指标指单位土地面积产出的工业利润，可以考核开发区土地实现的盈利能力，是开发区评价指标之一
			D11	农民人均纯收入/（元/人）	该指标反映的是该地区农村居民收入的平均水平，间接反映农业用地的产出效益
			D12	城镇居民人均可支配收入/（元/人）	该指标反映居民家庭全部现金收入能用于安排家庭日常生活的那部分收入，间接反映非农用地的产出效益

续表

目标层	基准层	准则层	指标层		指标说明
国土空间利用质量A	国土生产空间利用质量指数B1（集约高效）	国土生产空间利用强度指数C2	D13	地均建设用地吸纳劳动力数量/（万人/km^2）	该指标反映劳动力人口在单位建设用地的聚集程度
			D14	地均建设用地固定资产投资/（万元/km^2）	该指标反映固定资产投资在单位建设用地的聚集程度，固定资产投资总额/建设用地规模
			D15	城市人均建设用地面积/（m^2/人）	该指标反映建设用地利用强度，城镇建设用地面积/城镇人口
			D16	人均耕地面积/（m^2/人）	该指标反映耕地的利用强度，年末耕地面积/总人口
			D17	耕地灌溉保证率/%	该指标是有效灌溉面积/耕地面积
			D18	城市建设用地人口密度/（万人/km^2）	该指标反映建设用地利用强度，城镇人口/城镇建设用地面积
			D19	产业集聚率/%	该指标指开发区重点发展的主导产业销售收入占整个是开发区销售收入的比率，主要考核开发区的产业集聚度，是开发区评价指标之一
		国土生产空间利用可持续性指数C3	D20	万元GDP能耗	该指标是体现节能减排的重要指标，也是转变经济发展方式的标志。万元GDP能耗=地区能源消耗总量/地区GDP，是新型城镇化评价指标之一
			D21	万元GDP用水量	该指标是反映水资源集约利用程度的指标。万元GDP用水量＝地区水消耗总量/地区GDP 总量，是新型城镇化评价指标之一
			D22	万元GDP废气排放量	该指标反映经济发展对大气的污染状况，是评价可持续发展的指标之一
			D23	万元GDP固体废物排放量	该指标反映经济发展对环境的污染状况，是评价可持续发展的指标之一
			D24	水土资源协调度	利用水资源量、耕地资源量计算，反映农业生产中水土资源的协调程度
			D25	城市可再生能源消费比重/%	该指标反映了城市生产空间的可持续发展性，是新型城镇化评价指标之一
			D26	复种指数/%	该指标指在同一地块耕地面积上种植农作物的平均次数，即年内耕地上农作物总播种面积与耕地面积之比
			D27	农用化肥施用强度	该指标是反映农村生态环境破坏程度、农村耕地利用质量的指标。化肥施用强度是指本年内单位面积耕地实际用于农业生产的化肥数量。化肥施用量要求按折纯量计算。化肥施用强度＝农作物化肥使用总量折纯/播种面积×100%
			D28	农药施用强度/（kg/hm^2）	该指标是反映农村生态环境破坏程度的指标，是评价可持续发展的指标之一
	国土生活空间利用质量指数B2（宜居适度）	国土生活空间适宜程度C4	D29	城市建筑密度/%	该指标是反映城镇生活空间适宜度的重要指标。城市建筑密度=总建筑面积/总用地面积
			D30	城镇人均住房建筑面积/（m^2/人）	该指标是反映城市居住水平的基本指标，人均住房建筑面积＝城市住房建筑总面积/城市总人口，是新型城镇化评价指标之一
			D31	农村人均宅基地面积/（m^2/人）	该指标是反映农村居住水平的基本指标。人均住房建筑面积＝城市住房建筑总面积/城市总人口。新型城镇化评价指标之一

续表

目标层	基准层	准则层	指标层		指标说明
国土空间利用质量A	国土生活空间利用质量指数B2（宜居适度）	国土生活空间适宜程度C4	D32	城市人均公园绿地面积/m^2	该指标是反映城镇生态功能的重要指标。人均公园绿地面积=城市公园绿地面积/城市总人口。按照《中国宜居城市科学评价标准》的要求，宜居城市人均公园绿地面积需要超过$10m^2$。该指标是新型城镇化评价指标之一
			D33	城市建成区绿地率/%	该指标是反映城镇生态功能的重要指标。城市建成区绿地率=城市建成区绿地面积/城市建成区面积。该指标是新型城镇化评价指标之一
			D34	人均公共管理与公共服务用地面积/（m^2/人）	该指标反映了城市居民享有公共管理与公共服务设施的公平性
		国土生活空间便捷程度C5	D35	人均交通运输用地/（m^2/人）	该指标是反映城市基础设施水平的基本指标。人均交通运输用地=总交通道路面积/总用地面积
			D36	城市每万人拥有公交车辆/辆	该指标是反映城市公共交通状况的基本指标。城市每万人拥有公交车辆＝城市公交车辆标台数/城市人口。该指标是新型城镇化评价指标之一
			D37	城市社区综合服务设施覆盖率/%	该指标反映了城市居民享有社区综合服务设施的便捷性
			D38	每万人拥有图书馆、文化馆、科技馆数量/个	该指标是宜居城市评价标准之一
			D39	城市道路网密度/（km/km^2）	该指标是反映城市基础设施水平的基本指标。城市道路网密度＝宽度3.5m以上的城市道路总长度/城市建设用地面积。该指标是新型城镇化评价指标之一
			D40	互联网普及率/%	该指标是反映城市信息化程度的基本指标。互联网普及率＝年末互联网宽带用户数/人口总数，一般用“户/100人”来表示。该指标是新型城镇化评价指标之一
			D41	道路可达性指数	该指标反映城市居民日常通勤和出行的便捷程度
			D42	公共设施可达性指数	该指标反映了城市内部公共设施的通达性
		国土生活空间保障程度C6	D43	房地产开发投资比重/%	该指标反映城市居民居住空间的保障情况
			D44	城市综合容积率	该指标反映城市居民居住空间的保障情况和居住舒适情况
			D45	住房保障支出占比/%	该指标反映城市政府财政中住房保障支出比例
			D46	燃气普及率/%	该指标是反映城市基础设施水平的基本指标。燃气普及率＝城市内用气人口/城市总人口。该指标是新型城镇化评价指标之一
			D47	用水普及率/%	该指标是反映城市基础设施水平的基本指标。用水普及率＝城市内用水人口/城市总人口。该指标是新型城镇化评价指标之一
			D48	农村宅基地变化率指数	该指标反映农民居住空间的保障情况
		国土生活空间安全程度C7	D49	城市交通事故率/%	该指标是反映城市交通安全状况的指标
			D50	城市刑事案件发案率/%	该指标是反映城市社会治安状况的指标
			D51	城镇登记失业率/%	该指标指在报告期末城镇登记失业人数占期末城镇从业人员总数与期末实有城镇登记失业人数之和的比重，从侧面反映了城市社会稳定程度

续表

目标层	基准层	准则层	指标层		指标说明
国土空间利用质量A	国土生活空间利用质量指数B2（宜居适度）	国土生活空间安全程度C7	D52	自然灾害受灾和成灾面积占比/%	受灾面积是指年内因遭受旱灾、水灾、风雹灾、霜冻、病虫害及其他自然灾害，使农作物较正常年景产量减产一成以上的农作物播种面积。成灾面积是指在遭受上述自然灾害的受灾面积中，农作物实际收获量较常年产量减少3成以上的播种面积
			D53	城市人均警务人员数/人	该指标是反映城市社会治安状况的指标
	国土生态空间利用质量指数B3（山清水秀）	国土生态空间生态利用质量指数C8	D54	生态系统服务价值	生态系统服务（ecosystem services）是指人类直接或间接从生态系统得到的利益
			D55	生物丰度指数	该指标是指通过单位面积上不同生态系统类型在生物物种数量上的差异，间接地反映被评价区域内生物丰度的丰贫程度。该指标来自生态环境状况评价技术规范（试行）
			D56	水土流失治理率/%	该指标指某区域范围某时段内，水土流失治理面积除以原水土流失面积
			D57	净初级生产力（NPP）	净初级生产力（net primary productivity）是指从植物在单位时间单位面积上由光合作用产生的有机物质总量中扣除自养呼吸后的剩余部分
			D58	土地退化指数	该指标指被评价区域内风蚀、水蚀、重力侵蚀、冻融侵蚀和工程侵蚀的面积占被评价区域面积的比重，用于反映被评价区域内土地退化程度。该指标来自生态环境状况评价技术规范（试行）
			D59	生境敏感性指数	该指标反映生物栖息地的敏感性程度
			D60	水网密度指数	该指标指被评价区域内河流总长度、水域面积和水资源量占被评价区域面积的比重，用于反映被评价区域水的丰富程度。该指标来自生态环境状况评价技术规范（试行）
		国土生态空间环境利用质量指数C9	D61	城市空气质量优良率/%	该指标主要反映城镇空气污染状况。城市空气质量优良率=城市空气质量达到优良的天数/年总天数。该指标是新型城镇化评价指标之一
			D62	PM2.5指数	该指标是反映大气污染程度的常用指标，细颗粒物指数已经成为一个重要的测控空气污染程度的指数
			D63	城市生活垃圾无害化处理率/%	该指标是反映城市生态环境处理设施水平的指标。城市生活垃圾无害化处理率=城市生活垃圾无害化处理的质量/城市生活垃圾产生的总质量。该指标是新型城镇化评价指标之一
			D64	城市生活污水处理率/%	该指标是指城市污水处理量与污水排放总量的比率，该指标是反映城市生态环境处理改善水平的指标
			D65	工业二氧化硫排放量/t	该指标是指报告期内企业在燃料燃烧和生产工艺过程中排入大气的SO_2总量
			D66	工业废水排放达标率/%	该指标是指城市（地区）工业废水排放达标量占其工业废水排放总量的百分比
			D67	工业固体废物综合利用率/%	该指标是反映城市生态环境处理改善水平的指标
			D68	化学需氧量（COD）	该指标以化学方法测量水样中需要被氧化的还原性物质的量，反映了水中受还原性物质污染的程度

续表

目标层	基准层	准则层	指标层		指标说明
国土空间利用质量A	国土生态空间利用质量指数B3（山清水秀）	国土生态空间景观利用质量C10	D69	景观多样性指数	该指标反映斑块类型的多少（即丰富度）和各斑块类型在面积上分布的均匀程度
			D70	景观破碎度	破碎度表征景观被分割的破碎程度，反映景观空间结构的复杂性，在一定程度上反映了人类对景观的干扰程度
			D71	植被覆盖指数（NDVI）	植被覆盖指数用于检测植被生长状态、植被覆盖度等
			D72	景观分维数	该指标反映了不同空间尺度的性状的复杂性
			D73	景观分裂指数	该指标是指某一景观类型中不同斑块数个体分布的分离度
	国土“三生空间”协调利用质量指数B4（统筹协调）	“三生空间”结构协调度C11	D74	城镇密度/（个/km^2）	该指标是指单位面积内城镇的数目，或者某一区域内城镇的数目。该指标反映城市群地区城镇的空间集聚程度
			D75	城市首位度	该指标反映城市群地区的城市规模等级结构
			D76	交通路网覆盖度/（km/km^2）	该指标是反映城市群地区基础设施水平的基本指标
			D77	第三产业产值占比	该指标反映一个地区产业结构的现代化程度
			D78	生态空间面积比重/%	该指标反映一个地区生态空间在“三生空间”中的面积比重结构
		“三生空间”规模协调度C12	D79	常住人口城市化水平/%	该指标是反映城市人口规模，是新型城镇化评价指标之一
			D80	城镇建设用地与经济增长弹性系数	城镇建设用地的变化面积/城镇GDP变化
			D81	耕地面积与经济增长弹性系数	耕地的变化面积/农村GDP变化
			D82	户籍人口城市化水平/%	该指标是反映城市人口规模，是新型城镇化评价指标之一
			D83	城镇建设用地与人口增长弹性系数	城镇建设用地的变化面积/城镇人口变化
			D84	耕地面积与人口增长弹性系数	耕地的变化面积/总人口变化
		“三生空间”功能协调度C13	D85	恩格尔系数	该指标是衡量一个家庭或一个地区富裕程度的主要标准之一
			D86	基尼系数	该指标反映城市群区域的贫富差距和社会和谐程度
			D87	城乡收入比	该指标反映一个地区城乡居民的收入差距
			D88	城乡居民幸福度指数	该指标是反映“三生空间”功能协调的综合指数

3.1.2 国土空间利用质量评价的精简指标体系

（1）设计特点：数据可行，指标实用，针对性强。

（2）构建思路：在完备体系的基础上，根据指标的适宜性、数据的可获得性，在吸取专家建议的基础上，精简为45个可用指标。

（3）主要内容：从国土生产空间利用质量指数 B1（集约高效）、国土生活空间利用质量指数 B2（宜居适度）、国土生态空间利用质量指数 B3（山清水秀）3 个基准层和国土生产空间利用强度指数 C1、国土生产空间利用效率指数 C2、国土生活空间适宜程度 C3、国土生活空间便捷程度 C4、国土生态空间生态功能指数 C5、国土生态空间环境质量指数 C6 和国土生态空间景观质量 C7 共 7 个准则层出发，建立由 45 个指标构成的可行指标体系。

（4）指标数量：45 个（表 3.2）。

表 3.2　城市群地区国土空间利用质量评价的精简指标体系

目标层	基准层	准则层	指标层		指标说明
国土空间利用质量 A	国土生产空间利用质量指数 B1（集约高效）	国土生产空间利用强度指数 C1	D1	国土空间开发强度/%	即区域内建设用地面积占总行政区域面积的比值，建设用地是包括城市建设用地和农村建设用地在内的所有建设用地
			D2	国土空间投资强度/（万元/km²）	即固定资产投资额除以国土总面积
			D3	单位建设用地非农就业密度/（万人/km²）	该指标反映劳动力人口在单位建设用地的聚集程度
			D4	城市人均建设用地面积/（m²/人）	该指标反映建设用地利用强度，城镇建设用地面积/城镇人口
			D5	灌溉系数/%	灌溉系数，即耕地灌溉保证率，有效灌溉面积/耕地面积
			D6	农药施用强度/（kg/hm²）	该指标是指本年内实际用于农业生产的农药施用量与耕地总面积之比
			D7	农用化肥施用强度/%	该指标指本年内单位面积耕地实际用于农业生产的化肥数量。化肥施用量要求按折纯量计算。化肥施用强度＝农作物化肥使用总量折纯/播种面积×100%
		国土生产空间利用效率指数 C2	D8	经济密度/（万元/km²）	该指标用单位国土面积的 GDP 来衡量
			D9	工矿建设用地产出率/（万元/km²）	该指标是反映城镇工矿建设用地对工业增加值贡献程度的基本指标，城镇工矿建设用地产出率＝地区 GDP/城镇工矿建设用地面积。城镇工矿建设用地，即城市建设、建制镇建设用地和独立工矿用地之和。该指标是新型城镇化评价指标之一
			D10	城市地均财政收入/（万元/km²）	该指标反映地均政府的财政收入水平，是建设用地利用的效益指标之一
			D11	粮食播种面积单产/（t/km²）	该指标反映单位面积耕地的产能，是农用地利用的效益指标之一
			D12	经济密度动态变化率/%	该指标反映单位国土面积的经济效率的动态变化
			D13	工矿建设用地产出变化率/%	该指标反映单位工矿建设用地的经济效率的动态变化
			D14	生产空间增量变化率/%	该指标是指工矿建设用地占国土面积比重的动态变化
	国土生活空间利用质量指数 B2（宜居适度）	国土生活空间适宜程度 C3	D15	综合容积率/%	该指标反映城市居民居住空间的保障情况和居住舒适情况
			D16	城镇居民人均居住面积/（m²/人）	该指标是反映城市居住水平的基本指标，城镇居民人均住房面积＝城市住房建筑总面积/城市总人口
			D17	农村居民人均居住面积/（m²/人）	该指标是反映农村居住水平的基本指标，农村居民人均住房面积＝农村住房建筑总面积/农村总人口

续表

目标层	基准层	准则层	指标层		指标说明
国土空间利用质量A	国土生活空间利用质量指数B2（宜居适度）	国土生活空间适宜程度C3	D18	城市人均公共绿地面积/m^2	该指标反映城镇生态功能。城市人均公共绿地面积=城市公共绿地面积 /城市非农业人口。该指标是新型城镇化评价指标之一
			D19	绿化覆盖率/%	该指标是指城市建成区绿化覆盖率，是反映城镇生态功能的重要指标。绿化覆盖率=绿化垂直投影面积之和/占地面积，是新型城镇化评价指标之一
			D20	生活空间增量变化率/%	该指标是指生活用地占国土面积比重的动态变化
		国土生活空间便捷程度C4	D21	人均交通运输用地/（m^2/人）	该指标是反映城市基础设施水平的基本指标，人均交通运输用地=总交通道路面积/总用地面积
			D22	单位面积公交线路长度/（km/km^2）	该指标是反映城市公共交通状况的基本指标，是新型城镇化评价指标之一
			D23	医疗、教育设施配置密度/（个/km^2）	该指标反映了城市居民享有社区综合服务设施的便捷性
			D24	文化设施配置强度	该指标指每万人拥有图书馆、文化馆、科技馆数量（个），是宜居城市评价标准之一
			D25	城市道路网密度/（km/km^2）	该指标是反映城市基础设施水平的基本指标。城市道路网密度＝宽度 3.5m 以上的城市道路总长度/城市建设用地面积，是新型城镇化评价指标之一
			D26	互联网普及率/%	该指标是反映城市信息化程度的基本指标。互联网普及率＝年末互联网宽带用户数/人口总数，一般用“户/100人”来表示，是新型城镇化评价指标之一
	国土生态空间利用质量指数B3（山清水秀）	国土生态空间生态功能指数C5	D27	生态系统服务价值	生态系统服务是指人类直接或间接从生态系统得到的利益
			D28	生物丰度指数	该指标指通过单位面积上不同生态系统类型在生物物种数量上的差异，间接地反映被评价区域内生物丰度的丰贫程度。该指标来自《生态环境状况评价技术规范（试行）》
			D29	净初级生产力（NPP）	净初级生产力（net primary productivity）是指从植物在单位时间单位面积上由光合作用产生的有机物质总量中扣除自养呼吸后的剩余部分
			D30	水网密度指数	该指标指被评价区域内河流总长度、水域面积和水资源量占被评价区域面积的比重，用于反映被评价区域水的丰富程度。该指标来自《生态环境状况评价技术规范（试行）》
			D31	单位国土空间能耗/（吨标准煤/km^2）	该指标是体现节能减排的重要指标，也是转变经济发展方式的标志。单位国土空间能耗=地区能源消耗总量/地区总面积
			D32	单位国土空间水耗/（m^3/km^2）	该指标是反映水资源集约利用程度的指标。单位国土空间水耗＝地区水消耗总量/地区总面积
			D33	地均固体废物排放量/（t/km^2）	该指标反映经济发展对环境的污染状况，是评价可持续发展的指标之一
		国土生态空间环境质量指数C6	D34	城市空气质量优良率/%	该指标反映城镇空气污染状况。城市空气质量优良率=城市空气质量达到优良的天数/年总天数。新型城镇化评价指标之一
			D35	PM2.5 指数	该指标是反映大气污染程度的常用指标，细颗粒物指数已经成为一个重要的测控空气污染程度的指数

续表

目标层	基准层	准则层	指标层		指标说明
国土空间利用质量 A	国土生态空间利用质量指数 B3（山清水秀）	国土生态空间环境质量指数 C6	D36	城市生活垃圾无害化处理率/%	该指标是反映城市生态环境处理设施水平的指标。城市生活垃圾无害化处理率=城市生活垃圾无害化处理的重量/城市生活垃圾产生的总重量。该指标是新型城镇化评价指标之一
			D37	城市生活污水处理率/%	该指标是指城市污水处理量与污水排放总量的比率，是反映城市生态环境处理改善水平的指标
			D38	工业二氧化硫排放量/t	该指标是指报告期内企业在燃料燃烧和生产工艺过程中排入大气的 SO_2 总量
			D39	工业废水排放达标率/%	指城市（地区）工业废水排放达标量占其工业废水排放总量的百分比
			D40	工业固体废物综合利用率/%	该指标是反映城市生态环境处理改善水平的指标
			D41	化学需氧量（COD）	该指标以化学方法测量水样中需要被氧化的还原性物质的量，反映了水中受还原性物质污染的程度
		国土生态空间景观质量 C7	D42	景观多样性指数	该指标反映斑块类型的多少（即丰富度）和各斑块类型在面积上分布的均匀程度
			D43	景观破碎度	破碎度表征景观被分割的破碎程度，反映景观空间结构的复杂性，在一定程度上反映了人类对景观的干扰程度
			D44	景观分维数	该指标反映了不同空间尺度的性状的复杂性
			D45	景观分裂指数	该指标是指某一景观类型中不同斑块数个体分布的分离度

（5）存在问题：一是建立城市群尺度国土空间利用质量评价的概念模型，应考虑城市群尺度与市域、建成区尺度国土空间的差别，重点关注城市群内部的城镇、产业、人口之间的联系和辐射问题。二是指标体系要精练，反映城市群国土空间利用的共性问题，指标在 15～20 个为宜。

3.1.3　国土空间利用质量评价的概念指标体系

（1）设计特点：自上而下，指标的解释性强。

（2）构建思路：重新考虑指标体系，运用“三生空间”的理念，从“三生空间”的关系、区别、特性入手，围绕城市群国土空间的空间功能、利用方式建立指标体系，关注城市群内部的生产、生活、生态空间的质量、联系、结构。

（3）主要内容：从城市群尺度的国土利用出发，围绕国土“三生空间”的主体功能，建立了 12 个指数构成的指标体系，突出体现城市群的内部联系特征。在生产空间方面，构建国土生产空间利用质量指数，反映国土空间的集约高效程度，包含国土生产空间利用效益指数、国土生产空间利用强度指数、国土生产空间利用可持续性指数；在生活空间方面，构建国土生活空间利用质量指数，反映国土空间的宜居适度程度，包含国土生活空间适宜程度、国土生活空间便捷程度、国土生活空间保障程度、国土生活空间安全程度；在生态空间方面，构建国土生态空间利用质量指数，反映国土空间的山清水秀，包含国土生态空间生态利用质量指数、国土生态空间环境利用质量指数、国土生态空间景观利用质量；在“三生协调”方面，构建国土“三生空间”协调利用质量指数，包含“三生空间”结构协调度、“三生空间”规模协调度、“三生空间”功能协调度。

（4）指标数量：12 个指数（图 3.1～图 3.4）。

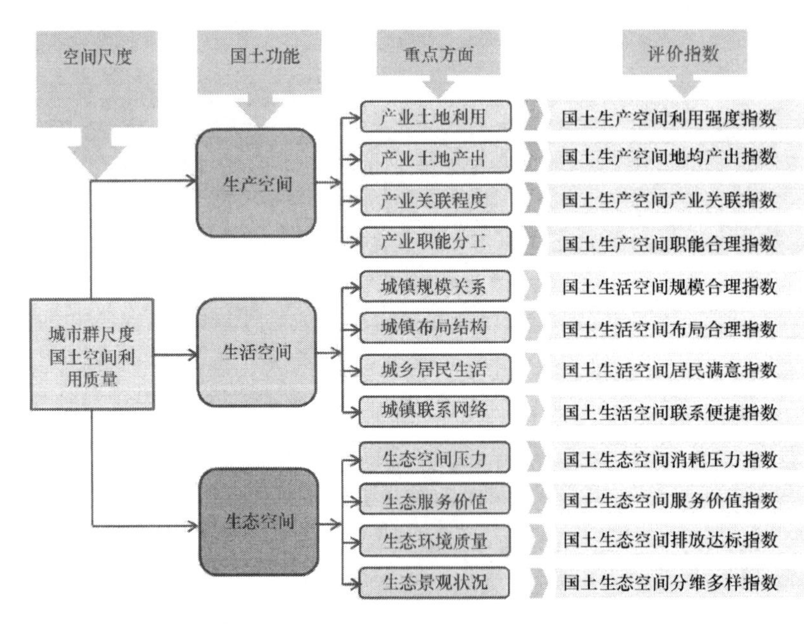

图 3.1　基于“三生空间”的城市群地区国土空间利用质量评价框架

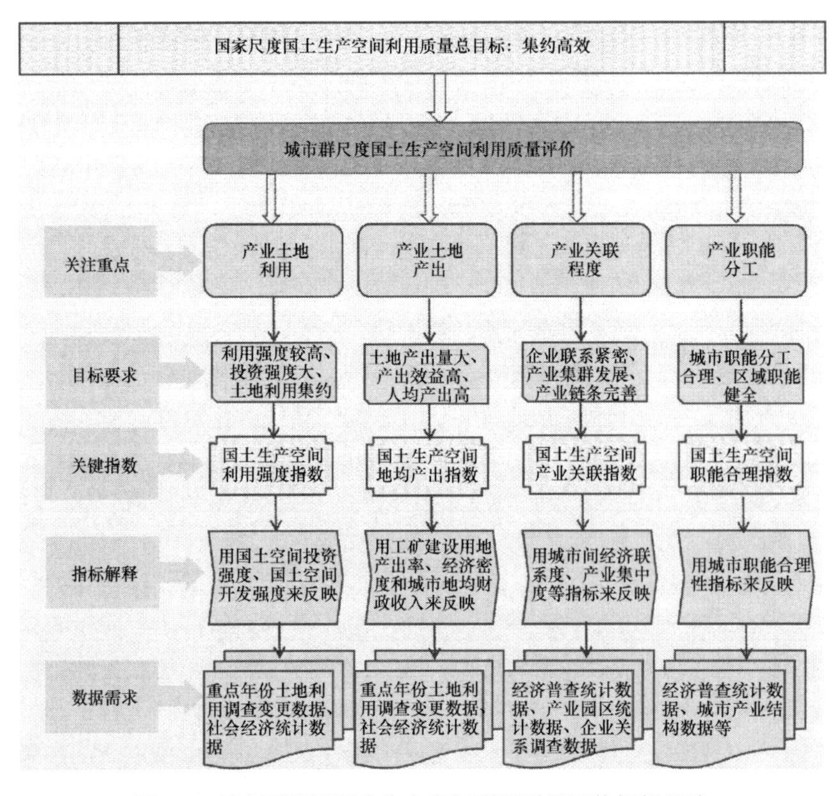

图 3.2　城市群地区国土生产空间利用质量评价框架思路

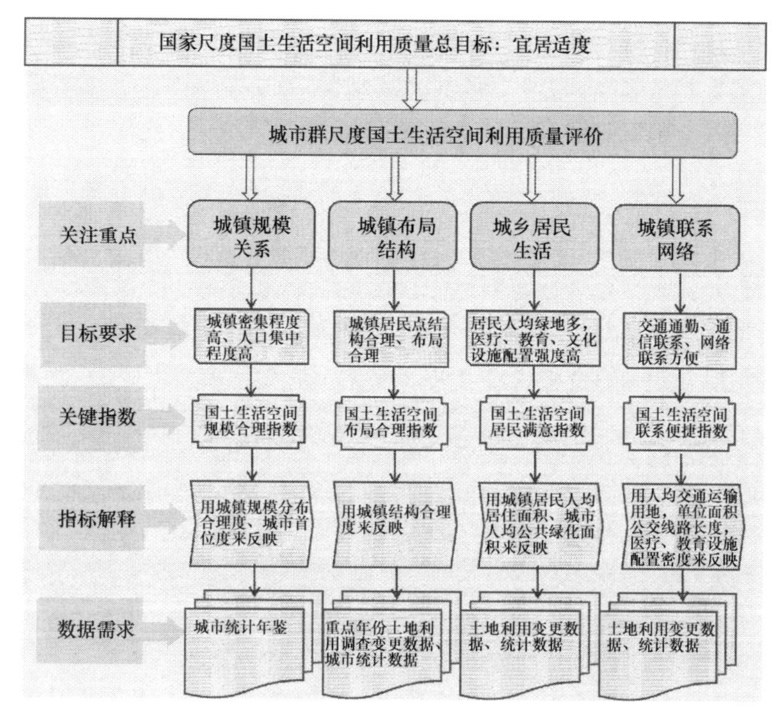

图 3.3　城市群国土生活空间利用质量评价框架思路

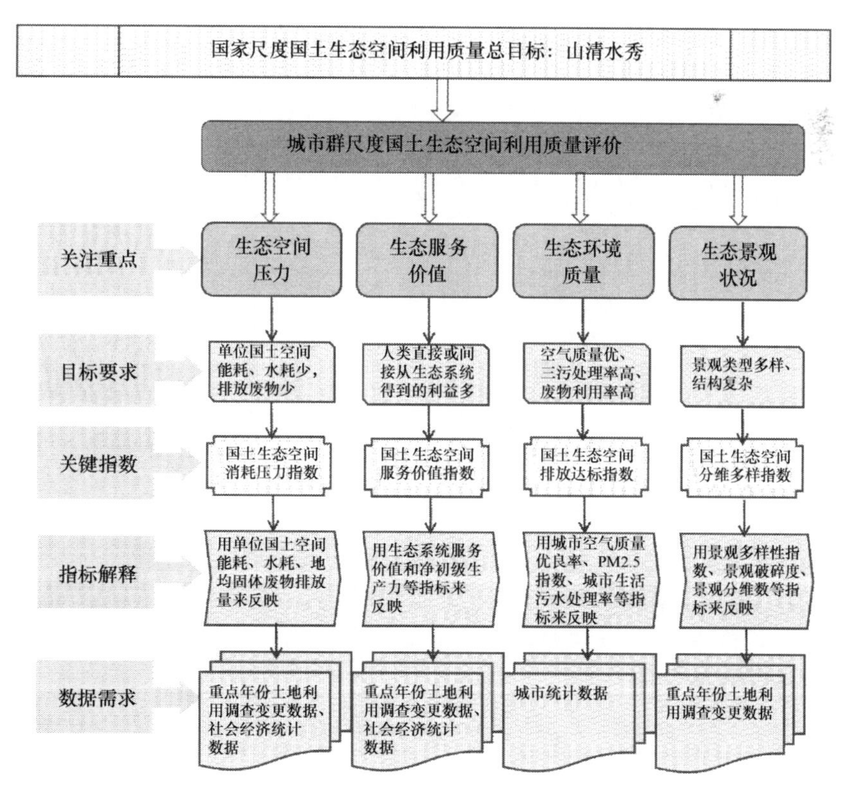

图 3.4　城市群国土生态空间利用质量评价框架思路

（5）存在问题：一是概念框架如果使用“三生空间”理念，“三生协调”指标需要充分考虑；二是进一步关注城市群的特征，区别于其他尺度，纳入一体化指标；三是将城市群的已有研究与国土空间紧密结合。

3.1.4　国土空间利用质量评价的三维指标体系

（1）设计特点：上下结合，重新梳理。

（2）构建思路：重新梳理国土空间、国土空间利用质量、城市群、新型城镇化、“三生空间”等系列概念和国家战略要求之间的关系，围绕城市群国土空间所具有的空间一体、空间联系、空间协调3个方面的重要特征，结合已有指标整理建立指标体系。从城市群尺度的国土利用特征出发，围绕空间一体化水平、空间联系紧密度、空间功能协调性3个重要方面，结合3个方面的内涵界定，建立了20个指标构成的指标体系（图3.5～图3.7）。

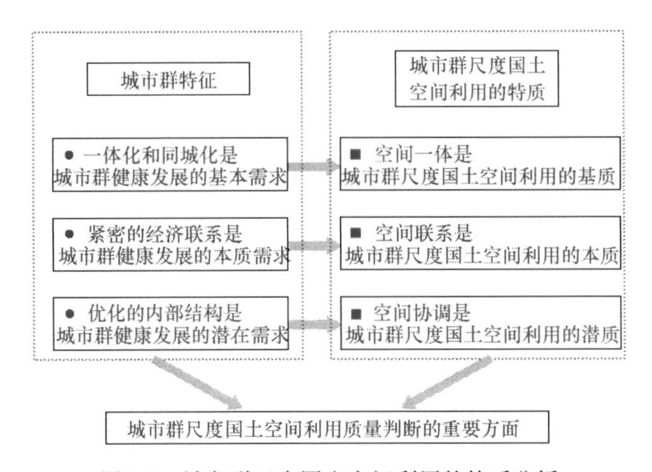

图3.5　城市群尺度国土空间利用的特质分析

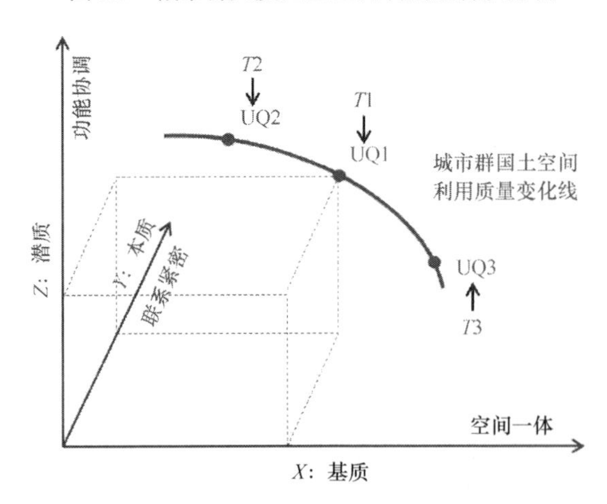

图3.6　基于三维指标的城市群国土空间利用质量评价概念模型

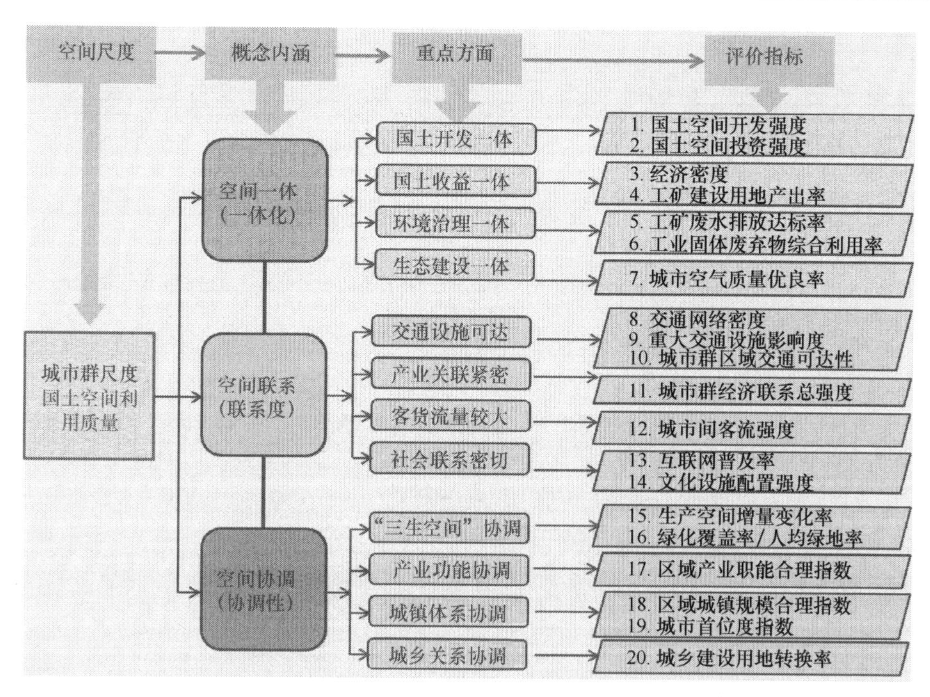

图 3.7　城市群地区国土空间利用质量评价的三维概念框架

（3）主要内容：从城市群尺度的国土利用特征出发，围绕空间一体化水平、空间联系紧密度、空间功能协调性 3 个重要方面，结合 3 个方面的内涵界定，建立了 20 个指标构成的指标体系。

（4）指标数量：20 个（表 3.3）。

表 3.3　城市群地区国土空间利用质量评价的三维指标体系

目标层	基准层	指标层		指标说明
城市群国土空间利用质量 A	城市群国土空间一体化指数 B1	C1	国土空间开发强度/%	国土空间开发强度，即区域内建设用地面积占总行政区域面积的比值，建设用地是包括城市建设用地和农村建设用地在内的所有建设用地
		C2	国土空间投资强度/（万元/km²）	国土空间投资强度，即固定资产投资额除以国土总面积
		C3	经济密度/（万元/km²）	该指标用单位国土面积的 GDP 来衡量
		C4	工矿建设用地产出率/（万元/km²）	该指标是反映城镇工矿建设用地对工业增加值贡献程度的基本指标，城镇工矿建设用地产出率＝地区 GDP/城镇工矿建设用地面积。城镇工矿建设用地，即城市建设、建制镇建设用地和独立工矿用地之和。该指标是新型城镇化评价指标之一
		C5	工业废水排放达标率/%	该指标是指城市（地区）工业废水排放达标量占其工业废水排放总量的百分比
		C6	工业固体废物综合利用率/%	该指标是反映城市生态环境处理改善水平的指标
		C7	城市空气质量优良率/%	该指标主要反映城镇空气污染状况。城市空气质量优良率=城市空气质量达到优良的天数/年总天数。该指标是新型城镇化评价指标之一

续表

目标层	基准层	指标层		指标说明
城市群国土空间利用质量A	城市群国土空间联系度指数B2	C8	交通网络密度	该指标是反映城市基础设施水平的基本指标。城市道路网密度=宽度3.5m以上的城市道路总长度/城市建设用地面积。该指标是新型城镇化评价指标之一
		C9	重大交通设施影响度	该指标反映交通水平的质，用铁路、高速公路、港口、机场等来判定
		C10	城市群区域交通可达性	该指标反映交通水平的势，通过城市同其他城市的可达性计算
		C11	城市群经济联系总强度	该指标用主要行业的就业人口区位商来计算
		C12	城市间客流指数	该指标是城市间客运总数，通行于城市间公共交通车辆
		C13	互联网普及率/%	该指标是反映城市信息化程度的基本指标。互联网普及率=年末互联网宽带用户数/人口总数，一般用“户/100人”来表示。该指标是新型城镇化评价指标之一
		C14	文化设施配置强度	该指标是指每万人拥有图书馆、文化馆、科技馆数量（个），是宜居城市评价标准之一
	城市群国土空间协调性指数B3	C15	生产空间增量变化率/%	该指标是工矿建设用地占国土面积比重的动态变化
		C16	绿化覆盖率/% 或人均绿地率/%	该指标是指城市建成区绿化覆盖率，该指标是反映城镇生态功能的重要指标。绿化覆盖率=绿化垂直投影面积之和/占地面积。该指标是新型城镇化评价指标之一
		C17	区域产业职能合理指数	该指标反映区域城市的产业分工合理性
		C18	区域城镇规模合理指数	该指标反映区域城市的规模大小合理性
		C19	城市首位度指数	该指标是首位城市规模与第二位城市规模的人口数量比
		C20	城乡建设用地转换率	该指标是乡村用地转换为城市建设用地的比率

（5）存在问题：空间一体、空间联系、空间协调三者之间存在交叉，都可以作为空间一体化的内涵，建议用多个空间一体化来构建指标体系。

3.1.5 国土空间利用质量评价的一体化指标体系

（1）设计特点：针对尺度，面向需求。

（2）构建思路：在第四轮指标的基础上，针对城市群尺度国土空间特征，面向空间一体化的城市群发展需要。围绕城市群尺度的国土空间利用质量，将“产业发展空间一体化、基础设施空间一体化、城乡建设空间一体化、社会发展空间一体化、市场建设空间一体化、生态环境空间一体化”六个空间一体化作为城市群尺度国土空间利用质量的理想目标，针对每一个空间一体化提出国土空间利用的重点方面，产业发展空间一体化强调产业同链、互补合作、功能联系；基础设施空间一体化强调交通同网、信息同享、电力燃气一体化配置；城乡建设空间一体化强调城镇等级体系合理、土地集约利用程度高、城乡用地转换效率高；社会发展空间一体化强调金融同城、社保同城、教育均等；

市场建设空间一体化强调市场发育程度、市场配置密度、市场交易密度；生态环境空间一体化强调废弃物处理、环保设施覆盖、绿地比率。

（3）主要内容：用城市群国土空间利用的六个空间一体化理想目标构建评价指标体系，包括产业发展空间一体化质量指数、基础设施空间一体化质量指数、城乡建设空间一体化质量指数、社会发展空间一体化质量指数、市场建设空间一体化质量指数、生态环境空间一体化质量指数六个二级指数，共 30 个具体指标（图 3.8）。

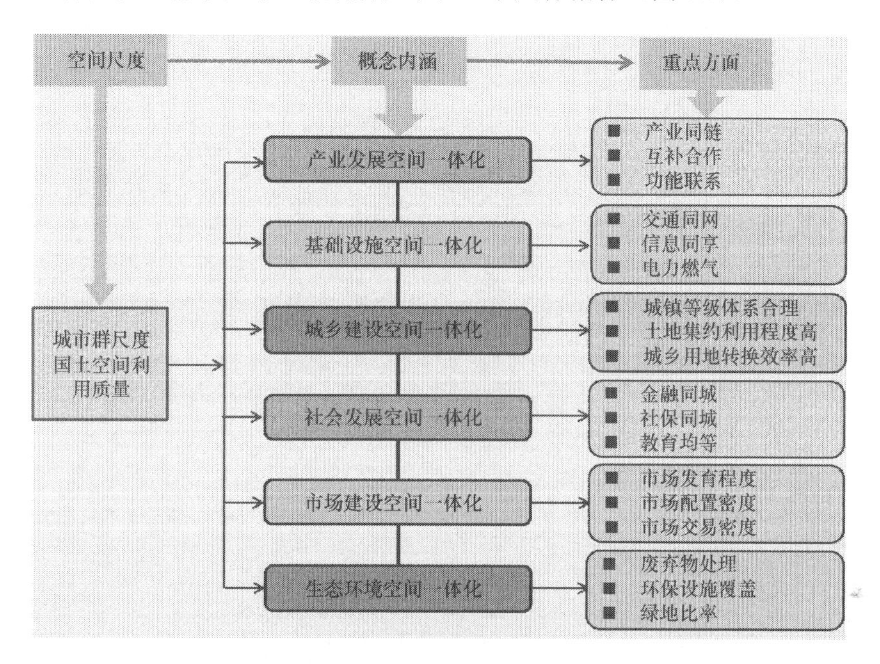

图 3.8　城市群地区国土空间利用质量评价的六个一体化概念框架

（4）指标数量：30 个（表 3.4）。

表 3.4　城市群地区国土空间利用质量评价的一体化指标体系

目标层	基准层	指标层		指标说明
城市群尺度国土空间利用质量 A1	产业发展空间一体化质量指数 B1	C1	国土空间产出强度/（万元/km^2）	国土空间产出强度反映国土空间的平均经济产出密度，用单位国土面积的 GDP 来衡量
		C2	国土空间投资密度/（万元/km^2）	国土空间投资密度反映国土空间的平均投资密度，用固定资产投资额除以国土总面积来计算
		C3	城市群投入产出效率	该指标是指单位时间内（如一年），在一定的生产技术条件下，城市群区域要素资源创造或增值的物质产品和精神产品的有效价值量与总投入（人力、物力和财力）的比值，是城市群投入要素资源的有效配置、合理利用和经营管理水平的综合体现
		C4	城市群经济联系强度	该指标用来反映城市群区域的产业联系程度和对外辐射能力，用所有城市的产业外向功能量（城市的流强度）加总算得。城市流强度是指在城市群区域城市间的联系中，城市外向功能所产生的影响量。城市流强度的计算要考虑到指标易取性和代表性，选择城市从业人员作为城市功能量的度量指标，则城市是否具有外向功能量 E，主要取决于其某一部门从业人员的区位商

续表

目标层	基准层	指标层		指标说明
城市群尺度国土空间利用质量A1	产业发展空间一体化质量指数B1	C5	对外经济依存度	对外经济依存度是指进出口总额占该国国民生产总值或国内生产总值的比重。其中，进口总额占GDP的比重称为进口依存度，出口总额占GDP的比重称为出口依存度。该指标用来衡量区域经济的对外依赖程度，用区域进出口总额除以该地区的GDP总量计算
		C6	产业紧凑度	城市群产业紧凑度是指城市群内部各城市之间按照产业技术经济联系，在产业合理分工与产业链延伸过程中所体现出的产业集群和产业集聚程度
	基础设施空间一体化质量指数B2	C7	交通便捷度	交通便捷度指交通设施数量与交通线路数量和等级，包括路网密度、单位面积公交线路长度两个方面。路网密度是交通畅达性的主要指标之一，反映了区域建设与基础设施发展的完善程度
		C8	城市间客货流周转强度	客货运输产品的基本指标有运量、运距（运程）和周转量（工作量）。该指标为货运周转量和客运周转量的加权几何平均，反映城市间物质和人员的流动强度
		C9	互联网普及率/%	该指标是反映城市信息化程度的基本指标。互联网普及率＝年末互联网宽带用户数/人口总数，一般用“户/100人”来表示。该指标也是新型城镇化评价指标之一
		C10	区域性重大基础设施共建共享程度	该指标指大型或重要交通设施对区域通达性的影响水平，具体评价可从区域是否拥有交通干线或距离交通干线的距离远近进行分析，影响度越高，交通条件越优越，对区域发展的支撑和保障能力越高，对外联系潜力越大
	城乡建设空间一体化质量指数B3	C11	国土空间开发强度/%	国土空间开发强度，即区域内建设用地面积占总行政区域面积的比值，建设用地是包括城市建设用地和农村建设用地在内的所有建设用地
		C12	城市群城镇体系规模合理性指数	该指标是指城市群作为一体化的城市区域综合体，应该同时具有合理的城镇体系结构，即“群体量的结构”和合理的城市规模效率结构，即“个体质的结构”。基于此定义，城市群规模结构合理性指数由城市群区域的城市规模体系合理性指数和单个城市的规模效率指数两个角度集成，然后对城市群区域规模结构格局的合理性进行综合评价
		C13	城乡建设用地转换率/%	该指标反映了城乡建设空间的动态转换和城市建设用地的相对扩展速度。用乡村建设用地转换为城市建设用地的面积与原有城市建设用地面积的比值来计算
		C14	土地集约利用度	土地集约利用实质上是通过增加对单位面积土地的其他要素投入、优化存量土地利用结构、改善土地管理制度等，来提高土地利用的产出效率和经济效益。本书的研究综合城市土地集约利用度与耕地集约利用度进行加权计算
		C15	城乡人均住房建筑面积/（m^2/人）	城乡人均住宅建筑面积=城乡住宅建筑面积÷城乡居住人口。住宅建筑面积是指报告期末专供居住的房屋（包括别墅、公寓、职工家属宿舍和集体 宿舍等）的建筑面积，是反映城乡居民生活空间舒适性的一个指标
		C16	城市人均建设用地面积/（m^2/人）	用城市建设用地总面积除以城市常住人口数量来计算，反映了城市建设用地的人口承载状况
		C17	城市化水平/%	城市化水平是城市常住人口除以总人口

续表

目标层	基准层	指标层		指标说明
城市群尺度国土空间利用质量A1	社会发展空间一体化质量指数B4	C18	教育服务配置密度/（个/km^2）	该指标反映城市群地区教育服务空间一体化程度，用区域内教育服务机构数量除以区域总面积计算
		C19	医疗服务配置强度	该指标反映城市群地区医疗健康服务空间一体化程度，用区域内医疗健康服务机构数量除以区域总面积计算
		C20	科技服务能力指数	该指标用全社会研究与试验发展（R&D）支出占GDP比重和技术市场成交合同额占GDP比重来反映该指数变化
		C21	社会福利及养老服务保障密度	该指标反映城市群地区社会福利及养老服务的空间一体化程度，用区域内社会福利及养老服务机构数量除以区域总面积计算
		C22	城乡收入协调度	该指标作为评价区域内城乡居民生活空间一体化程度的重要指标，可以反映城乡居民收入的差异程度
	市场建设空间一体化质量指数B5	C23	市场发育程度	市场发育的程度要以整个商品经济发展的程度为基础和依据，而市场发育的状况又对商品经济的发展起着重要作用。用单位面积的市场消费品零售总额来反映城市群地区市场建设空间一体化的质量
		C24	市场配置密度/（个/km^2）	该指标可以利用市场数量进行计算
		C25	市场交易密度/（亿元/km^2）	市场交易密度可以直接反映城市群内部市场建设空间一体化程度，可以用单位面积亿元以上商品交易成交额来反映该指标
	生态环境空间一体化质量指数B6	C26	工业废水废弃物综合治理程度	工业废水排放达标率是指城市（地区）工业废水排放达标量占其工业废水排放总量的百分比。工业固体废物综合利用率指工业固体废物综合利用量占工业固体废物产生量的百分率。该指标是反映城市生态环境处理改善水平的指标。工业废水废物综合治理程度可以综合上述两个指标来计算
		C27	城市空气质量优良率	该指标主要反映城镇空气污染状况。城市空气质量优良率=城市空气质量达到优良的天数/年总天数
		C28	绿化覆盖率/%	该指标是指城市建成区绿化覆盖率，该指标是反映城镇生态功能的重要指标。绿化覆盖率=绿化垂直投影面积之和/占地面积
		C29	生态空间比例/%	该指标反映三生空间中生态空间所占的面积比重
		C30	环保基础设施覆盖度	从城市群的生态环境管理应对的角度来反映生态环境空间一体化程度，可以用污水处理设施配置程度、垃圾处理配置程度计算

（5）存在问题：城市群的六个一体化难以用指标度量，而且六个一体化与城市群国土空间利用质量之间的关系并不是一致的。

3.1.6　国土空间利用质量评价的五类指标体系

（1）设计特点：统筹考虑，指标实用。

（2）构建思路：依据指标体系专家咨询和讨论会的共识，针对新型城镇化的特征提出国土空间利用的统筹协调、集约高效、生态文明、安全宜居和传承共享5个方面，在城市群的空间尺度上围绕这5个方面构建指标体系，与市域尺度和建成区尺度的国土空间利用质量评价指标体系相呼应。

（3）主要内容：从国土空间利用的统筹协调、集约高效、生态文明、安全宜居和传承共享

5 个方面构建二级指标和 20 个三级指标。其中，城市群国土空间利用质量评价指标体系中的统筹协调质量指数包括城市群区域城市职能协调指数、城市群区域城镇规模协调指数、城市群区域产业紧凑度和城市群区域交通便捷度共 4 个指数；集约高效质量指数包括工矿建设用地产出率、单位建设用地人口承载量、国土空间产出强度、国土空间开发强度和人均基础设施用地面积共 5 个指数；生态文明质量指数包括万元 GDP 用水量、万元 GDP 能耗、绿地覆盖率和景观多样性指数共 4 个指数；安全宜居质量指数包括建设用地与地质灾害重合度、公共服务设施配置完备度、城市间通勤时间成本、城市空气质量优良率共 4 个指数；传承共享质量指数包括区域性重大基础设施共建共享程度、城乡收入协调度和城市群经济联系强度共 3 个指数。

（4）指标数量：20 个（表 3.5）。

表 3.5 城市群地区国土空间利用质量评价的五类指标体系

目标层	基准层	指标层		指标说明
城市群尺度国土空间利用质量 A1	统筹协调质量指数 B1	C1	城市群区域城市职能协调指数	该指标反映城市群区域内部城市职能的差异化、互补性程度
		C2	城市群区域城镇规模协调指数	该指标是指城市群作为一体化的城市区域综合体，应该同时具有合理的城镇体系结构，即“群体量的结构”和合理的城市规模效率结构，即“个体质的结构”。基于此定义，城市群规模结构合理性指数由城市群区域的城市规模体系合理性指数和单个城市的规模效率指数两个角度集成，然后对城市群区域规模结构格局的合理性进行综合评价
		C3	城市群区域产业紧凑度	城市群区域产业紧凑度是指城市群内部各城市之间按照产业技术经济联系，在产业合理分工与产业链延伸过程中所体现出的产业集群和产业集聚程度
		C4	城市群区域交通便捷度	交通便捷度指交通设施数量与交通线路数量和等级，包括路网密度、单位面积公交线路长度两个方面。路网密度是交通畅达性的主要指标之一，反映了区域建设与基础设施发展的完善程度
	集约高效质量指数 B2	C5	工矿建设用地产出率/（万元/km^2）	该指标是反映城镇工矿建设用地对工业增加值贡献程度的基本指标，城镇工矿建设用地产出率＝地区 GDP/城镇工矿建设用地面积。城镇工矿建设用地，即城市建设、建制镇建设用地和独立工矿用地之和。该指标是新型城镇化评价指标之一
		C6	单位建设用地人口承载量/（万人/km^2）	该指标反映建设用地利用强度，城镇建设用地面积/城镇人口
		C7	国土空间产出强度/（万元/km^2）	国土空间产出强度反映国土空间的平均经济产出密度，用单位国土面积的 GDP 来衡量
		C8	国土空间开发强度/%	国土空间开发强度，即区域内建设用地面积占总行政区域面积的比值，建设用地是包括城市建设用地和农村建设用地在内的所有建设用地
		C9	人均基础设施用地面积/（km^2/万人）	该指标是指商业服务业设施用地、公共管理与公共服务用地、道路交通设施用地、公用设施用地在内的人均基础设施用地面积
	生态文明质量指数 B3	C10	万元 GDP 用水量/（m^3/万元）	该指标是反映水资源集约利用程度的指标。万元 GDP 用水量＝地区水消耗总量/地区 GDP 总量。该指标是新型城镇化评价指标之一
		C11	万元 GDP 能耗/（吨标准煤/万元）	该指标是体现节能减排的重要指标，也是转变经济发展方式的标志。万元 GDP 能耗=地区能源消耗总量/地区 GDP。该指标是新型城镇化评价指标之一
		C12	绿化覆盖率/%	该指标是指城市建成区绿化覆盖率，该指标是反映城镇生态功能的重要指标。绿化覆盖率=绿化垂直投影面积之和/占地面积
		C13	景观多样性指数	该指标反映斑块类型的多少（即丰富度）和各斑块类型在面积上分布的均匀程度

续表

目标层	基准层	指标层		指标说明
城市群尺度国土空间利用质量 A1	安全宜居质量指数 B4	C14	建设用地与地质灾害重合度	该指标是地质灾害区（地震断裂带、泥石流、塌陷区等）占城市建设用地的比例
		C15	公共服务设施配置完备度	教育服务配置密度：反映城市群地区教育服务空间一体化程度，用区域内教育服务机构数量除以区域总面积计算；医疗服务配置强度：反映城市群地区医疗健康服务空间一体化程度，用区域内医疗健康服务机构数量除以区域总面积计算；科技服务能力指数：用全社会 R&D 支出占 GDP 比重和技术市场成交合同额占 GDP 比重来反映该指数变化；社会福利及养老服务保障密度：反映城市群地区社会福利及养老服务的空间一体化程度，用区域内社会福利及养老服务机构数量除以区域总面积计算；互联网普及率：该指标是反映城市信息化程度的基本指标。互联网普及率＝年末互联网宽带用户数/人口总数，一般用“户/100 人”来表示。该指标也是新型城镇化评价指标之一
		C16	城市间通勤时间成本	该指标用城市群内部城市间通勤时间量来反映
		C17	城市空气质量优良率	该指标主要反映城镇空气污染状况。城市空气质量优良率=城市空气质量达到优良的天数/年总天数
	传承共享质量指数 B5	C18	区域性重大基础设施共建共享程度	该指标是指大型或重要交通设施对区域通达性的影响水平，具体评价可从区域是否拥有交通干线或距离交通干线的距离远近进行分析，影响度越高，交通条件越优越，对区域发展的支撑和保障能力越高，对外联系潜力越大
		C19	城乡收入协调度	作为评价区域内城乡居民生活空间一体化程度的重要指标，该指标反映城乡居民收入的差异程度
		C20	城市群经济联系强度	该指标用来反映城市群区域的产业联系程度和对外辐射能力，用所有城市的产业外向功能量（城市的流强度）加总算得。城市流强度是指在城市群区域城市间的联系中，城市外向功能所产生的影响量。城市流强度的计算要考虑到指标的易取性和代表性，选择城市从业人员作为城市功能量的度量指标，则城市是否具有外向功能量 E，主要取决于其某一部门从业人员的区位商

3.2　城市群地区国土空间利用质量评价技术方法

采用较为成熟的模糊隶属度函数模型进行城市群尺度国土空间质量评价的数据标准化处理，综合运用熵权法、标准离差法和 CRITIC 法 3 种客观赋权方法来综合确定权重，以此来提高权重确定的客观性和科学性。应用综合评价模型来进行城市群尺度国土空间利用质量评价准则层和目标层的数据汇总。考虑新型城镇化对国土空间利用统筹协调质量、集约高效质量、生态文明质量、安全宜居质量和传承共享质量等多方面要求，通过指标层、准则层和目标层的层层计算，实现多尺度国土空间利用质量的分级汇总，最终获得城市群尺度国土空间利用质量的综合得分及其变化趋势。

3.2.1　数据标准化方法

鉴于城市群地区国土空间利用的一般特征，以及指标计算和指标权重客观确定的需要，本部分利用较为成熟的模糊隶属度函数模型进行城市群尺度国土空间质量评价的数据标准化处理。

模糊隶属度函数模型数据标准化处理的基本步骤如下。

指标的量纲和数量级差异很大，为消除数据量纲及大小悬殊不同对计算结果的影响，需对具体指标数据进行标准化处理。由于各指标对区域的影响不同，其标准化的方法也不同。根据各指标反映国土空间利用质量的特征，选择不同的标准化公式进行指标标准化。这里采用模糊隶属度函数法进行指标标准化处理。

正向评价指标其值越大，表示国土空间利用质量指数越大。正向指标采用半升梯形模糊隶属度函数模型进行无量纲化处理，其函数为

$$\Phi_i=\frac{e_i-m_i}{M_i-m_i}=\begin{cases}1 & e_i\geqslant M_i\\ \dfrac{e_i-m_i}{M_i-m_i} & m_i<e_i<M_i\\ 0 & e_i\leqslant m_i\end{cases} \tag{3.1}$$

负向评价指标其值越大，表示国土空间利用质量指数越小。负向指标采用半降梯形模糊隶属度函数模型进行无量纲化处理，其函数为

$$\Phi_i=\frac{e_i-m_i}{M_i-m_i}=\begin{cases}1 & e_i\geqslant M_i\\ \dfrac{M_i-e_i}{M_i-m_i} & m_i<e_i<M_i\\ 0 & e_i\leqslant m_i\end{cases} \tag{3.2}$$

式中，e_i 为指标的具体属性值；Φ_i 为指标无量纲化后的指标值，即反映国土空间利用质量内涵的单项指标值；M_i 和 m_i 分别为同一指标的最大值和最小值；i 为第 i 个指标，i=1，2，…，n。

3.2.2 权重确定方法

鉴于层次分析法、德尔菲法等方法确定权重存在明显的主观性，本书的研究综合运用熵权法、标准离差法和 CRITIC 法（criteria importance though intercrieria correlation）3 种客观赋权方法来综合确定权重，以此来提高权重确定的客观性和科学性。

1. 熵权法

熵值的概念源于信息论，是对系统状态不确定性程度的度量。使用熵值法确定权重，可消除权重确定的主观因素。一般而言，如果某个指标的信息熵越小，就表明其指标值的变异程度越大，提供的信息量越大，对综合评价的影响程度越高，则其权重也越大。反之，某指标的信息熵越大，就表明其指标的变异程度越小，提供的信息量越小，在综合评价中所起的作用越小，则其权重也应越小。

熵权法的一般计算步骤如下。

计算第 i 个城市第 j 个指标值的比重：

$$X_{ij}=x_{ij}\Big/\sum_{i=1}^{m}x_{ij}\tag{3.3}$$

计算指标信息熵：

$$e_j=-\frac{1}{\ln m}\sum_{i=1}^{m}(X_{ij}\times\ln X_{ij})，有 0\leqslant e_j\leqslant 1\tag{3.4}$$

信息冗余度：

$$d_j=1-e_j\tag{3.5}$$

指标权重计算：

$$W_j=d_j\Big/\sum_{i=1}^{n}d_j\tag{3.6}$$

式中，X_{ij} 为第 i 个城市第 j 项指标值；m 为区域个数；n 为评价指标数。

2. 标准离差法

标准离差法的计算原理与熵权法相似，一般如果某个指标的标准差越大，就表明其指标的变异程度越大，提供的信息量越大，在综合评价中所起的作用越大，则其权重也应越大。反之，某指标的标准差越小，就表明其指标值的变异程度越小，提供的信息量越小，在综合评价中所起的作用越小，则其权重也应越小。应用标准差计算各指标权重的公式为

$$W_j=\sigma_j\Big/\sum_{j=1}^{m}\sigma_j\quad j=1,2,\cdots,m\tag{3.7}$$

式中，σ_j 为标准差。

3. CRITIC 法

CRITIC 法是由 Diakoulaki 提出的一种客观赋权方法，该方法同时考虑了指标的变异性和指标间的冲突性。指标变异性常用标准差来表示，标准差越大，说明各方案之间取值差距越大；用相关系数表示指标之间的冲突性，如果两个指标呈正相关，则表明两者的冲突性较低。假设指标体系包含 m 个指标 x_1，x_2，…，x_m，有 n 个被评价单位，P_j 表示第 j 个指标包含的信息量，则

$$p_j=\sigma_j\sum_{i=1}^{m}(1-r_{ij})\quad j=1,2,\cdots,m\tag{3.8}$$

式中，r_{ij} 为第 i 个指标与第 j 个指标的相关系数；$\sum_{i=1}^{m}(1-r_{ij})$ 为第 j 指标与其他指标之间的冲突性指标；σ_j 为标准差；p 越大，表示第 j 个指标所包含的信息量越大，即该指标的相对重要性越大，所赋的权重也应越大。

因此，有第 j 个指标的客观权重 w_j 为

$$w_j = p_j \Big/ \sum_{j=1}^{m} p_j \tag{3.9}$$

最终的权重值通过 3 种客观确权方法的平均值来确定。

3.2.3　国土空间利用质量综合测算方法

1. 国土空间利用质量综合测算模型

城市群国土空间利用质量综合评价指标体系包括 B1 统筹协调质量指数（CQI）、B2 集约高效质量指数（IQI）、B3 生态文明质量指数（EQI）、B4 安全宜居质量指数（SQI）和 B5 传承共享质量指数（HQI）5 个二级指数，则国土空间利用质量是 CQI、IQI、EQI、SQI 和 HQI 的函数，w_1～w_5 为相应的权重系数：

$$\begin{aligned} \mathrm{TUQ} &= f(\mathrm{CQI}，\mathrm{IQI}，\mathrm{EQI}，\mathrm{SQI}，\mathrm{HQI}) \\ &= w_1\mathrm{CQI} + w_2\mathrm{IQI} + w_3\mathrm{EQI} + w_4\mathrm{SQI} + w_5\mathrm{HQI} \end{aligned} \tag{3.10}$$

其中，B1 统筹协调质量指数，由 C1 城市群区域城市职能协调指数（RUFR）、C2 城市群区域城镇规模协调指数（RUSR）、C3 城市群区域产业紧凑度（UICD）、C4 城市群区域交通便捷度（UTCD）4 个指标来体现；

B2 集约高效质量指数由 C5 工矿建设用地产出率（IMPR）、C6 单位建设用地人口承载量（CPCP）、C7 国土空间产出强度（NSOI）、C8 国土空间开发强度（NPDI）和 C9 人均基础设施用地面积（IFPC）5 个指标构成；

B3 生态文明质量指数由 C10 万元 GDP 用水量（WCPC）、C11 万元 GDP 能耗（ENPC）、C12 绿化覆盖率（UFCR）和 C13 景观多样性指数（LDVI）4 个指标来体现；

B4 安全宜居质量指数由 C14 建设用地与地质灾害重合度（ORCH）、C15 公共服务设施配置完备度（PFSR）、C16 城市间通勤时间成本（ICCC）和 C17 城市空气质量优良率（UAQR）4 个指标构成；

B5 传承共享质量指数由 C18 区域性重大基础设施共建共享程度（RMIC）、C19 城乡收入协调度（URIC）和 C20 城市群经济联系强度（UERI）3 个指标构成。

以上每一项指标都是由若干个具体的原始指标通过相关计算得到指数值。

国土空间利用质量测度主要包括国土空间利用综合测度模型（TUQ）、各子系统质量测度模型（CQI、IQI、EQI、SQI 和 HQI）和各个分要素质量测度模型，考虑新型城镇化对统筹协调质量、集约高效质量、生态文明质量、安全宜居质量和传承共享质量等多方面要素进行城市群国土空间利用质量综合评价。

利用 α、β、δ、λ 和 ε 分别代表 B1 统筹协调质量指数、B2 集约高效质量指数、B3 生态文明质量指数、B4 安全宜居质量指数和 B5 传承共享质量指数的加权影响系数为计算得到的权重，建立城市群国土空间利用质量 TUQ 评价模型：

$$\mathrm{TUQ} = \alpha\mathrm{CQI} + \beta\mathrm{IQI} + \delta\mathrm{EQI} + \lambda\mathrm{SQI} + \varepsilon\mathrm{HQI} \tag{3.11}$$

2. 国土空间利用质量各单项测算模型

1）B1 统筹协调质量指数

利用α_1、α_2、α_3和α_4分别代表 C1 城市群区域城市职能协调指数、C2 城市群区域城镇规模协调指数、C3 城市群区域产业紧凑度、C4 城市群区域交通便捷度 4 个指标的加权影响系数，建立统筹协调质量指数评价模型：

$$\mathrm{CQI}=\sum_{i=1}^{4}\alpha_i(\mathrm{CQI}_i)=\alpha_1\mathrm{RUFR}+\alpha_2\mathrm{RUSR}+\alpha_3\mathrm{UICD}+\alpha_4\mathrm{UTCD} \tag{3.12}$$

2）B2 集约高效质量指数

利用β_1、β_2、β_3、β_4和β_5分别代表 C5 工矿建设用地产出率、C6 单位建设用地人口承载量、C7 国土空间产出强度、C8 国土空间开发强度和 C9 人均基础设施用地面积 5 个指标的加权影响系数，建立集约高效质量指数评价模型：

$$\mathrm{IQI}=\sum_{i=1}^{5}\beta_i(\mathrm{IQI}_i)=\beta_1\mathrm{IMPR}+\beta_2\mathrm{CPCP}+\beta_3\mathrm{NSOI}+\beta_4\mathrm{NPDI}+\beta_5\mathrm{IFPC} \tag{3.13}$$

3）B3 生态文明质量指数

利用 δ_1、δ_2、δ_3 和 δ_4 分别代表由 C10 万元 GDP 用水量、C11 万元 GDP 能耗、C12 绿化覆盖率和 C13 景观多样性指数 4 个指标的加权影响系数，建立生态文明质量指数评价模型：

$$\mathrm{EQI}=\sum_{i=1}^{4}\delta_i(\mathrm{EQI}_i)=\delta_1\mathrm{WCPC}+\delta_2\mathrm{ENPC}+\delta_3\mathrm{UFCR}+\delta_4\mathrm{LDVI} \tag{3.14}$$

4）B4 安全宜居质量指数

利用λ_1、λ_2、λ_3和λ_4分别代表由 C14 建设用地与地质灾害重合度、C15 公共服务设施配置完备度、C16 城市间通勤时间成本和 C17 城市空气质量优良率 4 个指标的加权影响系数，建立安全宜居质量指数评价模型：

$$\mathrm{SQI}=\sum_{i=1}^{4}\lambda_i(\mathrm{SQI}_i)=\lambda_1\mathrm{ORCH}+\lambda_2\mathrm{PFSR}+\lambda_3\mathrm{ICCC}+\lambda_4\mathrm{UAQR} \tag{3.15}$$

5）B5 传承共享质量指数

利用γ_1、γ_2和γ_3分别代表 C18 区域性重大基础设施共建共享程度、C19 城乡收入协调度和 C20 城市群经济联系强度 3 个指标的加权影响系数，建立传承共享质量指数评价模型：

$$\mathrm{HQI}=\sum_{i=1}^{3}\gamma_i(\mathrm{HQI}_i)=\gamma_1\mathrm{RMIC}+\gamma_2\mathrm{URIC}+\gamma_3\mathrm{UERI} \tag{3.16}$$

3.2.4　国土空间利用质量评价指数的计算方法

下面对 20 个国土空间利用质量评价指数的计算方法和基础模型进行描述，为随后的实证案例分析提供方法支撑。

1）C1　城市群区域城市职能协调指数

城市群区域城市职能协调指数反映城市群内部城市职能的规模和协调性，用城市群各城市的基本职能规模来衡量。

$$Q_i=\begin{cases}0\\(e_i/e_j-E_i/E_j)e_j=(1-1/L_i)e_i/S^*\end{cases}\tag{3.17}$$

$$L_i=(e_i/e_j)/(E_i/E_j)\qquad(i=1,2,3,\cdots,n)\tag{3.18}$$

式中，Q_i为第 i 个城市的第 i 个部门的基本职能规模；L_i为第 i 个部门的区位商；e_i为某个城市 i 部门的职工人数；e_j为该城市总的职工人数；E_i为山东半岛城市群 i 部门的职工人数；E_j为山东半岛城市群总的职工人数；S^*为对应的标准值。

2）C2　城市群区域城镇规模协调指数

城市群区域城镇规模协调指数反映城市群内部城市之间规模等级的协调性，用 Zipf 法则得出的分维数（Q）来计算。

$$\ln P_i=\alpha+\beta\ln R_i\tag{3.19}$$

$$Q=1/\beta\tag{3.20}$$

式中，P 为第 i 个城市的城镇人口总数；R 为第 i 个城市的位序；i 为城市群内城市数量；Q 为 Zipf 分维数，Q 值越接近于 1，城市群内部的城市规模结构越趋于协调。

3）C3　城市群区域产业紧凑度

城市群区域产业紧凑度是指城市群内部各城市之间按照产业技术经济联系，在产业合理分工与产业链延伸过程中所体现出的产业集群和产业集聚程度。以赫芬达尔–赫希曼指数（HHI）和行业集中度指数（concentration ratio，CRn）来表征。

$$\mathrm{UICD}=1/2(\mathrm{HHI}+\mathrm{CRn})\tag{3.21}$$

$$\mathrm{HHI}=\sum_{i=1}^{N}(X_i/X)^2=\sum_{i=1}^{N}S_i^{\,2}\tag{3.22}$$

$$\mathrm{CRn}=\frac{\sum_{i=1}^{N}(Y_i)_n}{\sum_{i=1}^{N}(Y_i)_N}\tag{3.23}$$

式中，n 为城市群内的城市数量；HHI 为赫芬达尔-赫希曼指数；CRn 为行业集中度指数；X_i为城市 i 的工业增加值；X 为城市群总的工业增加值；CRn 为前四位城市的三次产业增加值（Y_i）n 占总增加值（Y_i）N 的比重。

4）C4 城市群区域交通便捷度

交通便捷度指交通设施数量与交通线路数量和等级，包括路网密度、单位面积公交线路长度两个方面。路网密度是交通畅达性的主要指标之一，反映了区域建设与基础设施发展的完善程度。路网密度=道路长度/区域面积。公共交通对城市经济、文化、教育和科技等方面的发展有重要影响。发展公共交通是提高交通资源利用率、缓解交通拥堵、降低能源污染、节约土地资源的重要举措。城市公共交通是居民方便出行和享受生活的基本保障，也是解决交通拥堵问题和建设"宜居城市"的重中之重（王德利，2012）。单位面积公交线路长度=总公交线路长度/区域面积。公交路线的长度来源于当地交通局的数据。此数据可以用每万人拥有公共交通车辆数（标台）指标替代，每万人拥有公共交通车辆数（标台）=公共交通车辆数/区域人口。UTCD 的计算公式为

$$\mathrm{UTCD}=\frac{1}{n}\sum_{i=1}^{n}\frac{1}{2}\left(\frac{\mathrm{RD}_i/A_i}{S_1}\ \frac{\mathrm{BA}_i}{S_2}\right) \tag{3.24}$$

式中，n 为城市群内的城市数量；RD_i 为第 i 个城市的道路总长度；A_i 为区域面积；BA_i 为每万人拥有公共交通车辆数；S_1 和 S_2 为二者的标准值。

5）C5 工矿建设用地产出率

工矿建设用地产出率是指区域内单位工矿建设用地的产出效率。

$$\mathrm{IMPR}=\frac{1}{n}\sum_{i=1}^{n}\left(\frac{\mathrm{IV}_i}{A_i}\bigg/S^*\right) \tag{3.25}$$

式中，IV_i 为第 i 个城市的工业增加值；A_i 为第 i 城市的工矿用地总面积；S^* 为标准值；n 为城市群内部的城市数。

6）C6 单位建设用地人口承载量

单位建设用地人口承载量反映农村和城市建设用地的整体人口承载量。用农村和城市建设用地总面积除以总体常住人口数量。

$$\mathrm{CPCP}=\frac{1}{n}\sum_{i=1}^{n}\frac{\mathrm{UCL}_i}{\mathrm{POP}_i}\bigg/S^* \tag{3.26}$$

式中，UCL_i 为城市 i 的农村和城市建设用地总面积；POP_i 为第 i 个城市农村和城市常住人口总量；S^* 为标准值；n 为城市群内部的城市数。

7）C7 国土空间产出强度

国土空间产出强度反映国土空间的平均经济产出密度，用单位国土面积的 GDP 来衡量。

$$\mathrm{NSOI}=\frac{1}{n}\sum_{i=1}^{n}\frac{\mathrm{GDP}_i}{A_i}\bigg/S^* \tag{3.27}$$

式中，GDP_i 为第 i 个城市的地区国内生产总值；A_i 为第 i 个城市的国土面积；n 为城市

群内城市数量；S^*为对应的标准值。

8）C8 国土空间开发强度

国土空间开发强度是指区域内建设用地面积占总行政区域面积的比值，建设用地是包括城市建设用地和农村建设用地在内的所有建设用地，是全国主体功能区规划的指标之一。

$$\mathrm{NPDI}=\frac{1}{n}\sum_{i=1}^{n}\left(\frac{\mathrm{UCA}_i+\mathrm{RCA}_i}{A_i}\Big/S^*\right) \tag{3.28}$$

式中，UCA_i为第 i 个城市的城市建设用地面积；RCA_i为第 i 个城市的农村建设用地面积；A_i为第 i 个城市的国土总面积；S^*为标准值；n 为城市群内部的城市数。

9）C9 人均基础设施用地面积

基础设施用地包括商业服务业设施用地、公共管理与公共服务用地、道路交通设施用地、公用设施用地。用城市基础设施用地总面积除以市辖区年末常住人口数量求得。

$$\mathrm{IFPC}=\frac{1}{n}\sum_{i=1}^{n}\frac{\mathrm{UI}_i}{\mathrm{POP}_i}\Big/S^* \tag{3.29}$$

式中，UI_i为城市 i 的城市基础设施用地总面积；POP_i为第 i 个城市市辖区年末常住人口数量；S^*为标准值；n 为城市群内部的城市数。

10）C10 万元 GDP 用水量

该指标是反映水资源集约利用程度的指标，也是新型城镇化评价指标之一。用水资源消耗量除以地区 GDP 总量求得。

$$\mathrm{WCPC}=\frac{1}{n}\sum_{i=1}^{n}\frac{\mathrm{WT}_i}{\mathrm{GDP}_i}\Big/S^* \tag{3.30}$$

式中，WT_i为城市 i 的水资源消耗量；GDP_i为第 i 个城市地区国民生产总值；S^*为标准值；n 为城市群内部的城市数。

11）C11 万元 GDP 能耗

万元 GDP 能耗是体现节能减排的重要指标，也是转变经济发展方式的标志，同时也是新型城镇化的评价指标之一。

$$\mathrm{ENPC}=\frac{1}{n}\sum_{i=1}^{n}\frac{\mathrm{EN}_i}{\mathrm{GDP}_i}\Big/S^* \tag{3.31}$$

式中，EN_i为城市 i 的能源消耗总量；GDP_i为第 i 个城市地区国民生产总值；S^*为标准值；n 为城市群内部的城市数。

12）C12 绿化覆盖率

该指标是指城市建成区绿化覆盖率，是反映城镇生态功能的重要指标。绿化覆盖率=绿化垂直投影面积之和/占地面积。作为新型城镇化评价指标之一，其公式为

$$\mathrm{UFCR} = \frac{1}{n}\sum_{i=1}^{n}\frac{\mathrm{GA}_i}{A_i}\Big/S^* \tag{3.32}$$

式中，GA_i 为城市 i 绿化垂直投影面积之和；A_i 为该地区的国土总面积；S^* 为对应的标准值；n 为城市群内部的城市个数。

13）C13 景观多样性指数

该指标反映斑块类型的多少（即丰富度）和各斑块类型在面积上分布的均匀程度。通过 Shannon 多样性指数来表征景观多样性水平。

$$\mathrm{LDVI} = -\sum_{k=1}^{n} P_k \log_2 P_k \tag{3.33}$$

式中，P_k 为某一景观类型 k 在整体景观中所占的比例；n 为景观中斑块类型的总数。

14）C14 建设用地与地质灾害重合度

该指标是指潜在地质灾害区（地震断裂带、泥石流、塌陷区等）占城市建设用地的比例。

$$\mathrm{ORCH} = \frac{1}{n}\sum_{i=1}^{n}\frac{\mathrm{OR}_i}{\mathrm{CA}_i}\Big/S^* \tag{3.34}$$

式中，OR_i 为某城市 i 建设用地与潜在地质灾害重合的面积；CA 为建设用地总面积；S^* 为对应的标准值；n 为城市群内部的城市个数。

15）C15 公共服务设施配置完备度

公共服务设施配置完备度为教育服务配置密度（ESCI）、医疗服务配置强度（MSCI）、科技服务能力指数（STSC）、社会福利及养老服务保障密度（SWPS）和互联网普及率（UIPR）几个指数的加权平均。

$$\mathrm{PFSR} = \frac{1}{n}\sum_{i=1}^{n}\frac{1}{4}(\mathrm{ESCI}+\mathrm{MSCI}+\mathrm{STSC}+\mathrm{SWPS})/S^* \tag{3.35}$$

（1）C15-1 教育服务配置密度。该指标反映城市群地区教育服务空间一体化程度，用区域内教育服务机构数量除以区域总面积计算：

$$\mathrm{ESCI} = \frac{1}{n}\sum_{i=1}^{n}\frac{\mathrm{NES}_i}{A_i}\Big/S^* \tag{3.36}$$

式中，NES_i 为该地区的教育服务机构数量；A_i 为该地区的国土总面积；S^* 为对应的标准值；n 为城市群内部的城市数。

（2）C15-2 医疗服务配置强度。该指标反映城市群地区医疗健康服务空间一体化程度，用区域内医疗健康服务机构数量除以区域总面积计算：

$$\mathrm{MSCI} = \frac{1}{n}\sum_{i=1}^{n}\frac{\mathrm{NMS}_i}{A_i}\Big/S^* \tag{3.37}$$

式中，NMS_i 为该地区的教育服务机构数量；A_i 为该地区的国土总面积；S^* 为对应的标准值；n 为城市群内部的城市数。

（3）C15-3 科技服务能力指数。该指标用全社会 R&D 支出占 GDP 比重和技术市场成交合同额占 GDP 比重来反映该指数的变化，公式为

$$\mathrm{STSC}=\frac{1}{n}\sum_{i=1}^{n}\left(\frac{\mathrm{ERD}_i+\mathrm{TMT}_i}{\mathrm{GDP}}\Big/S^*\right) \tag{3.38}$$

式中，ERD_i 为该城市 R&D 支出总额；TMT_i 为该城市技术市场成交合同额；S^* 为对应的标准值；n 为城市群内部的城市数。

（4）C15-4 社会福利及养老服务保障密度。该指标反映城市群地区社会福利及养老服务的空间一体化程度，用区域内社会福利及养老服务机构数量除以区域总面积计算：

$$\mathrm{SWPS}=\frac{1}{n}\sum_{i=1}^{n}\frac{\mathrm{NAS}_i}{A_i}\Big/S^* \tag{3.39}$$

式中，NAS_i 为该地区的社会福利及养老服务机构数量；A_i 为该地区的国土总面积；S^* 为对应的标准值；n 为城市群内部的城市数。

（5）C15-5 互联网普及率。互联网普及率是反映城市信息化程度的基本指标。该指标也是新型城镇化的评价指标之一。

$$\mathrm{UIPR}=\frac{1}{n}\sum_{i=1}^{n}\frac{\mathrm{IBU}_i}{\mathrm{POP}_i}\Big/S^* \tag{3.40}$$

式中，IBU_i 为第 i 个城市年末互联网宽带用户数；POP_i 为第 i 个城市的人口总数，一般用“户/100 人”来表示；S^* 为标准值；n 为城市群内部的城市数。

16）C16 城市间通勤时间成本

该指标用城市群内部城市间通勤时间量来反映。以一个城市群区域内城市间高速公路最短可达时间的平均值来计算。

$$\mathrm{ICCC}=\frac{\sum_{i=1}^{n}\mathrm{IC}_i}{n-1}\Bigg/S^* \tag{3.41}$$

式中，IC 为城市间高速公路最短可达时间；n 为城市群内部的城市数量；S^* 为标准值。

17）C17 城市空气质量优良率

该指标主要反映城镇空气污染状况。城市空气质量优良率=城市空气质量达到优良的天数/年总天数，其公式可以表示为

$$\mathrm{UAQR}=\frac{1}{n}\sum_{i=1}^{n}\frac{\mathrm{NGAQ}_i}{365}\Big/S^* \tag{3.42}$$

式中，NGAQ_i 为城市 i 空气质量达到优良的天数；S^* 为对应的标准值；n 为城市群内部的城市个数。

18）C18　区域性重大基础设施共建共享程度

区域性重大基础设施共建共享程度指大型或重要交通设施对区域通达性的影响水平，具体评价可从区域是否拥有交通干线或距离交通干线的距离远近进行分析，影响度越高，交通条件越优越，对区域发展的支撑和保障能力越高，对外联系潜力越大。

$$\mathrm{RMIC}=\frac{1}{n}\sum_{i=1}^{n}\frac{1}{2}\left(\frac{\mathrm{MR}_i}{\mathrm{TR}_i}/S_1+\mathrm{DMR}_i/S_2\right) \tag{3.43}$$

式中，MR_i为第 i 个城市交通干线长度；TR_i为第 i 个城市交通线长度；DMR_i为第 i 个城市距离交通干线的平均距离；S_1和S_2分别为交通干线长度比例和距交通干线平均距离的标准值；n 为城市群内部的城市数。

19）C19　城乡收入协调度

该指标作为评价区域内城乡居民生活空间一体化程度的重要指标，反映城乡居民收入的差异程度，其公式为

$$\mathrm{URIC}=\frac{1}{n}\sum_{i=1}^{n}\frac{\mathrm{URI}_i}{\mathrm{RRI}_i}\Big/S^* \tag{3.44}$$

式中，URI_i为城市居民人均可支配收入；RRI_i为农村居民人均纯收入；S^*为对应的标准值；n 为城市群内部的城市个数。

20）C20　城市群经济联系强度

采用时间距离修正引力模型来表征城市群经济联系强度。

$$\mathrm{UERI}=\sum_{I}^{n}\left(\frac{\sqrt{P_iG_i}\times\sqrt{P_jG_j}}{{D_{ij}}^2}\right)\Big/S^* \tag{3.45}$$

式中，P_i和P_j分别为 i 和 j 城市的人口数量；G_i和G_j分别为 i 和 j 城市的地区 GDP 数量；D_{ij}为 i 和 j 两地间的欧式距离；S^*为对应的标准值；n 为城市群内部的城市个数。

3.3　城市群地区国土空间利用质量评价指标阈值厘定

在城市群国土空间利用质量评价技术方法中，确定了各评价指标的计算方法，其中涉及一些参数标准值的选取；而选取科学合理的标准值是进行科学合理评价的重要影响因素，因此本节专门对标准值的厘定进行了探讨。

3.3.1　统筹协调质量指数评价指标的阈值厘定

城市群国土空间利用质量评价指标体系中的统筹协调质量指数包括城市群区域城市职能协调指数、城市群区域城镇规模协调指数、城市群区域产业紧凑度和城市群区域交通便捷度共 4 个指数，对这些指数在测算过程所用的标准值进行了理论研究和阈值的最终判断。

1. 城市群区域城市职能协调指数

城市群区域城市职能协调指数反映城市群区域内部城市职能的互补协调性程度。区域城市职能的协调要考虑单个城市的职能规模，更要考虑区域内所有城市之间的职能协调。为确定区域城市职能协调指数的标准值，一方面梳理了城市职能规模的相关研究；另一方面对京津冀城市群、长三角城市群和珠三角城市群这三大城市群的城市职能协调指数进行了比较研究；结合相关研究来确定标准值。

首先，参考了城市群区域城市职能规模的研究。颜蕊采[1]用区位熵公式和城市职能规模分别确定了长江三角洲城市群、京津冀城市群、珠江三角洲城市群和山东半岛城市群的各城市的职能规模、城市群总的职能规模和各城市群的平均城市职能规模（表 3.6）。所得结果为京津冀城市群的城市职能规模最大的是北京市，达到 187.34 万人；珠江三角洲城市群城市职能规模最大的是广州市和深圳市，分别为 44.08 万人和 75.56 万人；长江三角洲城市群城市职能规模最大的是上海市，职能规模为 80.41 万人；山东半岛城市群最大的是济南市和青岛市，分别为 20.98 万人和 30.05 万人。四大城市群总的职能规模最大的是长江三角洲城市群，达到 373.35 万人，其次是珠江三角洲城市群、京津冀城市群，最小的是山东半岛城市群，仅有 114.28 万人，表明山东半岛城市群与长江三角洲、珠江三角洲和京津冀城市群相比有一定差距（表 3.7）。

表 3.6 四大城市群各组成城市的职能规模对比[1] （单位：万人）

长江三角洲城市群的城市	职能规模	京津冀城市群的城市	职能规模	珠江三角洲城市群的城市	职能规模	山东半岛城市群的城市	职能规模
上海市	80.41	北京市	187.34	广州市	44.08	济南市	20.98
南京市	18.88	天津市	28.22	深圳市	75.56	青岛市	30.05
无锡市	20.49	石家庄市	10.1	珠海市	22.94	淄博市	10.95
常州市	6.36	唐山市	8.24	佛山市	9.72	东营市	11.35
苏州市	50.65	秦皇岛市	4.19	江门市	9.16	烟台市	17.33
南通市	11.57	保定市	11.1	肇庆市	5.08	潍坊市	11.17
扬州市	4.61	张家口市	6.5	惠州市	33.35	威海市	9.7
镇江市	7.23	承德市	5.49	东莞市	4.59	日照市	2.75
泰州市	4.94	沧州市	8.34	中山市	8.7		
杭州市	41.25						
宁波市	33.93						
嘉兴市	27.98						
湖州市	8.53						
绍兴市	40.38						
舟山市	2.04						
台州市	14.1						

表 3.7　城市群的城市职能规模[1]　（单位：万人）

城市群	山东半岛城市群	长江三角洲城市群	珠江三角洲城市群	京津冀城市群
城市职能规模	114.28	373.35	213.18	269.52
平均城市职能规模	14.29	23.35	23.69	29.95

其次，考虑了城市群产业专门化和多样化的比较研究。李学鑫、苗长虹选取山东半岛、中原、关中三大城市群作为研究区域，剖析城市群产业专门化和多样化，采用相对专门化指数和多样化指数进行度量，指出关中、中原和山东半岛三大城市群的专门化程度较高，山东半岛城市群内部差别大，中原和山东半岛城市群的核心城市的对外服务功能较弱；目前，关中、中原和山东半岛三大城市群产业的相对多样化程度都不太高，均介于 2～3，城市群的核心城市的相对多样化程度较高，且多样化和城市规模具有弱的正相关性。同时，位于沿海的山东半岛城市群的专门化程度低于内地的关中和中原城市群，而多样化高于内地的关中城市群，总体上具有较高的专门化而偏低的多样化，不利于城市群的发育[2]。

最后，结合了对京津冀、长江三角洲、珠江三角洲三大城市群核心城市职能互补性的研究。李佳铭等[3]研究发现，1997～2007 年，三大城市群的总惯性都有大幅增长。这说明 10 年间三大城市群核心城市职能专业化程度不断增强，即核心城市职能趋于专业化，三大城市群核心城市潜在的职能互补性有所提高。这与 10 年间三大城市群服务业职能分化，即高端服务业职能的专业化、工业制造业职能转移和扩散，以及信息服务、商务服务等新的专业化服务业职能发展等职能结构与分工格局的转变相吻合。从三大城市群的比较来看，京津冀城市群的总惯性一直最高，主要是因为作为中心城市的北京市承担了城市群大部分的服务业职能，而天津市集中了该城市群的工业制造业职能，专业化程度较高，职能差异明显，因此该城市群的总惯性较高。从变化情况来看，长江三角洲城市群的总惯性增长最快，到 2007 年，长江三角洲城市群的总惯性已接近京津冀城市群。这说明 10 年来长江三角洲城市群的职能结构和分工格局不断优化，信息服务、商务服务，以及金融、商贸等高端服务业职能和工业制造业职能的专业化程度超过京津冀和珠江三角洲城市群。珠江三角洲城市群的总惯性一直最低，且到 2007 年时，与京津冀城市群、长江三角洲城市群已有较大差距，这主要是因为珠江三角洲城市群整体仍以工业制造业职能为主，其他职能相对较弱，分工不够明确（表 3.8）。

表 3.8　城市群职能分工的总惯性比较[3]

年份	长江三角洲城市群	珠江三角洲城市群	京津冀城市群
1997	0.1296	0.0843	0.0770
2007	0.2295	0.2103	0.1385
变化率/%	77.08	149.31	79.88

参考上述研究，将城市群区域城市职能规模的理想阈值设为 24 万～30 万人，计算的标准值定为 27 万人。

2. 城市群区域城镇规模协调指数

城市群区域城镇规模协调指数指城市群作为一体化的城市区域综合体，应该同时具有合理的城镇体系结构，即“群体量的结构”和合理的城市规模效率结构，即“个体质的结构”。张玮琪应用城市体系的位序–规模模型测度了我国十大城市群 2000～2011 年城市规模体系的状况，判断不同城市群规模体系结构的合理性[4]（表 3.9）。

表 3.9　2000～2011 年我国十大城市群 Zipf 维数[4]

城市群	2000 年	2001 年	2002 年	2003 年	2004 年	2005 年	2006 年	2007 年	2008 年	2009 年	2010 年	2011 年
成渝城市群	0.90	0.91	0.95	0.97	0.98	0.98	1.06	1.08	1.1	1.11	1.11	1.13
关中城市群	1.13	1.13	1.12	1.07	1.16	1.14	1.11	1.17	1.28	1.26	1.31	1.29
海峡西岸城市群	0.86	0.87	0.85	0.86	0.91	0.95	0.99	1.02	1.03	1.02	1.16	1.13
京津冀城市群	1.43	1.45	1.49	1.52	1.5	1.6	1.58	1.59	1.59	1.56	1.59	1.61
辽中南城市群	1.02	1.02	1.03	0.98	0.96	0.98	1	1	1	0.97	1.02	1.05
山东半岛城市群	0.76	0.82	0.82	0.81	0.81	0.8	0.78	0.77	0.83	0.8	0.81	0.81
长江中游城市群	1	0.99	0.99	0.95	0.96	0.99	0.83	0.85	0.88	0.88	0.91	0.92
长江三角洲城市群	0.95	1.05	1.06	1.05	1.06	1.11	1.12	1.15	1.11	1.09	1.18	1.10
中原城市群	0.84	0.85	0.85	0.91	0.8	0.73	0.72	0.74	0.74	0.76	0.82	0.89
珠江三角洲城市群	1.22	1.18	1.21	1.12	1.13	1.14	1.19	1.17	1.16	1.15	1.17	1.21

基于此定义，城市群规模结构合理性指数由城市群区域的城市规模体系合理性指数和单个城市的规模效率指数两个角度集成，然后对城市群区域规模结构格局的合理性进行综合评价。参数 q 被称作 Zipf 指数。当 $q=1$ 时，区域内首位城市与最小规模城市之比恰好为整个城市体系中的城市个数，则认为此时城市体系处于自然状态下的最优分布；当 $q>1$ 时，区域内的首位城市垄断地位较强，城市规模体系趋向分散；当 $q<1$ 时，城市规模分布趋向集中，人口分布较为均衡，中间位序的城市较多。城市规模效率指数（urban size efficiency index，USEI）是以城市建成区的建成区人口规模和用地规模的比值来表征某个城市规模的效率。其中，F 表示城市规模效率指数，LS_i 为 i 城市的城市建成区用地规模，PS_i 为 i 城市的城市建成区人口规模。其中，α_1 和 α_2 值采用专家打分法赋予 0.35 和 0.65 的权重。同时，将城镇体系规模结构合理性（Zipf 指数 Q）和单个城市的规模效率（F）的合理性判别标准设定如下。

第一，城市规模体系合理性（Zipf 指数 Q）判别：将 Zipf 指数 $q=1$ 认为此时城市体系处于自然状态下的最优分布，则 q 与 1 的绝对值距离越近，表明城市规模结构越合理，按表 3.10 划分区间对城市规模合理性 Q 进行诊断，即

$$Q = |q - 1| \tag{3.46}$$

第二，单个城市的规模效率（F）判别：依据《城市用地分类与规划建设用地标准》（中华人民共和国住房和城乡建设部公告第 880 号），将城市建设用地集约度的城市规模效率作为衡量城市建成区用地规模合理性的主要指标。《山东省建设用地集约利用控制

标准》（鲁政办发[2005]27 号）指出，设区城市人均建设用地面积小于 110m²/人，县级市人均建设用地面积小于 120m²/人。相关省市指标选取如下：河北省邯郸市现状人均城市建设用地规模为 93.2m²/人，规划人均城市建设用地指标选为 88.2～108.2m²/人；安徽省淮北市现状人均城市建设用地规模为 96.8m²/人，将规划人均城市建设用地选为 90～106.8m²/人。参考全国不同区域人均建设用地标准（L），设定 80m²/人、100m²/人、120m²/人、150m²/人作为城市建成区用地规模合理性的分界 L 值，即得出城市的规模效率（F）的分界值为 1.25 万人/km²、1 万人/km²、0.83 万人/km²、0.67 万人/km²（表 3.10）。

表 3.10　城市规模结构合理性诊断标准

合理性分级	高合理城市	较高合理城市	中等合理城市	低合理城市	不合理城市
Q 值	Q<0.1	0.1<Q<0.3	0.3<Q<0.5	0.5<Q<0.8	0.8<Q<1
L 值/（m²/人）	L<80	80<L<100	100<L<120	120<L<150	L>150
F 值/（万人/km²）	F>1.25	1<F<1.25	0.83<F<1	0.67<F<0.83	F<0.67
R 值	R>0.64	0.55<R<0.63	0.47<R<0.54	0.37<R<0.46	R<0.36

采用极值标准化方法分别对两组数据进行标准化计算，之后运用时分别计算城市规模结构格局的合理性（R），在此基础上，再将其分为高合理城市、较高合理城市、中等合理城市、低合理城市和不合理城市（表 3.11、表 3.12）。

表 3.11　除首都外的现有城市规划人均城市建设用地指标　（单位：m²/人）

现状人均城市建设用地规模	规划人均城市建设用地规模	允许调整幅度（规划人口规模大于 50 万人）
≤65.0	65.0～85.0	>0.0
65.1～75.0	65.0～95.0	+0.1～+20.0
75.1～85.0	75.0～105.0	+0.1～+15.0
85.1～95.0	80.0～110.0	–5.0～+15.0
95.1～105.0	90.0～110.0	–10.0～+10.0
105.1～115.0	95.0～115.0	–20.0～–0.1
>115.0	≤115.0	<0.0

资料来源：中华人民共和国住房和城乡建设部公告第 880 号《城市用地分类与规划建设用地标准（GB 50137—2011）》。

表 3.12　根据现状人均城市建设用地规模推算规划人均城市建设用地规模的极限值（单位：m²/人）

现状人均城市建设用地	Ⅰ、Ⅱ、Ⅵ、Ⅶ	
	最小值	最大值
60.0	65.0	85.0
65.0	65.0	85.0
70.0	70.0	90.0
75.0	75.0	95.0
80.0	80.0	100.0
85.0	85.0	105.0
90.0	85.0	110.0
95.0	90.0	110.0
100.0	90.0	110.0

续表

现状人均城市建设用地	Ⅰ、Ⅱ、Ⅵ、Ⅶ	
	最小值	最大值
105.0	95.0	110.0
110.0	95.0	110.0
115.0	95.0	115.0
120.0		115.0
＞120.0		115.0

资料来源：中华人民共和国住房和城乡建设部公告第880号《城市用地分类与规划建设用地标准（GB 50137—2011）》。

综合以上研究，Zipf指数 q=1 认为此时城市体系处于自然状态下的最优分布，因此将城市群区域城市体系规模合理性的标准值定为1。

3. 城市群区域产业紧凑度

城市群产业紧凑度是指城市群内部各城市之间按照产业技术经济联系，在产业合理分工与产业链延伸过程中所体现出的产业集群和产业集聚程度。方创琳等（2008）通过构建城市群紧凑度的综合测度模型，选取23个城市群进行紧凑度程度分析，计算得出中国城市群的产业紧凑度（表3.13）[5]。将中国城市群产业紧凑度划分为高度紧凑、紧凑、中度紧凑、低度紧凑和不紧凑5个等级，其中产业高度紧凑的城市群（指数值大于1）尚不存在，产业紧凑的城市群（指数值在0.5～1.0之间）有3个，包括长江三角洲城市群、珠江三角洲城市群和辽东半岛城市群；产业中度紧凑的城市群（指数值在0.35～0.5之间）有5个，包括京津冀城市群、成渝城市群、山东半岛城市群、武汉城市群和中原城市群；产业低度紧凑的城市群（指数值在0.15～0.35之间）有4个，包括关中城市群、哈大长城市群、黔中城市群和济宁城市群；产业不紧凑的分散城市群（指数值在0～0.15之间）有11个，包括南北钦防城市群、皖中城市群、赣北鄱阳湖城市群、滇中城市群、闽南金三角城市群、兰白西城市群、长株潭城市群、晋中城市群、酒嘉玉城市群、银川平原城市群和呼包鄂城市群。

孔祥斋（2011）在研究中得到1998～2009年的长株潭城市群产业紧凑度（表3.14），其中2009年为0.1139[6]。

表3.13　中国城市群产业紧凑度（2005年）

城市群名称	产业紧凑度数值	城市群名称	产业紧凑度数值
长江三角洲城市群	1.0000	晋中城市群	0.0373
珠江三角洲城市群	0.6976	成渝城市群	0.4494
京津冀城市群	0.4958	银川平原城市群	0.0155
中原城市群	0.3764	南北钦防城市群	0.1415
长株潭城市群	0.0491	黔中城市群	0.1648
武汉城市群	0.3929	赣北鄱阳湖城市群	0.0955
山东半岛城市群	0.4153	滇中城市群	0.0934
辽东半岛城市群	0.5429	兰白西城市群	0.0632
关中城市群	0.3455	哈大长城市群	0.2228

续表

城市群名称	产业紧凑度数值	城市群名称	产业紧凑度数值
皖中城市群	0.1336	酒嘉玉城市群	0.0244
闽南金三角城市群	0.0820	呼包鄂城市群	0.0000
济宁城市群	0.1510		

资料来源：参考文献[5]。

表 3.14 长株潭城市群 2000～2009 年产业紧凑度

年份	2000	2002	2004	2006	2008	2009
产业紧凑度	0.0227	0.0363	0.0432	0.0558	0.0846	0.1139

资料来源：参考文献[6]。

结合相关研究，赫芬达尔-赫希曼指数的标准值定为 0.5；CRn 行业集中度指数的标准值定为 0.8。

4. 城市群区域交通便捷度

首先，依据国家标准对不同规模城市道路网络密度的规定、国内外城市道路网络密度的经验值，来判断城市群区域道路网络密度标准值。

据《城市用地分类与规划建设用地标准》（GB 50137—2011）规定，快速路、主干道合计的道路网密度在 1.7～2.5km/km^2，按照大城市快速路、主干路、次干路、支路的长度比为 1∶2∶3∶4，中等城市快速路、主干路、次干路、支路的长度比为 1∶1∶2∶3 计算，得出道路网密度（表 3.15～表 3.17）。

表 3.15 不同规模城市的道路网密度标准 （单位：km/km^2）

城市规模	快速路	主干路	次干路	支路
大城市	0.58～0.83	1.12～1.67	1.7～2.5	3.4～5
中等城市		1.7～2.5	2.04～3	5.1～7.5
小城市		3～6		3～8

资料来源：《城市用地分类与规划建设用地标准》（ GB 50137—2011）。

表 3.16 大城市道路网规划指标 （单位：km/km^2）

城市规模与人口		快速路	主干路	次干路	支路
大城市	>200 万人	0.4～0.5	0.8～1.2	1.2～1.4	3～4
	≤200 万人	0.3～0.4	0.8～1.2	1.2～1.4	3～4
中等城市			1～1.2	1.2～1.4	3～4

资料来源：《城市道路交通规划设计规范》（CB 50220—95）。

表 3.17 小城市道路网规划指标 （单位：km/km^2）

城市人口	干路	支路
>5 万人	3～4	3～5
1 万～5 万人	4～5	4～6
<1 万人	5～6	6～8

资料来源：《城市道路交通规划设计规范》（CB 50220—95）。

从世界各国的经验看，美国《城市街道设计》规定，快速路、干路、支路和地方道路路网密度分别为 0.62km/km^2、1.24km/km^2，2.48km/km^2 和 13.12～21.87km/km^2；前苏联早期曾规定，改建区道路网密度在 2.5～3.33km/km^2，新建区道路网密度在 2～2.5km/km^2 为宜；英国道路网密度在 2.86～8km/km^2；西班牙巴塞罗那路作为欧洲城市道路规划成功的典范，网密度高达 15.38 km/km^2。

深圳市人民政府发布的关于《深圳市城市规划标准与准则》的通知（深府〔2004〕53 号）指出，城市道路用地面积宜占城市建设用地面积的 20%～25%，同时规定各级道路的规划指标见表 3.18。

表 3.18 道路网规划指标

道路类别	道路网密度/（km/km^2）	道路宽度/m
高速公路	0.3～0.4	35～60
快速路	0.4～0.6	35～80
主干路	1.2～1.8	25～60
次干路	1.6～2.4	25～40
支路	5.5～7.0	12～30

资料来源：《深圳市城市规划标准与准则》的通知（深府〔2004〕53 号）。

2007 年湖南省城市道路网密度为 2.4km/km^2，2010 年和 2015 年即分别为 2.6km/km^2 和 2.8km/km^2。庄煜和胡敏[7]研究丹阳市的道路网络规划指出，结构性主干路的路网密度为 0.83km/km^2；一般性主干路的路网密度为 1.29km/km^2；次干路的路网密度为 3.3km/km^2；支路的路网密度为 4km/km^2。

依据上述研究，根据城市群区域特征，选择快速路和主干路两种类型交通线路计算道路网络密度，理想阈值设为 0.9～1.4km/km^2，设定标准值为 1.2km/km^2。

其次，依据国家标准对不同规模城市万人拥有公共交通车辆标台数的规定、国内外城市公共交通车辆标台数的经验值，来判断城市群区域万人拥有公共交通车辆标台数的标准值。

按《城市道路交通规划设计规范》的运行要求，公交线路的允许最小长度约为 5km，公交线路的允许最大长度约为 15km。《建设部关于优先发展城市公共交通的意见》（建城[2004]38 号）指出，公共汽（电）车平均运营速度达到 20km/h 以上，准点率达到 90% 以上。站点覆盖率按 300m 半径计算，建成区大于 50%，中心城区大于 70%。特大城市基本形成以大运量快速交通为骨干、常规公共汽（电）车为主体、出租汽车等其他公共交通方式为补充的城市公共交通体系，建成区任意两点间公共交通可达时间不超过 50min，城市公共交通在城市交通总出行中的比重达到 30%以上。大中城市基本形成以公共汽（电）车为主体、出租汽车为补充的城市公共交通系统，建成区任意两点间公共交通可达时间不超过 30min，城市公共交通在城市交通总出行中的比重在 20%以上。对于特定的公交线路，公交线路长度有一个最优值，市区公交线路的平均长度是城市的半径（大城市）或直径（中、小城市）[8]。

《城市道路交通管理评价指标体系》（2002 年版）及《城市道路交通管理评价指标体

系说明》强调，万人拥有公共交通车辆标台数是反映城市公共交通发展水平和交通结构状况的指标。按照《关于优先发展城市公共交通的意见》（建城[2004]38 号）的相关要求，在公共交通方面，大城市按照 20 标台/万人，中等城市按照 10 标台/万人，小城市按照 8 标台/万人取值。依据《城市道路交通规划设计规范》（GB50220—95）城市公共汽车和电车拥有量，中、小城市应每 1200～1500 人一辆标准车。依据交通运输部道路运输司在 2010 年 7 月下发的《城市公共交通"十二五"发展规划纲要》（征询意见稿），对"十二五"期间城市公共交通发展的具体目标定为 300 万人口以上城市，万人公共交通车辆拥有量达到 15 标台以上；100 万～300 万人口城市，万人公共交通车辆拥有量达到 12 标台以上；100 万人口以下城市，万人公共交通车辆拥有量达到 10 标台以上。《绍兴市区城市公共交通专项规划（2014～2030）公示》指出，公交网密度将从现状的 2.76km/km^2 提升至 2.90km/km^2，万人拥有公交车标台数将从现状的 7.63 标台提升至 12 标台以上。连云港市计划至 2020 年万人公交车辆标台数达到 16 标台。

综合以上研究，将城市群每万人拥有公共交通车辆数定为 9～15 标台，标准值定为 12 标台。

3.3.2 集约高效质量指数评价指标的阈值厘定

城市群国土空间利用质量评价指标体系中的集约高效质量指数包括工矿建设用地产出率、单位建设用地人口承载量、国土空间产出强度、国土空间开发强度和人均基础设施用地面积共 5 个指数，对这些指数在测算过程所用的标准值进行了理论研究和最终判断。

1. 工矿建设用地产出率

工矿建设用地产出率是反映城镇工矿建设用地对工业增加值贡献程度的基本指标，城镇工矿建设用地产出率＝地区 GDP/城镇工矿建设用地面积。城镇工矿建设用地，即城市建设、建制镇建设用地和独立工矿用地之和。该指标是新型城镇化评价指标之一。

国家标准《城市用地分类与规划建设用地标准》（GBJ137-90）规定，工业用地占城市建设用地的比例应为 15%～25%。国务院印发的《循环经济发展战略及近期行动计划》提出，到 2015 年，建设用地土地产出率比 2010 年提高 43%。《全国土地利用总体规划纲要（2006～2020 年）》提出，保障科学发展的建设用地要求，控制城镇工矿用地过快扩张，引导大中小城市和小城镇协调发展，从严控制城镇工矿用地中工业用地比例，科学配置不同类型和不同规模的企业用地，提高工业用地综合效益。在规划期间，单位建设用地第二、第三产业产值年均提高 6%以上，其中，"十一五"期间年均提高 10%以上；城镇工矿用地在城乡建设用地总量中的比例由 2005 年的 30%调整到 2020 年的 40%左右。《国土资源部关于推进土地节约集约利用的指导意见》的相关评论中提到，我国工业用地产出率明显低于发达国家同期水平，以产出率较高的上海市为例，2010 年产出为 13.40 亿元/km^2，仅为 20 世纪 80 年代纽约市和东京市的 1/3 和 1/7。《国家级开发区土地集约利用评价情况》（2012 年）指出，我国 341 个国家级开发区工业用地产出强度达到

129.84 亿元/km^2，高新技术产业用地产出强度为 266.68 亿元/km^2，中、西部地区工业用地产出强度分别为 83.58 亿元/km^2 和 85.30 亿元/km^2，东北地区为 94.46 亿元/km^2，东部地区最高，达到 158.37 亿元/km^2，是中、西部地区的 2 倍左右。2007 年，湖南省城镇工矿建设用地产出率为 3.89 亿元/km^2，2010 年和 2015 年分别达到 4.81 亿元/km^2 和 5.94 亿元/km^2。工矿建设用地产出率对第二、第三产业发展具有重要作用，较高的工矿建设用地产出率可使各投入要素实现最佳配置，从而有利于经济的发展和资源的集约利用。

综合以上研究，将城市群区域工矿建设用地产出率的理想阈值设为 13 亿～18 亿元/km^2，标准值确定为 15 亿元/km^2。

2. 单位建设用地人口承载量

人口是土地承载子系统中最为常用的承载客体，城镇化的加速带来了城市人口的集中，但当城市建设用地扩张速度快于人口增长速度时，单位面积建设用地人口数量就会下降，表现出较强的人口承载空间。林巍[9]以城镇化为研究主线，以京津冀土地综合承载力为研究对象，分析了城镇化与土地承载力之间的影响与传导关系；指出城镇化的不断推进使得城市建设规模不断扩大，并且快于城市人口增长速度。研究发现，京津冀单位面积建设用地承载的人口数量呈下降趋势。同时，通过对京津冀城镇化与土地资源承载力相关关系的分析指出，城镇化水平与单位面积建设用地人口呈高度的负相关关系，城镇化水平的提高伴随着城镇建设用地的快速扩张，当建设用地增速快于人口增速时，产生单位面积建设用地人口下降的现象，虽然表面上看人口承载能力有所提升，但实质问题是人口集中的不均衡和土地资源的粗放利用。所以，推进城镇化，不仅需要提高土地人口承载力，更要在土地集约利用的条件下提高土地人口承载质量。

对全国及各区域 1995 年和 2008 年建设用地的人口承载能力的研究发现，2008 年全国建设用地的平均人口密度为 3981.97 人/km^2，折合成人均用地为 251m^2/人，其中，北方省份为 3225.50 人/km^2，折合成人均用地为 310m^2/人；南方省份为 4803.16 人/km^2，折合成人均用地为 208m^2/人，南方省份的建设用地人口承载力是北方省份的 1.49 倍。若将建设用地人口密度和经济密度的研究时点向前推移至 1995 年，可以发现，建设用地的人口密度有所下降，全国建设用地的平均人口密度从 1995 年的 4283.09 人/km^2 降至 2008 年的 3981.97 人/km^2，14 年间建设用地人口承载力下降了 7.03%。西北区、西南区、青藏区、东北区、晋豫区、湘鄂皖赣区、京津冀鲁区、苏浙沪区、闽粤琼区九大土地利用区的建设用地人口密度均有所下降（表 3.19），其总体降幅分别为 5.16%、12.96%、0.79%、2.18%、5.68%、3.95%、12.96%、14.62%、6.93%[10]。

表 3.19 1995 年和 2008 年我国九大土地利用区建设用地人口密度变化情况[10]（单位：人/km^2）

区域	1995 年建设用地人口密度	2008 年建设用地人口密度
西北区	2570.90	2438.19
西南区	6134.64	5339.45
青藏区	2150.43	2133.48

续表

区域	1995年建设用地人口密度	2008年建设用地人口密度
东北区	2803.46	2742.40
晋豫区	4454.49	4201.41
湘鄂皖赣区	4525.04	4346.44
京津冀鲁区	4414.07	3842.20
苏浙沪区	5313.14	4536.57
闽粤琼区	5501.12	5119.75
全国平均	4283.09	3981.97

城市规模越大则人口密度越高，其土地利用效率也越高。改革开放以来，城镇建成区人口密度呈逐渐下降趋势。全国建成区人口密度由1981年每平方千米1.9万人下降到2008年的1万人。200万人以上的特大城市的人口密度降低幅度最大，由1981年的每平方千米1.5万人减少到2008年的1.1万人左右。2008年，64个百万人口以上城市建成区面积达到1.77万km^2，占全国的50%。百万人口以上城市比1981年增加46个，城市建成区面积扩大了6倍，大城市建成区扩大了3倍，中等城市扩大了3.5倍，小城市扩大了1.8倍（表3.20）。

表3.20　1981年和2008年城市建成区人口密度　（单位：人/km^2）

类型	1981年城市建成区人口密度	2008年城市建成区人口密度
超大城市（200万人以上）	15 405	11 460
特大城市（100万～200万人）	10 973	9 302
大城市（50万～100万人）	11 143	9 692
中等城市（20万～50万人）	9 663	8 652
小城市（20万人以下）	5 843	7 035

资料来源：《中国城乡建设统计年鉴》（1981年），《中国城乡建设统计年鉴》（2008年）。

基于以上研究，将城市群区域单位建设用地人口承载量的理想区间定为0.7万～1.2万人/km^2，计算的标准值定为0.9万人/km^2。

3. 国土空间产出强度

国土空间产出强度反映国土空间的平均经济产出密度，用单位国土面积的GDP来衡量。方创琳等[11]指出，中国城市群的经济密度差异悬殊，经济密度最大的长江三角洲城市群达1908万元/km^2，而最小的酒嘉玉城市群仅为3.93万元/km^2；从分布上来看，第一层次和第二层次的城市群主要分布在京广线以东地区。处在第一层次的城市群经济密度超过960万元/km^2，包括长江三角洲城市群、珠江三角洲城市群和闽南金三角城市群；处在第二层次的城市群经济密度介于500万～960万元/km^2，包括山东半岛城市群、京津冀城市群、中原城市群、武汉城市群、长株潭城市群、江淮城市群；处在第三层次的城市群经济密度介于200万～500万元/km^2，包括辽东半岛城市群、成渝城市群、济宁城市群、哈大长城市群、晋中城市群、关中城市群等；处在第四层次的城市群经济密度小于 200 万元/km^2，包括银川平原城市群、兰白西城市群、酒嘉玉城市群、天山北坡城市群、黔中城市群、滇中城市群、南北钦防城市群等。

张玮琪[4]计算 2000～2011 年十大城市群的经济密度，2011 年以长三角城市群的经济密度最大，经济密度为 1.04 亿元/km^2，将十大城市群按照经济密度大小分为 3 个层次，其中第一层次城市群密度为0.96亿～1.04亿元/km^2，分别为长江三角洲、珠江三角洲（1亿元/km^2）和辽中南城市群（0.96 亿元/km^2）；第二层次城市群密度为 0.68 亿～0.82 亿元/km^2，包括京津冀（0.82 亿元/km^2）、中原（0.79 亿元/km^2）、山东半岛城市群（0.78 亿元/km^2）和海峡西岸城市群（0.68 亿元/km^2）；第三层次城市群经济密度小于 0.49 亿元/km^2，即长江中游城市群（0.49 亿元/km^2）、关中城市群（0.24 亿元/km^2）和川渝城市群（0.20 亿元/km^2）。

基于以上研究，将城市群区域国土空间开发强度的理想区间设为 0.8 亿～1.0 亿元/km^2，标准值定为 0.9 亿元/km^2。

4. 国土空间开发强度

首先明确城市和农村建设用地面积的标准，然后查找国土空间开发强度的国际标准和国家标准，最后结合山东省实际情况和《山东省主体功能区规划》（2013 年）的要求，确定山东城市群国土空间开发强度的标准值。

根据中华人民共和国国家标准《城市用地分类与规划建设用地标准》（GB50137—2011）中的规定，新建城市的规划人均城市建设用地规模取值区间控制在 65.0～115.0m^2/人，目前我国城市相对合理的用地标准应在 95.1～105.0 m^2/人内确定，如果该城市所在地区发展用地不能满足以上指标时，也可以在 85.1～95.0m^2/人内确定（表 3.21、表 3.22）。《山东省建设用地集约利用控制标准》（2005 年 3 月）中明确规定的人均建设用地控制指标如下。

（1）城市人均建设用地：设区城市≤110m^2/人，县级市、县城≤120m^2/人。

（2）建制镇建设用地≤140m^2/人。

（3）农村居民点：①城郊居民点。平原居民点人均≤90m^2，户均宅基地≤166m^2 ；山区居民点人均≤80m^2，户均宅基地≤133m^2。②其他居民点。平原居民点人均≤100m^2，

表 3.21 除首都外的现有城市规划人均城市建设用地指标 （单位：m^2/人）

气候区	现状人均城市建设用地规模	规划人均城市建设用地规模取值区间	允许调整幅度（规划人口>50.0 万人）
Ⅰ、Ⅱ、Ⅵ、Ⅶ	≤65.0	65.0～85.0	>0.0
	65.1～75.0	65.0～95.0	+0.1～+20.0
	75.1～85.0	75.0～105.0	+0.1～+15.0
	85.1～95.0	80.0～110.0	–5.0～+15.0
	95.1～105.0	90.0～110.0	–10.0～+10.0
	105.1～115.0	95.0～115.0	–20.0～–0.1
	>115.0	≤115.0	<0.0

资料来源：《城市用地分类与规划建设用地标准》（GB 50137—2011）。

表 3.22　根据现状人均城市建设用地规模推算规划人均城市建设用地规模的极限值（单位：m^2/万人）

现状人均城市建设用地	Ⅰ、Ⅱ、Ⅵ、Ⅶ气候区	
	最小值	最大值
60.0	65.0	85.0
65.0	65.0	85.0
70.0	70.0	90.0
75.0	75.0	95.0
80.0	80.0	100.0
85.0	85.0	105.0
90.0	85.0	110.0
95.0	90.0	110.0
100.0	90.0	110.0
105.0	95.0	110.0
110.0	95.0	110.0
115.0	95.0	115.0
120.0		115.0
＞120.0		115.0

资料来源：《城市用地分类与规划建设用地标准》（GB 50137—2011）。

户均宅基地≤200m^2；山区居民点人均≤80m^2，户均宅基地≤133m^2。

山东是Ⅱ类气候区，结合《城市用地分类与规划建设用地标准》（GB50137—2011）中的用地指标，及允许调整的范围和极限值的规定，确定出山东省城市人均建设用地范围为 95.1～120.0 m^2/人，农村人均建设用地范围为 80.0～100 m^2/人。根据《国家新型城镇化规划》（2014～2020 年）中的规定，人均城市建设用地严格控制在 100 m^2 以内，确定出城市人均用地面积控制在 95.1～100 m^2。

土地开发强度（计算方法与国土空间开发强度一致）的国际标准为 30%。如果扣除不太适宜城镇化的国土空间，我国国土空间开发强度已经超过 8%。在人均 GDP 超过 3 万美元的发达国家中，德国开发强度为 12.8%，荷兰为 13%，日本三大都市圈为 16.4%，法国巴黎大区为 21%，德国斯图加特地区为 21.7%，我国香港地区为 21%。2013 年，珠江三角洲核心区国土空间开发强度为 27.51%，其中广深佛莞已超过 40%。2014 年，辽宁省的国土空间开发强度为 10.24%，根据《辽宁省主体功能区规划》中的规定，到 2020 年，辽宁省的国土空间开发强度控制在 10.51%以内，城市空间控制在 4760km^2 以内，农村居民点占地面积不超过 6554km^2，工矿建设空间适度减少。根据《江西省主体功能区规划》，到 2020 年，江西省的国土空间开发强度控制在 6.38%以内，城市空间控制在 2750km^2 以内，农村居民点占地面积减少到 4200km^2 以下，各类建设新增占用耕地面积控制在 933.33km^2 以内。根据《鹤壁市人民政府关于印发鹤壁市优化国土空间格局实施方案的通知》鹤政[2015]7 号的规定，到 2020 年，鹤壁市国土空间开发强度控制在 16.41%以内，城市空间控制在 134km^2 以内，农村居民点控制在 170.24km^2 以内。根据《上海主体功能区规划》，上海市控制在 39%以内。根据《珠海市主体功能区规划》，珠海市控制在 33.06%以内。

2008 年，山东省国土空间开发强度为 16%，城市化地区总面积约为 43 928km^2，占国土面积的 28%，其中城市建成区面积为 7170km^2，农村居民点占地约为 12 100km^2。根据《山东省主体功能区规划》（2013 年）中的规定，到 2020 年，山东省开发强度控制在 17%以内，城市空间面积 8450km^2，农村居民点占地面积减少到 11 624km^2，工矿建设空间适度减少。

综上，将城市群的空间开发强度的理想阈值设为 23%～26%，标准值确定为 25%。

5. 人均基础设施用地面积

首先确定 4 类用地包括的范围，然后分别计算出这 4 类用地的人均面积，最后将这些人均用地面积加总，得出人均基础设施用地面积的标准值。

《城市用地分类与规划建设用地标准》（GBJ137-90）（简称 90 版国标）中的 C 大类“公共设施用地”包括“居住区及居住区级别以上的行政、经济、文化、教育、卫生、体育，以及科研设计等机构和设施的用地，不包括居住用地中的公共服务设施用地”。新版《城市用地分类与规划建设用地标准》（GB50137—2011）（简称 2011 版国标）中对 C 大类“公共设施用地”作了结构性调整。2011 版国标将 90 版国标中的“公共设施用地”分为“公共管理与公共服务设施用地”和“商业服务业设施用地”两大类。

根据《城市用地分类与规划建设用地标准》（GB50137—2011）中的规定，公共管理与公共服务用地占城市建设用地的 5.0%～8.0%，交通设施用地占城市建设用地的 10.0%～30.0%。规划人均公共管理与公共服务用地面积不应小于 5.5 m^2/人，人均交通设施用地面积不应小于 12.0 m^2/人。人均城市道路用地标准，大城市 15.0～40.5 m^2/人，中等城市 18.7～42.1 m^2/人，小城市 11.1～39.6 m^2/人。由于大城市往往立体交通方式较多，实际人均城市道路面积往往达不到该标准，因此最终建议人均城市道路面积按照最低 11.0 m^2/人控制。人均公共交通面积 0.24～0.4 m^2/人，交通场站用地建议按最低人均 1m^2/人控制。根据《国家新型城镇化规划》（2014～2020 年），2000 年人均道路面积为 6.1m^2，预计到 2020 年，人均道路面积增加至 14.4 m^2。据此，可以将人均公共管理用地面积标准值定为 0.055 km^2/万人，人均交通设施用地面积标准值定为 0.12 km^2/万人。

2008 年 2 月 3 日，中华人民共和国住房和城乡建设部发布《城市公共设施规划规范》（GB50442—2008）（简称《规范》）的国家标准。这时实行的是 90 版国家标准，即公共设施用地里包含了“公共管理与公共服务设施用地”和“商业服务业设施用地”两大类。规划中制定了城市公共设施规划用地综合（总）指标，以及每种类型用地的标准。在《规范》中，城市公共设施指在城市总体规划中的行政办公、商业金融、文化娱乐、体育、医疗卫生、教育科研设计、社会福利共 7 类用地的统称，包含了人均基础设施用地面积的内容，所以在此将该《规范》中的标准作为依据（表 3.23）。

综合上述研究，最终将山东半岛城市群的人均基础设施用地面积的理想阈值设为 0.19～0.26 km^2/万人，标准值定为 0.23 km^2/万人。

表 3.23　城市公共设施规划用地综合指标

分项指标		小城市	中等城市	大城市		
				I	II	III
综合总指标	占中心城区规划用地比例/%	8.6～11.4	9.2～12.3	10.3～13.8	11.6～15.4	13.0～17.5
	人均规划用地/（m^2/人）	8.8～12.0	9.1～12.4	9.1～12.4	9.5～12.8	10.0～13.2
行政办公	占中心城区规划用地比例/%	0.8～1.2	0.8～1.3	0.9～1.3	1.0～1.4	1.0～1.5
	人均规划用地/（m^2/人）	0.8～1.3	0.8～1.3	0.8～1.2	0.8～1.3	0.8～1.1
商业金融	占中心城区规划用地比例/%	3.1～4.2	3.3～4.4	3.5～4.8	3.8～5.3	4.2～5.9
	人均规划用地/（m^2/人）	3.3～4.4	3.3～4.3	3.2～4.2	3.2～4.0	3.1～4.0
文化娱乐	占中心城区规划用地比例/%	0.8～1.0	0.8～1.1	0.9～1.2	1.1～1.3	1.1～1.5
	人均规划用地/（m^2/人）	0.8～1.1	0.8～1.1	0.8～1.0	0.8～1.0	0.8～1.0
体育	占中心城区规划用地比例/%	0.6～0.9	0.5～0.7	0.6～0.8	0.5～0.8	0.6～0.9
	人均规划用地/（m^2/人）	0.6～1.0	0.5～0.7	0.5～0.7	0.5～0.8	0.5～0.8
医疗机构	占中心城区规划用地比例/%	0.7～0.8	0.6～0.8	0.7～1.0	0.9～1.1	1.0～1.2
	人均规划用地/（m^2/人）	0.6～0.7	0.6～0.8	0.6～0.9	0.8～1.0	0.9～1.1
教育科研设计	占中心城区规划用地比例/%	2.4～3.0	2.9 ～3.6	3.4～4.2	4.0～5.0	4.8～ 6.0
	人均规划用地/（m^2/人）	2.5～3.2	2.9～3.8	3.0～4.0	3.2～4.5	3.6～4.8
社会福利	占中心城区规划用地比例/%	0.2～0.3	0.3～0.4	0.3～0.5	0.3～0.5	0.3～0.5
	人均规划用地/（m^2/人）	0.2～0.3	0.2～0.4	0.2～0.4	0.2～0.4	0.2～0.4

资料来源：《城市公共设施规划规范》（GB50442—2008）。

3.3.3　生态文明质量指数评价指标的阈值厘定

城市群国土空间利用质量评价指标体系中的生态文明质量指数包括万元 GDP 用水量、万元 GDP 能耗、绿化覆盖率和景观多样性指数共 4 个指数，对这些指数在测算过程所用的标准值进行了理论研究和最终判断。

1. 万元 GDP 用水量

万元 GDP 用水量标准值确定的思想如下：首先，看国家标准中的规定；其次，找山东省的规划标准；最后，结合山东半岛城市群的实际情况，并且与其他地区对比后确定。

按照“十二五”规划确定的刚性指标，到 2015 年，全国万元 GDP 用水量和万元工业增加值用水量分别比 2010 年降低 30%。到 2020 年，全国用水总量将控制在 6700 亿 m^3 以内。

根据中华人民共和国水利部《2010 年中国水资源公报》的数据显示，2010 年万元 GDP 用水量为 150m^3，可以推算出 2015 年全国万元 GDP 用水量为 105m^3。根据中华人民共和国水利部《2014 年中国水资源公报》的数据显示，2014 年万元 GDP 用水量为 96m^3。根据《全国水资源综合规划》的要求，到 2020 年，全国用水总量力争控制在 6700 亿 m^3 以内，万元 GDP 用水量、万元工业增加值用水量分别降低到 120m^3、65m^3，均比 2008 年降低 50%左右。到 2030 年，全国用水总量力争控制在 7000 亿 m^3 以内，万元 GDP 用水量、万元工业增加值用水量分别降低到 70m^3、40m^3，均比 2020 年降低 40%左右。

《山东省节水型社会建设“十二五”规划技术大纲》（简称《规划》）中提出，山东省顺利完成了《山东省“十一五”节水型社会建设规划》确定的各项任务目标，全省水资源利用效率和效益不断提高。全省万元 GDP 取水量由 2005 年的 114m^3 下降到 2009 年的 72m^3，万元工业增加值用水量由 2005 年的 29m^3 下降到 2009 年的 21m^3。《规划》的总体目标是，到 2015 年，建立最严格的水资源管理制度，万元 GDP 取水量降低到 60m^3 以下，万元工业增加值用水量降低到 16m^3 以下。

根据东莞市 2012 年水资源公报，2012 年东莞市用水总量为 20.44 亿 m^3，全市万元 GDP 用水量为 40.8m^3。在 3 年试点期间，东莞市年总用水量将控制在 23.5 亿 m^3 以内，万元 GDP 用水量不超过 33m^3。根据新华网报道，上海市税务局指出上海市的万元 GDP 用水量已经由 2003 年的 163m^3 下降到 2013 年的 41m^3，用水效率显著提高。《江西省节水型社会建设规划纲要》中提出，到 2020 年，万元 GDP 用水量控制在 180m^3 以内。

《宁夏节水型社会建设规划纲要》（2004～2020 年）中规定，到 2010 年，万元 GDP 用水量下降到 590m^3，到 2020 年接近全国平均水平。

山东省水资源贫乏，人均水资源占有量仅 334m^3（按 2000 年年末统计人口数），不到全国人均占有量的 1/6，仅为世界人均占有量的 1/25，位居全国各省（市、自治区）倒数第三位。

综上，将山东半岛城市群万元 GDP 用水量的理想阈值定为 28～33m^3，标准值设为 30m^3。

2. 万元 GDP 能耗

在国内生产总值按 2005 年可比价格计算的前提下，2011 年中国平均万元 GDP 能耗为 1.03tce①/万元，北京最低为 0.46tce/万元（表 3.24）。

表 3.24　中国规模型 GDP 能耗与速度型 GDP 能耗数据比较（1990～2006 年）[12]

年份	规模型 GDP 能耗（tce/万元）	速度型 GDP 能耗（1990 年基准）	速度型 GDP 能耗（2000 年基准）	速度型 GDP 能耗（2005 年基准）
1990	5.287	5.287	2.682	2.286
1991	4.765	5.091	2.582	2.201
1992	4.055	4.689	2.378	2.028
1993	3.283	4.371	2.217	1.890
1994	2.547	4.089	2.074	1.768
1995	2.158	3.941	1.999	1.704
1996	1.952	3.795	1.925	1.641
1997	1.745	3.443	1.746	1.489
1998	1.566	3.065	1.554	1.325
1999	1.492	2.883	1.462	1.246

① tce 即吨标准煤，下同。

续表

年份	规模型 GDP 能耗（tce/万元）	速度型 GDP 能耗（1990 年基准）	速度型 GDP 能耗（2000 年基准）	速度型 GDP 能耗（2005 年基准）
2000	1.396	2.753	1.396	1.190
2001	1.306	2.628	1.333	1.136
2002	1.261	2.553	1.295	1.104
2003	1.288	2.676	1.357	1.157
2004	1.271	2.822	1.431	1.220
2005	1.222	2.826	1.433	1.222
2006	1.173	2.792	1.416	1.207

国务院印发的《“十二五”节能减排综合性工作方案》（国发［2011］26 号）在节能方面提出，到 2015 年，全国万元国内生产总值能耗下降到 0.869tce（按 2005 年价格计算），比 2010 年的 1.034tce 下降 16%，比 2005 年的 1.222tce 下降 32%。

经查《2014 年中国统计年鉴》，在国内生产总值按 2010 年可比价格计算的前提下，2010～2012 年的平均万元 GDP 能耗分别为 0.81tce/万元、0.79tce/万元和 0.76tce/万元。

综上所述，城市群万元 GDP 能耗的理想阈值设为 0.2～0.5tce/万元，标准值可设为 0.4tce/万元。

3. 绿化覆盖率

《城市绿化规划建设指标的规定》指出，城市学校、医院、休疗养院所、机关团体、公共文化设施、部队等单位的绿地率不低于 35%。中华人民共和国住房和城乡建设部综合财务司新近编制的《2009 年中国城市建设统计年鉴》显示，城市建成区绿化覆盖率最高达到 57.59%，因此考虑将城市群绿化覆盖率标准值定为 55%。

《城市绿化规划建设指标的规定》中指出，单位附属绿地面积占单位总用地面积的比率不低于 30%，其中工业企业、交通枢纽、仓储、商业中心等绿地率不低于 20%；产生有害气体及污染工厂的绿地率不低于 30%，并根据国家标准设立不少于 50m 的防护林带；学校、医院、休疗养院所、机关团体、公共文化设施、部队等单位的绿地率不低于 35%。因特殊情况不能按上述标准进行建设的单位，必须经城市园林绿化行政主管部门批准，并根据《城市绿化条例》第十七条规定，将所缺面积的建设资金交给城市园林绿化行政主管部门统一安排绿化建设作为补偿，补偿标准应根据所在城市所处地段绿地的综合价值具体规定。

中华人民共和国住房和城乡建设部综合财务司新近编制的《2009 年中国城市建设统计年鉴》显示，2009 年全国城市（不包含直辖市）中，城市建成区绿地率排名前三的城市是安徽铜陵、湖北洪湖、江西景德镇，其中安徽铜陵建成区绿地率最高，为 55.74%；城市建成区绿化覆盖率排名前三的有湖北洪湖、广东恩平、江西景德镇，其中湖北洪湖建成区绿化覆盖率最高，为 57.59%（表 3.25、表 3.26）。

表 3.25　2009 年全国城市园林建成区绿地率前十名

排名	省	市	建成区绿地率/%
1	安徽	铜陵	55.74
2	湖北	洪湖	54.2
3	江西	景德镇	50.60
4	湖南	韶山	49.15
5	山西	晋城	47.32
6	江西	丰城	46.9
7	山西	高平	46.88
8	辽宁	兴城	46.87
9	江西	新余	46.24
10	辽宁	本溪	44.81

资料来源：《2009 年中国城市建设统计年鉴》。

表 3.26　2009 年全国城市园林建成区绿化覆盖率前十名

排名	省	市	城市建成区绿化覆盖率/%
1	湖北	洪湖	57.59
2	广东	恩平	53.74
3	江西	景德镇	52.91
4	江西	丰城	52.91
5	湖南	韶山	49.79
6	广东	增城	49.75
7	河北	武安	49.5
8	安徽	黄山	49.33
9	江西	井冈山	48.56
10	广东	廉江	48.17

资料来源：《2009 年中国城市建设统计年鉴》。

绿化覆盖率和绿地率概念比较：绿化覆盖率和绿地率都是衡量居住区绿化状况的经济技术指标，但两者并非等同。城市绿化覆盖率是指城市绿化覆盖面积占城市面积的比率。其计算公式如下：城市绿化覆盖率（%）=（城市内全部绿化种植垂直投影面积÷城市面积）×100%。城市绿地率是指城市各类绿地（含公共绿地、居住区绿地、单位附属绿地、防护绿地、生产绿地、风景林地 6 类）总面积占城市面积的比率。其计算公式如下：城市绿地率（%）=（城市 6 类绿地之和÷城市面积）×100%。

叶裕民[13]在《中国城市化质量研究》一文中列出了 1998 年我国九大城市现代化水平综合评价指标，其中将城市建成区绿化覆盖率的目标值设定为 50%。

综合以上数据，将城市群绿化覆盖率的理想阈值定为 50%～56%，标准值定为 55%。

4. 景观多样性指数

先找通用的景观多样性计算方法，再找文献中的相关研究数据和研究结果；然后通过比较分析，得出标准值。

这里用 H 来表示景观多样性指数。H 值的大小反映景观要素的多少和各景观要素所占比重的变化。当景观是由单一要素构成时，景观是均质的，其多样性指数为 0；由两个以上要素构成的景观，当各景观类型所占比重相等时，其景观的多样性为最高；各景观类型所占比重差异增大，则景观的多样性下降。

傅伯杰[14]在研究中曾提出了景观多样性图中多样性指数与景观类型个数的对应关系（表 3.27）。管东生等[15]在研究中计算出广州地区森林景观多样性指数为 0.508，均匀度为 0.653；福建省的多样性指数为 0.581，均匀度为 0.606。宋树龙和李贞[16]在研究中计算出广州市城市植被景观多样性指数为 0.586。龚文峰等[17]在研究中提出额尔古纳国家级自然保护区的景观多样性指数为 1.2593，景观最大多样性指数为 2.079。覃婕[18]在研究中计算出武汉市九峰城市森林保护区的景观多样性指数为2.3544，均匀度为0.9108。董华叶[19]在对郑州市公园绿地景观多样性的研究中得出一系列多样性指数，其中郑东新区最高，为 3.2442（表 3.28）。张益青和侯碧清[20]在研究中计算出株洲各区的景观多样性指数（表 3.29）。

表 3.27　景观多样性图中多样性指数与景观类型个数的对应关系[14]

景观多样性分析单元内的土地利用类型个数	多样性指数/%
1	0
2	11.1
3	22.2
4	33.3
5	44.4
6	55.6
7	66.7

表 3.28　郑州市各区景观多样性指数[19]

区域名	金水区	二七区	中原区	管城区	惠济区	郑东新区	经开区	高新区
多样性指数/%	2.3133	1.6724	1.4607	1.8579	0.8427	3.2442	1.2921	0.5762

表 3.29　株洲市各区景观多样性指数[20]

区域名	荷塘区	芦淞区	天元区	石峰区	中心区
多样性指数/%	1.8676	2.5729	2.5654	2.2109	2.1034

根据这些数据，以及山东半岛实际的地形及其自然带景观类型状况，将景观多样性的理想阈值设为 1.4～1.8，标准值定为 1.6。

3.3.4　安全宜居质量指数评价指标的阈值厘定

城市群国土空间利用质量评价指标体系中的安全宜居质量指数包括建设用地与地质灾害重合度、公共服务设施配置完备度、城市间通勤时间成本、城市空气质量优良率共 4 个指数，对这些指数在测算过程所用的标准值进行了理论研究和最终判断。

1. 建设用地与地质灾害重合度

根据查找各重点省市的《地质灾害防治方案》可知，湖南省地质灾害高易发区面积占全省的比重为 30%，重庆市地质灾害高易发区占建设用地总面积的比重约为 30%，杭州市为 33.8%，郑州市为 16.02%，因此，综合考虑将城市群建设用地与地质灾害重合度标准值控制在 15%以内[①]。

湖南省属地质灾害频发地区，是全国地质灾害危害最严重的省份之一。全省地质灾害高易发区面积为 6.38 万 km^2，占总面积的 30%；中等易发区面积为 10.60 万 km^2，占总面积的 47%。

据《重庆市地质灾害防治规划（2004～2015 年）》查询可知，重庆市总面积为 8.24 万 km^2，其中地质灾害不易发区面积约为 735.42km^2，占全市面积的 0.98%；地质灾害低易发区面积约为 1.9 万 km^2，占全市面积的 23.07%；中易发区面积约为 5.74 万 km^2，占全市面积的 69.6%；高易发区面积约为 5301.13km^2，占全市面积的 6.43%。

据《杭州市 2011 年地质灾害防治方案》查询可知，根据近几年地质灾害发生的情况和杭州市新一轮地质灾害防治规划，全市划定 9 个地质灾害重点防治区，总面积达 5607.74km^2，占市域总面积的 33.8%。

据《郑州市 2011 年度地质灾害防治方案》查询可知，2011 年郑州市重点防范的县（市、区）是巩义市、荥阳市、登封市、新密市、新郑市、惠济区、二七区、上街区、中原区等。重点防范区占地总面积约为 1193km^2，占郑州市总面积的 16.02%。

综上所述，可以将城市群建设用地与地质灾害重合度的理想阈值定为 0～15%，标准值确定为 15%。

2. 公共服务设施配置完备度

1）教育服务配置密度

首先，找出国家和山东省的教育服务机构的数量并进行计算；然后，根据实际情况，作对比后，定出标准值。

根据《2014 年全国教育事业发展统计公报》的数据显示，2014 年全国各类教育服务机构（包括民办学校和民办培训机构）共有 786 624 所。计算得出全国教育服务配置密度（与国土总面积）比值为 8.194 所/km^2。根据《2014 年教育统计数据》显示，2014 年山东省各类教育服务机构共有 33 489 所，与山东省总面积（15.8 万 km^2）的比值为 21.196 所/km^2。从《山东省统计年鉴》《中国民政统计年鉴》、山东省教育厅及其他网络

① 资料来源：http：//hn.rednet.cn/c/2012/04/27/2597206.htm

数据大致计算出山东省城市群的比值为 27.484 所/km^2。

综上，将山东半岛城市群的教育服务配置密度的标准值定为 30 所/km^2。

2）医疗服务配置强度

首先，找出国家及其他省市的一些数据进行计算；然后，结合山东省的实际情况，给出标准值。

中华人民共和国卫生部发布的《2015 年 5 月底全国医疗卫生机构数》中提到，至 2015 年 5 月底，全国医疗卫生机构数达 98.7 万个，其中，医院 2.6 万个、基层医疗卫生机构 92.2 万个、专业公共卫生机构 3.5 万个、其他机构 0.3 万个。可以计算出全国医疗服务配置强度（与国土总面积的比值）为 10.281 个/km^2。北京市有 9789 个，配置强度为 155.233 个/km^2；上海市有 5031 个/km^2，配置强度为 79.781 个/km^2，山东省医疗卫生机构数有 77 523 个，配置强度为 49.065 个/km^2。

结合山东省的人口和区域面积的情况，将山东半岛城市群的医疗配置强度的标准值定为 60 个/km^2。

3）社会福利及养老服务保障密度

中华人民共和国国家统计局公布的《2014 年国民经济和社会发展统计公报》（2015 年 2 月 26 日）中显示，2014 年年末，全国各类提供住宿的社会服务机构有 3.8 万个，其中养老服务机构 3.4 万个。社会服务床位 586.5 万张，其中养老床位 551.4 万张。收留抚养和救助各类人员 304.6 万人，其中养老人员 288.7 万人。2014 年年末共有社区服务中心 2.2 万个，社区服务站 11.4 万个。全国社会福利及养老服务保障密度为 1.81 个/km^2。《2014 年山东省国民经济和社会发展统计公报》数据显示，2014 年山东省收养、救助类社会服务机构 2779 个，床位数 52 万张，收养 31 万人。其中，农村养老机构 1525 个，床位数 24.5 万张，集中供养率为 74.3%。社会福利企业 1222 个，安置残疾人员就业 3.5 万人。山东省社会福利及养老服务保障密度为 2.61 个/km^2。

综上，将山东半岛城市群的社会福利及养老服务保障密度的标准值定为 3 个/km^2。

4）互联网普及率

据中华人民共和国工业和信息化部统计显示，截至 2011 年 11 月，我国宽带用户净增 2880.2 万户，总数达到 1.55 亿户，增长率达到 22.8%；同时，我国网民规模逼近 5 亿人大关，互联网普及率将近 40%。2013 年 1～7 月，东、中、西部地区互联网宽带接入用户分别净增 620.9 万户、390.4 万户、267.2 万户，东部地区占新增用户的比重达到 48.6%。宽带用户的增长与现有的宽带用户规模成正比，用户规模越大，新增用户越多。全国宽带接入用户增长最快的前 3 个省份分别是山东省、广东省和江苏省，其中山东省和广东省均在 100 万户以上，二省的宽带用户数在全国排名分别位居第三和第一。2014 年 9 月，全国互联网宽带接入用户 19 976.7 万户，其中山东省用户数为 1524.0 万户。根据《工业和信息化部关于电信服务质量的通告》（2015 年第 3 号），截至 2015 年二季度末，全国固定宽带接入用户达到 2.07 亿户，移动宽带用户达到 6.74 亿户，其中 4G 用户达 2.25 亿户，接入速率在 8Mbps 及以上的宽带用户数占比 53.4%，20Mbps 及以上的宽带用户数占比 19.6%，分别比 2014 年末上升 12.5%和 9.2%。中华人民共和国国家统计局公布的《2014 年国民经济和社会发展统计公报》（2015 年 2 月 26 日）中显示，固定互联网宽带接入用户 20 048 万户，比 2013 年增加 1157 万户；移动宽带用户 58 254 万户，增加 18 093 万户。互联网上网人数 6.49 亿人，增加 3117 万人，其中，手机上网人数 5.57 亿人，增加 5672 万人。互联网普及率达到 47.9%。

山东省通信行业“十二五”规划提出，到“十二五”期末，固定宽带用户数较“十一五”期末翻一番，超过 2000 万户，人口普及率达到 21%，家庭普及率达到 66%；其中，农村宽带接入用户快速发展，超过 760 万户，为“十一五”期末的 2.8 倍。光纤入户（FTTH）用户数大幅提升，超过 450 万户。

考虑到当前山东省的实际情况，将山东半岛城市群的互联网普及率的标准值定为 66 户/100 人。

3. 城市间通勤时间成本

城市间通勤时间成本用城市群内部城市间通勤时间量来反映，即一个城市群区域内，城市间高速公路最短可达时间的平均值。日本东京都市圈城市间通勤时间以 1.5 小时为基准，以上海市为中心的长江三角洲城市群提出实现 90 分钟通勤出行的目标。综合考虑，将城市间通勤时间成本标准定为 90 分钟。据新华网新闻报道，北京市民 2010 年平均通勤时间为 43.6 分钟，比 5 年前的调查长了 5.6 分钟；美国在 2005 年时，城市最长的通勤时间为 38.3 分钟；南京市 89.8%的居民单程通勤时间在 1 小时内，49.6%小于 30 分钟；据人民网消息，全国上班族平均上班距离为 9.18km，平均上班时间为 28 分钟，且全国主要大城市平均通勤时间排名靠前的 10 个城市通勤时间由 39～52 分钟不等。因此，综合考虑，将城市内部通勤时间成本的标准值定为 30 分钟。

王祥在《建设通勤铁路网，构筑上海交通圈》一文中提出，要在以上海中心城为中心，150km 左右为半径的交通圈内，实现 90 分钟的通勤出行，构筑上海交通圈。在上海交通圈内，实现所有县级以上城市（包括县城）、重要城镇（包括旅游景区）与上海中心城有通勤铁路连接，构筑多层次、网络化的大都市交通圈通勤轨道交通网络[21]。

日本东京都市圈居民在选择居住区位时，通常以单程通勤时间不超过 1.5 小时为界，也就是说，在通勤时间 1.5 小时的范围内均可成为居住区位的候选地。就目前国内外城市轨道交通的运行速度而言，若要满足 1 小时通勤的要求，工作地和居所附近的地铁站之间的距离应控制在 15～20km，这与世界上大型中心城市的城区半径或特大型城市的主要新城到主城内环之间的距离大致相等[22]。

据新华网新闻报道，由北京联合大学等高校联合进行的“北京市居民职住分离调查”显示，北京市民 2010 年平均通勤时间为 43.6 分钟，比 5 年前的调查长了 5.6 分钟。该调查得到了国家自然科学基金的资助，共对 6000 居民进行了等距抽样调查。调查显示，男性通勤时间比女性少用近 1 分钟，迈入不惑之年的人用在通勤路上的时间最长，为 44.1 分钟。北京联合大学孟斌教授介绍说，在日本，1999～2009 年，平均通勤时间缩短了将近15分钟，欧美人口稠密的大城市的通勤时间也鲜有超过40分钟的①。

从样本整体的平均通勤时间看，2005年样本的平均通勤时间为38分钟（标准差为26.6分钟），2010年的平均通勤时间为43.6分钟（标准差为28.0分钟）。对每个时间段的变化分析表明，2010年与2005年相比，较短的通勤时间（30分钟以下）和特别长的通勤时间（60分钟以上）的比例都在下降，但是长度中等的通勤时间（在30～60分钟）的比例增加了近15%。美国在2005年时，城市最长的通勤时间为38.3分钟，从美国主要城市看，大于30分钟的通勤时间已经属于长时间通勤[23]。

《基于CHAID决策树方法的城市居民通勤时间影响因素分析——以南京为例》一文课题组于2011年7～8月对南京市鼓楼、玄武、白下等11个区，青岛路社区、莫愁新寓、龙凤玫瑰园等的67个社区的居民进行了问卷调查。从调查样本的通勤特征来看，51.1%的居民通勤距离小于5km，大于20km的长距离通勤所占比例较小，为9.7%；89.8%的居民单程通勤时间在1小时内，49.6%小于30分钟[24]。

《基于GPS数据的城市居民通勤弹性研究》一文以北京为案例城市，于2010年7月对天通苑和亦庄两个社区进行调查抽样，采用位置感知设备、互动式调查网站、面对面及电话访谈相结合的方法，通过居委会及亦庄内的企业对两个社区各选取50个样本，每个样本的调查时间为一周，调查内容包括居民的社会经济属性、居民一周的活动日志及GPS轨迹。从职住直线距离的看，样本居民的平均职住距离为14.94 km，大部分居民每天需要进行长距离的通勤，考虑居民通勤距离的累计变化，职住距离在10 km以下的居民只有不到1/4。从居民的通勤时间看，样本居民平均通勤时间为62.10分钟，几乎所有居民的通勤时间都在半小时以上[25]。

据人民网消息，最近，一份基于百度“我的2014年上班路”互动活动数据的调查出炉。这份数据调查的参与者超过300万人，覆盖全国300多个城市。调查显示，全国上班族平均上班距离为9.18km，平均上班时间为28分钟（表3.30）。

表3.30　全国城市上班距离及时间排行榜前10名

编号	城市	平均里程（总体）/km	平均时间（总体）/min
1	北京	19.2	52
2	上海	18.82	52
3	天津	16.95	46
4	苏州	15.51	43
5	广州	15.16	46
6	佛山	14.63	44
7	南京	14.14	41
8	重庆	14.12	43
9	深圳	13.97	40
10	武汉	13.95	39

资料来源：人民网“我的2014年上班路国民排名”http：//finance.people.com.cn/n/2014/1013/c1004-25818458.html.

① 资料来源：http：//news.xinhuanet.com/fortune/2011-11/21/c_122314340.htm

综上所述，考虑将城市间平均通勤时间成本的理想阈值设为 60～100min，标准值定为 90min。

4. 城市空气质量优良率

中国社会科学院对现代化的研究中，将城市空气质量指数的标准值定为 100%。2013 年空气质量优良率排名第一的拉萨达到 94.54%；2014 年连云港市区空气质量优良率为 69.4%，大连市 10 个国控点位空气质量优良率范围为 66.3%～79.0%；2015 年截至 9 月 30 日，南宁市区空气质量优良率为 89.7%。

天津大学无障碍设计研究院根据国家、各省市环境保护局 2013 年环境质量公报的数据，整理了全国首批检测 $PM_{2.5}$ 的 74 座城市 2013 年空气质量优良率（达标天数）的排名，其中前十名统计见表 3.31。

表 3.31　2013 年空气质量优良率前十名统计表

排名	城市	空气质量优良率/%	达标天数（一二级）
1	拉萨	94.54	345
2	福州	93.97	343
3	厦门	93.42	341
4	海口	93.15	340
5	昆明	91.23	333
6	舟山	90.10	—
7	深圳	89.01	324
8	珠海	87.95	321
9	泰州	83.80	—
10	乌鲁木齐	83.29	304

资料来源：http：//wenku.baidu.com/view/2d4af3954028915f804dc2cd.html.

2014 年，连云港市区空气质量优良率为 69.4%，在江苏省排名第 3 位；优良率同 2013 年相比上升 2.7%。由于监测数据不足或异常等原因，2014 年空气监测有效天数为 360 天（2013 年为 363 天），其中空气优良天数同比增加 8 天，空气污染（空气质量指数＞100）天数同比减少 11 天，为 110 天①。

目前，经中华人民共和国环境保护部认定的大连市空气质量监测点位（国控点）共 10 个，全部分布在城市建成区，点位设置和监测方法符合国家规范要求，能够代表大连城市建成区空气质量的整体水平。按照新的空气质量标准评价，2013 年上半年空气质量优和良的天数与上年同期相比明显减少，空气质量优良率明显降低。大连市 10 个国控点位空气质量优良率范围为 66.3%～79.0%②。

据人民网消息报道，2015 年 10 月 30 日，南宁市召开了应对秋冬季重污染天气现场推进会。经过各级各部门的共同努力，截至 9 月 30 日，南宁市区空气质量优良率为 89.7%，比去年同期上升 2.5 个百分点；PM_{10} 平均浓度为 $70\mu g/m^3$，比去年同期下降 7.9%，根据

① 资料来源：http：//j.news.163.com/docs；
② 资料来源：http：//roll.sohu.com/20130718/n381923742. shtml

9 月空气质量排名，南宁市排在全国省会城市第 7 位。截至 10 月 9 日，南宁市 2015 年空气质量优良天数已达 250 天，提前 83 天完成自治区大气环境绩效考评目标任务。

所以，综合考虑，可将城市群城市空气质量优良率标准值定为 100%。

3.3.5　传承共享质量指数评价指标的阈值厘定

城市群国土空间利用质量评价指标体系中的传承共享质量指数包括区域性重大基础设施共建共享程度、城乡收入协调度和城市群经济联系强度共 3 个指数，对这些指数在测算过程所用的标准值进行了理论研究和最终判断。

1. 区域性重大基础设施共建共享程度

区域性重大基础设施共建共享程度指大型或重要交通设施对区域通达性的影响水平，具体评价可从区域是否拥有交通干线或距离交通干线的距离远近进行分析，影响度越高，交通条件越优越，对区域发展的支撑和保障能力越高，对外联系潜力越大。

S_1 和 S_2 分别为交通干线长度比例和距交通干线平均距离的标准值；根据经验值判断，交通干线长度比例的标准值为 25% 。

2. 城乡收入协调度

城乡协调度评价模型有 4 种，分别为城乡发展水平值、城乡发展适应度、城乡综合发展指数、静态协调度和动态协调度模型（表 3.32）。城乡居民人均收入之比的变化反映了城乡居民收入水平提高的相对速度，该比值的提高意味着城乡居民人均收入之间的差距在缩小，城乡协调度在提高。

表 3.32　城乡协调度判别标准

Z（静态协调）	协调类型	$Z(t)$（动态协调）	协调类型
0.90～1	高级协调	≥0	协调度增加
0.80～0.89	中级协调		
0.70～0.79	初级协调		
0.60～0.69	基本协调		
0.50～0.59	基本不协调	<0	协调度下降
0.40～0.49	中等不协调		
0～0.39	严重不协调		

1983 年，湖南省城乡协调度达到历史最高值，为 0.56，近年来不断下降，最低达到 0.27[26]；山西省城乡协调度也在不断减小，其中 1985 年最高，为 0.602，2006 年最低，为 0.317。2002 年，广州市农民人均纯收入与城镇居民人均可支配收入的比例为 0.513，而 2008 年该比例下降到 0.388，城乡居民收入差距还在拉大。从城乡居民消费水平看，城镇居民恩格尔系数由 2002 年的 41%降至 2008 年的 33.7%，农村居民恩格尔系数由 2002 年的 43.27%降至 2008 年的 42.3%，城镇居民消费水平提高的速度远远大于农村居民，城乡居民消费水平的差距越来越大，从这两个代表性的数据变化情况可以看出，广州市

城乡协调度在逐步降低[27]。

虽然近年来山西省出台了城乡协调发展政策，如以城补乡、以矿补村、以工补农等，但是城乡协调结果并不令人满意，以农民人均纯收入与城市居民可支配收入为例，1985 年为 0.602、1995 年为 0.366、2003 年为 0.333、2004 年为 0.328、2006 年为 0.317[28]。

综上分析，城市群城乡协调度的理想阈值可设为 0.5～0.7，标准值可以定为 0.6。

3. 城市群经济联系强度

城市群经济联系强度用来反映城市群区域的经济联系程度和对外辐射能力，采用时间距离修正引力模型来表征城市群经济联系强度。相关研究也使用所有城市的产业外向功能量（城市的流强度）加总算得。城市流强度是指在城市群区域城市间的联系中，城市外向功能所产生的影响量。城市流强度的计算要考虑到指标的易取性和代表性，选择城市从业人员作为城市功能量的度量指标，则城市是否具有外向功能量，主要取决于其某一部门从业人员的区位商。将长江三角洲城市群 16 个地级以上城市按照城市流强度数值的大小划分为三大类：即高城市流强度的中心城市——上海；中城市流强度值的中心城市——南京、杭州、宁波、无锡、苏州、常州、镇江、南通、台州；低城市流强度值的中心城市——扬州、泰州、嘉兴、湖州、绍兴、舟山。2008 年，上海城市流强度值高达 1764.99 亿元，远远高于第二位城市南京（338.07 亿元），这充分表明上海是该城市群区域中最具核心的城市，是引领长江三角洲区域经济发展的引擎[29]。经计算可知，由 16 个城市组成的长江三角洲城市群在 2006～2008 年的经济联系强度分别为 2475.96 亿元、2666.089 亿元和 3158.878 亿元（表 3.33）。

表 3.33 长江三角洲城市群外向功能量、城市流强度与城市流倾向度变化比较[29]

城市	2006 年			2007 年			2008 年		
	E_i	F_i	K_i	E_i	F_i	K_i	E_i	F_i	K_i
上海市	73.8	1567.947	0.17	50.5	1587.286	0.15	52.8	1764.989	0.15
南京市	8.0	219.018	0.10	8.9	268.061	0.10	9.55	338.073	0.10
无锡市	0.47	33.347	0.01	0.34	26.957	0.01	1.31	114.308	0.03
常州市	0.45	22.593	0.02	0.69	40.958	0.03	0.77	54.581	0.03
苏州市	0.49	41.961	0.01	0.32	27.848	0.01	0.90	83.891	0.02
南通市	0.81	57.548	0.04	1.20	102.627	0.06	1.34	133.173	0.06
扬州市	0.15	8.585	0.01	0.24	16.329	0.02	0.20	16.146	0.01
镇江市	0.84	40.951	0.05	1.41	79.096	0.08	1.37	87.515	0.07
泰州市	0.14	11.711	0.01	0.36	34.997	0.04	0.44	50.410	0.04
杭州市	6.37	218.648	0.07	6.57	205.104	0.06	6.64	210.346	0.05
宁波市	1.91	98.302	0.04	1.50	73.729	0.03	2.35	125.365	0.04
嘉兴市	0.33	20.969	0.02	0.35	23.310	0.02	0.42	31.767	0.02
湖州市	0.63	36.500	0.06	0.59	35.805	0.05	0.58	39.018	0.04
绍兴市	0.04	3.072	0.002	0.05	3.936	0.02	0.00	0.000	0.00
舟山市	0.76	23.843	0.09	0.93	35.465	0.11	0.90	37.968	0.09
台州市	0.97	70.965	0.06	1.26	104.581	0.07	0.93	71.328	0.04

根据相关研究，城市群经济联系强度的理想阈值设为3000亿～5000亿元，标准值可以定为5000亿元。

3.4 城市群地区国土空间利用质量评价的案例分析

采用以上提出的国土空间利用质量评价指标体系和技术方法，以山东半岛城市群为案例进行了实证案例分析。核心评价数据均来源于官方发布的统计年鉴和调查数据。通过具体指标、权重、指标层、准则层和目标层的层层计算、汇总及结果分析，揭示了山东半岛城市群整体及内部各地市国土空间利用质量的时空变化格局和整体状况。

3.4.1 评价的数据来源

统计数据主要包括各地级市各产业年末单位就业人口数、各地市城镇常住人口数、地区国内生产总值、工业增加值、三次产业增加值、城市道路长度、城市建设用地面积、每万人拥有公共汽（电）车辆（市辖区）、工矿建设用地面积（工业用地面积）、年末人口总量、建设用地总面积、市辖区公用管理与公共服务用地面积、道路交通用地面积、公用设施用地面积、市辖区年末人口数、工业用水总量、农业用水总量、万元GDP能耗、建成区绿化覆盖率、幼儿园、小学、初中和高中学校总数、区域面积、医院床位数、财政用于科学支出、国际互联网用户、城市居民人均可支配收入、农村居民人均纯收入等相关指标由《中国城市统计年鉴》《中国城市建设统计年鉴》《山东省统计年鉴》，各地市统计年鉴（2001～2014年）获得；土地利用数据通过土地利用变更调查数据（2000～2013年）获得，由山东省土地调查规划院提供。整体数据的时间段为2000～2013年（表3.34）。

表3.34 山东半岛城市群国土空间利用质量评价的数据来源

指标	所需数据	数据来源
C1 城市群区域城市职能协调指数	各地级市各产业年末单位就业人口数（18个产业部门）	《中国城市统计年鉴》（2001～2014年）
C2 城市群区域城镇规模协调指数	各地市城镇常住人口数	《中国城市统计年鉴》、《山东省统计年鉴》、各地市统计年鉴（2001～2014年）
C3 城市群区域产业紧凑度	地区国内生产总值（GDP）、工业增加值、三次产业增加值	《中国城市统计年鉴》（2001～2014年）
C4 城市群区域交通便捷度	城市道路长度、城市建设用地面积、每万人拥有公共汽（电）车辆（市辖区）	《中国城市统计年鉴》、《山东省统计年鉴》、各地市统计年鉴（2001～2014年）
C5 工矿建设用地产出率	工业增加值、工矿建设用地面积（工业用地面积）	《中国城市统计年鉴》、《中国城市建设统计年鉴》、《山东省统计年鉴》、各地市统计年鉴（2001～2014年）
C6 单位建设用地人口承载量	年末人口总量、建设用地总面积	《中国城市统计年鉴》（2001～2014年）、山东省土地调查规划院：土地利用变更调查数据（2000～2013年）
C7 国土空间产出强度	地区国内生产总值（GDP）、区域面积	《中国城市统计年鉴》、《山东省统计年鉴》（2001～2014年）
C8 国土空间开发强度	建设用地总面积、区域面积	山东省土地调查规划院：土地利用变更调查数据（2000～2013年）、《中国城市统计年鉴》、《山东省统计年鉴》（2001～2014年）

续表

指标	所需数据	数据来源
C9 人均基础设施用地面积	市辖区公用管理与公共服务用地面积、道路交通用地面积、公用设施用地面积、市辖区年末人口数	《中国城市统计年鉴》、《中国城市建设统计年鉴》、《山东省统计年鉴》、各地市统计年鉴（2001～2014 年）
C10 万元 GDP 用水量	工业用水总量、农业用水总量、第一和第二产业增加值	《山东省统计年鉴》、各地市统计年鉴《中国城市统计年鉴》、《中国城市建设统计年鉴》（2001～2014 年）
C11 万元 GDP 能耗	万元 GDP 能耗	《山东省统计年鉴》、各地市统计年鉴、各地市国民经济和社会发展报告（2000～2014 年）
C12 绿化覆盖率	建成区绿化覆盖率	《中国城市统计年鉴》、《中国城市建设统计年鉴》（2001～2014 年）
C15 公共服务设施配置完备度	幼儿园、小学、初中和高中学校总数、区域面积、医院床位数、总人口、财政用于科学支出、国际互联网用户	《中国城市统计年鉴》、《中国城市建设统计年鉴》、《山东省统计年鉴》、各地市统计年鉴（2001～2014 年）
C19 城乡收入协调度	城市居民人均可支配收入、农村居民人均纯收入	《中国城市统计年鉴》、《中国城市建设统计年鉴》、《山东省统计年鉴》、各地市统计年鉴（2001～2014 年）
C20 城市群经济联系强度	各地市城镇常住人口数、地区国内生产总值（GDP）、城市之间的欧氏距离	《中国城市统计年鉴》、《中国城市建设统计年鉴》、《山东省统计年鉴》、各地市统计年鉴（2001～2014 年），距离数据通过 ArcGIS 计算获得

3.4.2　国土空间利用质量评价指标的计算辨识

1. 城市群区域城市职能协调指数 C1

城市群区域城市职能协调指数的计算结果如图 3.9 所示。结果显示，山东半岛城市群城市职能协调性在 2000～2013 年是不断提升的。整体增加趋势较为稳定，模型拟合效果良好，拟合优度达到 98%。可以预见，在未来一段时间，山东半岛城市群区域城市职能协调指数仍将保持增长趋势（图 3.9）。

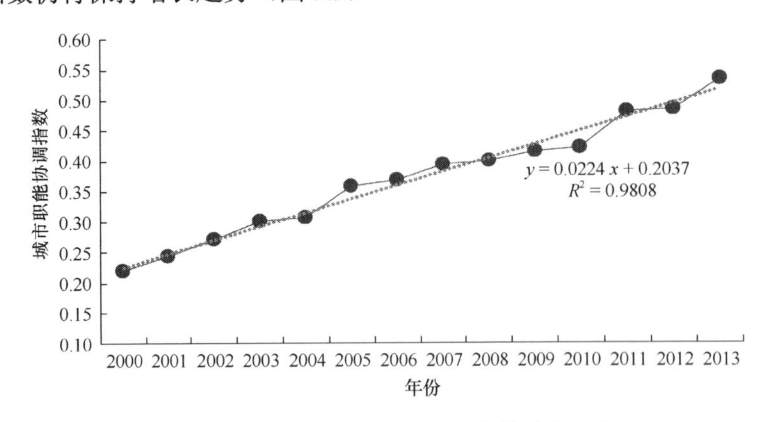

图 3.9　城市群区域城市职能协调指数动态变化图

2. 城市群区域城镇规模协调指数 C2

城市群区域城镇规模协调指数计算结果如图 3.10 所示。结果显示，2000～2010 年，山东半岛城市群区域城镇规模协调指数是相对平稳的，但 2011 年有一个大的跃升，随后几年保持在高位。说明 2000～2010 年，区域城镇规模协调性并不平稳，大中小城市分布并不合理，但 2011 年之后趋势有所变化，趋向均衡和协调（图 3.10）。

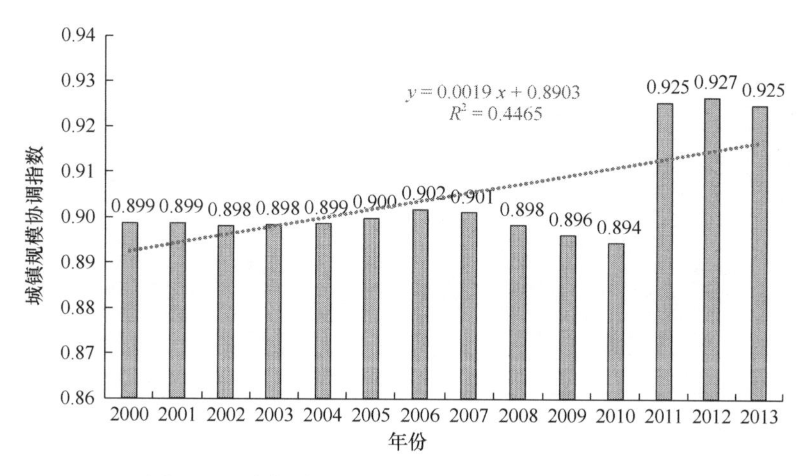

图 3.10　城市群区域城镇规模协调指数动态变化图

3. 城市群区域产业紧凑度 C3

城市群区域产业紧凑度计算结果如图 3.11 所示。结果显示，山东半岛城市群的区域产业紧凑度波动较大，2006 年之前波动频繁，2006 年出现了低值点，之后逐步上升，2010 年和 2011 年达到最大值，随后又有所降低。但城市群区域产业紧凑度在整体上是趋于上升的（图 3.11）。

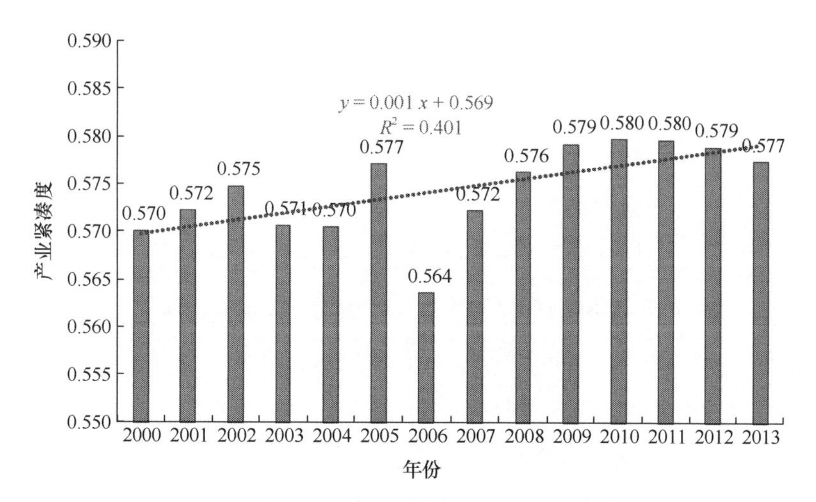

图 3.11　城市群区域产业紧凑度动态变化图

4. 城市群区域交通便捷度 C4

山东半岛城市群区域交通便捷度有个较大的提升。其中，青岛市的交通便捷度最高，潍坊和日照的交通便捷度较低，济南、东营、烟台、威海和淄博在近 10 年来有了较大幅度的改善。因此，区域交通改善的重点区域应该是城市群中部的潍坊及南部的日照（图 3.12）。

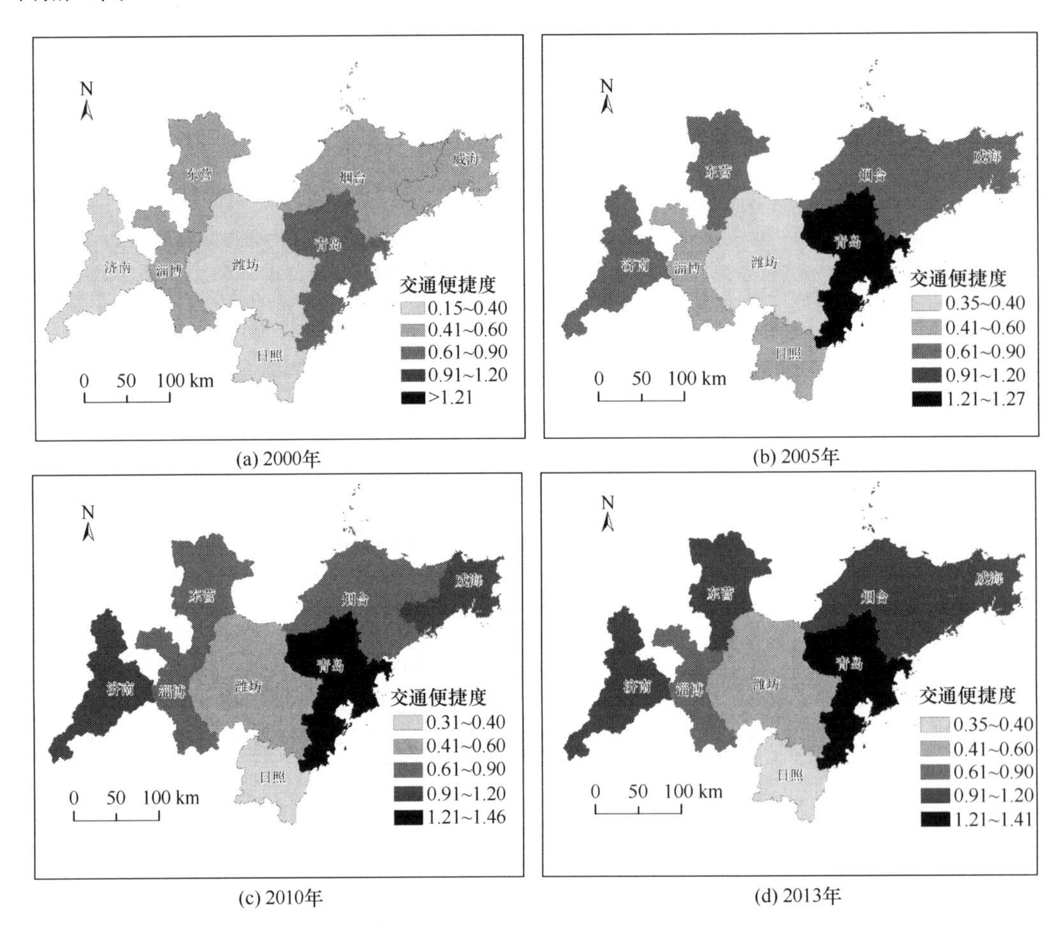

(a) 2000年　(b) 2005年

(c) 2010年　(d) 2013年

图 3.12　城市群区域交通便捷度空间分布图

5. 工矿建设用地产出率 C5

城市群区域工矿建设用地产出率内部差异明显，变化最为显著的是东营市，其也是 2013 年工矿建设用地产出率最高的城市。此外，烟台市、潍坊市和青岛市也有较大的提升。但是威海市、济南市、日照市和淄博市的表现并不理想，相比其他城市仍有较大的提升空间（图 3.13）。

6. 单位建设用地人口承载量 C6

山东半岛城市群单位建设用地人口承载量的变化并不明显。部分地市出现降低趋势，如济南市、淄博市和烟台市。东营市的单位建设用地人口承载量最低，未来应逐步提高。说明，山东半岛城市群建设用地拓展速度明显快于人口增长速度，人口与用地的均衡协调问题突出，应该综合提升二者关系，实现协调发展（图 3.14）。

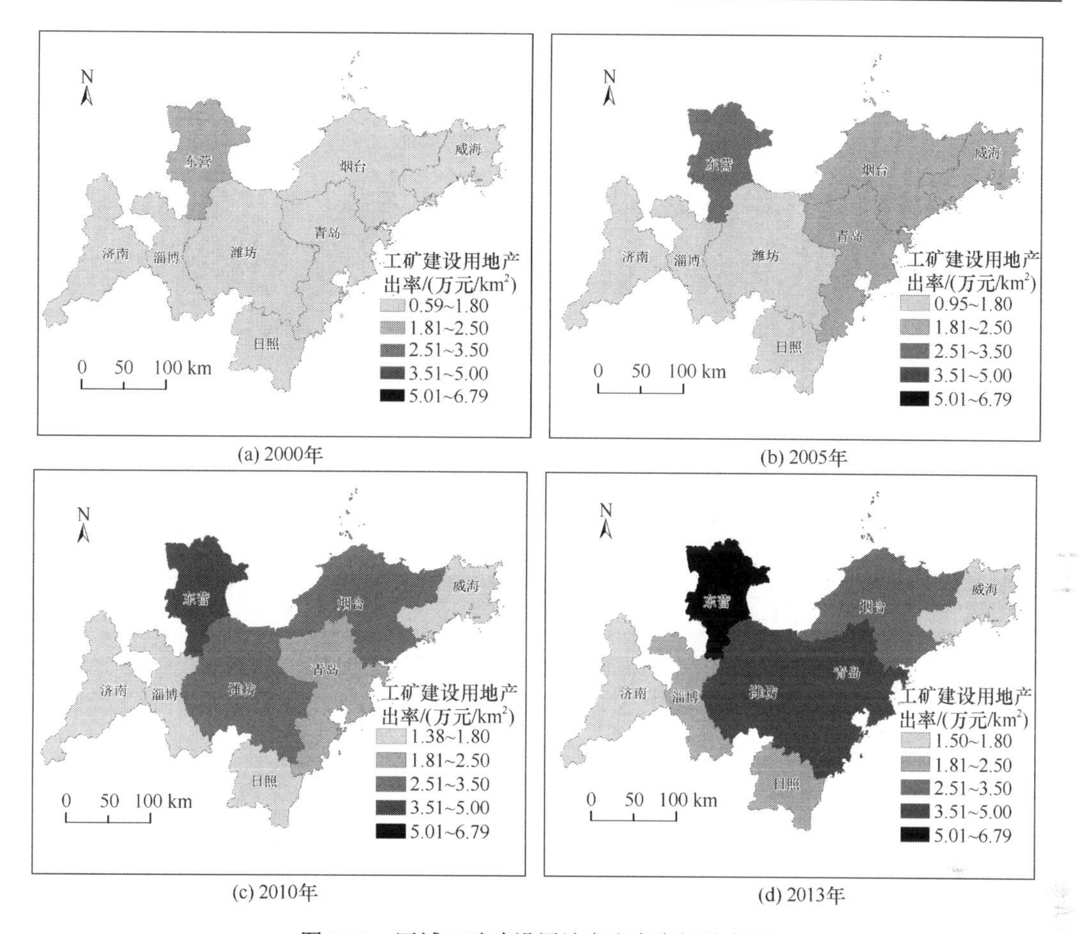

(a) 2000年　(b) 2005年

(c) 2010年　(d) 2013年

图 3.13　区域工矿建设用地产出率空间分布图

7. 国土空间产出强度 C7

山东半岛城市群国土空间产出强度呈现增长趋势，但内部差异较大。青岛市、济南

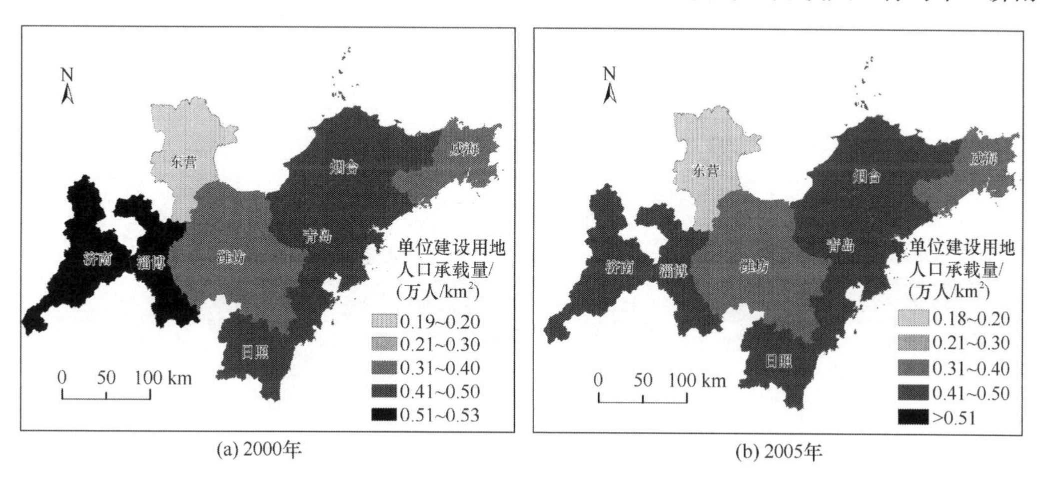

(a) 2000年　(b) 2005年

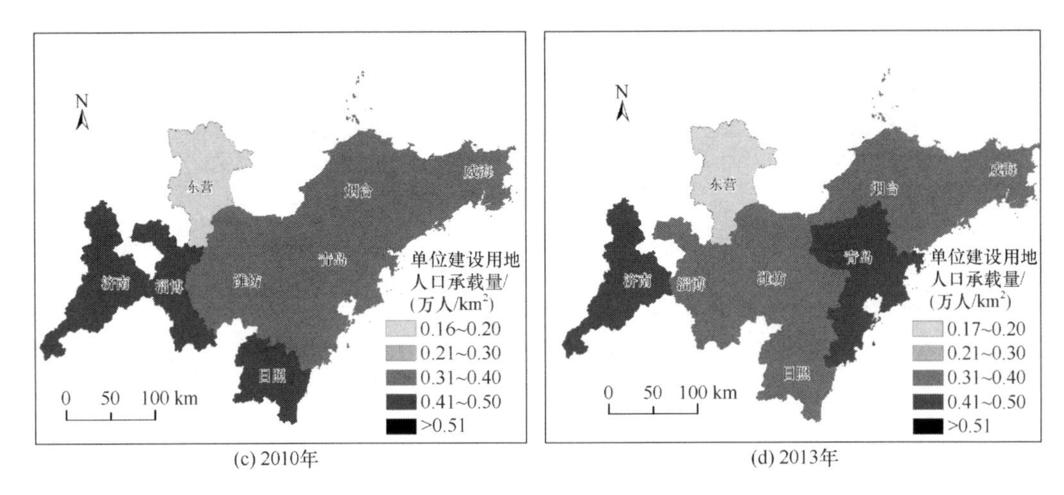

图 3.14　单位建设用地人口承载量空间分布图

市和淄博市的整体水平较高，属于第一层级。威海市、烟台市和东营市处于第二层级。日照市的整体水平提升明显，但水平较低。潍坊市在十几年来的变化并不明显，水平较低，是国土空间产出强度提升的重点区域（图 3.15）。

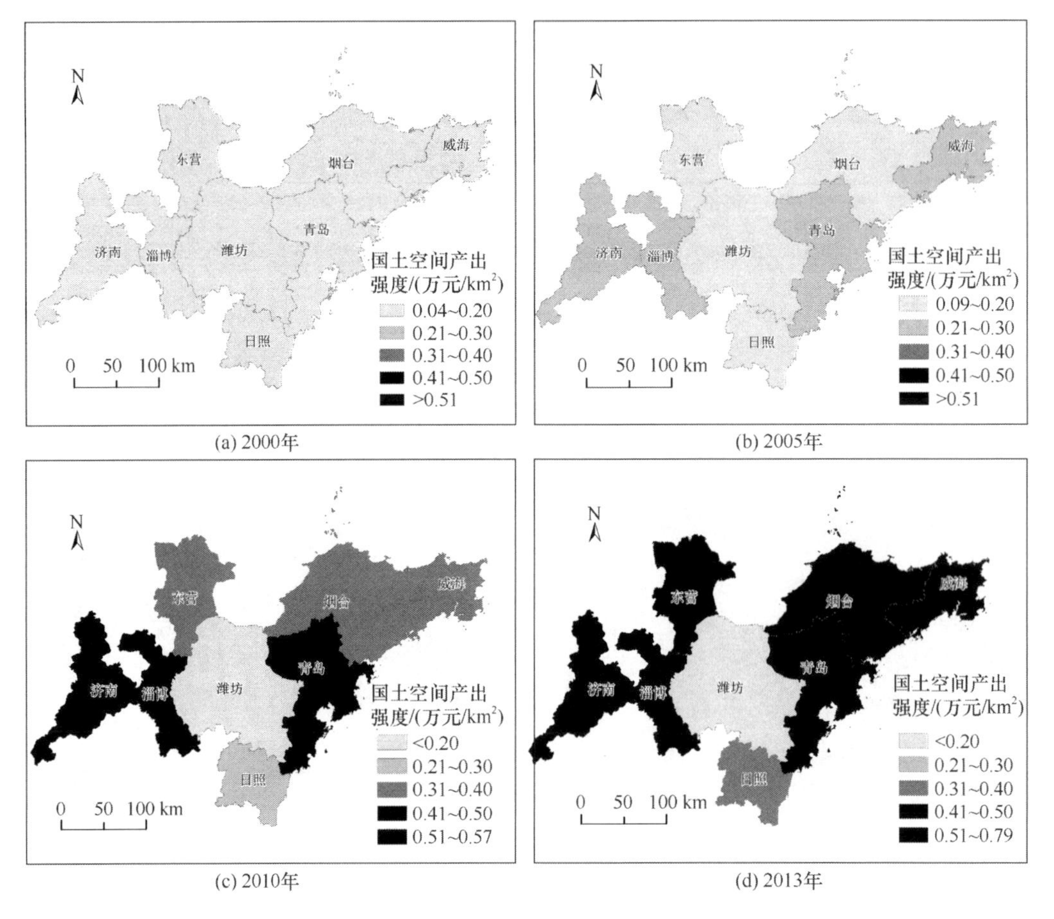

图 3.15　国土空间产出强度空间分布图

8. 国土空间开发强度 C8

国土空间开发强度整体趋于提高，形成 3 个不同的区域。中部的济南市、淄博市、潍坊市和青岛市国土空间开发强度最高。日照市和东营市变化幅度较小，开发强度属于第二层级。威海市和烟台市一直保持较低的水平（图 3.16）。

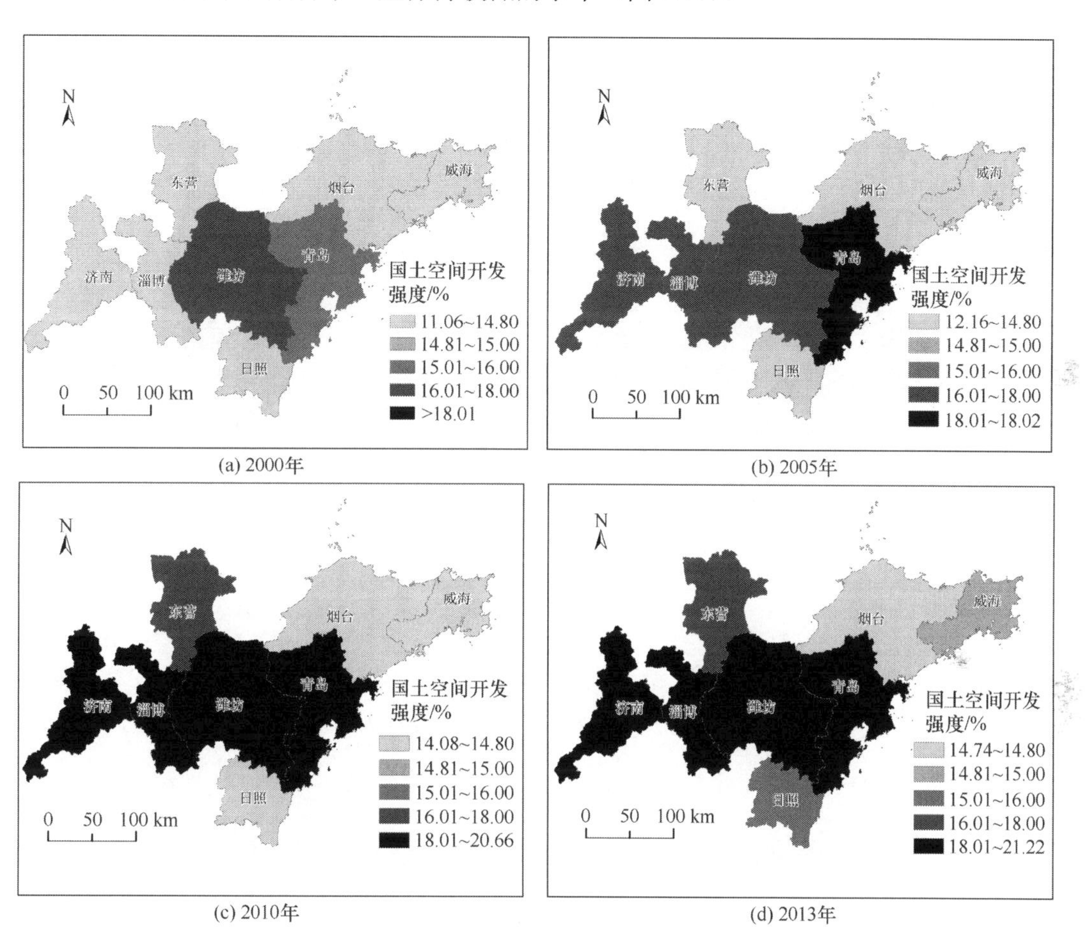

图 3.16　国土空间开发强度空间分布图

9. 人均基础设施用地面积 C9

人均基础设施用地面积整体趋于提高，济南市、东营市、烟台市和威海市保持较高的增长趋势。潍坊市和日照市增长幅度并不大。淄博市的整体水平比较稳定，水平稍低（图 3.17）。

10. 万元 GDP 用水量 C10

总体来看，万元 GDP 消耗的用水量是趋于降低的。2000 年，多数地市的万元 GDP 水耗是大于 $53m^2$ 的，但是城市群内部的差异明显。其中，日照市的万元 GDP 水耗最低，而 2005 年和 2010 年均有所上升。济南市一直保持较高的水平，说明其 GDP 对水资源的消耗量较大，仍有不小的提升空间。然而，其他地市均呈现降低趋势（图 3.18）。

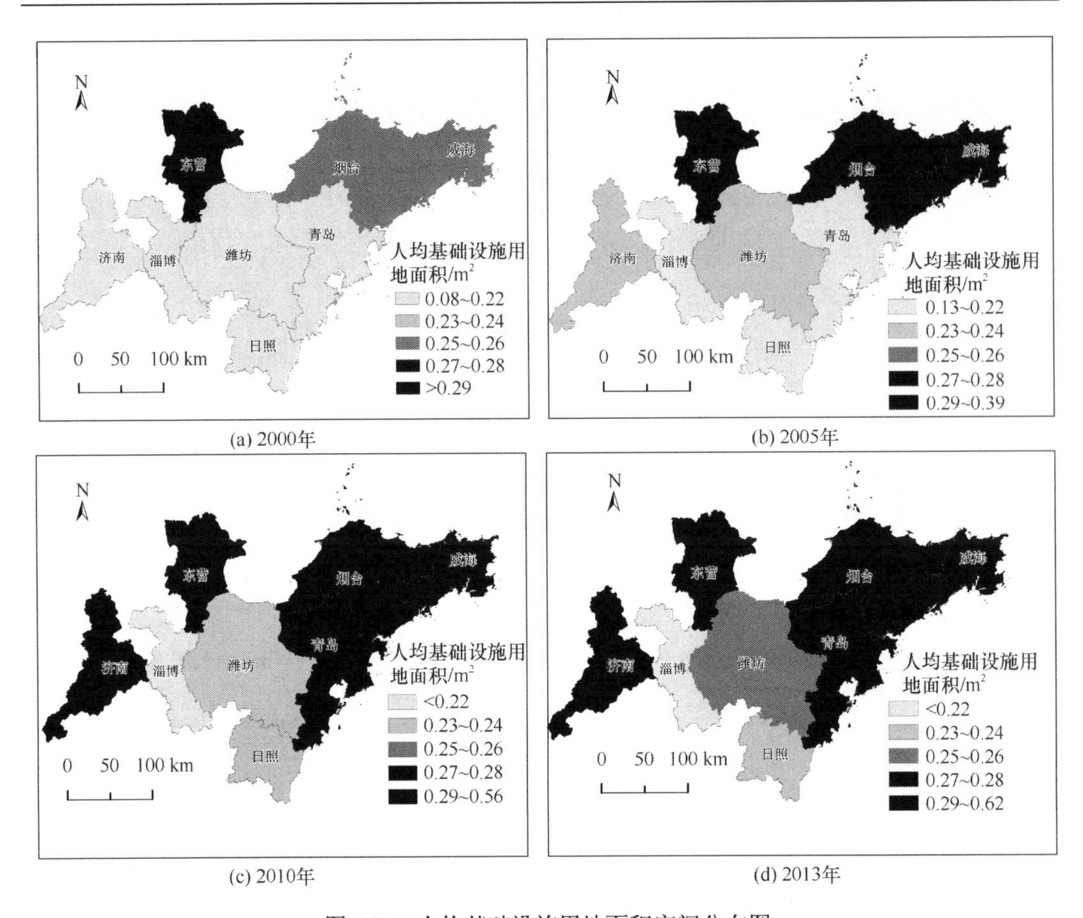

(a) 2000年　(b) 2005年

(c) 2010年　(d) 2013年

图 3.17　人均基础设施用地面积空间分布图

11. 万元 GDP 能耗 C11

万元 GDP 能耗同样表现出降低的整体趋势。但是，日照市的整体变化并不明显，

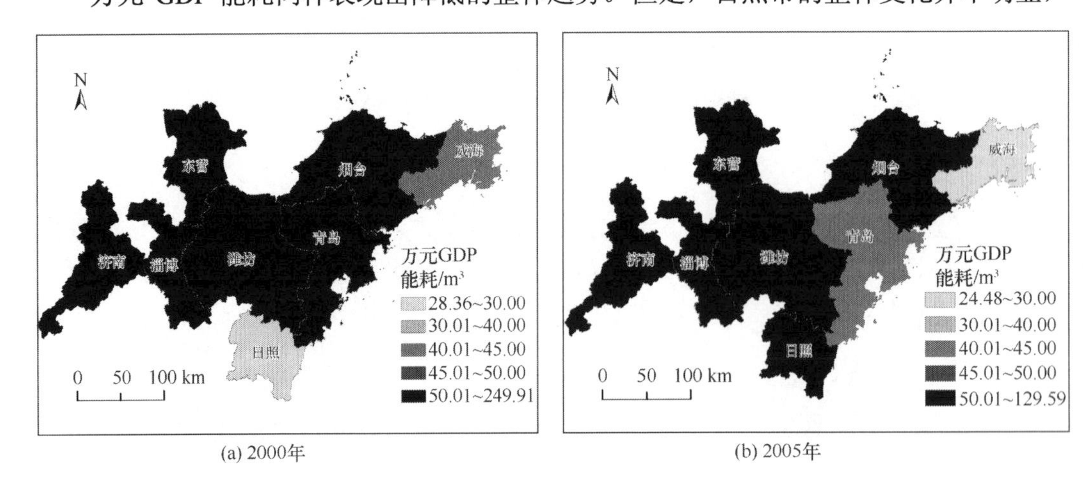

(a) 2000年　(b) 2005年

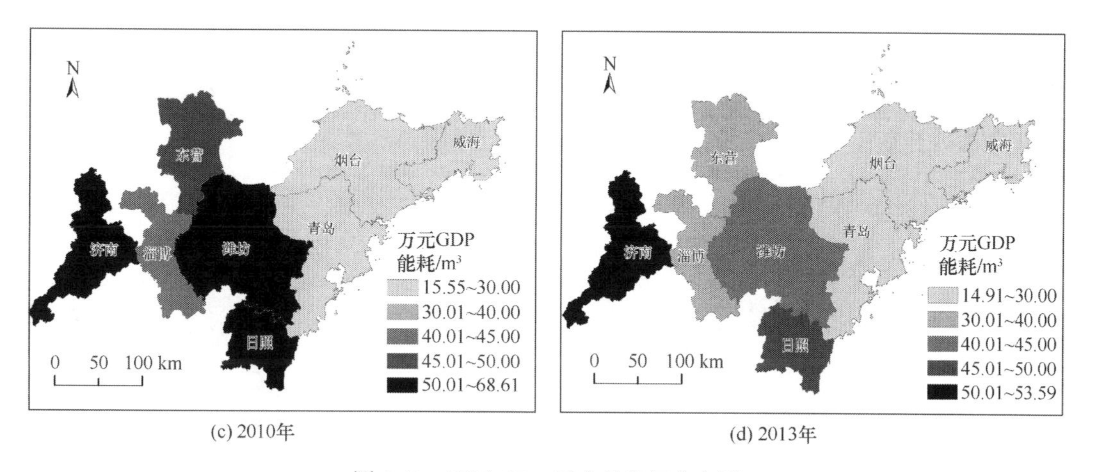

(c) 2010年　　(d) 2013年

图 3.18　万元 GDP 用水量空间分布图

一直较高。东营市、烟台市、威海市和青岛市均保持明显的降低趋势。淄博市和潍坊市的整体能耗水平也较高，但是降低趋势明显（图 3.19）。

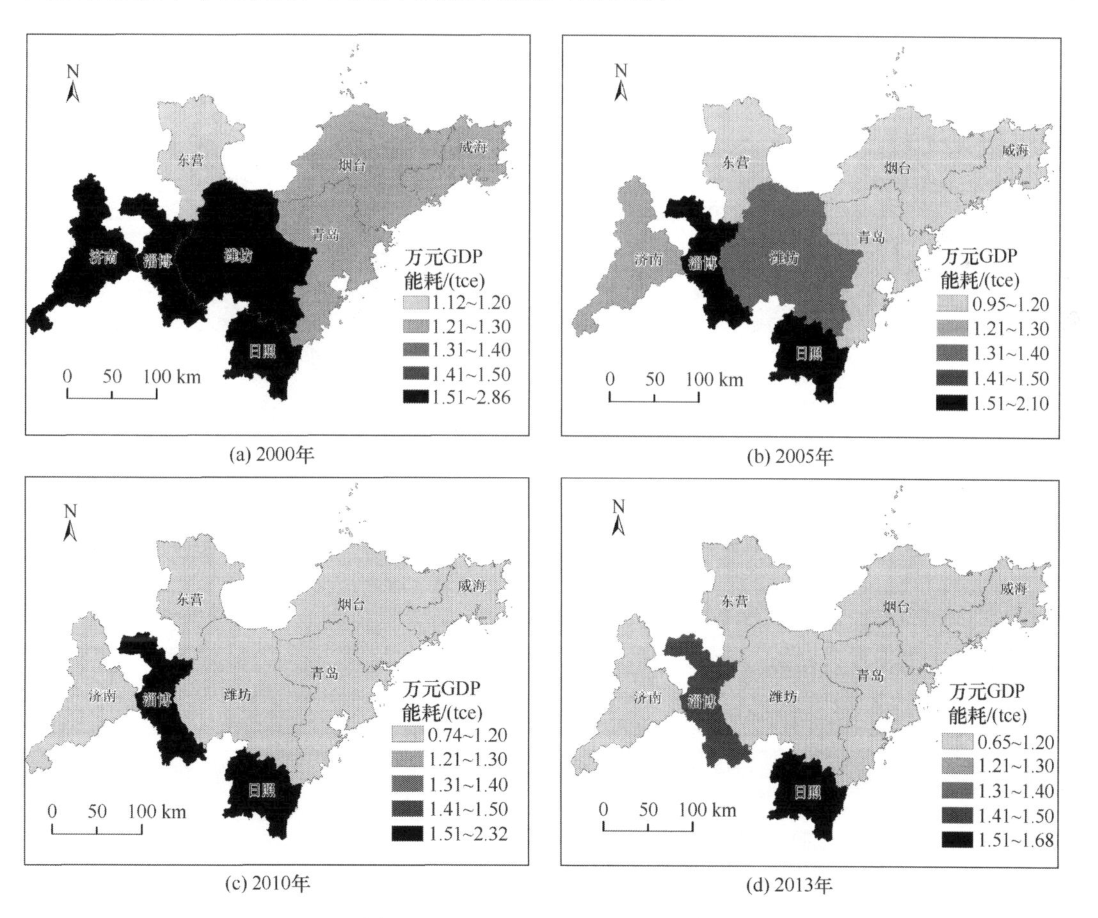

(a) 2000年　　(b) 2005年

(c) 2010年　　(d) 2013年

图 3.19　万元 GDP 能耗空间分布图

12. 绿化覆盖率 C12

城市绿化覆盖率整体也表现为提高的趋势。从空间分布来看，济南市的整体水平较低，威海市的整体水平最高，2013 年其他地市均保持在 40%～45%（图 3.20）。

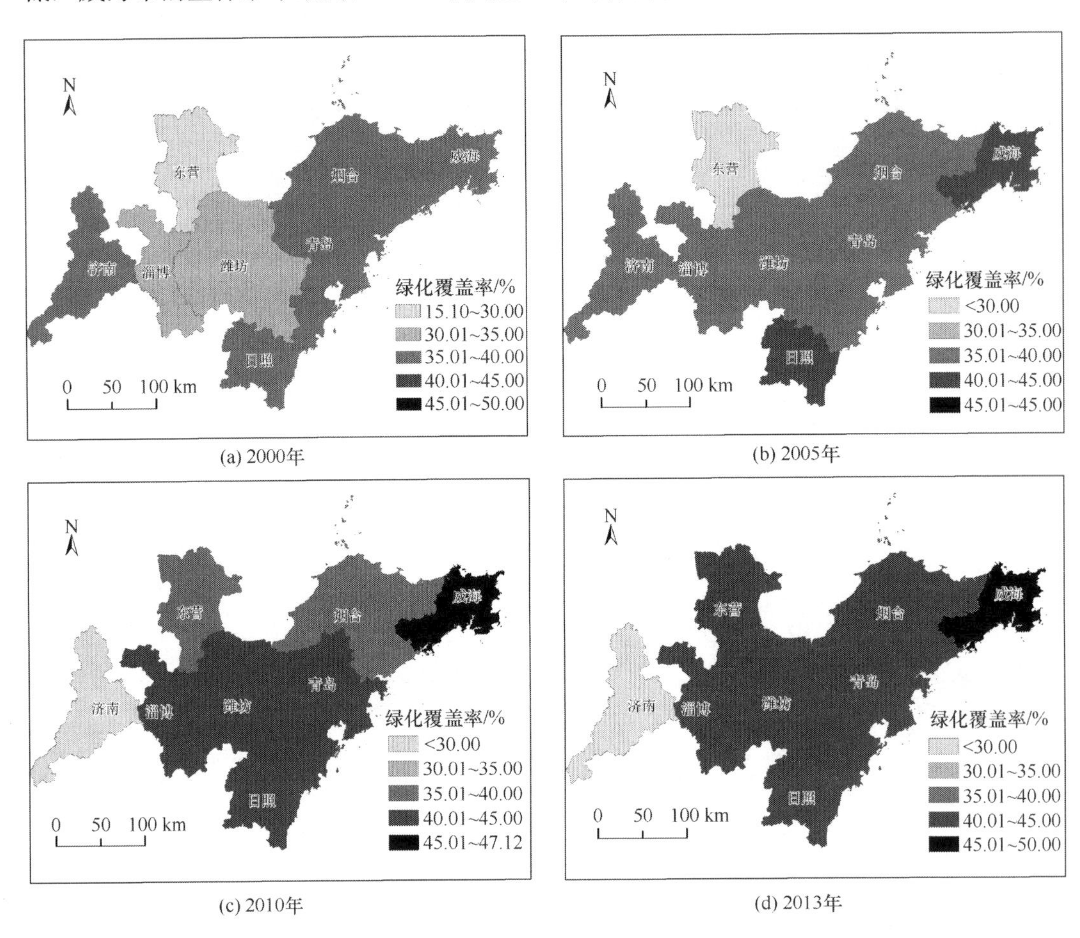

图 3.20 绿化覆盖率空间分布图

13. 公共服务设施配置完备度 C15

城市群区域公共服务设施配置完备度计算结果如图 3.21 所示。结果显示，2000～2013 年，山东半岛城市群区域公共服务设施配置完备度呈“U”形的变化趋势，2000～2006 年逐年降低，随后几年持续提高（图 3.21），说明 2006 年以后，山东半岛城市群公共服务设施配置完备度逐步完善。

14. 城乡收入协调度 C19

总体来看，城乡收入协调度是趋于降低的，说明整体城乡收入有所扩大。2000 年，多数地市的城乡收入协调度是大于 0.48 的，但 2013 年之后均保持在 0.44～0.47，而且城市群内部的差异明显。其中，威海市的城乡收入协调度最高，且一直保持较高的水平。

东营市的城乡收入协调度也有所改善。而济南市一直保持较低的水平，说明其城乡收入协调度较差，城乡二元差异明显。淄博市、潍坊市和烟台市均呈现降低趋势（图 3.22）。

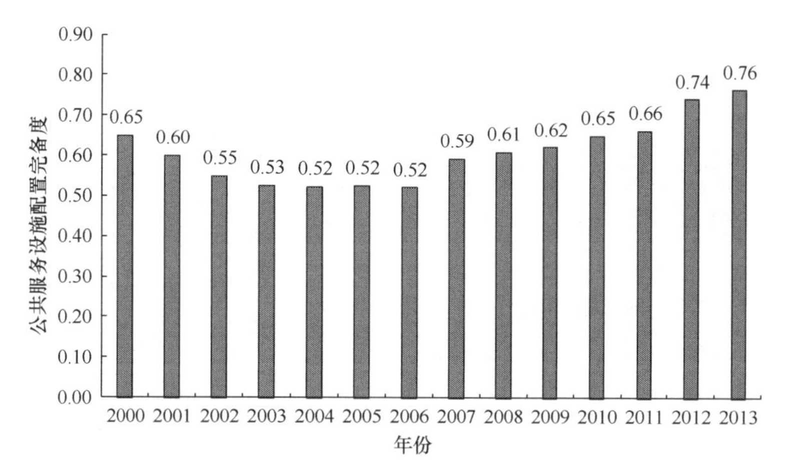

图 3.21　公共服务设施配置完备度动态变化图

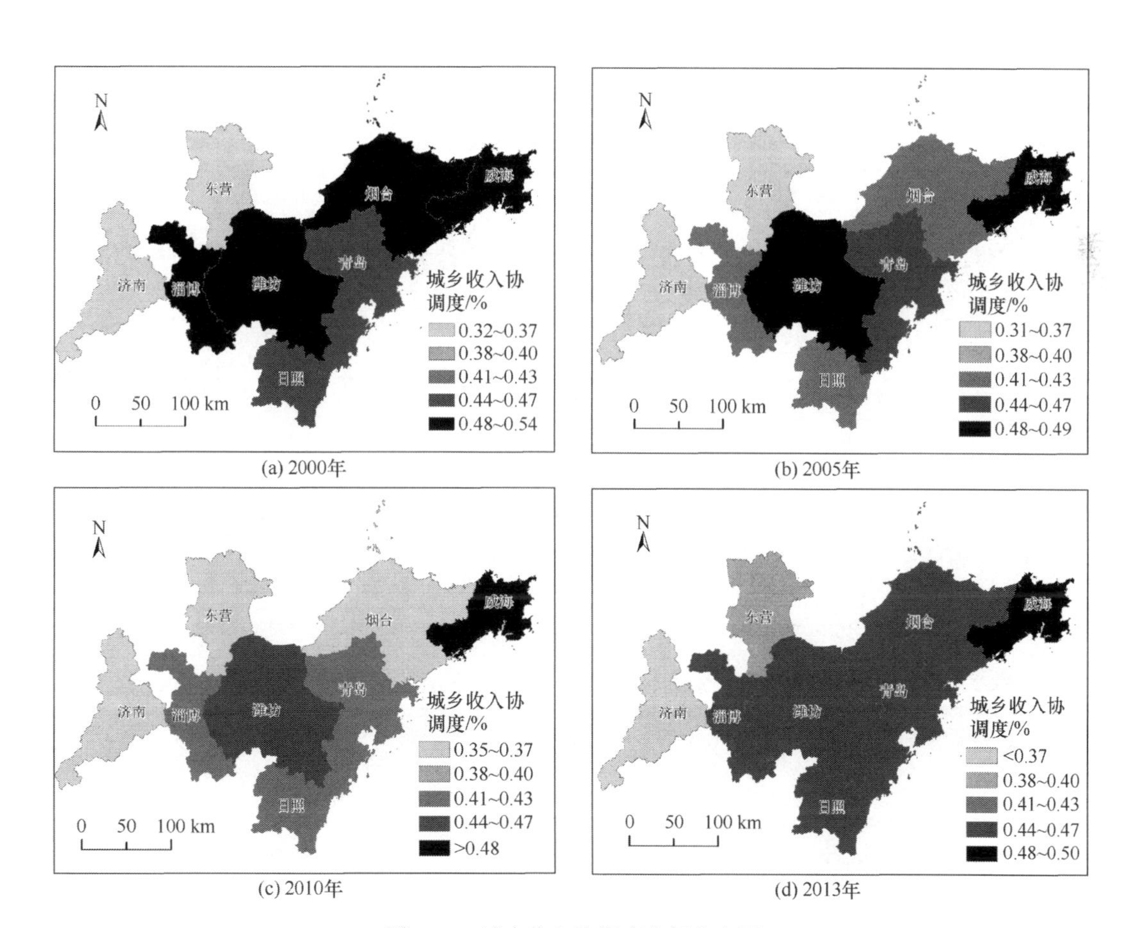

图 3.22　城乡收入协调度空间分布图

15. 城市群经济联系强度 C20

城市群经济联系强度计算结果如图 3.23 所示。结果显示，2000～2013 年，山东半岛城市群经济联系强度呈指数上升的趋势，说明 2000～2013 年山东半岛城市群经济联系强度逐步增强。

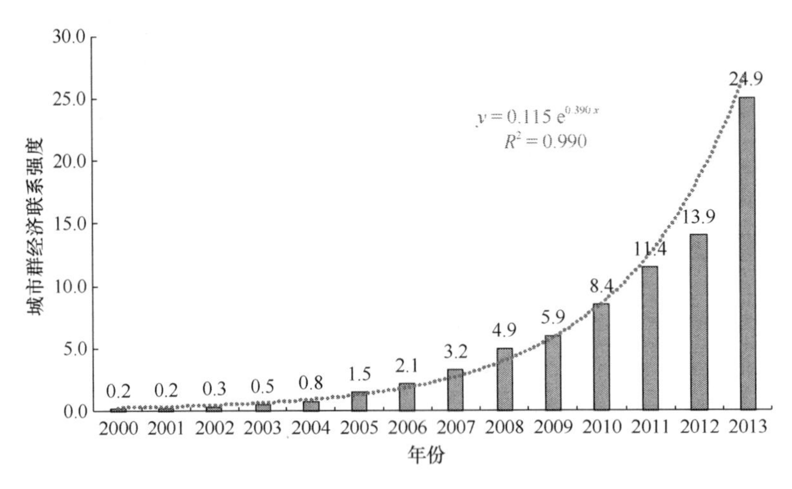

图 3.23　城市群经济联系强度动态变化示意图

3.4.3　国土空间利用质量评价指标的权系数

按照权重确定方法[30~33]，对标准化后的数据进行计算，3 种赋权方法对指标层指标权重的计算结果见表 3.35。

表 3.35　指标层权重计算结果

指标层	熵权法	标准离差法	CRITIC 法	综合权重
C1 城市群区域城市职能协调指数	0.0659	0.061	0.0371	0.0547
C2 城市群区域城镇规模协调指数	0.0690	0.0738	0.1795	0.1074
C3 城市群区域产业紧凑度	0.0650	0.0601	0.0762	0.0671
C4 城市群区域交通便捷度	0.0654	0.0648	0.046	0.0587
C5 工矿建设用地产出率	0.0667	0.0658	0.0405	0.0577
C6 单位建设用地人口承载量	0.0660	0.0629	0.069	0.066
C7 国土空间产出强度	0.0673	0.0696	0.0423	0.0597
C8 国土空间开发强度	0.0663	0.0701	0.0426	0.0597
C9 人均基础设施用地面积	0.0669	0.081	0.0518	0.0666
C10 万元 GDP 用水量	0.0658	0.0727	0.0442	0.0609
C11 万元 GDP 能耗	0.0658	0.0651	0.0418	0.0576
C12 绿地覆盖率	0.0656	0.0646	0.0404	0.0568
C15 公共服务设施配置完备度	0.0679	0.0657	0.1034	0.079
C19 城乡收入协调度	0.0659	0.0646	0.1499	0.0935
C20 城市群经济联系强度	0.0706	0.0582	0.0354	0.0547

按照指标层综合权重计算结果，汇总得到准则层权重结果，最终获得山东半岛城市群国土空间利用质量评价指标权重计算结果，见表3.36。

表3.36　山东半岛城市群国土空间利用质量评价指标权重计算结果

目标层	准则层	权重	指标层	权重
城市群国土空间利用质量	B1 统筹协调质量指数	0.2879	C1 城市群区域城市职能协调指数	0.0547
			C2 城市群区域城镇规模协调指数	0.1074
			C3 城市群区域产业紧凑度	0.0671
			C4 城市群区域交通便捷度	0.0587
	B2 集约高效质量指数	0.3097	C5 工矿建设用地产出率	0.0577
			C6 单位建设用地人口承载量	0.066
			C7 国土空间产出强度	0.0597
			C8 国土空间开发强度	0.0597
			C9 人均基础设施用地面积	0.0666
	B3 生态文明质量指数	0.1753	C10 万元GDP用水量	0.0609
			C11 万元GDP能耗	0.0576
			C12 绿地覆盖率	0.0568
	B4 安全宜居质量指数	0.0790	C15 公共服务设施配置完备度	0.079
	B5 传承共享质量指数	0.1482	C19 城乡收入协调度	0.0935
			C20 城市群经济联系强度	0.0547

3.4.4 国土空间利用质量评价指标层计算结果

根据指标层权重计算结果运用标准化后的指标值，得到城市群国土空间利用质量指标层计算结果，见表3.37。计算结果显示，指标的年际变化明显，绝大多数指标表明，山东半岛城市群国土空间利用质量在2000～2013年是趋于提高的。结果显示，山东半岛城市群城市职能协调性逐步提高，城镇体系规模渐趋于合理，交通便捷度明显改善，工矿建设用地产出率明显提高，国土空间产出强度和开发强度有了明显提升，人均基础设施用地面积逐步提高，单位GDP水耗和单位GDP能耗逐步降低，绿地覆盖率逐年提高，城市之间的经济联系明显增加。

但是，部分指标计算结果显示仍存在如下突出问题。

（1）城市群的产业紧凑度在年际间出现明显波动，2010年以来出现逐步降低的趋势。因此，需要逐步提高城市群产业集中度，发挥城市群的产业集聚优势，综合运用经济溢出效应。

（2）单位建设用地人口承载量出现下滑趋势，说明建设用地增长速度明显高于人口增长速度。在部分区域，建设用地的快速扩张可能导致其与人口的匹配出现偏差。城市群建设用地人口承载能力有待改善。

（3）公共服务设施配置完备度出现明显的波动趋势。2006年之前出现明显的降低趋势，但是2006年之后明显改观。这与部分教育机构的合并有一定关系。

（4）城乡收入协调度出现波动。2000～2009年出现明显的降低趋势，2009年之后出现改善趋势，表明城市二元结构在2009年之前不断恶化，差距增大，2009年之后出现改善趋势。

表3.37　城市群地区国土空间利用质量指标层计算结果

指标代码	C1	C2	C3	C4	C5	C6	C7	C8	C9	C10	C11	C12	C15	C19	C20
年份	城市群区域城市职能协调指数	城市群区域城镇规模协调指数	城市群区域产业紧凑度	城市群区域交通便捷度	工矿建设用地产出率	单位建设用地人口承载量	国土空间产出强度	国土空间开发强度	人均基础设施用地面积	万元GDP用水量	万元GDP能耗	绿地覆盖率	公共服务设施配置完备度	城乡收入协调度	城市群经济联系强度
2000	0.0000	0.0142	0.0268	0.0000	0.0000	0.0660	0.0000	0.0000	0.0000	0.0000	0.0000	0.0000	0.0418	0.0932	0.0000
2001	0.0041	0.0142	0.0356	0.0120	0.0019	0.0611	0.0014	0.0035	0.0017	0.0035	0.0056	0.0051	0.0256	0.0657	0.0001
2002	0.0089	0.0118	0.0463	0.0150	0.0036	0.0565	0.0031	0.0071	0.0054	0.0094	0.0108	0.0097	0.0091	0.0664	0.0003
2003	0.0141	0.0132	0.0291	0.0241	0.0069	0.0500	0.0059	0.0116	0.0049	0.0195	0.0154	0.0238	0.0017	0.0000	0.0007
2004	0.0151	0.0137	0.0286	0.0265	0.0152	0.0407	0.0098	0.0188	0.0173	0.0303	0.0197	0.0298	0.0009	0.0447	0.0014
2005	0.0239	0.0180	0.0562	0.0278	0.0207	0.0336	0.0141	0.0242	0.0242	0.0372	0.0280	0.0348	0.0015	0.0425	0.0029
2006	0.0258	0.0245	0.0000	0.0346	0.0243	0.0253	0.0188	0.0301	0.0420	0.0433	0.0384	0.0369	0.0000	0.0293	0.0043
2007	0.0303	0.0221	0.0356	0.0493	0.0297	0.0208	0.0243	0.0342	0.0449	0.0470	0.0414	0.0388	0.0232	0.0179	0.0068
2008	0.0314	0.0129	0.0526	0.0530	0.0378	0.0168	0.0310	0.0374	0.0488	0.0525	0.0401	0.0424	0.0289	0.0221	0.0105
2009	0.0339	0.0056	0.0652	0.0433	0.0356	0.0050	0.0339	0.0456	0.0595	0.0538	0.0388	0.0462	0.0323	0.0185	0.0127
2010	0.0350	0.0000	0.0671	0.0504	0.0382	0.0000	0.0412	0.0500	0.0656	0.0564	0.0424	0.0446	0.0419	0.0205	0.0183
2011	0.0454	0.1037	0.0670	0.0575	0.0469	0.0269	0.0484	0.0537	0.0651	0.0586	0.0502	0.0509	0.0462	0.0671	0.0248
2012	0.0462	0.1074	0.0638	0.0518	0.0470	0.0268	0.0549	0.0572	0.0646	0.0599	0.0539	0.0534	0.0713	0.0703	0.0304
2013	0.0547	0.1017	0.0575	0.0587	0.0577	0.0172	0.0597	0.0597	0.0666	0.0609	0.0576	0.0568	0.0790	0.0935	0.0547

3.4.5　国土空间利用质量评价准则层计算结果

根据准则层权重计算结果运用标准化后的指标值，得到城市群国土空间利用质量准则层计算结果，见表3.38。计算结果显示，指标的年际变化明显，5个准则层指标在2000～2013年均呈现出提高的趋势，同时年际间和具体变化趋势上存在明显差异。

表3.38　山东半岛城市群国土空间利用质量准则层计算结果

年份	统筹协调质量指数B1	集约高效质量指数B2	生态文明质量指数B3	安全宜居质量指数B4	传承共享质量指数B5
2000	0.0410	0.0660	0.0000	0.0418	0.0932
2001	0.0660	0.0697	0.0142	0.0256	0.0659
2002	0.0820	0.0757	0.0299	0.0091	0.0667
2003	0.0805	0.0793	0.0587	0.0017	0.0007
2004	0.0839	0.1019	0.0798	0.0009	0.0461
2005	0.1259	0.1169	0.1000	0.0015	0.0454
2006	0.0850	0.1405	0.1187	0.0000	0.0336
2007	0.1373	0.1539	0.1272	0.0232	0.0247

续表

年份	统筹协调质量指数 B1	集约高效质量指数 B2	生态文明质量指数 B3	安全宜居质量指数 B4	传承共享质量指数 B5
2008	0.1499	0.1719	0.1350	0.0289	0.0326
2009	0.1480	0.1796	0.1388	0.0323	0.0313
2010	0.1526	0.1950	0.1435	0.0419	0.0388
2011	0.2737	0.2411	0.1597	0.0462	0.0919
2012	0.2692	0.2505	0.1671	0.0713	0.1007
2013	0.2726	0.2608	0.1753	0.0790	0.1482

（1）统筹协调质量指数整体呈提高趋势。2006 年和 2011 年成为两大突变点。2006 年城市群国土空间统筹协调质量指数有一个大的降低，2011 年之后有一个大的提升，2011～2013 年处于高位状态。可以预见，在未来统筹协调质量指数仍会保持较高的水平（图 3.24）。

（2）集约高效质量指数呈逐年提高的趋势。其中，2010～2011 年提升空间较大，说明山东半岛城市群国土空间集约利用水平在近几年有较大幅度的提升。

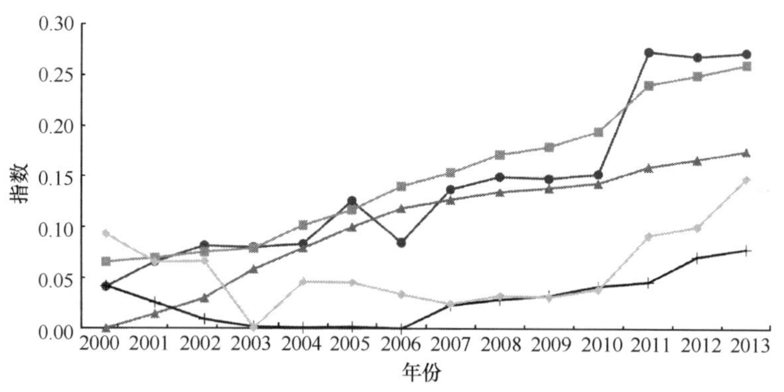

图 3.24　山东半岛城市群国土空间利用质量准则层变化过程图

（3）生态文明质量指数也呈现逐年增加的趋势，表明近些年山东半岛城市群国土空间生态文明建设有了较大提升。

（4）安全宜居质量指数呈现“U”形的变化过程。2000～2003 年呈现逐年降低的趋势，2003～2006 年均保持低位运行状态，而 2006 年之后呈现逐步提升的趋势。

（5）传承共享质量指数也呈现“U”形的变化过程。2000～2003 年呈逐年降低的趋势，2004～2010 年呈现低位运行状态，2010 年以后出现明显的提升。

3.4.6　国土空间利用质量目标层计算结果

根据准则层权重计算结果对城市群国土空间利用质量进行整合，目标层的计算结果见表 3.39。图 3.25 显示了山东半岛城市群国土空间利用质量目标层的年际变化过程。具体而言，山东半岛城市群国土空间利用质量的整体趋势是趋于提高的。但是，2003 年和 2006 年出现了两个明显的低值，而 2010～2011 年出现了一个显著的跃升，说明 2011 年以来山东半岛城市群国土空间利用质量的提升效果明显。同时，从国土空间利用质量年际变化的总体趋势来看，整体斜率是正值，R^2 大于 0.9（$P<0.01$），整体拟合效果良好。可以预测，山东半岛城市群国土空间利用质量未来仍然是趋于提高的。

表 3.39　山东半岛城市群国土空间利用质量目标层计算结果

年份	城市群国土空间利用质量目标层	年份	城市群国土空间利用质量目标层
2000	0.2420	2007	0.4663
2001	0.2413	2008	0.5183
2002	0.2635	2009	0.5300
2003	0.2209	2010	0.5717
2004	0.3125	2011	0.8125
2005	0.3897	2012	0.8588
2006	0.3777	2013	0.9359

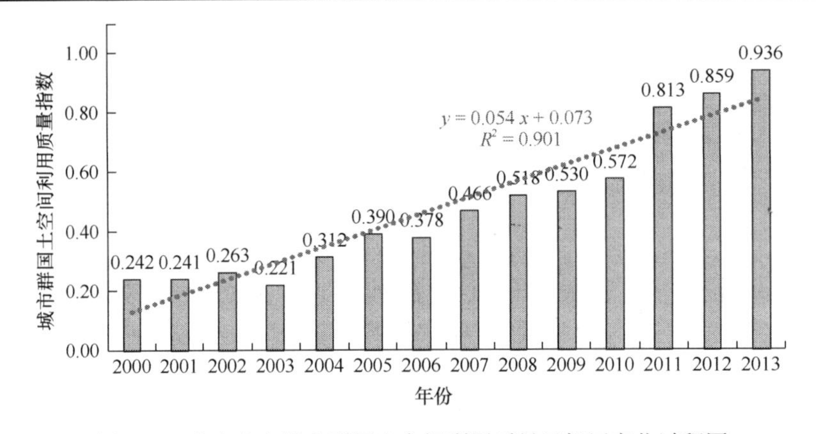

图 3.25　山东半岛城市群国土空间利用质量目标层变化过程图

主要参考文献

[1] 颜蕊. 山东半岛城市群城市职能结构比较研究. 曲阜: 曲阜师范大学硕士学位论文, 2013.

[2] 李学鑫, 苗长虹. 关中、中原、山东半岛三城市群产业结构与分工的比较研究. 人文地理, 2006, 21(5): 94-98.

[3] 李佳铭, 孙铁山, 李国平. 中国三大都市圈核心城市职能分工及互补性的比较研究. 地理科学, 2010, 30(4): 503-509.

[4] 张玮琪. 城市群空间结构的经济效应研究——以我国十大城市群为例. 广州: 暨南大学硕士学位论文, 2014.

[5] 方创琳, 祁巍锋, 宋吉涛. 中国城市群紧凑度的综合测度分析. 地理学报, 2008, 10: 1011-1021.

[6] 孔祥斋. 长株潭城市群紧凑度动态变化及其影响因素研究. 长沙: 湖南师范大学硕士学位论文, 2011.

[7] 庄煜, 胡敏. 中小城市的城市交通发展策略分析. 湖北民族学院学报(自然科学版), 2012, 30(1): 111-115.

[8] 郭娟. 我国城市公共交通优先发展战略研究. 西安: 长安大学硕士学位论文, 2008.
[9] 林巍. 城镇化对京津冀土地资源承载力的影响研究. 北京: 中国地质大学博士学位论文, 2015.
[10] 黄砺, 王佑辉. 我国建设用地人口密度和经济密度的区域差异及收敛性分析. 南方人口, 2012, 27(6): 60-68.
[11] 方创琳, 宋吉涛, 张蔷, 等. 中国城市群结构体系的组成与空间分异格局. 地理学报, 2005, 60(5): 827-840 .
[12] 胡建一. GDP 能耗统计比较方法研究. 中国人口资源与环境, 2008, 18(3): 76-82.
[13] 叶裕民. 中国城市化质量研究. 中国软科学, 2001, (7): 27-31.
[14] 傅伯杰. 景观多样性分析及其制图研究. 生态学报, 1995, 15(4): 345-349.
[15] 管东生, 钟晓燕, 郑淑颖. 广州地区森林景观多样性分析. 生态学杂志, 2001, 20(4): 9-12.
[16] 宋树龙, 李贞. 广州市城市植被景观多样性分析. 热带地理, 2000, 20(2): 121-124.
[17] 龚文峰, 孙海, 刘春河, 等. 基于 RS 和 GIS 额尔古纳国家自然保护区景观多样性定量分析. 水土保持研究, 2013, 20(4): 213-217.
[18] 覃婕. 武汉市九峰城市森林保护区景观多样性与景观敏感度评价. 武汉: 华中农业大学硕士学位论文, 2006.
[19] 董华叶. 郑州市公园绿地景观多样性研究. 郑州: 河南农业大学硕士学位论文, 2009.
[20] 张益青, 侯碧清. 株洲市城市植被景观多样性景观生态分析. 林业调查规划, 2006, 31(4): 9-12.
[21] 王祥. 建设通勤铁路网, 构筑上海交通圈. 上海城市规划, 2008, (1): 48-52.
[22] 李平. 通勤距离与城市空间扩展的关系研究. 北京: 北京交通大学硕士学位论文, 2010.
[23] 孟斌, 郑丽敏, 于慧丽. 北京城市居民通勤时间变化及影响因素. 地理科学进展, 2011, 30(10): 1218-1224.
[24] 熊丽芳, 甄峰, 钱前, 等. 基于 CHAID 决策树方法的城市居民通勤时间影响因素分析——以南京为例. 人文地理, 2013, 28(6): 68-73.
[25] 申悦, 柴彦威. 基于 GPS 数据的城市居民通勤弹性研究——以北京市郊区巨型社区为例. 地理学报, 2012, 67(6): 8-13.
[26] 曾福生, 吴雄周. 城乡发展协调度动态评价——以湖南省为例. 农业技术经济, 2011, (1): 86-92.
[27] 薛红霞, 刘菊鲜, 罗伟玲. 广州市城乡发展协调度研究. 中国土地科学, 2010, 24(8): 23-29.
[28] 张仲伍, 杨德刚, 张小雷, 等. 山西省城乡协调度演变及其机制分析. 人文地理, 2010, (2): 105-109.
[29] 姜博, 赵婷, 雷国平, 等. 长江三角洲城市群经济联系强度动态分析. 开发研究, 2011, (4): 12-15.
[30] Zou Z H, Yin Y, Sun J G. Entropy method for determination of weight of evaluating indicators in fuzzy synthetic evaluation for water quality assessment. Journal of Environmental Sciences, 2006, 18(5): 1020-1023.
[31] Diakoulaki D, Mavrotas G, Papayannakis L. Determining objective weights in multiple criteria problems: the CRITIC method. Computers & Operations Research, 1995, 22(7): 763-770.
[32] Gabaix X. Zipf's law for cities: an explanation. Quarterly Journal of Economics, 1999, 114(3): 739-767.
[33] Calkins S. The new merger guidelines and the Herfindahl-Hirschman Index. California Law Review, 1983, 71(2): 402-429.

第4章　城市群地区国土空间利用质量提升的技术方法

按照国家新型城镇化战略对国土空间利用质量的新要求，在对城市群地区国土空间利用质量评价指标体系、阈值，以及评价案例分析的基础上，面向城市群地区国土空间的规划需求，分别从国土空间开发强度、城镇规模体系、产业结构、交通网络，以及国土空间利用情景模拟、国土空间利用质量提升信息系统等方面，研发城市群地区国土空间利用质量提升关键技术，并以山东半岛城市群为案例区，进行国土空间利用质量的提升实验。

4.1　城市群地区国土空间利用质量提升思路与技术路径

明确了城市群地区国土空间利用质量的概念后，提出了涵盖空间维、背景维、基础维、路径维和目标维的“五维聚焦”城市群国土空间利用质量提升思路。以此为基础，解析了开发强度、城镇体系、产业体系和基础设施等城市群主体要素与统筹协调、集约高效、生态文明、安全宜居和传承共享等新型城镇化对城市群国土空间利用的新要求之间的对应关系，因此确立了城市群国土空间利用质量提升五大关键技术的逻辑关系。

城市群地区国土空间利用质量提升，是以新型城镇化战略对区域统筹和协调发展的总体要求为背景，以国土资源部门管理和规划需求为服务目标，以城市群为研究区域，以城市群国土空间利用的主体要素存在的开发强度不均衡、城镇规模不协调、产业布局欠合理、交通网络不通畅等现实问题为研究对象与研究内容，而开展的涵盖城市群国土空间的开发强度控制、城市群城镇规模调控、城市群产业空间布局优化、城市群交通网络优化和城市群国土空间利用情景模拟的综合技术支撑框架。

由此，提出城市群地区国土空间利用质量提升的关键要素：新型城镇化、城市群、城市群的主体要素、城市群国土空间利用质量存在的问题、城市群与规划目标，以及城市群国土空间利用质量提升的路径。

4.1.1　城市群地区国土空间利用质量提升的总体思路与技术路线

1. 国土空间利用质量提升的总体思路

依据城市群国土空间利用质量提升的概念，建立涵盖空间维、背景维、基础维、路径维和目标维的“五维聚焦”城市群国土空间利用质量提升思路。

（1）空间维：以城市群的国土空间为研究本底和研究单元，明确了国土空间利用质量的提升尺度为具有区域性和一体化特征的城市群。

（2）背景维：以新型城镇化战略“城乡统筹、城乡一体、产城互动、节约集约、生态宜居、和谐发展”的要求和“社会发展空间一体化、城乡建设空间一体化、生态环境空间一体化、市场建设空间一体化、基础设施空间一体化和产业发展空间一体化”的发展方向为背景，明确了“低耗、高效、优化、协调”的城市群国土空间利用质量提升内涵。

（3）基础维：以子课题“面向新型城镇化的城市群尺度国土空间利用质量评价技术”研究为基础，明确城市群国土空间利用质量存在的问题。

（4）路径维：以城市群国土空间利用质量存在的问题为切入点，结合新型城镇化的新要求而得出的问题解决路径。

（5）目标维：面向国土资源部门落实新型城镇化并切实运用于国土空间“规划与管理”的具体需求，明确研究成果服务于国土开发利用管理决策的信息化与标准化要求。

以城市群尺度为研究本底的空间维，明确了研究对象的区域性和一体化特征；新型城镇化战略的背景维，体现了城市群国土空间利用质量提升的“新”内涵与视角；依据城市群尺度国土空间利用质量评价结果的基础维，明确了城市群国土空间利用质量提升必须面对的现实状况与存在的问题；以解决城市群国土空间利用质量具体问题而设计的路径维，结合新型城镇化的要求而得出问题的解决路径；国土空间“规划与管理”的目标维，明确了城市群国土空间利用质量提升面对的用户，以及所具备的功能与模式。

五维的研究视角与支撑使城市群国土空间利用质量提升的研究内容更为聚焦，研究特色和创新性更为突出，研究方法与模型更为实用，研究成果具有普适性和应用性（图 4.1）。

2. 国土空间利用质量提升的研究框架与技术路线

依据“空间维、背景维、基础维、路径维和目标维”的五维聚焦研究思路，面向城市群的区域类型与空间特征，以及城市群国土空间规划与管理的具体目标，以新型城镇化和城市群为城市群国土空间利用质量提升研究的两大并列主线展开研究。其中，新型城镇化以“主体—特征—要求—目标—应用—示范”为研究路径，明确国土空间利用质量提升的“新”的背景与“新”的特征要求；与其相对应，城市群以“主体—特征—问题—技术—路径—示范”为研究路径，明确研究对象、研究基础、存在问题及关键技术，最终以山东半岛城市群为研究案例区，开展研究与示范的应用、反馈过程（图 4.2）。

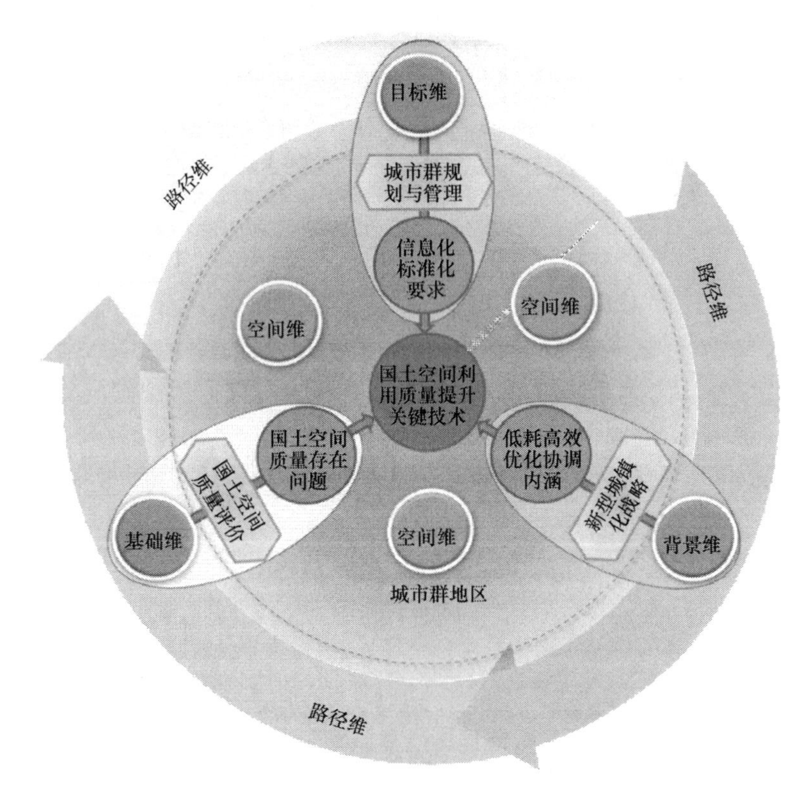

图 4.1　“五维聚焦”的城市群国土空间利用质量提升研究思路

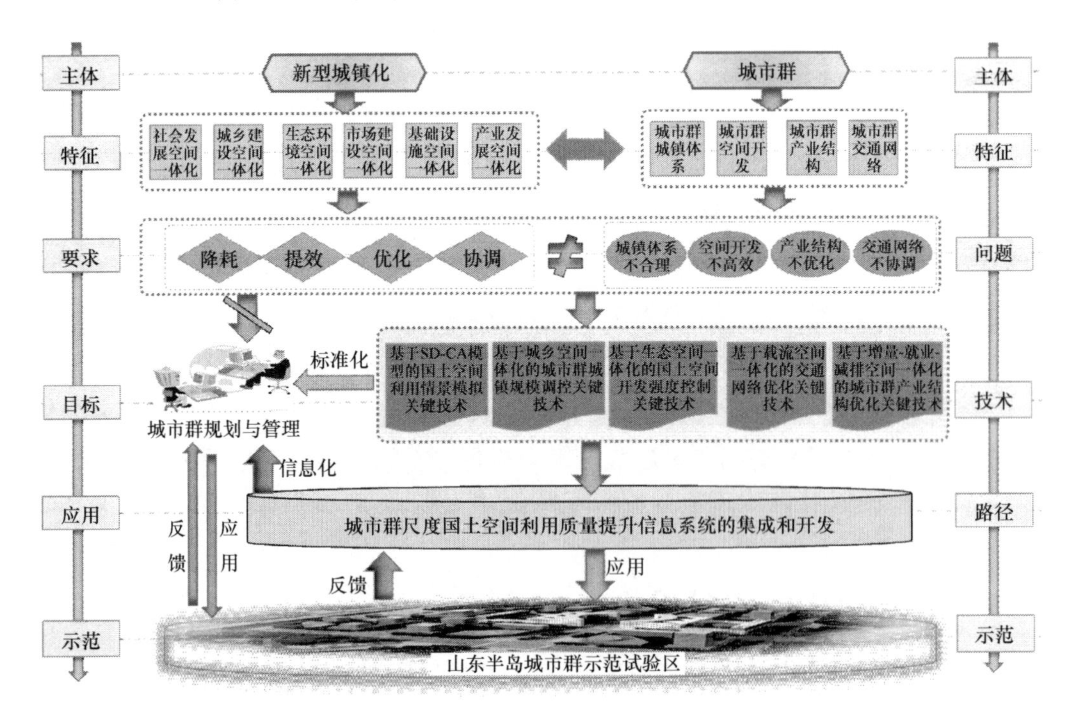

图 4.2　国土空间利用质量提升研究框架与技术路线

4.1.2　城市群国土空间利用质量提升的研究架构与逻辑关系

1. 城市群主体要素的架构

国家新型城镇化对国土空间利用的新要求应该作为国土空间利用质量评价中理想值和理想区间的依据。新型城镇化建设是在不同地域的不同发展基础与开发条件下推进的，既不能搞“一线平推”和“一刀切”，又不能套用一种模式，必须实施规划先行、优化空间，因地制宜的发展模式，科学定位发展目标。本着政府管理与规划支撑目标服务导向与可复制、可推广的原则，科学提炼与全面对接城市群主体与新型城镇化背景的特征要素，既能遵循新型城镇化的本质特征，提取不同城市群共性的普遍特征，也可以全面概括与揭示城市群各个构成要素的特质。

1）城市群的主体地位

城市群在全球城镇体系和中国城镇化进程中的主体地位已经确立。经济全球化已成为世界经济发展的重要趋势和重要特征之一。全球正在成为一个以超特大城市为节点，以跨国公司为载体，以资本、商品、科技、信息、服务为纽带，相互依赖、相互作用的流通网络。城市群作为国家参与全球竞争与国际化分工的基本地域单元，成为区域空间未来发展的重要增长点。作为全球经济网络的核心节点，城市群内不同城市之间的职能分工更为细化与明确，联系更为紧密，层次更为分明。中央城镇化工作会议和《国家新型城镇化规划（2014～2020 年）》明确指出，以城市群为推进城镇化的主体形态，完全符合全球化背景下的城镇化一般规律，符合我国资源环境承载能力的基本特征。

2）城市群主体要素的确定

作为全球城市群研究的权威团队，中国科学院地理科学与资源研究所中国城市群研究团队的首席专家方创琳教授总结了多年的研究经验认为，城市群是指在特定地域范围内，以一个特大城市为核心，以 3 个以上大城市为基本构成单元，依托发达的交通通信等基础设施网络，所形成的空间组织紧凑、经济联系紧密并最终实现高度一体化和同城化的城市群体。在此群体内，将突破行政区划体制的束缚，实现区域性产业发展布局一体化、基础设施建设一体化、区域性市场建设一体化、城乡统筹与城乡建设一体化、环境保护与生态建设一体化、社会发展与社会保障体系建设一体化，逐步实现规划同编、产业同链、城乡同筹、交通同网、信息同享、金融同城、市场同体、科技同兴、环保同治、生态同建的经济共同体和利益共同体[1]。由此可见，开发强度、城镇体系、产业体系、交通设施是城市群国土空间开发的主体要素，民生则是城市群发展的最终目标。四大主体要素的相关关系如图 4.3 所示。

城市群是区域优先发展的国土空间载体。城市群地区已经成为我国经济发展格局中最具活力和潜力的核心地区，也是我国生产力布局的增长极点和核心支点，具有将各种生产要素流动汇聚与扩散的功能。

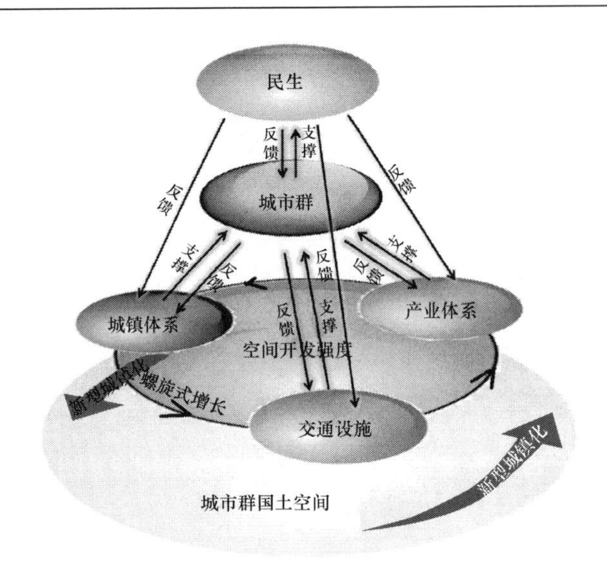

图 4.3　城市群四大主体要素的相关关系图

开发强度是城市群可持续发展的保障。资源与环境是人类赖以生存的基础，城市的资源环境承载力是有限的，超过这个承载力，将会导致交通拥堵、资源紧缺、环境污染、生态恶化等一系列的“城市病”。合理的开发强度可以保障城市群在其资源环境承载力的范围内可持续发展，其也是城市群国土空间区域性市场、城乡统筹与城乡建设、环境保护与生态建设、社会发展与社会保障等一体化建设的承载基础。

城镇体系是城市群的节点支撑主体。城市群，即在特定国土空间上，由不同规模、不同等级和不同职能分工的城市（镇）构成的群体，城市群因城市的聚集而成群。城镇体系一体化是城市群一体化建设的支撑节点保障。

产业体系是城市群的动力驱动主体。城市因产而生，因产而兴，产业是城市发展的动力。同样，产业规模的扩大在不同资源禀赋的城市之间形成了产业分工，进而形成了城市群的产业体系。所以，产业体系一体化是城市群一体化建设的活力保障。

交通设施是城市群的骨架联系主体。交通网络设施是城市之间的联系纽带，也是城市之间经济社会要素流动与联通的载体，又是吸引城市群经济社会要素集聚的带状增长极，其构成了城市群发展的骨架主体。基础设施一体化是城市群一体化建设的框架保障。

3）城市群主体要素的相关关系

城市群国土空间是承载城镇体系、基础设施、产业体系的本底和基础，具有一定的资源环境承载能力，可持续发展状况受国土空间开发强度制约；城镇体系是城市群的主体，城镇体系的规模结构、等级结构、职能结构和空间结构决定着城市群的规模结构、等级结构、职能结构和空间结构，城镇体系的有机联系和协调程度决定着城市群的一体化进程与可持续发展能力；基础设施是城市群的骨架，也是城市之间经济社会要素流动与联通的载体，又是吸引城市群经济社会要素集聚的带状增长极，基础设施的合理性与完善度制约着城市群整体机能的合作协调性与运行高效性；产业体系是城市群发展的动力，合理的产业结构、产业链合、产业集群与城市间的产业分工可以提升城市群的发展活力与综合实力，进而影响城市群的民生保障；开发强度是城市群可持续发展的保障。基于城市群资源环境承载力的开发强度，可以有效地发挥城市群的一体化效应，过之与欠之均不符合城市群发展的根本要求。

2. 新型城镇化对城市群国土空间利用的新要求

新型城镇化是以城乡统筹、城乡一体、产城互动、节约集约、生态宜居、和谐发展为基本特征的城镇化，是大、中、小城市和小城镇、新型农村社区协调发展、互促共进的城镇化。

新型城镇化的“新”主要体现在以下五大转变，即新型城镇化是统筹协调的城镇化、集约高效的城镇化、生态文明的城镇化、安全宜居的城镇化和传承共享的城镇化。

统筹协调的城镇化。转变重视单个城市发展的“唯城是图式”城镇化为“区域一体化”的统筹协调式城镇化。统筹协调的城镇化要求根据生态学、生态工程理念，对国土生态关系进行重构，保持国土与区域的综合性和有机性相适应，实现区域一体化。要遵循因地制宜的原则选择土地用途，建构完善、合理的国土空间结构与布局。将国土利用与自然覆被有机结合起来，构建国土生态系统结构与功能布局。要在对国土资源环境保护的基础上，严控土地开发强度，维护国土资源自我更新能力；治理已经退化的国土资源，保持国土资源可持续发展。

集约高效的城镇化。转变追求规模和速度的大而快式城镇化为追求质量的集约高效式城镇化。集约高效的城镇化要求加大国土投入力度，提高国土资源生产能力。多元化、安全、完善的资源供应系统和高效、绿色、低碳的资源利用系统初步建立，社会经济发展对资源的依赖程度逐步降低，资源节约集约利用水平显著提高，资源保障体系基本建立。以提高国土资源转化效率和利用效益为前提，与长远利益进行有机结合，提高生产能力的可持续性。因地制宜，注重增加土地开发、节约集约利用、整治与保护力度，追求社会经济生态效益的综合性提高。

生态文明的城镇化。转变追求经济文明的 GDP 崇拜式城镇化为追求绿色 GDP 的生态文明式城镇化。生态文明的城镇化强调经济发展与环境保护统一协调，核心是比较注重资源的利用率和资源整合的效率。保护生态环境，实现绿色发展，就是要把生态文明建设放在突出的地位，将其融入到经济建设、政治建设、文化建设、社会建设的各个方面和全过程，努力建设美丽中国，实现有序发展。

安全宜居的城镇化。转变追求物化形态的政绩式城镇化为追求安全与宜居的人本式城镇化。安全宜居的城镇化要求依据资源环境承载力和经济、社会与生态效益（三效合一）相结合的原则，管控国土资源开发强度与空间建构，促进生产空间、生活空间、生态空间（三生空间）的优化。加快推进主体功能区战略，促进各地区严格按照功能地位优化发展，打造科学合理的城市发展格局、农业发展格局及生态安全格局。

传承共享的城镇化。转变追求城市和工业文明为主的城市化为城乡基础设施和公共服务均等与传统文化传承的城乡一体化。传承共享的城镇化要求城市经济集聚能力日益提高，城乡结构更加合理，基础设施更加完备，利用效率更加提升。树立科学理念，制定科学规划，立足国情，博采众长，做到现代中有传承、规范中有灵动，把城市建设成绿色包容和谐、群众安居乐业的有机生命体。同时，要增强城市对农村的反哺带动能力，建设美丽乡村，破解城乡二元结构矛盾，使山水乡恋与城市文明融为一体，让亿万农民共享新型城镇化发展成果。

3. 研究内容的逻辑关系

基于以上城市群主体要素及其相关关系分析，本书的研究将基于生态空间一体化的国土空间开发强度控制技术、基于城乡空间一体化的城市群城镇规模调控技术、基于增量-就业-减排空间一体化的城市群产业结构优化技术、基于载流空间一体化的城市群交通网络优化技术和基于系统动力学-元胞自动机（SD-CA）模型的城市群尺度国土空间利用情景模拟技术，以及城市群尺度国土空间利用质量提升信息系统软件作为主要的研究内容展开研究。其逻辑关系如图 4.4 所示。

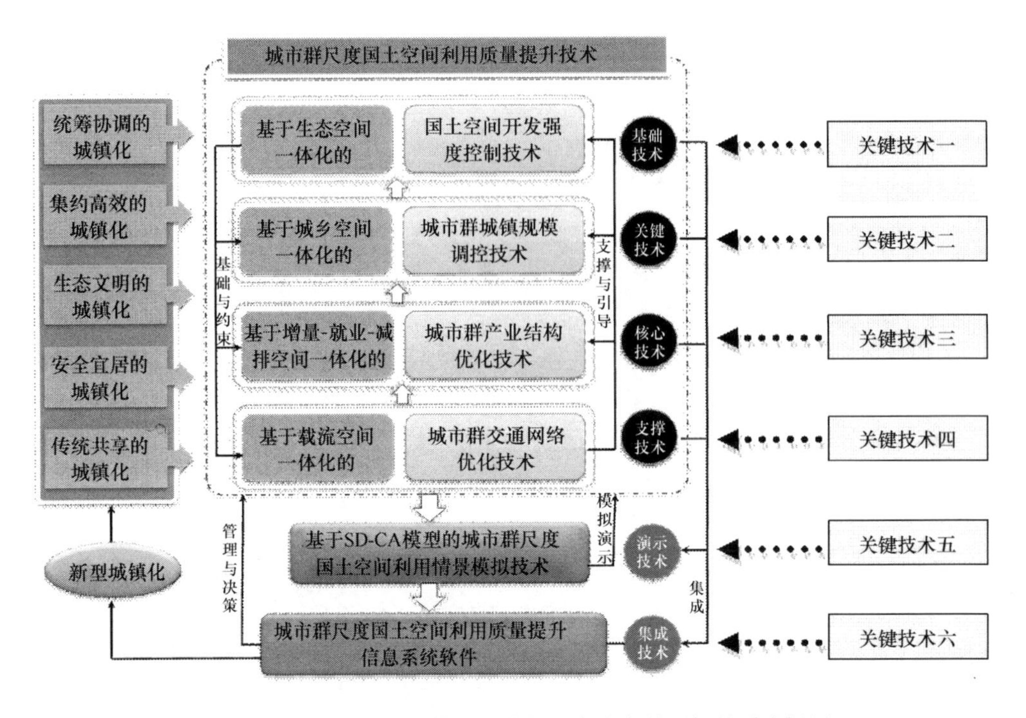

图 4.4　新型城镇化特性及其与研究内容的逻辑关系分析图

基于生态空间一体化的国土空间开发强度控制技术是五大研究内容的基础技术。国土空间开发强度控制技术主要解决城市群国土空间资源环境承载力的阈值问题，在此阈值范围内，才有必要谈及城市群城镇规模调控技术、城市群产业结构优化技术和交通网络优化技术。

基于城乡空间一体化的城市群城镇规模调控技术是五大研究内容的核心技术。城市群城镇规模调控技术以城市群空间开发强度约束下的城市人口规模为基础，对城市群地区的国土空间的城镇等级与规模结构进行优化和提升。合理的城镇体系结构，既是国土空间开发强度控制技术的有效应用，也是城市群产业结构优化技术和交通网络优化技术的有效基础。

基于增量-就业-减排一体化的城市群产业结构优化技术是五大研究内容的关键技术。城市群产业结构优化技术以城市群产业发展的经济效益目标、就业效益目标和环境效益目标为约束条件，制订城市群地区产业空间布局的优化与提升方案。产业体系的调控成效决定着城市群发展的动力与活力，是城市群可持续发展的引擎，也是国土空间开发强度控制技术、城镇规模调控技术实施有效性的评价标准，还是交通网络优化技术的重要依据。

基于载流空间一体化的城市群交通网络优化技术是五大研究内容的支撑技术。城市群交通网络优化技术以城市群地区不同城镇的空间开发强度控制方案、城镇规模体系优化和产业空间布局研究为基础，以城市群交通体系的载流空间为研究对象，用以制订城市群地区综合交通运输体系优化方案，是国土空间开发强度控制技术、城镇规模调控技术和产业结构优化技术的重要支撑与补充。

基于 SD-CA 模型的城市群尺度国土空间利用情景模拟技术是五大研究内容的演示技术。综合国土空间开发强度控制技术、城市群城镇规模调控技术、城市群产业结构优化技术和城市群交通网络优化技术，从满足局部土地利用继承性、适宜性、限制性、城市之间城市流影响和邻域影响的角度，完成不同情景下的土地空间分配，从而模拟出未来国土空间利用情景格局。

城市群尺度国土空间利用质量提升信息系统软件是以上五大关键技术的集成与政府管理的实施平台。将城市群地区国土空间开发强度控制技术、城市群地区城镇规模调控技术、城市群地区产业结构优化技术、城市群地区交通网络优化技术和城市群地区国土空间利用情景模拟技术集成为城市群地区国土空间利用质量提升技术，进行系统集成，用于城市群国土空间质量控制的管理与决策平台。

4.2　城市群地区国土空间利用质量提升的技术方法

4.2.1　基于“产城网基”一体的城市群国土空间利用质量提升技术

面向城市群国土空间利用规划需求，以新型城镇化的统筹协调、集约高效、生态文明、安全宜居和传承共享五大理念为指导原则，以城市群国土空间利用质量提升为根本目标，锁定决定城市群国土空间利用质量提升效率与效果的“产（产业体系）城（城镇体系）网（交通体系）基（国土空间开发强度）”四大核心与主体要素，构建包括总目标层、子目标层、因素层和因子层的城市群国土空间利用质量提升的指标体系。指标的标准化采用极差标准化和标准差标准化方法，采用德尔菲法和层次分析法，根据各个指标对评估目标的贡献率确定指标权系数（表 4.1）。

根据“产城网基”一体的城市群国土空间利用质量提升指标体系，山东半岛城市群国土空间利用质量提升（quality improvement of land utilization，QILU）模型由基于生态空间一体化的国土空间开发强度控制（space development intensity controlling，SDIC）模

表 4.1 基于“产城网基”一体的城市群国土空间利用质量提升指标体系

总目标层	分目标层	基准层	准则层
A 城市群国土空间利用质量提升指数	B1 国土空间开发强度提升 0.270	国土空间开发强度指数	建设用地比例及年增长率
		国土空间开发支持指数	国土空间开发自然潜力、区位、城市发展水平
		国土空间开发利用指数	承载强度、产业效率
	B2 规模体系结构提升 0.235	城镇体系规模结构指数	Zipf 指数
		规模等级结构指数	城镇规模等完整性
		单个城市规模效率指数	建成区人口和用地协调度
	B3 产业体系结构提升 0.245	经济效益指数	工业生产能力
		就业效益指数	行业就业规模
		环境效益指数	能耗与减排能力
	B4 交通体系结构提升 0.250	道路系统实际承载能力	道路系统实际载流程值
		道路系统实际需求能力	道路系统理论载流程值

型、基于城乡空间一体化的城市群城镇规模调控（urban scale frame regulation，USFR）模型、基于增量-就业-减排空间一体化的城市群产业结构优化（industrial structure optimization，ISO）模型和基于载流空间一体化的交通网络优化（traffic network optimization，TNO）模型构成，计算公式为

$$QILU = y_1 SDIC + y_2 USFR + y_3 ISO + y_4 TNO \tag{4.1}$$

式中，QILU 为城市群国土空间利用质量提升指数；y_1 为基于生态空间一体化的国土空间开发强度控制指数 SDIC 的权系数；y_2 为基于城乡空间一体化的城市群城镇规模调控指数 USFR 的权系数；y_3 为基于增量-就业-减排空间一体化的城市群产业结构优化指数 ISO 的权系数；y_4 为基于载流空间一体化的交通网络优化指数 TNO 的权系数，采用熵技术支持下的层次分析法，计算得到 y_1=0.270，y_2=0.235，y_3=0.245，y_4=0.250。

4.2.2 基于生态空间一体化的国土空间开发强度控制技术

以城市群地区的生态、资源与环境承载力评价和主体功能区方案为基础，以空间开发强度评价技术分析结果为支撑，以地块现状开发密度、生态环境安全边界等开发容量阈值为目标，基于 GIS 空间分析平台，构建城市群地区国土空间开发强度控制模型，开发城市群地区国土空间开发强度控制技术、国土空间开发支持能力调控技术和国土空间开发利用效率调控技术，根据地区发展需求和国土极限强度阈值，制订城市群地区国土空间开发强度优化控制方案。

1. 国土空间开发强度控制建模思路

城市群是一个生态-经济有机体。城市群国土空间开发强度的调控以生态资源环境承载力支撑下的国土空间开发支持能力为基础，对当前国土空间开发强度和国土空间开发利用效率进行调控。

2. 国土空间开发强度控制指标解释

指标体系构建思路。对国土空间开发强度的科学衡量与评价是一个包含多元要素的复杂概念体系，其合理与否不仅要视国土空间开发强度本身，还应与国土空间开发利用效率、区域国土空间开发支持能力及其匹配关系紧密结合。因此，本书对国土空间开发强度的分析包括了国土空间开发强度的时空分异规律、国土空间开发支持能力及国土空间开发利用效率三部分。

城市群国土空间开发程度，指城市群建设用地面积占总行政区域面积的比值（%），建设用地包括城镇、独立工矿、农村居民点、交通、水利设施（不包括水库水面）、其他建设空间等所有建设用地，数据来源于历年的城市群土地利用变更数据。

城市群国土空间开发支持能力，是国土空间开发的基础，包括国土空间开发的自然潜力、接受外来辐射的能力及社会经济发展程度等方面。国土空间开发支持能力大，该国土空间所承载的合理开发强度就大，可适当增加开发强度，反之则不能。本书从区域国土空间开发自然潜力、区位条件及社会经济发展阶段等方面分析国土空间开发支持能力。

国土空间开发自然潜力，选择可利用国土空间规模、地质灾害易发度、水土流失程度、地下水开发强度、坡度为评价指标（因山东半岛城市群以平原为主，所以不考虑高程因素对国土空间开发自然潜力的影响）。其中，可利用国土空间规模通过适宜建设空间面积扣除已有建设空间面积和基本农田面积后获得。地质灾害易发程度数据依据《山东省地质灾害防治规划（2003～2020 年）》[2]，按照地质灾害种类、风险程度划分不同级别，根据其对国土空间开发自然潜力影响的大小，赋予不同的分值。地下水开发强度数据来源于山东省主体功能区划研究报告。坡度分级数据通过山东省 30m DEM 数据生成。对以上指标数据级差标准化后，运用德尔菲法确定权重，从而得到国土空间开发自然潜力评价结果。

区位条件通过研究单元与中心城市的距离、道路密度两项指标衡量，所需数据利用 ArcGIS 的空间分析及统计分析功能获取。

山东半岛城市群各区县社会发展所处阶段依据世界银行的评价体系进行判断，相关数据来源于《山东省统计年鉴》（2002～2014 年）。

城市群国土空间开发利用效率为特定时间和范围内，已开发建设空间与承载的人口、经济及产出的比率关系，即建设承载强度和建设产出强度。

从国土空间开发的构成及其效应来看，国土空间开发利用效率指在特定时间和范围内，已开发建设空间与其承载的人口、经济及产出的比率关系，是对建设空间利用效果的综合表达，也是未来国土空间开发利用优化决策的重要依据[3]，主要由建设空间承载强度及产出决定。承载强度指单位面积土地上承载物或者开发利用活动的数量，是国土空间开发利用效率的直接决定因素，通常用人口数量、经济投入等单项或复合指标表达。本书的研究选取单位建设空间上的常住人口，以及单位建设空间上的固定资产投资额代表承载强度；选取单位建设空间上的 GDP 作为国土空间开发的产出效果，借此反映国土空间开发利用效率。相关数据来源于《山东省统计年鉴》（2002～2014年）。

3. 国土空间开发强度控制指标体系构建

基于生态空间一体化的国土空间开发强度控制技术指标体系的目标层为A1国土空间开发强度控制体系；基准层包括B1国土空间开发强度、B2国土空间开发支持能力和B3国土空间开发利用效率3个基准体系；准则层包括C1建设用地比例、C2建设用地比例年均增速、C3国土空间开发自然潜力、C4区位条件、C5城市发展阶段、C6承载强度和C7产出效率7个准则体系；指标层包括D1建设用地面积/行政区面积、D2 2000～2014年平均增长率、D3适宜坡度（＜25°）、D4水土流失程度、D5地质灾害易发程度、D6地下水开发强度、D7基本农田面积、D8可利用国土空间规模、D9与城市中心距离、D10道路密度、D11人均GDP、D12建设用地的常住人口密度、D13建设用地的固定资产投资密度和D14建设用地的GDP14个指标（表4.2）。

表4.2　国土空间开发强度控制指标体系

目标层	基准层	准则层/权重	指标层	单位
A1国土空间开发强度控制体系	B1国土空间开发强度指数	C1建设用地比例指数/0.5	D1建设用地面积/行政区面积	%
		C2建设用地比例年均增速指数/0.5	D2 2000～2014年平均增长率	%
	B2国土空间开发支持能力指数	C3国土空间开发自然潜力指数/0.4	D3适宜坡度（＜25°）	（°）
			D4 水土流失程度	级
			D5地质灾害易发程度	级
			D6地下水开发强度	级
			D7基本农田面积	km^2
			D8可利用国土空间规模	km^2
		C4区位条件指数/0.3	D9与城市中心距离/0.45	km
			D10道路密度/0.55	km/km^2
		C5城市发展阶段指数/0.3	D11人均GDP	元
	B3国土空间开发利用效率指数	C6承载强度指数/0.45	D12建设用地的常住人口密度/0.5	人/km^2
			D13建设用地的固定资产投资密度/0.5	亿元/km^2
		C7产出效率指数/0.55	D14建设用地的GDP	亿元/km^2

4. 国土空间开发自然潜力控制模型

根据城市群的地质条件、地形条件、土壤、水资源和基本农田五大约束要素构建指标体系，通过运用德尔菲法设置指标权重，1为非限制区、3为低限制区、5为中限制区、7为较高限制区、9为限制区，依此确定建设用地扩展的限制性区域（Ar），包括地质条件限制区域（Agr），坡度地形条件限制区域（Asr）、水资源限制区域（Awr）、水土流失限制区域（Apr）、基本农田限制区域（Acr），即

$$\mathrm{Ar} = \mathrm{Agr} + \mathrm{Asr} + \mathrm{Awr} + \mathrm{Apr} + \mathrm{Acr} \tag{4.2}$$

式中，Agr为地质条件限制区域，是指自然因素或者人为活动引发的危害人民生命和财产安全的崩塌、滑坡、泥石流、地面塌陷、地裂缝、地面沉降等与地质作用有关的灾害

区域。按地质灾害防治规划的等级划分标准，可以划分为重点防护区、次重点防护区、一般防护区和无灾害区 4 种类型，分别赋予 9、5、1、0 的属性。其中，重点防护区由地裂缝为主的高易发区、采空塌陷为主的高易发区、地面沉降为主的高易发区、岩溶塌陷为主的高易发区组成，次重点防护区包括崩塌、滑坡、泥石流为主的中易发区和采空塌陷为主的中易发区，一般防护区为崩塌、滑坡、泥石流为主的低易发区。

Asr 为坡度地形条件限制区域，根据《城市用地竖向规划规范》（CJJ83—99）的规定，城市各类建设用地最大坡度不超过 25%，所以本书的研究将大于 25%的坡度规定为禁止建设用地，对用地类型分别赋予 9 和 0 的属性[4]。坡度源数据为城市群 30m DEM 数据。

Awr 为水资源限制区域，以山东省水利厅编制的浅层地下水超采区划（2006 年 12 月）为依据，根据地下水超采区在开发利用时期的年均地下水位持续下降速率、年均地下水超采系数，以及环境地质灾害或生态环境恶化的程度，将地下水超采区划分为严重超采区、一般超采区和动态监测区 3 种类型，分别赋予 9、5、3 的属性。

Apr 为水土流失限制区域，根据山东省水土保持生态建设“十二五”规划的“山东省水土流失重点防治区划分图”[5]，依据《土壤侵蚀分类分级标准》，将山东半岛城市群划分为剧烈流失区、强度流失区、中度流失区、轻度流失区和微度流失区，分别赋予 9、7、5、3、1 的属性。

Acr 为基本农田限制区域，数据由山东省土地调查规划院提供，其属性为 9。

应用栅格图层叠加方法，采用取大原则，对以上 5 种类型的图层进行叠加，得出城市群国土空间建设限制性分区图层 Ar，Ar 具有 5 种不同级别的限制属性，即 Ar_1、Ar_3、Ar_5、Ar_7、Ar_9。

不同限制类型区域具有不同的建设潜力，非限制区是适宜建设区域，限制区是禁止建设区域，而低、中、较高限制区在通过不同程度的工程措施或保护措施改造之后，可以作为不同功能的建设用地。例如，低限制区改造后可作为公共设施用地，中限制区改造后可作为居住用地，较高限制区改造后可作为生态景观用地等。所以，本书的研究参考相关研究结果[6]，对不同限制类型区设置国土空间利用潜力指数 k，通过加总得出国土空间建设用地潜力 Ac，即

$$\mathrm{Ac} = \mathrm{Ar}_1 k_1 + \mathrm{Ar}_3 k_3 + \mathrm{Ar}_5 k_5 + \mathrm{Ar}_7 k_7 + \mathrm{Ar}_9 k_9 - \mathrm{Ae} \tag{4.3}$$

式中，Ac 为建设用地潜力；Ae 为现有建设用地面积；k 为各类限制区域的国土空间利用潜力指数，则 $k_1=1$，$k_3=0.8$，$k_5=0.6$，$k_7=0.4$，$k_9=0$，即非限制区国土空间可以全部利用，低限制区的国土空间可利用率为 0.8，中限制区的国土空间可利用率为 0.6，较高限制区的国土空间可利用率为 0.4，限制区的国土空间可利用率为 0。

5. 国土空间开发强度控制三维矩阵模型

三维判别法在国土空间开发研究中应用较为成熟和广泛。在已有研究的基础上，以国土空间开发支持能力为 X 轴，国土空间利用效率为 Y 轴，国土空间建设强度为 Z 轴，建立城市群国土空间开发强度三维坐标系；分别在 X、Y 和 Z 轴上从原点向外等间距选

择 5 个点，分别代表三维的 3 个级别（如高、中、低）；从诸点各引出 X、Y 和 Z 轴的 3 条垂线，形成一个 3×3×3 三维立方图，共计 27 个矩阵单元，每一单元（x，y，z）代表空间开发强度-引导-约束特征组合类型（图 4.5）。

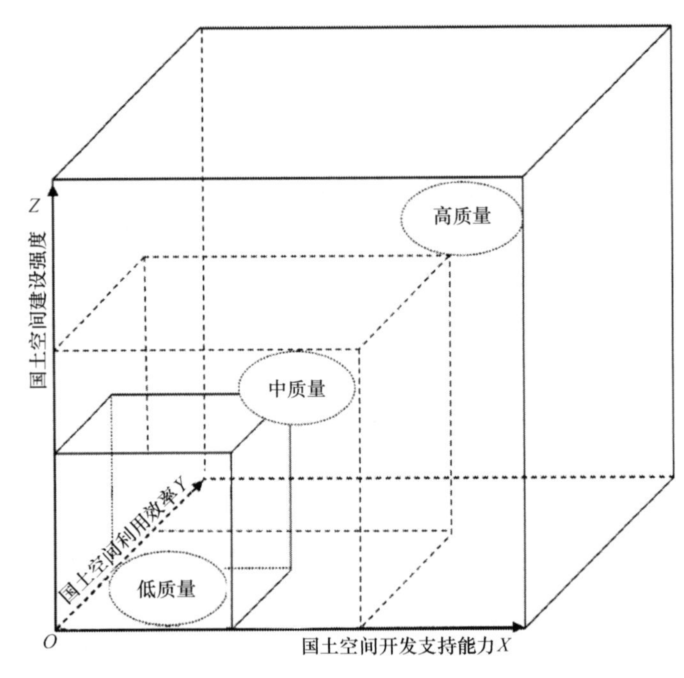

图 4.5　城市群国土空间开发强度三维矩阵模型

依据国土空间开发自然潜力优先原则，当 z=1 时，表示国土空间开发支持能力弱，该空间单元禁止开发，定义为城市群国土空间禁止开发区；当 x=y=z=3 时，该区域最适宜开发，称为优先开发区；定义 L 为开发适宜度，则有

$$L = \mathrm{sqrt}\left[(x-3)^2+(y-3)^2+(z-3)^2\right] \tag{4.4}$$

式中，几何含义表示区域 A（x，y，z）与最适宜开发区（3，3，3）之间的欧氏距离，物理含义表示国土空间适宜开发的程度；计算所有区域的 L 值（暂不考虑向量方向），从大到小进行排序并三等分分割，将城市群国土空间开发强度按重点开发、稳定开发和限制开发 3 个类型区进行控制，并提出具体方案（表 4.3）。

判别标准。自然潜力和资源环境承载能力是城市群国土空间开发的根本条件。所以，本书的研究认定国土空间开发支持能力弱的区域为限制开发区。

表 4.3　城市群国土空间开发强度控制分区矩阵表

功能分区	矩阵单元
优先开发区	（2，2，3）、（2，3，2）、（3，2，2）、（2，3，3）、（3，2，2）、（3，2，3）、（3，3，2）、（3，3，3）
稳定开发区	（2，1，1）、（2，1，2）、（2，1，3、（2，2，1）、（2，2，2）、（2，3，1）、（3，1，1）、（3，1，2）、（3，1，3）、（3，2，1）、（3，3，1）
限制开发区	（1，1，1）、（1，1，2）、（1，1，3）、（1，2，1）、（1，2，2）、（1，2，3）、（1，3，1）、（1，3，2）、（1，3，3）

6. 国土空间开发强度提升路径

根据城市群国土空间开发强度调控分区结果，结合城市群国土空间的建设用地比重和国土空间利用质量评价阈值，来反馈调控国土空间建设用地年均增长率（表 4.4），以提升城市群国土空间开发强度。2014 年，山东半岛城市群建设用地占行政区国土面积的平均比重为 19%，城市群国土空间开发强度评价最大阈值为 25%，则按 19%～25%对城市群研究单元国土空间进行分类，根据不同类型区和不同建设用地的比重设定相应的增长速度，规定比重越高，增长速度越慢。山东半岛城市群各研究单元建设用地年均增长率为 3.40%，参考 2006～2014 年全国国有建设用地供应增长率 4.30%，而 2000～2014 年，珠江三角洲建设用地年均增长率为 7.57%，长江三角洲建设用地年均增长率为 6.25%，京津冀为 5.82%。山东半岛城市群位居中国三大城市群之后，建设用地最高年增长率可取其平均值，为 6.54%。由此，按原有建设用地比重，将山东半岛城市群各行政单元的建设用地增长率阈值节点确定为 3.40%、4.30%和 6.54%。依据城市群国土空间开发强度类型、建设用地比重阈值和年均增速阈值，按 1-2-3-4-5-6-7-8-9 确定国土空间开发强度提升指数 *S*，如重点开发区中建设用地比重小于 19%且年均增速大于 6.54%的行政单元，其提升指数设定为 1；限制开发区中建设用地比重大于 25%且年均增速小于 3.40%的行政单元，其提升指数设定为 9。单元面积的建设用地比重越小，城市群国土空间开发强度需要提升的幅度越大，设置提升指数越小；反之，提升幅度越小，设置提升指数越大。

表 4.4　山东半岛城市群国土空间开发强度调控分区表

类型区	重点开发区			稳定开发区			限制开发区		
建设用地比重/%	＜19	19～25	＞25	＜19	19～25	＞25	＜19	19～25	＞25
年均增速/%	＜6.54	4.30～6.54	＜4.30	＜4.30	3.40～4.30	＜3.40	＜3.40	＜3.40	＜3.40
提升指数 *S*	1	2	3	4	5	6	7	8	9

根据山东半岛城市群国土空间开发强度的建设用地比重和年均增长速度的现状、调控阈值，确定各行政单元的国土空间开发强度提升属性值，进而确定各行政单元的国土空间开发年均增长速度与最终可开发建设的国土空间面积，实现城市群国土空间开发强度的实际提升目标。

4.2.3　基于区域空间一体化的城市群城镇规模调控技术

以城市群地区城镇等级与规模评价技术分析结果为支撑，遵循产业结构的空间联系或生态廊道的空间走向，以点、线、面等空间要素组合的成本最低和效率最高为原则，基于 GIS 分析平台及城市规模等级体系 Zipf 准则诊断模型，开发城市群地区城镇等级和规模优化与提升技术，以城市群空间开发强度约束下的城市人口规模为基础，对城市群地区的城镇规模体系结构进行优化和提升。

1. 城镇规模体系调控建模思路

城市群合理的城镇体系规模结构既是城市群城镇体系一体化的构架，又是实现"空间同城化和一体化"的载体。以城市群区域空间一体化的整体性为导向，以城市群空间开发强度约束下的城市人口规模为基础，将城镇体系规模合理性、规模等级合理性和单个城市规模效率合理性3个角度相结合，构建城市群城镇规模调控模型。城镇体系规模合理性的目的在于诊断整个城市群城镇体系的稳定程度，指出问题；规模等级合理性旨在明确城市群城镇规模等级的数量完整程度，明确城镇等级的调控方向；城市规模效率合理性旨在明确城镇用地效率，在城镇用地规模和人口规模方面明确调控方向。

2. 城镇规模体系调控指标解释

城市群作为一体化的城市区域综合体，应该同时具有合理的城镇体系结构，即"群体量的结构"，城镇规模等级结构，即"层的结构"，和合理的城市规模效率结构，即"个体质的结构"。基于此定义，城市群规模结构合理性指数由城市群区域的城市体系规模合理性指数、规模等级合理性指数和单个城市的规模效率指数3个角度集成，对城市群区域规模结构格局的合理性进行综合评价。

3. 城镇规模体系调控模型

众多研究表明，Zipf 法则是城市规模结构优化的一个有力的科学定量判据[8]，本书的研究应用 Zipf 准则模型，诊断城市群城市规模结构合理性。从城市群城镇体系的规模合理性指数（Zipf 指数 Q）、规模等级合理性指数（G）和单个城市的规模效率（F）3个角度切入，构建综合评价模型（图 4.6）。基于 Zipf 准则诊断模型评价城市群城镇规模体系的合理性，基于城市群规模等级指数模型确定城市群城镇规模等级体系合理性，基于城市规模效率指数模型评价城市群城市个体的用地效率合理性。采用加权方法构建城市群规模体系结构格局的合理性（urban size rationality，USR）评价模型，最终得出基于城乡空间一体化的城市群城镇规模体系提升指数 R，并按 1-2-3-4-5-6-7-8-9 对 R 进行标准化和重新分类，如高合理城市的城镇体系规模合理性（Zipf）指数 Q、等级合理性指数 G、单个城市的规模效率 F 均处于优势地位，而不合理城市的3个指数处于劣势地位。

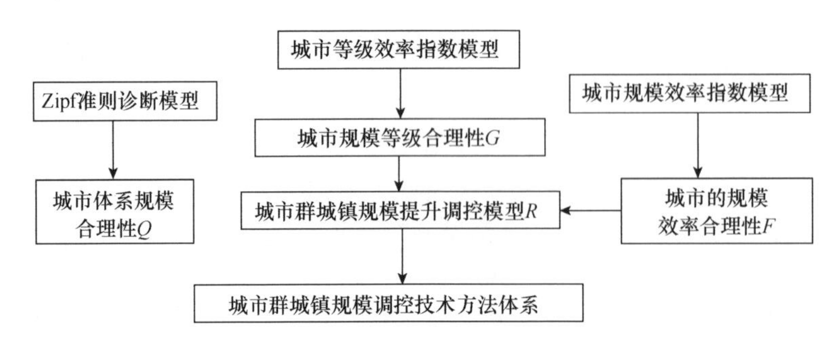

图 4.6　城市群城镇规模体系调控技术方法体系

其中，

$$R = \sum_{i=1}^{m} \alpha_i R_{ij} = \alpha_1 Q_{ij} + \alpha_2 G_{ij} + \alpha_3 F_{ij} \tag{4.5}$$

$$Q_{ij} = \frac{\ln P_1 - \ln P_i}{\ln R_i} \quad R = 1, 2, \cdots, n \tag{4.6}$$

$$G_{ij} = \beta_1 \chi_1 C_1 + \beta_{21} \chi_{21} C_{21} + \beta_{22} \chi_{22} C_{22} + \beta_3 \chi_3 C_3 + \beta_{41} \chi_{41} C_{41} + \beta_{42} \chi_{42} C_{42} \tag{4.7}$$

$$F_{ij} = \frac{\mathrm{LS}_i}{\mathrm{PS}_i} \tag{4.8}$$

式（4.5）中，R 为城市规模结构合理性评价；$\alpha_1 Q_{ij}$ 为 i 城市在 j 区域（市）相对 Zipf 指数 Q 的隶属度函数值；$\alpha_2 G_{ij}$ 为 i 城市在 j 区域（市）等级指数的隶属度函数值；$\alpha_3 F_{ij}$ 为 i 城市在 j 区域规模效率指数的隶属度函数值 m 为指标体系里具体指标的个数。式(4.6)中，n 为城市的数量；R_i 为城市 i 的位序；P_i 为按照从大到小排序后位序为 R_i 的城市规模；P_1 为首位城市的规模；而参数 Q 被称作 Zipf 指数。当 Q=1 时，区域内首位城市与最小规模城市之比恰好为整个城市体系中的城市个数，认为此时城市体系处于自然状态下的最优分布；当 Q＞1 时，区域内的首位城市垄断地位较强，城市规模体系趋向分散；当 Q＜1 时，城市规模分布趋向集中，人口分布较为均衡，中间位序的城市较多。

城市等级效率指数（urban grade efficiency index，UGFI）是按当前国家的城镇规模划分标准衡量城镇规模等级的完整性。式（4.7）中，G 为城镇等级效率指数；β 为权重；χ 为某等级城镇数量；C_1 为特（超）大城市；C_{21} 为Ⅰ型大城市；C_{22} 为Ⅱ型大城市；C_3 为中等城市；C_{41} 为Ⅰ型小城市；C_{42} 为Ⅱ型小城市。

城镇规模效率指数（urban size efficiency index，USFI）是以城市建成区的建成区人口规模和用地规模的比值来表征某个城市规模的效率。式（4.8）中，F 为城市规模效率指数，LS_i 为 i 城市的城市建成区用地规模；PS_i 为 i 城市的城市建成区人口规模。其中，α_1 和 α_2 值采用专家打分法赋予 0.35 和 0.65 的权重。同时，将城镇体系规模结构合理性（Zipf 指数 Q）和单个城市的规模效率（F）的合理性判别标准设定如下：

（1）城市规模体系合理性（Zipf 指数 Q）判别。将 Zipf 指数 q=1 认为此时城市体系处于自然状态下的最优分布，则 q 与 1 的绝对值距离越近，表明城市规模结构越合理，按表 4.5 划分区间对城市规模合理性 Q 进行诊断，即

$$Q = |q - 1| \tag{4.9}$$

（2）城市等级效率指数（G）判别。2014 年，国家推出了最新城镇等级划分标准，以城区常住人口为统计口径，将城市划分为五类七档，即超大城市（市区常住人口≥1000 万人）、特大城市（500 万～1000 万人）、大城市（100 万～500 万人）、中等城市（50 万～100 万人）、小城市（＜50 万人）。其中，又将小城市和大城市分别细分为两档；20 万人以上 50 万人以下的城市为Ⅰ型小城市，20 万人以下的城市为Ⅱ型小城市；300 万人以上 500 万人以下的城市为Ⅰ型大城市，100 万人以上 300 万人以下的城市为Ⅱ型大

城市。依据城市群城镇等级的完整性，确定城镇等级效率指数（G）。根据各等级城市在城镇体系中的重要性，根据德尔菲法，将城镇等级权重设置为β_1为0.3，β_{21}为0.25，β_{22}为0.2，β_3为0.15，β_{41}为0.1，β_{42}为0.05；同等级城镇数量χ设置：城镇数量为1，则χ=1；城镇数量为2，则χ=2；城镇数量多于（含）3，则χ=3。

（3）单个城市的规模效率（F）判别。依据《城市用地分类与规划建设用地标准》（中华人民共和国住房和城乡建设部公告第880号），将城市建设用地集约度的城市规模效率作为衡量城市建成区用地规模合理性的主要指标，参考全国不同区域人均建设用地标准（L），设定80.0m^2/人、100.0m^2/人、120.0m^2/人、150.0m^2/人作为城市建成区用地规模合理性的分界L值，即得出城市的规模效率（F）的分界值为1.25万人/km^2、1万人/km^2、0.83万人/km^2、0.67万人/km^2（表4.5）。

表4.5 城市群规模结构合理性诊断标准

合理性分级	高合理城市	较高合理城市	中等合理城市	低合理城市	不合理城市
Q值	$Q<0.1$	$0.1<Q<0.3$	$0.3<Q<0.6$	$0.6<Q<1$	$Q>1$
G值	$G\geqslant 2$	$1\leqslant G<2$	$0.6\leqslant G<1$	$0.3\leqslant G<0.6$	$G<0.3$
L值/（m^2/人）	$L<80$	$80<L<100$	$100<L<120$	$120<L<150$	$L>150$
F值/（万人/km^2）	$F>1.25$	$1<F<1.25$	$0.83< F<1$	$0.67<F<0.83$	$F<0.67$
R值	$R>0.64$	$0.55<R<0.63$	$0.47<R<0.54$	$0.37<R<0.46$	$R<0.36$
R值（标准化）	9	7	5	3	1

采用极值标准化方法对3组数据分别进行标准化处理，之后分别计算城市规模结构格局的合理性（R），在此基础上，再将其分为高合理城市、较高合理城市、中等合理城市、低合理城市和不合理城市。

4.2.4 基于增量–就业–减排空间一体化的城市群产业结构优化技术

以城市群的国土空间开发强度和城镇规模体系优化为基础，基于“增量-就业-减排”一体化的原则，构建城市群产业结构优化模型。以城市群产业发展的经济效益目标、就业效益目标和环境效益目标为约束条件，基于GIS空间分析模型和SPSS软件平台，开发城市群地区产业布局优化与提升技术，制订城市群地区产业空间布局的优化与提升方案。

1. 城市群产业结构优化度指数

产业结构优化是指通过产业结构调整，使各产业实现协调发展，并在满足社会不断增长的需求过程中将产业结构合理化和高级化。其主要依据产业技术经济关联的客观比例关系，遵循再生产过程比例性需求，促进国民经济各产业间的协调发展，使各产业发展与整个国民经济发展相适应。它遵循产业结构演化规律，通过技术进步，使产业结构整体素质和效率向更高层次不断演进，通过政府的有关产业政策调整，影响产业结构变化的供给结构和需求结构，实现资源优化配置，推进产业结构向合理化和高级化方向发展。

城市群作为城市发展到成熟阶段的最高结构组织形式和我国新型城镇化的主体形态，意味着大中小城市和小城镇在产业发展中具有合理分工、功能互补、协同发展的基本特征。优化的产业结构既需要稳定的产业体系，又需要较高的专业化程度。其中，经济多样性本质上是关于经济成分或经济构成的一个量，通常用产业多样性来指代。产业多样性越大，经济稳定度就越强。区位熵主要用于衡量某一区域产业的空间分布情况，反映某一产业部门的专业化程度，以及某一区域在高层次区域的地位和作用等。在产业结构研究中，应用区位熵指标主要是分析区域主导专业化部门的状况。区位熵越高，产业的专业化程度就越高，在本地产业体系中的地位就越高。本书的研究从产业的多样化指数（diversity index）和区位熵（location entropy）两个方面评价山东半岛城市群的产业结构优化程度，即产业结构优化度指数 I。产业结构优化度指数越高的城市，表征着更高的产业结构多样性和专业化程度，意味着该城市的产业体系具有更高的优化潜力和提升空间。产业结构优化度指数 I 的表达式为

$$I=\sum_{i=1}^{m}\alpha_i I_{ij}=\alpha_1 D_{ij}+\alpha_2 L_{ij} \tag{4.10}$$

式中，I 为产业结构优化度指数；$\alpha_1 D_{ij}$ 为 i 城市 j 区域（市）的产业多样化指数函数值；$\alpha_2 L_{ij}$ 为 i 城市 j 区域（市）的区位熵函数值；m 为指标体系里具体指标的个数。

采用加权方法构建城市群产业体系结构的合理性（urban industrial rationality，UIR）评价模型，最终得出城市群产业体系结构提升指数 I，并按 1-2-3-4-5-6-7-8-9 对 I 进行标准化和重新分类，如高产业体系优化度城市的城市产业多样化性指数 D、产业区位熵 L 均处于优势地位，而不合理城市的两个指数处于劣势地位。

2. 城市群产业结构优化建模思路

城市群产业结构优化是一个综合性的、多目标优化的过程。城市群应该具有“完整-高效-互补-链合”的产业体系，以实现带动经济、减少排放和拉动就业的总体目标。基于“增量-就业-减排”一体化原则，构建城市群产业结构优化模型，获取最佳的经济效益、就业效益和生态效益。

3. 城市群产业结构优化指标解释

经济效益指标。经济效益是产业结构优化的根本目标。在当前中国城市群发展阶段，工业化仍然占据城市群主要城市产业体系的主导地位，所以选取工业总产值作为经济效益的主要指标。

就业效益指标。就业效益是产业结构优化的社会目标。选取城市群各城市就业人员总量和各行业从业人员数作为衡量产业就业结构的主要指标[9]。

环境效益指标。中国城市群正在经历从生态环境污染型产业结构向生态环境友好型产业结构的转变，产业发展的环境效益是产业结构优化的根本门槛。选取能耗、

化学需氧量、SO_2排放、氨氮排放、氮氧化物排放等指标作为衡量产业结构优化的主要指标。

4. 城市群产业结构优化模型

经济效益目标模型。以工业总产值最大表示：

$$\max f_1(x)=\sum_{i=1}^{n}x_i \tag{4.11}$$

式中，x_i为优化后的i的产业产值；n为参与优化的行业数量。

就业效益目标模型。以就业总人数最大表示：

$$\max f_2(x)=\sum_{i=1}^{n}\beta_i x_i \tag{4.12}$$

式中，x_i为优化后的i的就业人数；n为参与优化的行业数量；β_i为i行业的就业系数。

环境效益目标模型。以能耗与减排指标约束表示，包括能耗、化学需氧量、SO_2排放、氨氮排放、氮氧化物排放等指标：

$$\frac{\sum_{i=1}^{n}a_i x_i}{\sum_{i=1}^{n}x_i}\leqslant R_1 \tag{4.13}$$

$$\frac{\sum_{i=1}^{n}b_i x_i}{\sum_{i=1}^{n}x_i}\leqslant R_2 \tag{4.14}$$

$$\frac{\sum_{i=1}^{n}c_i x_i}{\sum_{i=1}^{n}x_i}\leqslant R_3 \tag{4.15}$$

$$\frac{\sum_{i=1}^{n}d_i x_i}{\sum_{i=1}^{n}x_i}\leqslant R_4 \tag{4.16}$$

$$\frac{\sum_{i=1}^{n}e_i x_i}{\sum_{i=1}^{n}x_i}\leqslant R_5 \tag{4.17}$$

模型集成。第一步对式（4.11）～式（4.12）进行单目标整合；第二步对式（4.13）～式（4.17）进行转换，即对非线性条件转换成线性约束模型：

$$
\begin{cases}
\max f(x)=r_1 f_1(x)+r_2 f_2(x) \\
\sum_{i=1}^{n}(a_i-R_1)x_i \leqslant 0 \\
\sum_{i=1}^{n}(b_i-R_2)x_i \leqslant 0 \\
\sum_{i=1}^{n}(c_i-R_3)x_i \leqslant 0 \\
\sum_{i=1}^{n}(d_i-R_4)x_i \leqslant 0 \\
\sum_{i=1}^{n}(e_i-R_5)x_i \leqslant 0
\end{cases}
\tag{4.18}
$$

在此基础上，形成产业结构优化方案。

4.2.5 基于载流空间一体化的城市群交通网络优化技术

城市群合理的交通网络格局是实际承载能力与实际需求相适应的格局。以城市群地区不同城镇的空间开发强度控制方案、城镇规模体系优化和产业空间布局研究为基础，以城市群交通体系的载流空间为研究对象，通过调研交通现状，得出区域交通网络的实际承载能力，基于国土系数模型构建城市群交通网络截流能力评价模型，从社会发展的需求出发，计算区域交通网络的理论（合理）承载能力。在此基础上，应用 ArcGIS 空间分析模型，对比分析交通网络的实际载流能力与理论载流能力，得出交通线路承载能力的缺口程度，区分出交通网络结构中的合理区域与问题区域，结合区域经济社会发展情况，提出优化交通网络结构的可行方案（图 4.7）。

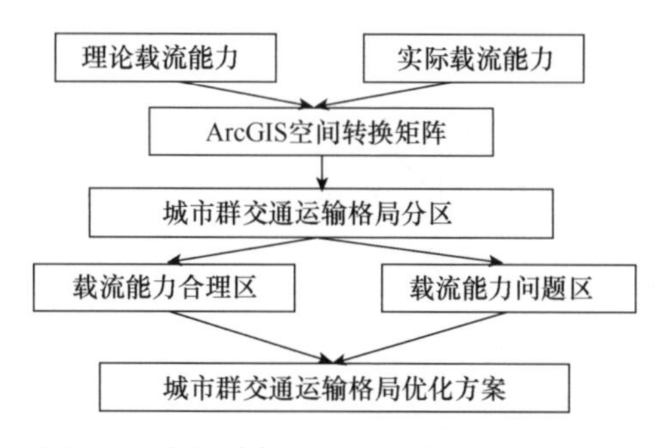

图 4.7　城市群交通网络结构优化建模框架

1. 城市群交通网络优化的建模依据

合理的交通格局可以充分发挥道路的载流能力，城市群交通网络优化立足于城市群交通网络的载流能力和社会发展的实际需求。城市群交通网的理论合理长度与区域人口和面积乘积的平方根及其经济指标成正比，由此形成区域交通网络的理论承载格局。

2. 城市群交通网络优化的指标解释

城市群交通网络结构不合理易引起交通流不畅，进而引发交通问题。利用载流对比值，并根据交通线端点的组合关系，将问题区域（段）划分为 3 种类型。

第一，建设型。交通点间道路整体紧张，不能满足区域发展需要，唯有开辟新的交通线路才能从根本上缓解交通紧张的局面。

第二，分流型。交通点间道路承载有正有负，若和为零或负，则分流一般可从内部解除交通紧张状况，若和为正则归第一类处理。

第三，网络型。交通点间无论正负，因连通度低，易形成交通阻塞的“危险”区域，进而导致交通联系的中断，可对交通进行网络化处理，加强线路中转，增加其结构稳定性。

载流量：交通线路所承载的人流量或货流量。

理论载流权重：城市群经济良性发展需要区域交通与其相适应，一定的区域经济发展水平与规模将决定一定的交通流量，后者可进一步转化为一定数值的交通里程。国土系数模型可以有效解释理论载流权重[10]。

实际载流权重：交通现状分类权重表明实际的载流能力。前提是道路建设良好，分类标准统一，管理服务完善。

3. 城市群交通网络优化模型

理论载流权重构建。根据有关学者提出的国土系数模型，得出城市群的理论载流程值：

$$L_i = K \times \sqrt{P \times A} \tag{4.19}$$

式中，L_i 为城市群交通网络理论载流程值（km）；K 为城市经济发展水平系数；A 为城市国土面积（km^2）；P 为城市人口数（10^3 人）。其中，K 值通过 1980～2014 年山东半岛城市群人均国民生产总值与交通网长度的数据进行回归分析确定，即 $K = 6.87 + 0.0066\mathrm{GNPpc}$，相关系数 $R = 0.98$；GNPpc 为人均国民生产总值（美元）。

区域内各交通类型的实际里程（L_i，这里 i=1，2，…，7，下同）与载流权重（Q_i）的乘积为相应交通类型的实际程值，各类型实际程值之和为区域实际总程值 $\left[\sum_i^n (L_i \times Q_i)\right]$。利用国土系数模型，可求出区域的合理程值（$L_0$）。区域的合理程值占区域实际总程值的比例为相应承载量的比例，乘以各交通类型载流权重，再除以理实比率（区域总理论程值与实际程值之比，记为 B），可得变换后的道路合理载流权重（P_i）。由此得出：

$$P_i = \frac{L_0}{\sum_i^n (L_i \times Q_i)} \times \frac{Q_i}{B} \tag{4.20}$$

实际载流权重构建。以交通现状分类权重得出城市群的实际程值。交通现状分类权重表明实际的载流能力。前提是道路建设良好，分类标准统一，管理服务完善。以区域为单元，域内同类交通线路赋予相同载流权重。用区域交通现状图作基准，可与理论载流权重对比分析。

载流对比矩阵模型。借助 ArcGIS 空间分析模型，应用理论载流能力与实际载流能力建立空间转换矩阵。载流权重差值 H，标识为区域斑块的属性值。若 $H>0$，表明交通紧张；若 $H<0$，表明交通相对松缓，H 绝对值的大小表明相对程度。

城市群综合承载力测算。综合承载能力是理论载流权重与实际载流权重比较的区域化效果直观显示，表明问题紧张的相对程度，其值大小可作为优先调整的重要参考依据。

$$N_0=\sum_{i=1}^{n}(H_i\times L_i)\Big/\sum_{i=1}^{n}(L_i\times Q_i) \tag{4.21}$$

式中，N_0 为区域综合承载能力指数；$\sum_{i=1}^{n}(H_i\times L_i)$ 为该区域缺口里程；$\sum_{i=1}^{n}(L_i\times Q_i)$ 为该区域实际里程。

城市群各交通类型载流能力评价。通过对比载流能力的缺口值，可对单类交通类型进行评价。①将单类交通类型各区域载流权重差值（H_i）与其实际里程相乘（L_i）；②进行整个区域单类汇总；③除以各区域单类实际里程汇总值，即

$$T_i=\sum_{i=1}^{n}(H_i\times L_i)\Big/\sum_{i=1}^{n}L_i \tag{4.22}$$

若整个区域某交通类型的承载能力 $T_i>0$，表明单类交通不能更好地满足现状需求，应加强该交通线路建设或者分流，直至交通类型为负值；若 $T_i<0$，表明整体满足需要，但也可能存在局部紧张、结构不完善等问题。

4. 城市群交通体系优化指数 T_Δ

城市群各个城市的交通体系优化指数 T_Δ 是实际载流里程相对于理论载流里程，即需求里程的缺口值，表明交通问题的紧张程度及需要优化的紧迫程度。考虑到高速铁路、高速公路、铁路、国道、省道、城市主干道和县道的载流能力不同，不能将其道路长度简单相加，所以将不同类型的交通线路设置不同的载流权重，即高速铁路、高速公路、铁路、国道、省道、城市主干道和县道的载流权重分别为 15∶10∶8∶5∶3∶2∶1，具体公式为

$$T_\Delta=\sum_{i=1}^{m}\alpha_i\Phi_i=\alpha_1\mathrm{Hr}_i+\alpha_2\mathrm{Hw}_i+\alpha_3\mathrm{Rw}_i+\alpha_4\mathrm{Nw}_i+\alpha_5\mathrm{Pw}_i+\alpha_6\mathrm{Uw}_i+\alpha_7\mathrm{Cw}_i \tag{4.23}$$

式中，T_Δ 为交通体系优化指数；L 为 Φ_i 为赋权后的指数值 $\alpha_1\mathrm{Hr}_i$ 为 i 城市的高速铁路网络优化指数；$\alpha_2\mathrm{Hw}_i$ 为 i 城市的区位熵函数值；$\alpha_3\mathrm{Rw}_i$ 为 i 城市的铁路网络优化指数；$\alpha_4\mathrm{Nw}_i$ 为 i 城市的国道网络优化指数；$\alpha_5\mathrm{Pw}_i$ 为 i 城市的省道网络优化指数；$\alpha_6\mathrm{Uw}_i$ 为 i 城市的主干道网络优化指数；$\alpha_7\mathrm{Cw}_i$ 为 i 城市的乡道网络优化指数；m 为指标体系里具体指标的个数。

4.2.6 基于SD-CA模型的城市群尺度国土空间利用情景模拟技术

依据重力场模型的思想，定义并估算城市群尺度上不同等级城市之间的城市流对微观国土空间利用的影响。以系统动力学（SD）模型为基础，从人口、经济、政策等因素驱动土地利用规模的角度，设定城市群内部不同城市之间和不同要素之间的反馈关系，模拟不同新型城镇化情景下城市群国土空间利用数量规模，并且基于统计关系，模拟未来城市群地区的国土空间利用数量规模；利用元胞自动机（CA）模型，结合GIS技术，以国土空间质量评价获得的土地生态敏感性、生产集约程度和生活宜居程度为基础，从满足局部土地利用继承性、适宜性、限制性、城市之间城市流影响和邻域影响的角度，完成不同情景下的土地空间分配，从而模拟出未来国土空间利用情景格局。

1. 国土空间利用情景模拟的建模思路

以城市群的历史演化历程分析为基础，设置基于现状发展趋势的城市群国土空间利用情景。基于统计模型，模拟趋势情景下未来城市群地区的国土空间利用数量需求。依据重力场模型的思想，估算城市群内部不同等级城市之间的城市流对微观国土空间利用的影响。进而，基于CA模型和GIS 技术，从满足国土空间利用的适宜性、约束性、城市流影响等角度，完成国土空间利用趋势情景需求下的国土利用空间格局（图4.8）。

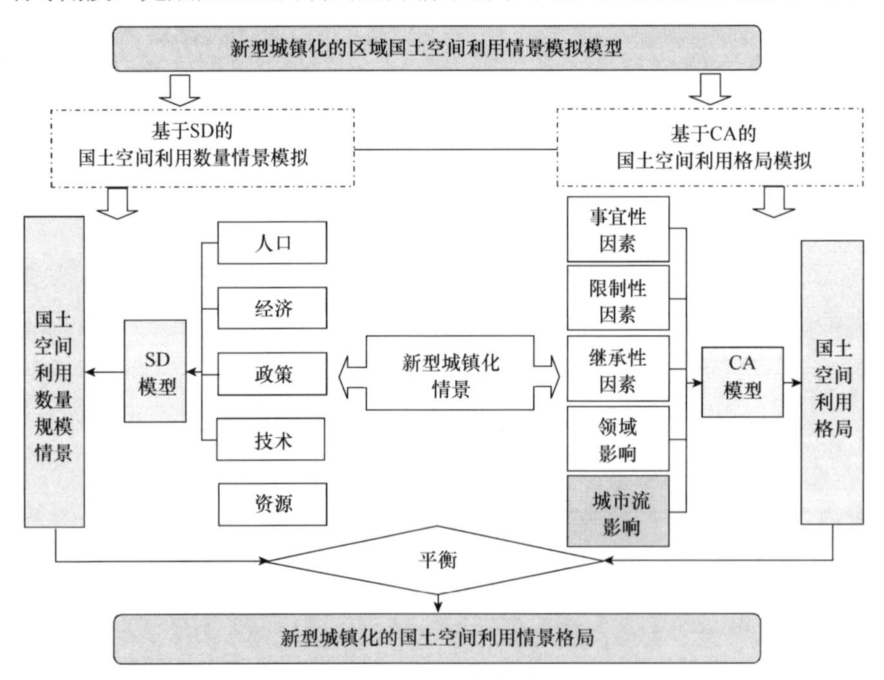

图4.8　城市群国土空间利用情景模拟技术框架

2. 国土空间利用情景模拟技术内容

依据重力场模型的思想，定义并估算城市群尺度上不同等级城市之间的城市流对微观国土空间利用的影响。

以 SD 模型为基础，从人口、经济、政策等因素驱动土地利用规模的角度，设定城市群内部不同城市之间和不同要素之间的反馈关系，模拟不同新型城镇化情景下城市群国土空间利用数量规模，并且基于统计关系，模拟未来城市群地区的国土空间利用数量规模。

利用 CA 模型，结合 GIS 技术，以国土空间质量评价获得的土地生态敏感性、生产集约程度和生活宜居程度为基础，从满足局部土地利用继承性、适宜性、限制性、城市之间城市流影响和邻域影响的角度完成不同情景下的土地空间分配，模拟国土空间利用情景格局。

以山东半岛城市群为试验区，运用开发的情景模拟技术，分析山东半岛城市群 1990～2010 年城镇体系结构和国土空间利用格局的演变过程，模拟对比 2010～2030 年新型城镇化不同情景下，区域城镇规模的演化和国土空间利用格局的变化。

4.2.7　城市群尺度国土空间利用质量提升信息系统集成与开发

将基于生态空间一体化的城市群地区国土空间开发强度控制技术、基于城乡空间一体化的城市群地区城镇规模调控技术、基于增量-就业-减排一体化的城市群地区产业结构优化技术、基于载流空间一体化的城市群地区交通网络优化技术和基于 SD-CA 模型的城市群尺度国土空间利用情景模拟技术集成为新型城镇化的城市群地区国土空间利用质量提升技术，以 GIS-VB.NET 为开发语言，借助 ArcEngine10.0、ArcSDE10.0、Oracle11g 等平台，搭建由空间分析、数据管理和人机交互构成的城市群地区国土空间利用质量提升系统软件（图 4.9）。

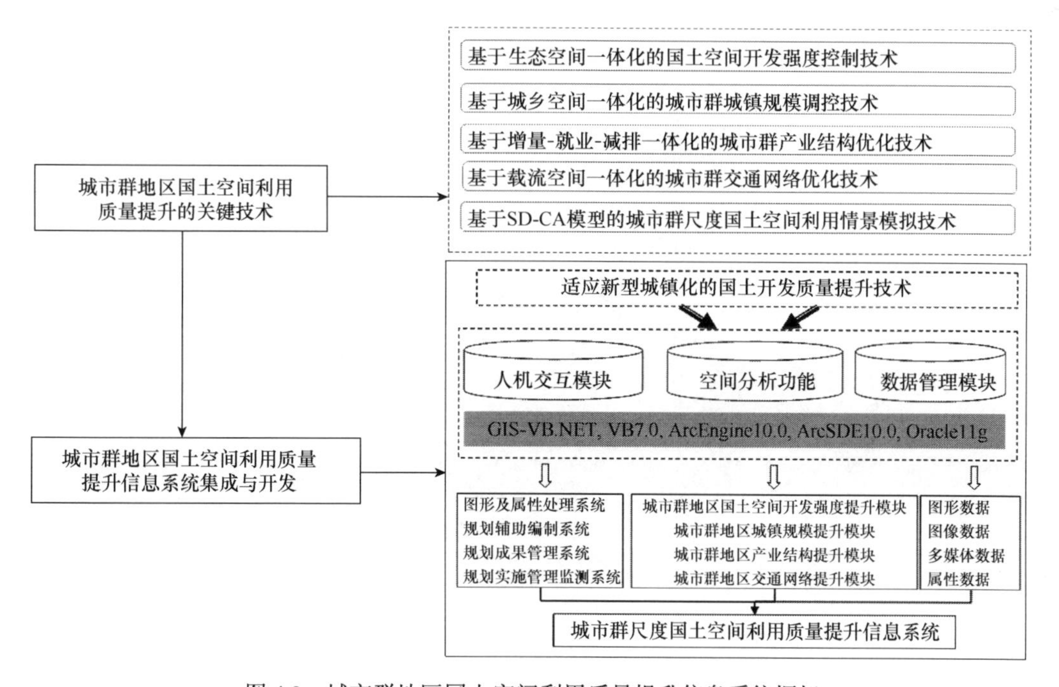

图 4.9　城市群地区国土空间利用质量提升信息系统框架

以山东半岛城市群为示范试验区，应用本书的研究开发的一系列适应于城市群地区新型城镇化的国土空间利用的关键技术与系统，对山东半岛城市群的国土空间利用质量进行评价，并从城镇规模调控、国土空间结构优化、国土空间开发强度控制、交通体系优化、产业布局优化等方面进行技术和系统的试验与示范。

4.3　城市群地区国土空间利用质量提升的试验结果分析

山东半岛城市群位于中国东部沿海脐部的东经 116° 41′～122°39′，北纬 35°39′～38° 09′之间，濒临渤海和黄海，南连长江三角洲城市群，北接京津冀城市群和辽东半岛城市群，东与朝鲜半岛、日本隔海相望。山东半岛城市群是黄河流域最便捷的出海通道和东北亚经济圈的重要组成部分，辖济南、青岛、烟台、淄博、威海、潍坊、东营、日照 8 个设区城市，总面积为 7.47 万 km^2。

2014 年，山东半岛城市群总人口为 4069 万人。其中，青岛市区常住人口分别为 375.7 万人，其次为济南市区 320.5 万人，淄博市区 284.5 万人，烟台市区 183.3 万人，潍坊市区 177.8 万人，日照市区 132.1 万人。人口 100 万人以上的县级单元有 6 个，包括平度市、即墨市、莒县、章丘市、诸城市和寿光市。其中，总人口最多的县级单元为平度市，为 138.7 万人，其次为即墨市 114.7 万人。人口最少的县为长岛县，只有 4.2 万人。

从空间上看，山东半岛城市群人口呈现东西高、中部低，南部高、北部低的空间格局，形成以青岛-日照、济南-淄博、潍坊和烟台 4 个中心城市为核心的人口集聚区，地级城市具有较大的人口集聚度。其中，胶济铁路沿线形成了人口高度集聚的轴带（图 4.10，表 4.6）。

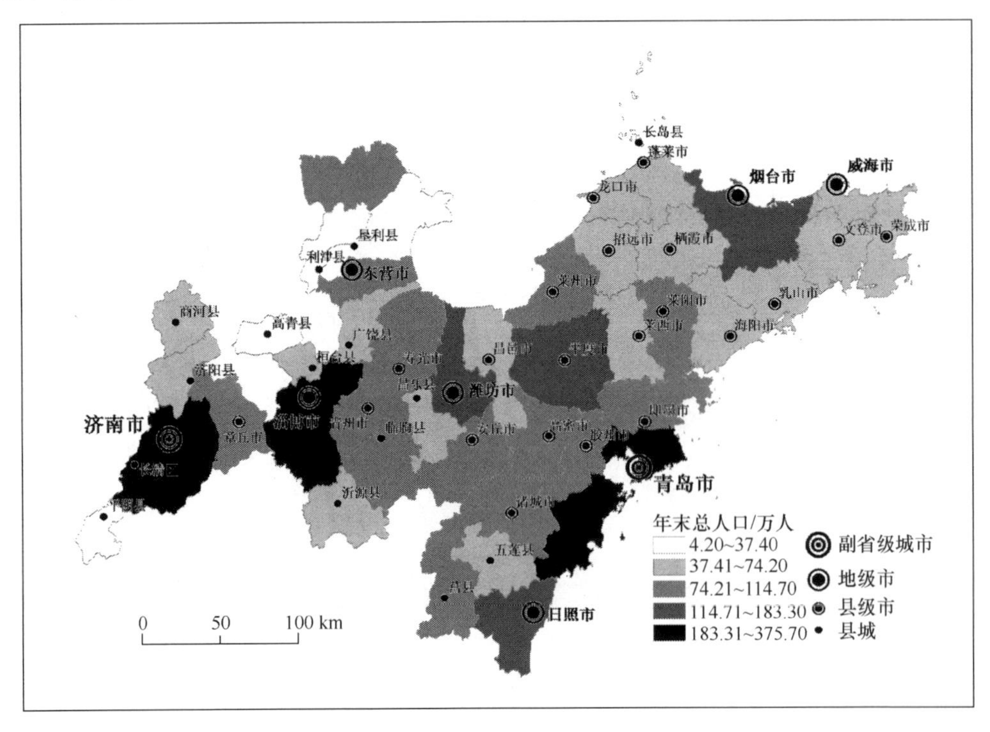

图 4.10　2014 年年末总人口分布图

表 4.6　山东半岛城市群国土空间开发强度主要指标

市（县、区）	面积/km²	年末总人口/万人	GDP/亿元	建设用地/hm²	建设用地比例/%	建设用地年均增长率/%
济南市区	3 268	320.50	3 112.22	87 254.74	26.70	3.64
平阴县	827	37.40	185.00	12 831.38	15.52	2.17
济阳县	1 099	57.20	237.00	20 255.12	18.43	2.99
商河县	1 162	63.60	150.00	22 216.04	19.12	3.70
章丘市	1 719	102.40	767.00	33 726.65	19.62	3.97
青岛市区	3 260	375.70	5 360.33	98 964.30	30.36	3.82
胶州市	1 324	82.5	916.17	37 090.33	28.01	5.43
即墨市	1 780	114.70	1 025.98	40 957.70	23.01	5.67
平度市	3 176	138.70	733.45	51 135.07	16.10	3.27
莱西市	1 568	74.20	493.00	29 468.51	18.79	4.13
淄博市区	2 988	284.50	2 903.70	79 111.31	26.48	3.06
桓台县	509	50.10	486.00	15 573.89	30.60	3.36
高青县	831	36.80	180.00	15 751.50	18.95	3.72
沂源县	1 636	56.10	240.10	15 299.06	9.35	2.60
东营市区	3 445	84.00	583.27	56 638.31	16.44	4.17
垦利县	2 331	22.50	345.90	23 482.89	10.07	3.24
利津县	1 666	27.60	221.46	19 620.79	11.78	3.93
广饶县	1 166	51.20	686.25	26 276.60	22.54	4.43
烟台市区	2 550	183.30	1 061.50	54 944.17	21.55	4.90
长岛县	59	4.20	69.60	1367.36	23.18	3.04
龙口市	901	63.70	935.23	22 513.58	24.99	3.16
莱阳市	1 732	86.30	308.20	25 980.22	15.00	3.09
莱州市	1 928	85.40	643.00	40 862.94	21.19	4.07
蓬莱市	1 129	44.90	448.00	17 397.20	15.41	3.49
招远市	1 432	56.80	604.79	20 018.12	13.98	3.77
栖霞市	2 016	61.80	234.00	17 484.90	8.67	2.33
海阳市	1 909	65.90	302.58	23 532.68	12.33	3.72
潍坊市区	2 629	177.80	695.90	91 356.23	34.75	7.35
临朐县	1 831	89.10	205.55	21 330.96	11.65	2.15
昌乐县	1 101	62.30	238.49	19 979.71	18.15	3.08
青州市	1 569	93.00	504.27	25 467.28	16.23	2.51
诸城市	2 151	109.60	642.71	29 436.89	13.69	2.30
寿光市	1 990	106.70	701.28	46 614.53	23.42	−1.11
安丘市	1 712	94.90	247.94	25 466.39	14.88	1.65
高密市	1 527	88.40	501.36	29 953.16	19.62	2.62
昌邑市	1 628	58.40	326.50	36 872.49	22.65	0.39
威海市区	777	73.40	267.70	20 861.92	26.85	3.71
荣成市	1 829	66.90	635.08	35 137.38	19.21	4.87

续表

市（县、区）	面积/km^2	年末总人口/万人	GDP/亿元	建设用地/hm^2	建设用地比例/%	建设用地年均增长率/%
文登市	1 526	64.30	878.59	24 424.78	16.01	2.96
乳山市	1 665	58.30	399.76	20 833.42	12.51	4.79
日照市区	1 912	132.10	1 123.00	41 970.63	21.95	4.07
五莲县	1 497	51.60	181.85	16 852.00	11.26	3.75
莒县	1 950	110.20	267.00	29 195.09	14.97	2.53
总计/均值	74 705	4069	31 051	1425 508	18.98	3.41

资料来源：山东省及各地市统计年鉴，以及 2000～2014 年山东省土地利用变更数据。

2014 年，山东半岛城市群 GDP 总量为 31 051 亿元，1000 亿元以上的地区有青岛市区、济南市区、淄博市区、烟台市区和即墨市。其中，青岛市区 GDP5360 亿元，在山东半岛城市群中一枝独大，占城市群 GDP 总量的 17.26%；济南市区 3112 亿元，占城市群 GDP 总量的 10.02%。除了地处岛屿的长岛县为 70 亿元之外，济南市的商河县 GDP 最小，只有 150 亿元。

在空间上看，山东半岛城市群的 GDP 分布呈现三足鼎立的格局，形成了以青岛、济南-淄博、烟台为核心的经济集聚区，而胶济铁路沿线并没有形成 GDP 高度集聚的轴带（图 4.11，表 4.6）。

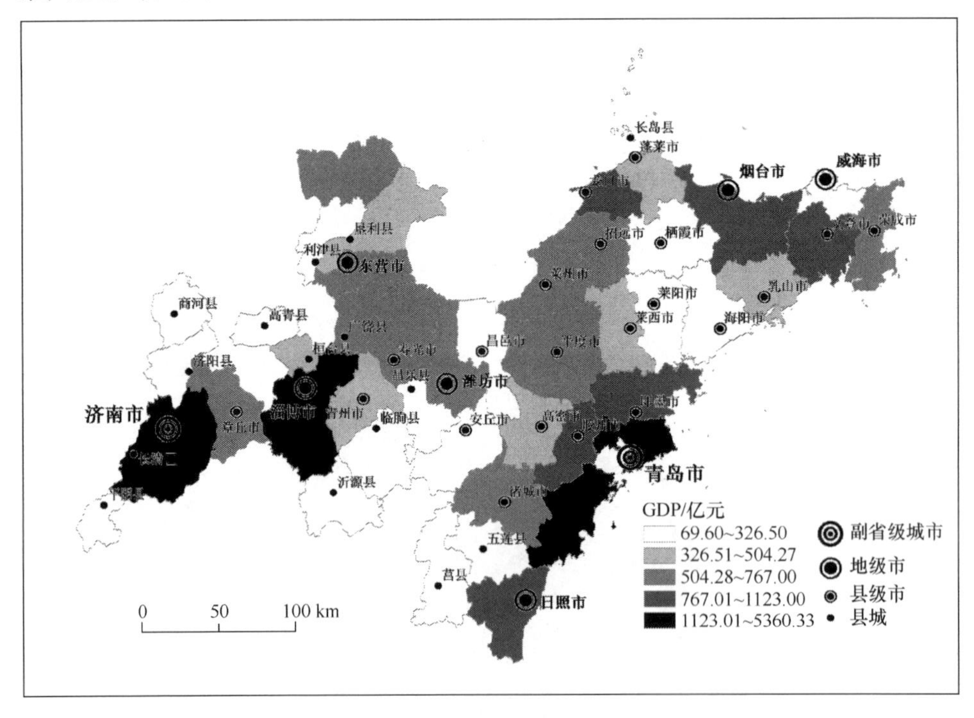

图 4.11　2014 年 GDP 分布图

4.3.1　基于生态空间一体化的国土空间开发强度控制技术

对国土空间开发强度的科学衡量与评价是一个包含多元要素的复杂概念体系，其合理与否不仅要视国土空间开发强度本身，还应与国土空间开发利用效率、区域国土空间开发支持能力及其匹配关系紧密结合。因此，本书的研究对国土空间开发强度的分析包括了国土空间开发强度的时空分异规律、国土空间开发支持能力及国土空间开发利用效率 3 部分。

1. 山东半岛城市群国土空间开发强度指数

山东半岛城市群共有 8 个地级市，总面积为 74 705 km^2，2014 年，建设用地总规模为 14 255.08 km^2，占城市群总面积的 19.08%。2001～2014 年，山东半岛城市群的建设用地年均增长率为 3.41%。

依据全国主体功能区规划，国土开发强度定义为一个区域建设空间占该区域的比例，其中，建设空间界定为城镇、独立工矿、农村居民点、交通、水利设施（不包括水库水面）、其他建设空间等。根据该定义，利用 2000～2014 年山东半岛城市群土地利用变更数据，从现状和变化两个方面对其国土开发强度时空分异进行分析，以揭示其变化趋势及存在的问题。

从建设用地现状规模来看，2014 年，山东半岛城市群建设用地面积为 14 255.08 km^2。建设用地规模 500 km^2 以上的研究单元有 7 个，300～500 km^2 的单元有 8 个，200～300 km^2 的单元 18 个，200 km^2 以下的有 10 个。其中，青岛市区建设用地面积为 989.64 km^2，潍坊市区位居第二，为 913.56 km^2，再次为济南市区、淄博市区、东营市区、烟台市区，建设用地面积分别为 872.55 km^2、791.11 km^2、566.38 km^2 和 549.44 km^2。平度市建设用地面积为 511.35 km^2，为建设用地面积最大的县级单元，寿光市第二，为 466.15 km^2。长岛县建设用地规模最小，只有 13.67 km^2（表 4.6）。从空间上看，建设用地规模较大的研究单元主要集中在胶济铁路沿线和青岛-日照沿海地区，并呈梯度递减态势，形成“7”形空间格局。地级市市区是山东半岛城市群建设用地开发的集中地区（图 4.12）。

1）建设用地比例指数

从建设用地占国土面积比重来看，2014 年，山东半岛城市群建设用地占国土面积的平均比重为 18.98%。潍坊市区比重最高，为 34.75%，其次为桓台县和青岛市区，分别为 30.60%和 30.36%（表 4.6）。比重在 20%～30%的单元有 13 个，地级市区均集中于此范围内；比重在 10%～20%的单元有 25 个，只有沂源县和栖霞市建设用地比重低于 10%。在空间上看，胶济沿线地区、北部沿海地区和青岛-日照沿海地区是建设用地比重较高的区域，形成了“工”字形空间格局，地级市区是建设用地比重较高的中心地区（图 4.13）。

2）建设用地年均增长率指数

从 2000～2014 年建设用地规模年均增长率来看，山东半岛城市群建设用地年均增长率为 3.41%。其中，潍坊市区建设用地年均增长率最高，为 7.35%，其次为即墨市和胶州市，分别为 5.67%和 5.43%。建设用地年均增长率 5%以上的单元有 3 个，3%～5%

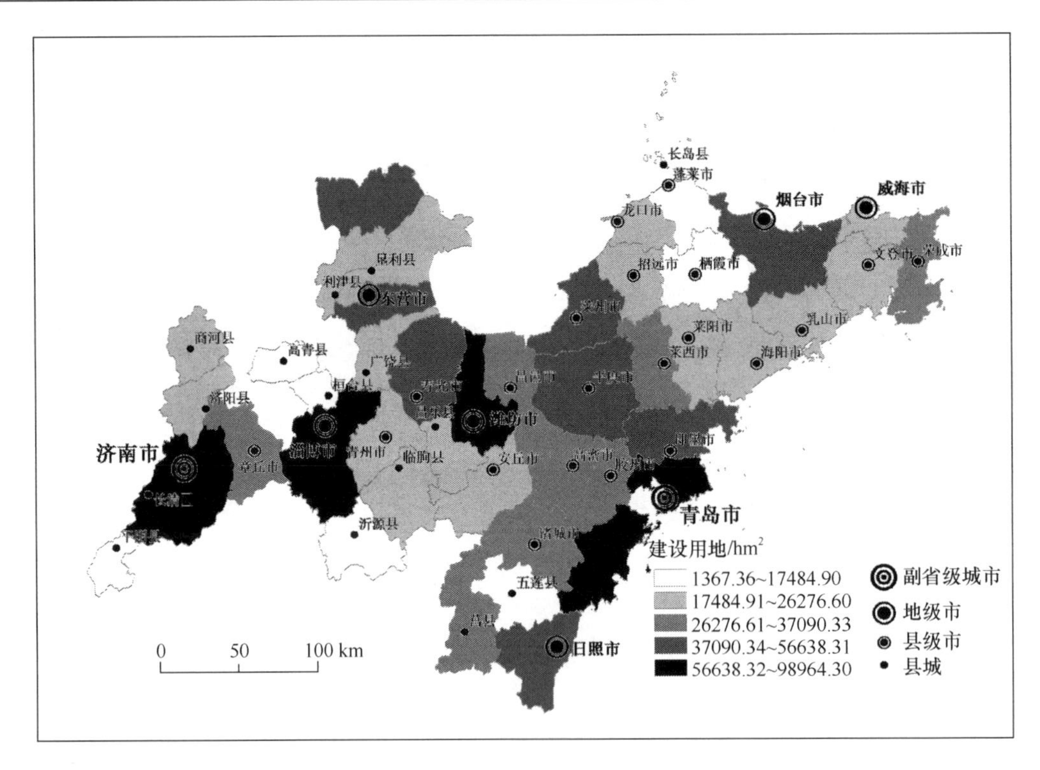

图 4.12　建设用地规模分布图

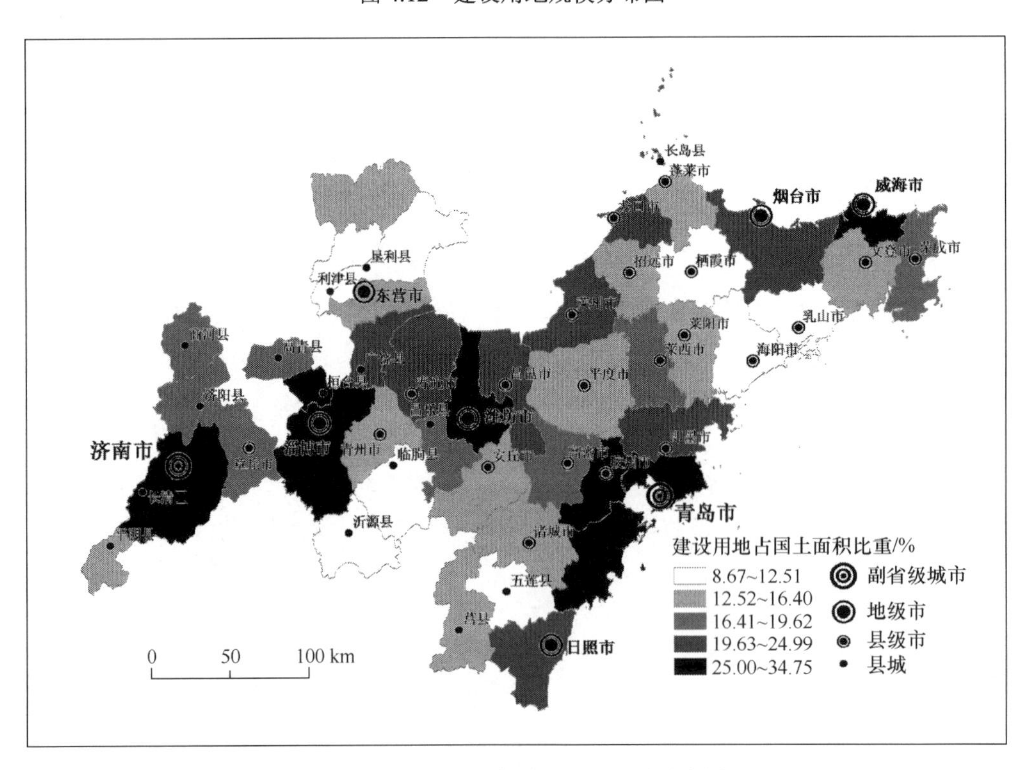

图 4.13　建设用地占国土面积比重分布图

的单元有 27 个，3%以下的单元有 13 个。城市群 43 个研究单元中，只有寿光市的建设用地年均增长率是负增长，这与寿光市作为全国农产品生产基地的产业结构有关。从空间上来看，建设用地年均增长率较快的单元主要集中在烟台、威海、青岛、日照和东营的半岛沿海地区和济南、潍坊市区，山东半岛城市群的中南部地区增速明显较慢，形成了“两线夹一点”的空间格局（图 4.14）。

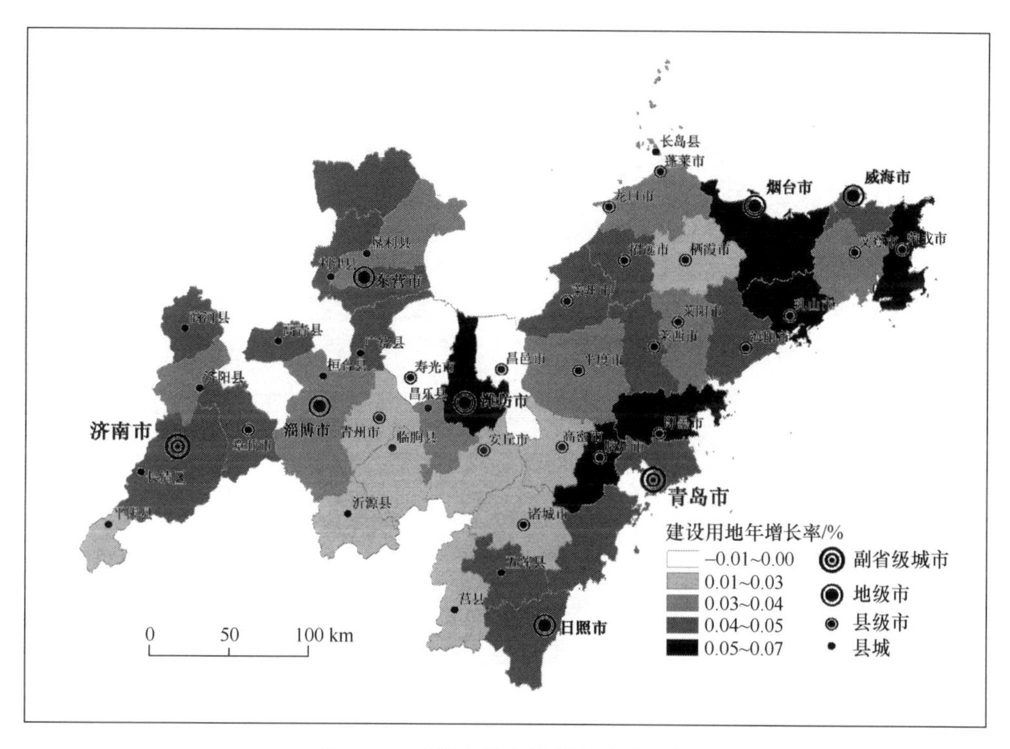

图 4.14　建设用地年均增长率分布图

3）国土空间开发指数

将建设用地比例指数和建设用地年均增长率指数加权合并，得到国土空间开发指数（图 4.15）。2014 年，山东半岛城市群平均国土空间开发指数为 0.4。

从空间来看，潍坊市区开发强度最高，为 1，其次为胶州市和青岛市区，分别为 0.76 和 0.72；栖霞市最低，只有 0.20。从空间上看，除了潍坊市区之外，城市群东部、北部沿海地区和济南市区、淄博市区国土空间开发强度较大，中部地区开发强度较小。

2. 山东半岛城市群国土空间开发支持能力特征分析

区域的本底支持能力是国土空间开发得以实现的基础，包括国土空间开发的自然潜力、接受外来辐射的能力，以及社会经济发展程度等方面。国土空间开发支持能力大，该国土空间所承载的合理开发强度就大，可适当增加开发强度，反之则不能。本书的研究从区域国土空间开发自然潜力、区位条件及社会经济发展阶段等方面分析国土空间开发支持能力。

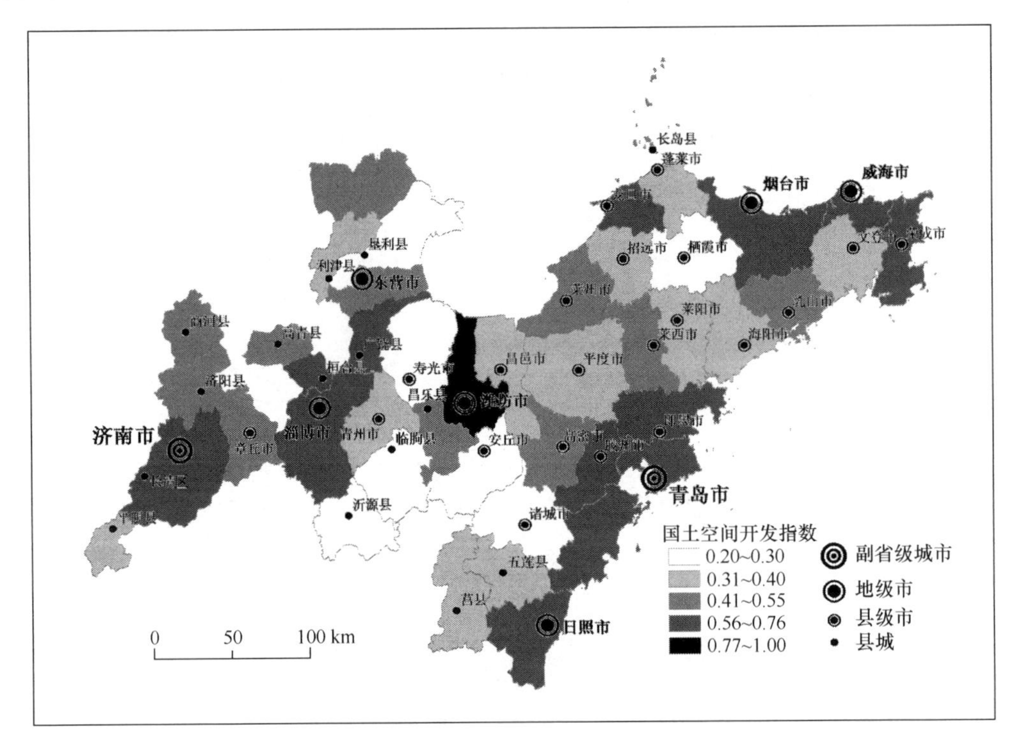

图 4.15 国土空间开发指数分布图

1）国土空间开发的自然潜力指数

国土空间开发的自然潜力指标体系包括坡度、地质灾害易发程度、地下水开发强度、可利用国土空间规模 4 个指标。

坡度。根据《城市用地竖向规划规范》（CJJ83—99）规定，城市各类建设用地最大坡度不超过 25%，所以本书的研究将大于 25%的坡度规定为禁止建设用地。应用 30m DEM 对山东半岛城市群的坡度进行计算得出，城市群大于 25%的国土用地面积为 279km^2。城市群 43 个研究单元中有 27 个单元具有此高坡度国土空间，主要集中在鲁中山地和半岛丘陵地区。其中，济南市区坡度大于 25%的国土用地面积为 59km^2，位居城市群第一位，青岛市区第二，为 32km^2（图 4.16）。

地质灾害易发程度。根据《山东省地质灾害防治规划修编（2013～2025 年）》成果，地质灾害是指自然因素或者人为活动引发的危害人民生命和财产安全的崩塌、滑坡、泥石流、地面塌陷、地裂缝、地面沉降等与地质作用有关的灾害。山东半岛城市群纯自然因素形成的地质灾害数量和规模在全国虽不属于严重的地区，但因人类工程，特别是矿业活动强烈诱发的地质灾害频繁，加之城镇化水平较高、人口密度大，一旦发生地质灾害，造成的损失不容忽视。按地质灾害防治规划的等级划分标准，将山东半岛城市群划分为重点防护区、次重点防护区、一般防护区和无灾害区 4 种类型，分别赋予 9、5、1、0 的属性。其中，重点防护区由地裂缝为主的高易发区、采空塌陷为主的高易发区、地面沉降为主的高易发区、岩溶塌陷为主的高易发区组成，总面积为 2335km^2，占城市群总面积的 3.20%；次重点防护区包括崩塌、滑坡、泥石流为主的中易发区和采空塌陷为主的中易发区，总面积为 6141km^2，占城市群总面积的 8.41%；一般防护区为崩塌、滑坡、泥石流为主的低易发区，总面积为 10 748km²，占城市群总面积的 14.72%；无灾害区为地质灾害不易发生区，总面积为 53 719km²，占城市群总面积的 73.57%（图 4.17）。

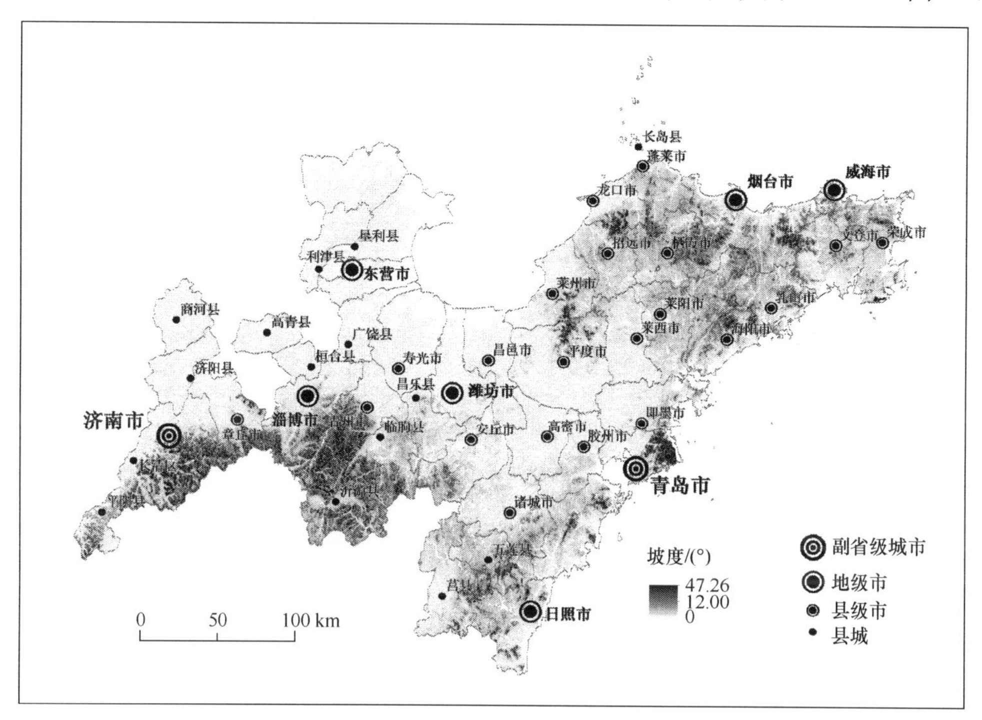

图 4.16　坡度分布图

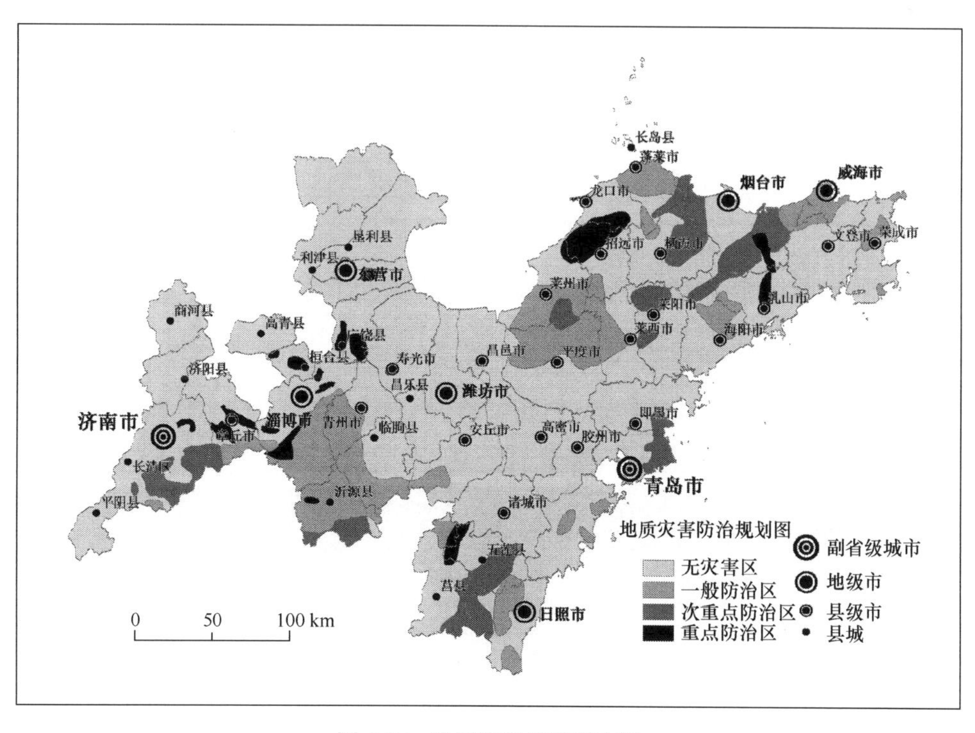

图 4.17　地质灾害易发程度图

水土流失易发程度。水土流失是影响生态安全的重要环境问题。根据山东省水土保持生态建设“十二五”规划的《山东省水土流失重点防治区划分图》，依据《土壤侵蚀分类分级标准》，将山东半岛城市群划分为剧烈流失区、强度流失区、中度流失区、轻度流失区和微度流失区，分别赋予 9、7、5、3、1 的属性。其中，剧烈流失区面积为 5174km²，占城市群总面积的 7.09%，主要集中在胶东半岛丘陵地区和鲁中山地地区；强度流失区面积为 4074km²，占城市群总面积的 5.58%，主要集中在鲁中山地地区和沂蒙山区；中度流失区为 15 655km²，轻度流失区为 12 731km²，分别占城市群总面积的 21.45%和 17.44%，广泛分布于半岛和鲁中、鲁南丘陵地区；微度流失区为 35 365km²，占城市群总面积的 48.45%，主要分布于城市群中部和西部的平原地区（图 4.18）。

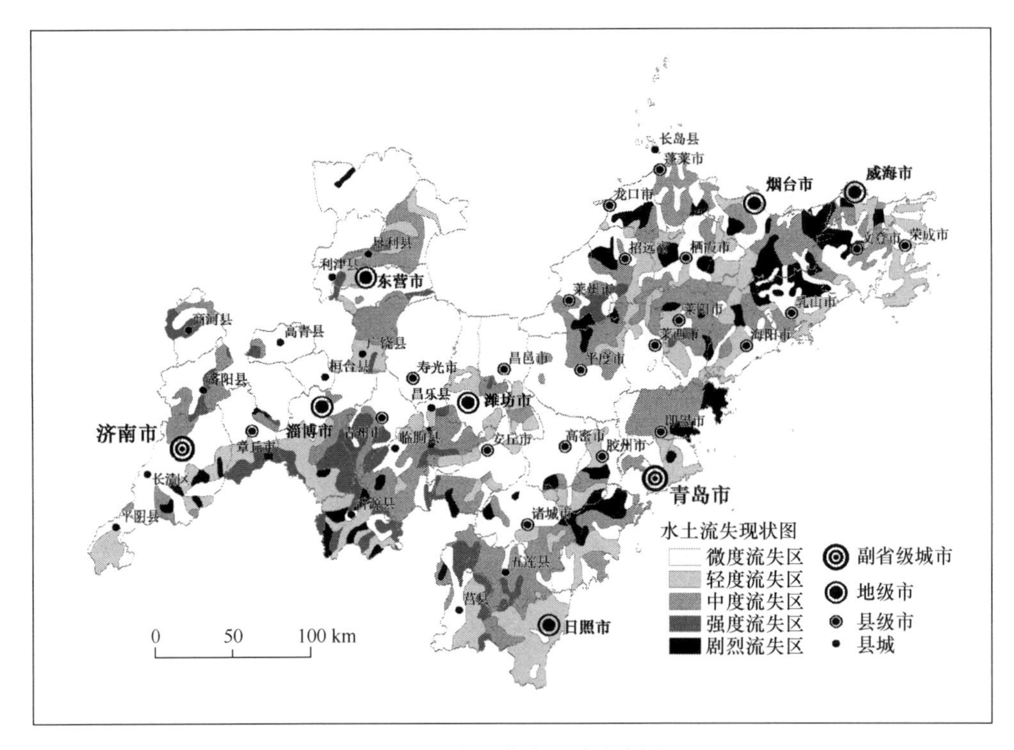

图 4.18　水土流失区域分布图

浅层地下水超采程度。地下水开发利用程度与当地社会经济发展、地表水开发利用程度及水文地质条件等有关，其也严重制约着国土空间开发进程。以山东省水利厅编制的浅层地下水超采区划（2006 年 12 月）为依据[11]，根据地下水超采区在开发利用时期的年均地下水位持续下降速率、年均地下水超采系数及环境地质灾害或生态环境恶化程度，将地下水超采区划分为严重超采区、一般超采区和动态监测区 3 种类型。其中，浅层地下水严重超采区面积为 2812km²，占城市群总面积的 3.85%，主要集中在山东半岛城市群北部沿海的淄博、潍坊、东营的交界地区；浅层地下水超采区为 3328km²，占城市群总面积的 4.56%，主要位于严重超采区南侧，在济南北部也有部分分布；浅层地下水动态监测区面积为 2587km²，占城市群总面积的 3.54%，主要布局在浅层地下水超采区的外侧（图 4.19）。

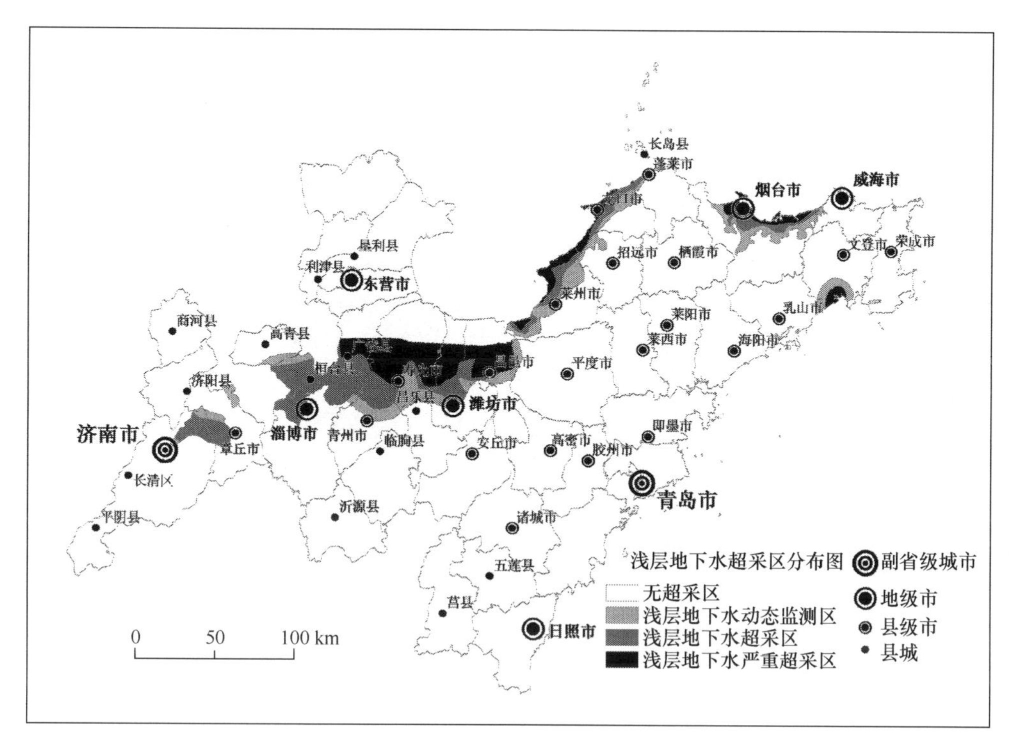

图 4.19　浅层地下水超采区分布图

自然因子综合限制性评价。将以上坡度因子、地质灾害因子、水土流失因子和浅层地下水因子按 1、3、5、7、9 的属性进行叠加，采用“取大”原则，最终形成山东半岛城市群建设用地敏感性分区。其中，1 为非限制区，面积为 28 692km^2，占城市群总面积的 39.26%；3 为低限制区，面积为 28 670km^2，占城市群总面积的 39.23%；5 为中限制区，面积为 10 316km^2，占城市群总面积的 14.12%；7 为较高限制区，面积为 3928km^2，占城市群总面积的 5.38%；9 为禁止建设区，面积为 9964km^2，占城市群总面积的 13.64%（图 4.20）。

可开发国土空间规模。按公式（4.2），通过计算各类限制区域的国土空间利用潜力指数，在可利用国土空间中去掉现有现状建设用地规模，得出山东半岛城市群建设用地潜力。2014 年，山东半岛城市群可开发国土空间面积为 22 322km^2，其中东营市区可开发面积最大，为 1967km^2；潍坊市区、桓台县、广饶县和寿光市已经无国土空间可用。从空间上看，山东半岛城市群青岛-日照沿海地区、黄河三角洲地区和济南南部、淄博南部地区可用空间较为充足，而整个中北部至北部沿海地区可用面积较少（图 4.21）。

2）国土空间开发的区位条件指数

国土空间开发的区位条件指标体系包括与城市中心的距离和道路密度两个指标。

与中心城市的距离。山东半岛城市群的城镇体系中，一级中心城市为济南和青岛两个副省级城市，二级中心城市为地级城市，所以本书的研究将研究单元到两个副省级中心城市的距离和到地级中心城市的距离两个指标作为到中心城市的综合距离，距离越短，区位越好。考虑到两级中心城市对研究单元经济发展的带动作用，按专家打分法，将到副省级

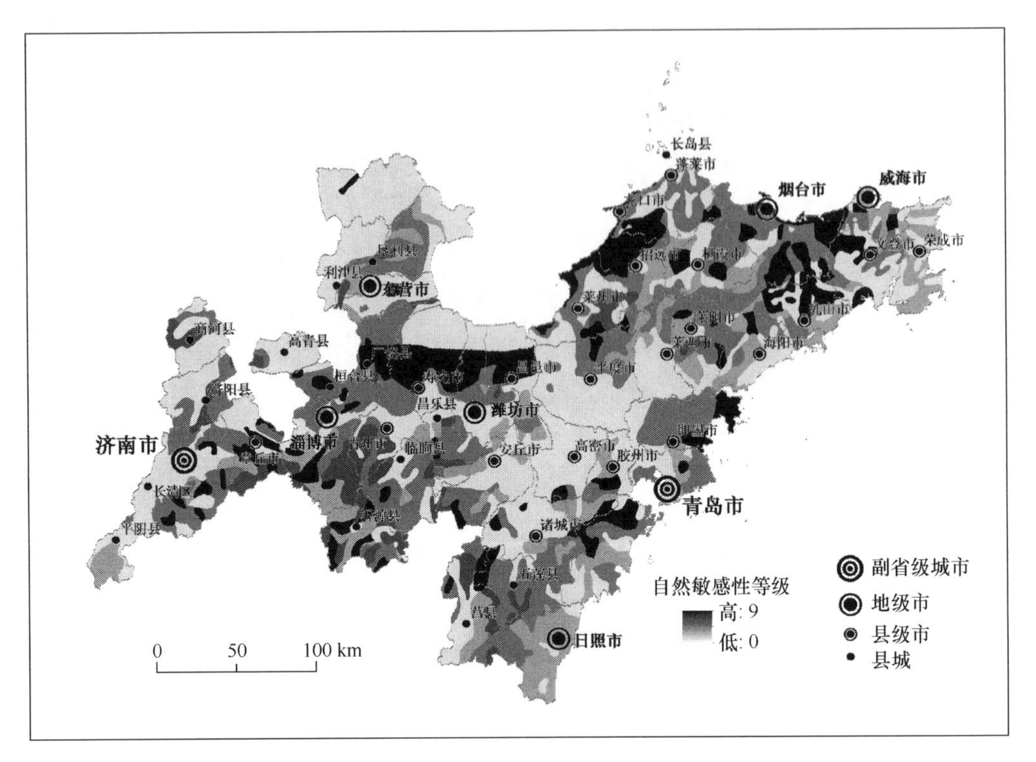

图 4.20　自然条件限制等级图

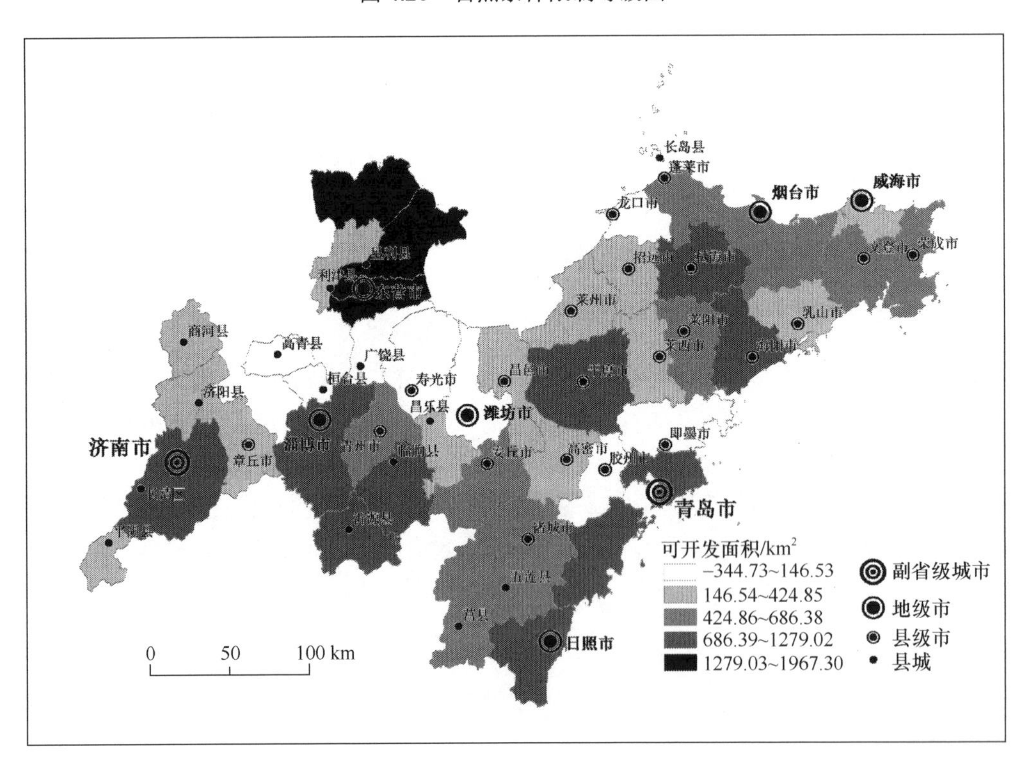

图 4.21　可开发国土面积分布图

中心城市的距离权重设为 0.3，将到地级中心城市的距离权重设为 0.7。综合来看，研究单元与中心城市距离在半岛地区和青岛–日照西侧较短，整体区位较好（图 4.22）。

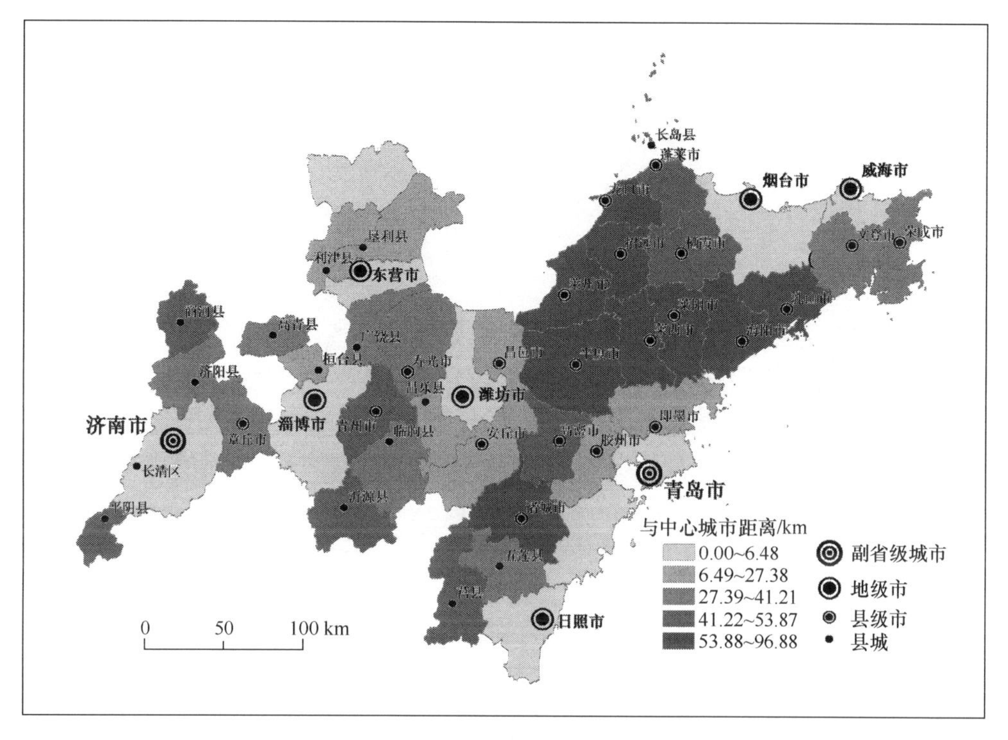

图 4.22　研究单元与中心城市距离分布图

道路密度。统计 2014 年山东半岛城市群各研究单元内高速铁路、高速公路、铁路、国道、省道、城市主干道的长度，从而统计其道路密度。结果显示，2014 年，山东半岛城市群研究单元平均道路密度为 1.71km/km^2，其中青岛市区和济南市区道路密度最大，分别为 4.31km/km^2 和 3.46km/km^2，其次为胶州市、威海市区、淄博市区、日照市区和烟台市区；昌乐县、安丘市、临朐县、五莲县、垦利县和莒县道路密度不足 1km/km^2。从空间来看，胶济沿线和沿海地区为道路密度高值区（图 4.23）。

国土空间开发区位条件指数。将研究单元与中心城市的距离指标和道路密度指标加权合并，得到国土空间开发区位条件指数。从整体来看，具有区位优势的研究单元主要集中在青岛市和烟台、威海等地区（图 4.24）。

3）国土空间开发的城市发展指数

国土空间开发的城市发展指数指标为人均 GDP。2014 年，山东半岛城市群人均 GDP 平均值为 73 756 元，折合 12 012 美元，是全国平均水平 7575 美元的 1.59 倍。其中，长岛县的人均 GDP 为 16.57 万元，在城市群中最高。青岛市区为 14.81 万元，为地级市最高；淄博市区也超过 10 万元，为 10.31 万元。临朐县、莒县、商河县和安丘市均不足 3 万元。从空间来看，山东半岛城市群人均 GDP 高值区主要集中在沿海地区和西部济南–淄博–东营连线地区，城市群中南部地区人均 GDP 较低（图 4.25）。

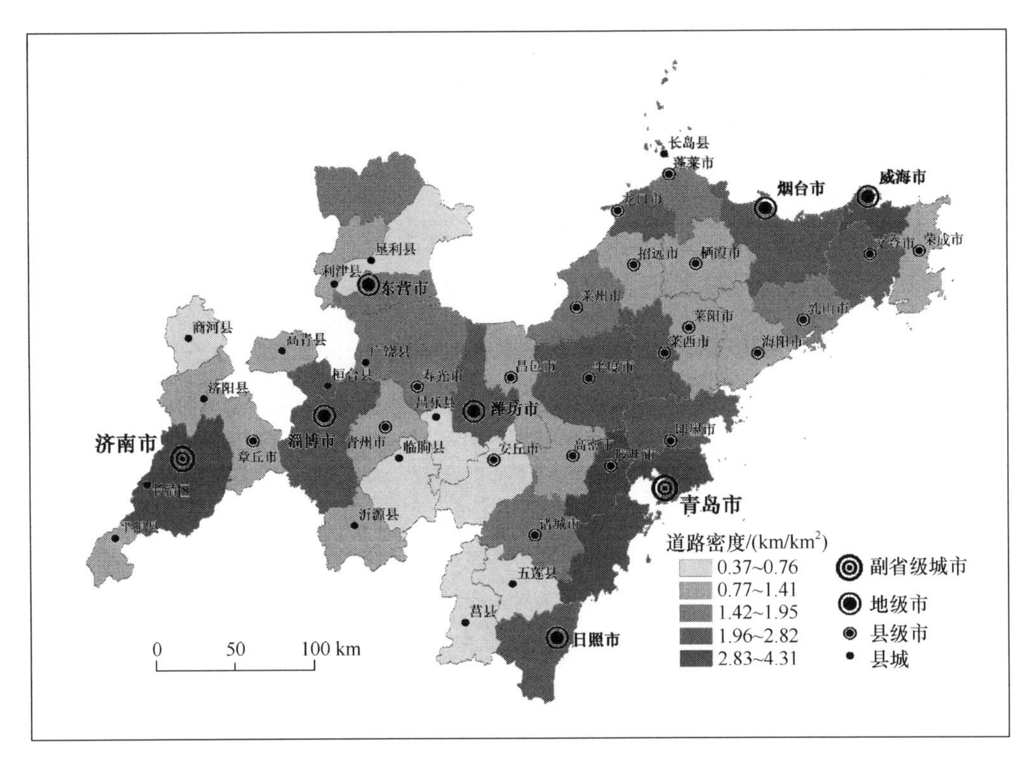

图 4.23　道路密度分布图

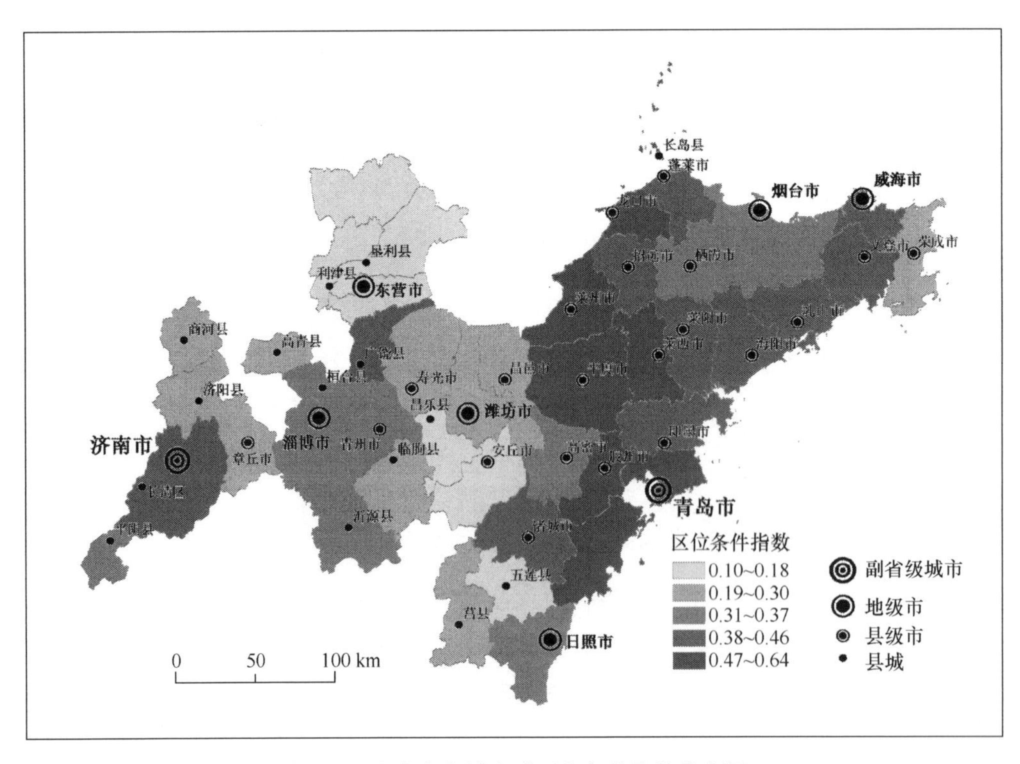

图 4.24　山东半岛城市群区位条件指数分布图

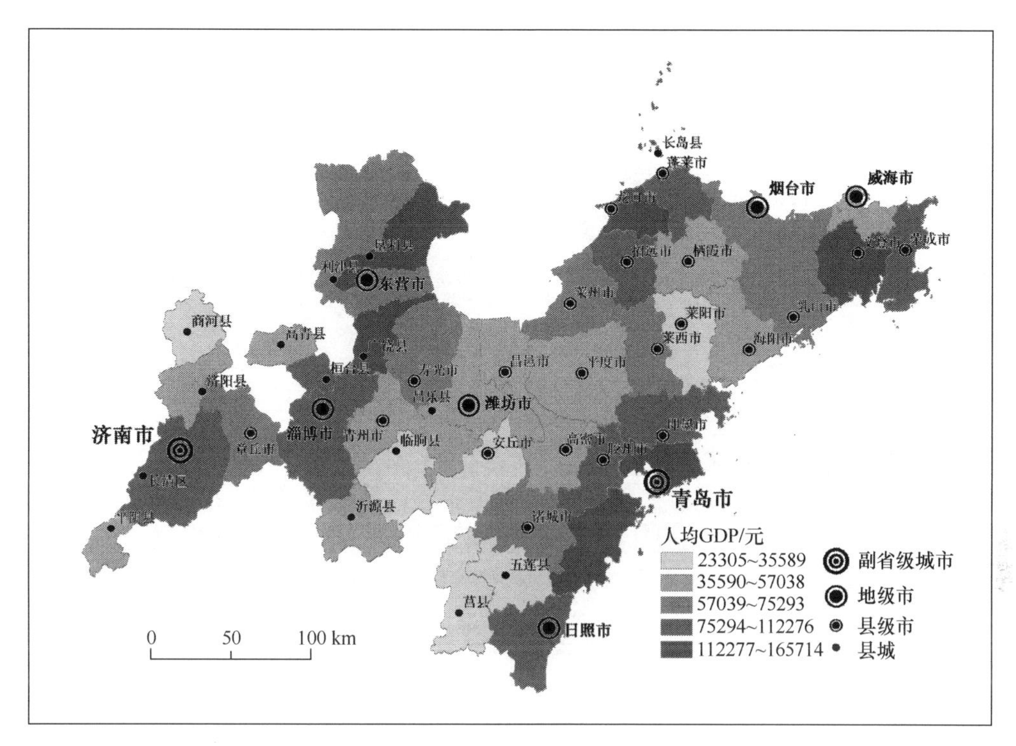

图 4.25　人均 GDP 分布图

4）国土空间开发支持能力指数

将国土空间开发的自然潜力指数、国土空间开发的区位条件研究和国土空间开发的城市发展指数研究加权合并，得到国土空间开发支持能力指数。2014 年，山东半岛城市群平均国土空间开发指数为 0.34。从空间来看，垦利县开发支持能力最高，支持能力指数为 0.60，其次为青岛市区、东营市区，支持能力指数分别为 0.59 和.056；潍坊市区最低，只有 0.11；昌乐县、莒县、商河县支持能力均不足 2。从空间上看，青岛市、烟台外围地区和济南–淄博-东营连线地区支持能力较好，总体呈现“11”形格局（图 4.26）。

3. 山东半岛城市群国土空间开发利用能力特征分析

从国土空间开发的构成及其效应来看，国土空间开发利用效率指在特定时间和范围内，已开发建设空间与其承载的人口、经济及产出的比率关系，是对建设空间利用效果的综合表达，也是未来国土空间开发利用优化决策的重要依据，主要由建设空间承载强度及产出决定。承载强度指单位面积土地上承载物或者开发利用活动的数量，是国土空间开发利用效率的直接决定因素，通常用人口数量、经济投入等单项或复合指标表达。本书的研究选取单位建设空间上的常住人口，以及单位建设空间上的固定资产投资额代表承载强度；选取单位建设空间上的 GDP 作为国土开发的产出效果，借此反映国土开发利用效率。

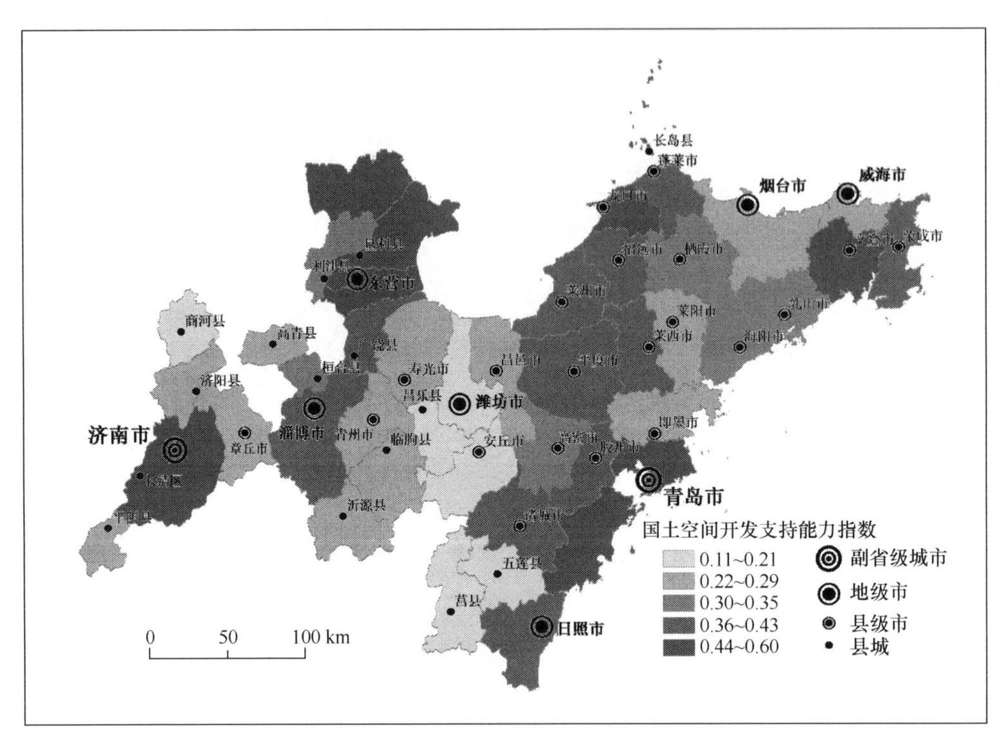

图 4.26　国土空间开发支持能力指数分布图

1）国土空间开发利用的承载强度指数

国土空间开发的承载强度指标体系包括建设用地的常住人口密度和建设用地的固定资产投资密度两个指标。

建设用地的常住人口密度。2014 年，山东半岛城市群的平均建设用地常住人口密度为 28.24 人/km^2。其中，临朐县密度最高，为 41.35 人/km^2，其次为济南市区，为 39.32 人/km^2。东营市区密度在地级市区中最低，只有 14.11 人/km^2，垦利县在县级单元中密度最低，只有 9.37 人/km^2。从空间上看，山东半岛城市群的平均建设用地常住人口密度整体呈现南高北低的格局（图 4.27）。

建设用地的固定资产投资密度。2014 年，山东半岛城市群的平均建设用地固定资产投资密度为 13.048 万元/km^2。其中，烟台市区密度最高，为 281 万元/km^2，其次为青岛市区和威海市区，分别为 278 万元/km^2 和 254 万元/km^2。东营市区密度在地级市区中最低，只有 118 万元/km^2，莒县在县级单元中密度最低，只有 5.81 万元/km^2。从空间上看，山东半岛城市群的平均建设用地固定资产投资密度高值区主要集中在东部、东北沿海地区和淄博市范围内（图 4.28）。

国土空间开发利用的承载强度指数。将建设用地的常住人口密度指标和建设用地的固定资产投资密度指标标准化之后加权合并，得到国土空间开发利用的承载强度指数。2014 年，山东半岛城市群平均国土空间开发利用承载强度指数为 0.52，青岛市区最高为 0.92，其次为烟台市区、威海市区、淄博市区和济南市区；昌邑县最低，只有 0.21。从空间上看，建设用地承载强度高值区主要集中在东部、北部沿海地区和胶济线沿线地区（图 4.29）。

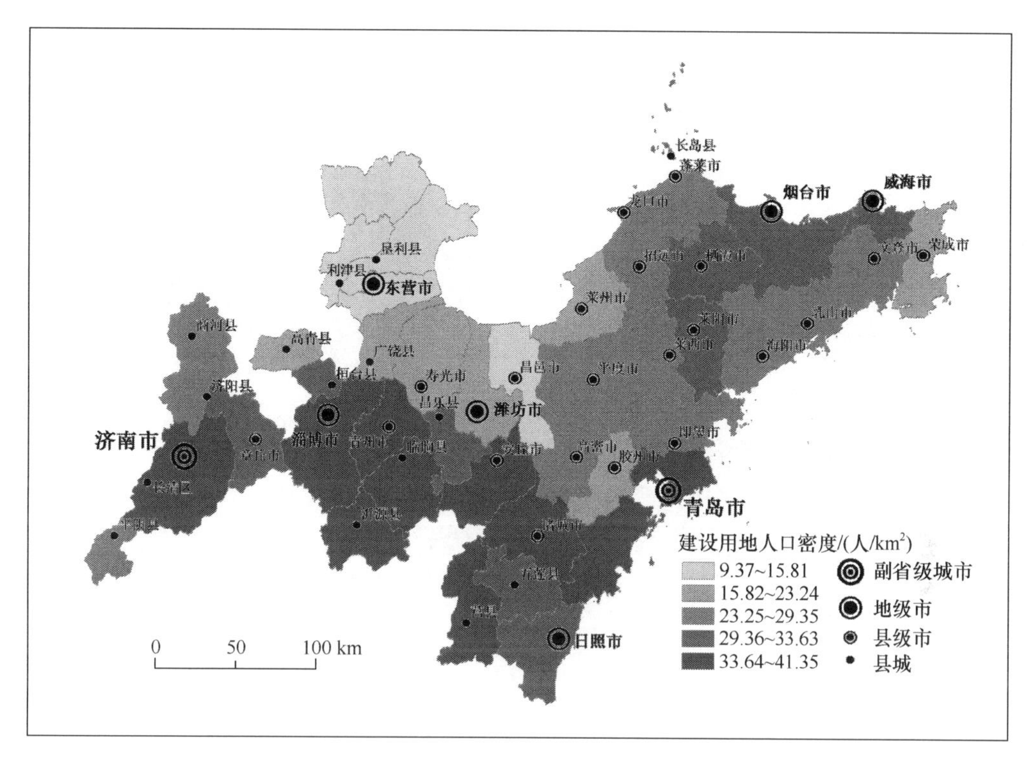

图 4.27　建设用地人口密度分布图

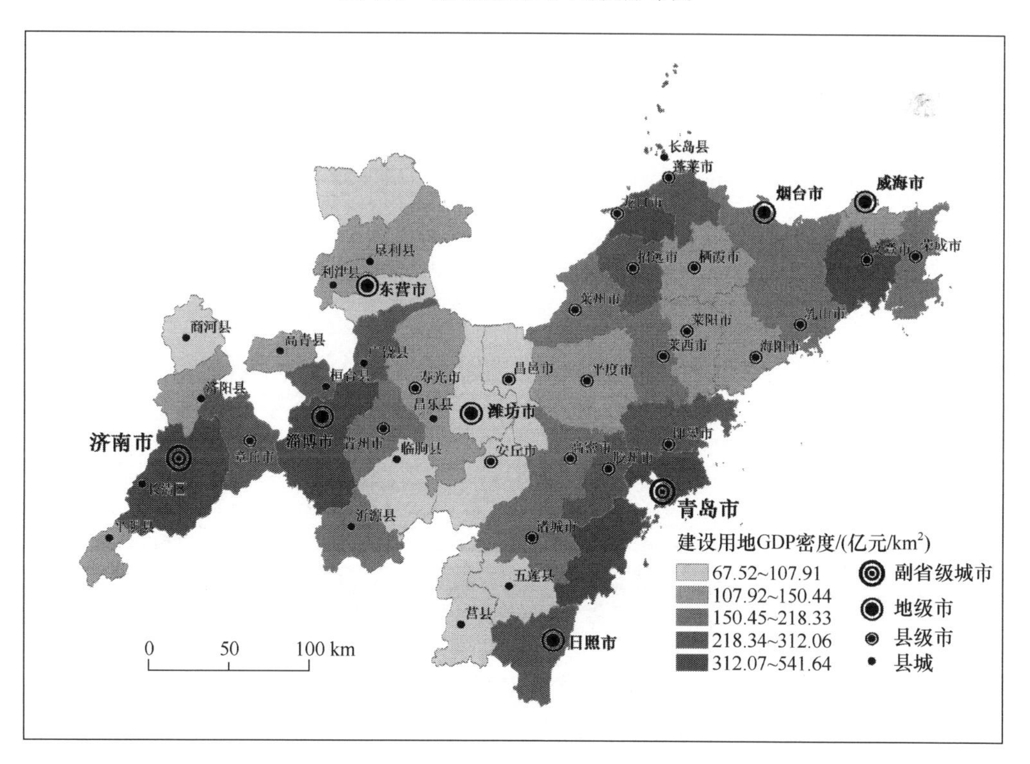

图 4.28　建设用地固定资产投资密度分布图

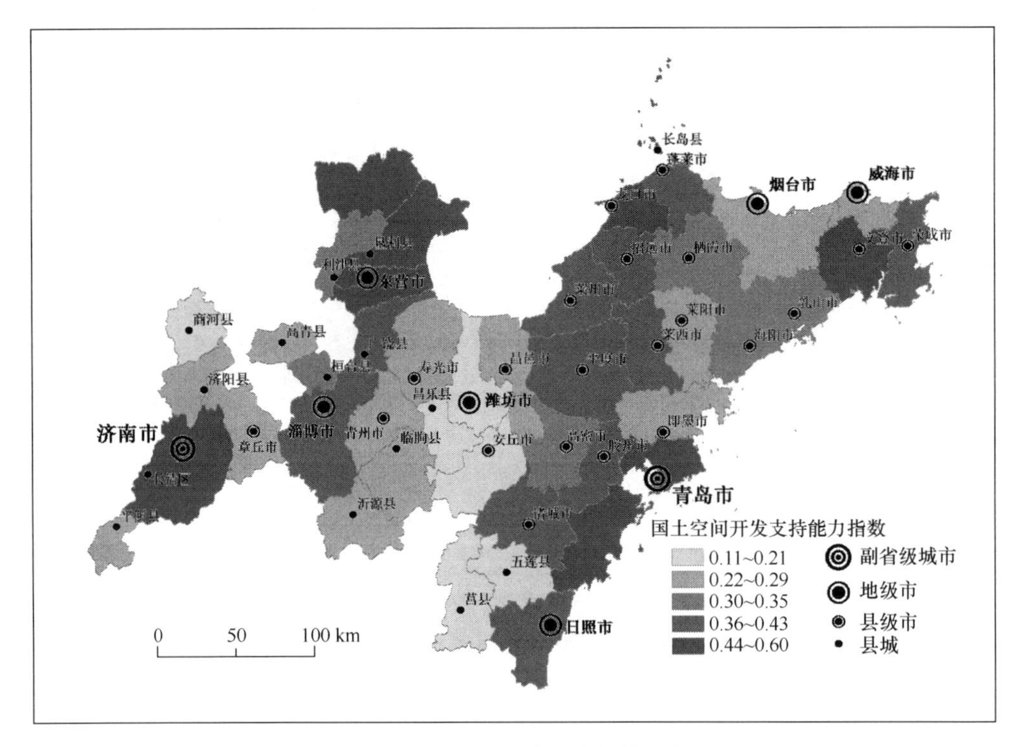

图 4.29　建设用地承载强度指数分布图

2）国土空间开发利用的产出效率研究

国土空间开发利用的产出效率指标为建设用地 GDP 密度。2014 年，山东半岛城市群的平均建设用地 GDP 密度为 199.83 万元/km^2。其中，青岛市区建设用地 GDP 密度最高，为 541.64 万元/km^2，其次为长岛县，为 509 万元/km^2。淄博市区和济南市区次之，分别为 367.04 万元/km^2 和 356.68 万元/km^2。潍坊市区在地级市区中最低，只有 76.14 万元/km^2，商河县在县级单元中最低，只有 67.52 万元/km^2。从空间上看，山东半岛城市群的平均建设用地 GDP 密度高值区主要集中在青岛-日照沿海地区和济南-淄博连线区域（图 4.30）。

3）国土空间开发利用指数

将国土空间开发利用的承载强度指数和国土空间开发利用的产出效率指数加权合并，得到国土空间开发利用指数（图 4.31）。2014 年，山东半岛城市群平均国土空间开发利用指数为 0.55。青岛市区、济南市区和淄博市区位居前三位，国土空间开发利用指数均在 0.9 以上；东营市区、垦利县和昌邑市位居后三位，国土空间开发利用指数均小于 0.21。从空间上看，国土空间开发利用指数高值区主要集中在青岛-日照沿海地区，济南-淄博连线地区和烟台-威海沿海地区，呈“三足鼎立”的空间格局（图 4.32）。

4. 山东半岛城市群国土空间开发强度控制分区

依据国土空间开发指数、国土空间开发支持指数、国土空间开发利用指数计算结果，

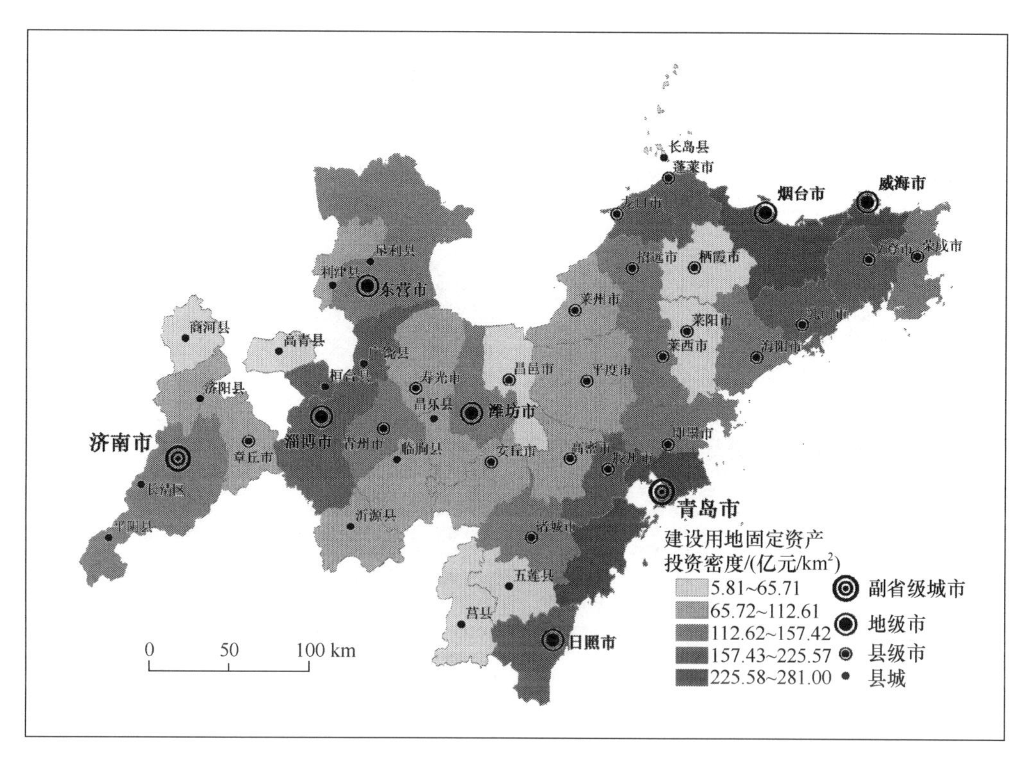

图 4.30　建设用地 GDP 密度分布图

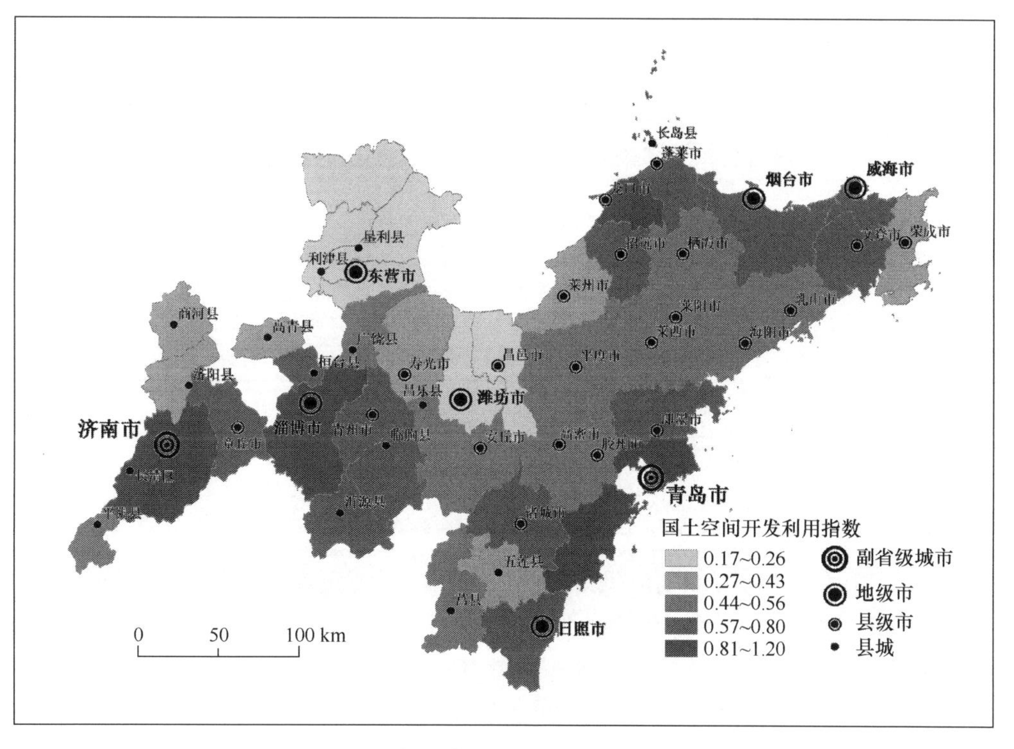

图 4.31　国土空间开发利用指数分布图

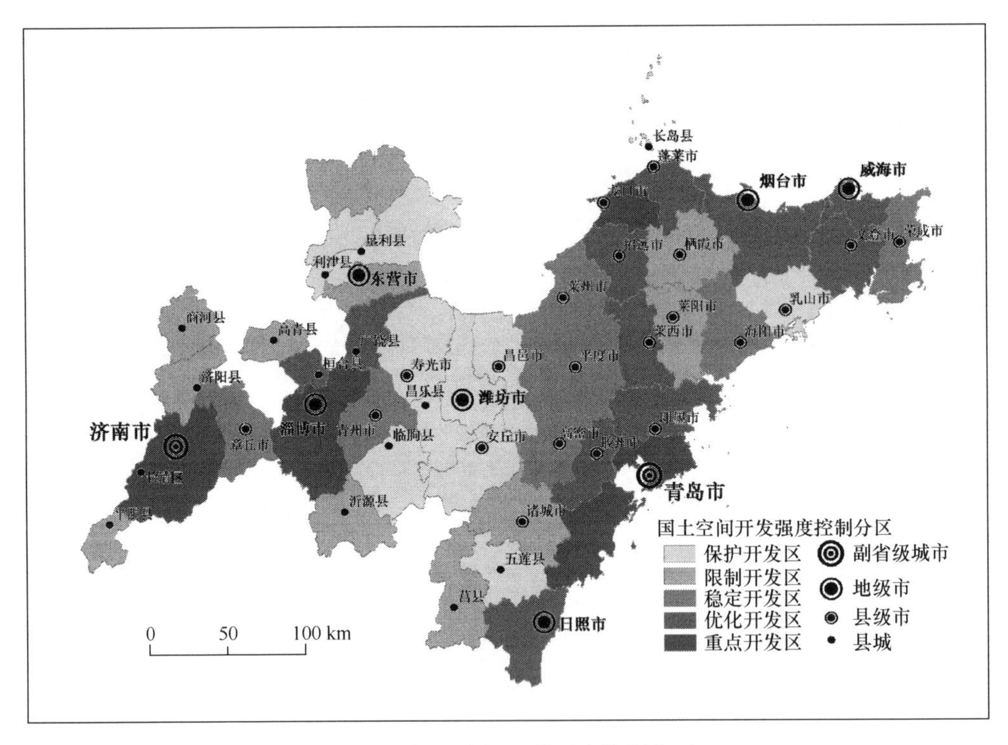

图 4.32 国土空间开发强度控制分区

采用国土开发强度控制三维矩阵模型，依城市群国土空间开发强度控制分区矩阵表，进行城市群国土空间开发强度控制分区：重点开发区、稳定开发区、限制开发区（表 4.7），并根据不同的分区类型设置相应的调控政策。

表 4.7 山东半岛城市群国土空间开发强度调控分区表

分区	市（县、区）
重点开发区	济南市区、龙口市、青岛市区、长岛县、淄博市区、广饶县、桓台县、即墨市、胶州市、莱西市、蓬莱市、日照市区、乳山市、威海市区、文登市、烟台市区、招远市
稳定开发区	高密市、海阳市、莱州市、平度市、青州市、荣成市、章丘市、昌乐县、东营市区、高青县、济阳县、莒县、莱阳市、平阴县、栖霞市、商河县、沂源县、诸城市
限制开发区	安丘市、昌邑市、垦利县、利津县、临朐县、寿光市、潍坊市区、五莲县

5. 山东半岛城市群国土空间开发强度提升路径

国家新型城镇化战略将城市群置于推进城镇化的主体形态的重要位置，这就要求国家对城市群地区的国土开发强度支持力度应该大于其他非城市群地区，以支撑城市群区域增长中心的地位。根据山东半岛城市群国土空间开发强度调控分区结果，结合城市群国土空间的建设用地比重和国土空间利用质量评价阈值（表 4.4），来反馈调控国土空间建设用地年均增长率（表 4.8），以提升城市群国土空间开发强度。

根据山东半岛城市群国土空间开发强度的建设用地比重和年均增长速度的现状、调控阈值，确定各行政单元的国土空间开发强度提升属性值，进而确定各行政单元的国土空间开发年均增长率与最终开发国土空间面积（表 4.8）。

表 4.8　山东半岛城市群国土空间建设用地年增长率与增长面积调控表

市（县、区）	类型分区	综合提升指数	增长率调控/%	增长面积调控/km
济南市区	重点开发区	1	<6.54	<57.06
平阴县	稳定开发区	6	<3.40	<4.36
济阳县	稳定开发区	5	3.40～4.30	6.89～8.71
商河县	稳定开发区	4	<4.30	<9.55
章丘市	稳定开发区	4	<4.30	<14.50
青岛市区	重点开发区	1	<6.54	<64.72
胶州市	重点开发区	1	<6.54	<24.26
即墨市	重点开发区	1	<6.54	<26.79
平度市	稳定开发区	4	<4.30	<21.99
莱西市	重点开发区	1	<6.54	<19.27
淄博市区	重点开发区	2	4.30～6.54	34.02～51.74
桓台县	重点开发区	1	<6.54	<10.19
高青县	稳定开发区	4	<4.30	<6.77
沂源县	稳定开发区	5	3.40～4.30	5.20～6.58
东营市区	稳定开发区	4	<4.30	<24.35
垦利县	限制开发区	7	<3.40	<7.98
利津县	限制开发区	7	<3.40	<6.67
广饶县	重点开发区	1	<6.54	<17.18
烟台市区	重点开发区	1	<6.54	<35.93
长岛县	重点开发区	2	4.30～6.54	0.59～0.89
龙口市	重点开发区	2	4.30～6.54	9.68～14.72
莱阳市	稳定开发区	5	3.40～4.30	8.83～11.17
莱州市	稳定开发区	4	<4.30	<17.57
蓬莱市	重点开发区	1	<6.54	<11.38
招远市	重点开发区	1	<6.54	<13.09
栖霞市	稳定开发区	4	<3.40	<5.94
海阳市	稳定开发区	6	<4.30	<10.12
潍坊市区	限制开发区	9	<3.40	<31.06
临朐县	限制开发区	7	<3.40	<7.25
昌乐县	稳定开发区	5	3.40～4.30	6.79～8.59
青州市	稳定开发区	5	3.40～4.30	8.66～10.95
诸城市	稳定开发区	6	<3.40	<10.01
寿光市	限制开发区	2	<3.40	<15.85
安丘市	限制开发区	3	<3.40	<8.66
高密市	稳定开发区	5	3.40～4.30	10.18～12.88
昌邑市	限制开发区	8	<3.40	<12.54
威海市区	重点开发区	1	<6.54	<13.64

续表

市（县、区）	类型分区	综合提升指数	增长率调控/%	增长面积调控/km
荣成市	稳定开发区	4	<4.30	<15.11
文登市	重点开发区	2	4.30～6.54	10.50～15.97
乳山市	重点开发区	1	<6.54	<13.63
日照市区	重点开发区	1	<6.54	<27.45
五莲县	限制开发区	7	<3.40	<5.73
莒县	稳定开发区	5	3.40～4.30	9.93～12.55

4.3.2 基于城乡空间一体化的城市群城镇规模调控技术

1. 山东半岛城市群行政区划现状特征

山东半岛城市群共有城市32个，其中副省级城市2个，地级市6个，县级市24个。65个县级行政单位包括30个市辖区和14个县；797个乡镇级行政单位包括386个镇，26个乡和419个街道办事处，数量构成和名称见表4.9、表4.10。

表4.9　2013年山东半岛城市群各级城市与城镇数量统计表　（单位：个）

地级市	县级单位数				乡镇级单位数			
	市辖区	县级市	县	总计	街道办事处	乡	镇	总计
济南市	6	1	3	10	90	2	51	143
青岛市	6	4	0	10	102		43	145
淄博市	5	0	3	8	30		58	88
东营市	2	0	3	5	40	14	3	57
烟台市	4	7	1	12	67	6	81	154
潍坊市	4	6	2	12	56		62	118
威海市	1	3		4	23		48	71
日照市	2		2	4	11	4	40	55
总计	30	21	14	65	419	26	386	831

表4.10　2013年山东半岛城市群行政区划一览表

地级市	人口/万人	面积/km^2	市（县、区）
济南市	700	8075	历下区、市中区、槐荫区、天桥区、历城区、长清区、平阴县、济阳县、商河县、章丘市
青岛市	896	11108	市南区、市北区、四方区、黄岛区、崂山区、李沧区、城阳区、胶南区、胶州市、即墨市、平度市、莱西市
淄博市	425	5964	淄川区、张店区、博山区、临淄区、周村区、桓台县、高青县、沂源县
东营市	208	8608	东营区、河口区、垦利县、利津县、广饶县
烟台市	699	13656	芝罘区、福山区、牟平区、莱山区、长岛县、龙口市、莱阳市、莱州市、蓬莱市、招远市、栖霞市、海阳市
潍坊市	923	16138	潍城区、寒亭区、坊子区、奎文区、临朐县、昌乐县、青州县、诸城市、寿光市、安丘市、高密市、昌邑市
威海市	281	5797	环翠区、文登市、乳山市、荣成市
日照市	285	5359	东港区、岚山区、五莲县、莒县
总计	4417	74705	

2. 山东半岛城市群城镇规模结构合理性判别

应用 Zipf 准则模型，分别诊断山东半岛城市群和各地级行政单元城镇规模结构合理性。从城市群来看，以 $\ln P_i$ 为纵坐标，以 $\ln R_i$ 为横坐标，将点序 $\ln P_i \ln R_i(\ln R_i, \ln P_i)$ 作双对数图，并利用普通最小二乘法方法进行回归模拟估算，结果如下：

$$\ln P_i = \ln P_1 - 0.9586 \ln R_i,\ R_2=0.9171 \tag{4.24}$$

式中，判定系数为 0.9171，测算结果在 1%的水平通过检验，说明回归方程的拟合值和实际值比较符合，拟合可信度较高。山东半岛城市群城镇规模分布具有显著的分形特征，分维值是可信的。由此可知，2014 年山东半岛城市群城市 q 值为 0.9586，q<1 且向 1 趋近，说明城镇规模分布相对集中，整个城市体系发展已经比较成熟，是合理的城市规模结构。

从地级行政单元来看，除威海市 q 值小于 1 之外，其他地级市 q 值均大于 1，且 3 个城市的判定系数在 0.8 以上，5 个城市的判定系数大于 0.9，测算结果在 1%的水平通过检验，说明回归方程的拟合值和实际值比较符合，拟合可信度较高，表明山东半岛城市群地级行政单元的首位城市垄断地位普遍较强，城镇规模结构体系趋向分散[12]。

Q 值表征城镇规模结构体系集中与分散的程度。按城市群规模结构合理性诊断标准，将山东半岛城市群 8 个地级市分为高合理城市、较高合理城市、中合理城市、低合理城市和不合理城市。

高合理城市：潍坊市和威海市，Q 值分别为 0.0432 和 0.0255，q 值接近于 1，表明两个城市城镇规模结构高度合理。

中合理城市：烟台市 Q 值为 0.428，日照市 Q 值为 0.3972，q 值大于 1 且趋近于 1，次级中心城市已经形成，但规模结构仍需进一步调整。

低合理城市：青岛市 Q 值为 0.9668，东营市 Q 值为 0.6429，均处于低合理城市范围，首位城市青岛市的垄断程度较高，需要实施部分功能外迁。

不合理城市：济南市和淄博市 Q 值均大于 1，表明两个地级市的城镇规模结构中首位城市济南市和淄博市高度垄断，城镇规模结构不合理，需要培育次级中心城市（表 4.11）。

表 4.11　2013 年山东半岛城市群各地级行政区城市“位序-规模”分布表

地级市	济南市	青岛市	淄博市	东营市	烟台市	潍坊市	威海市	日照市
q 值	2.3619	1.6255	2.5846	1.6429	1.428	1.0432	0.9745	1.3972
Q 值	1.3619	0.9668	1.5846	0.6429	0.428	0.0432	0.0255	0.3972
R^2 值	0.9654	0.859	0.928	0.9856	0.831	0.8391	0.985	0.9641
合理性	不合理城市	低合理城市	不合理城市	低合理城市	中合理城市	高合理城市	高合理城市	中合理城市

3. 山东半岛城市群城镇等级规模结构合理性特征

县是山东半岛城市群重要的行政单元，在城市群城镇体系中具有不可替代的地位和作用。本书的研究将县城纳入城市群城市体系，并按城市标准参与城镇规模结构评价。

（1）山东半岛城市群超大与特大城市缺失，城镇规模结构呈“顶端小，底端大”的合理金字塔空间格局。国务院《关于调整城市规模划分标准的通知》（国发〔2014〕51号）设置了中国新的城市规模划分标准[13]，以城区常住人口为统计口径，将城市划分为五类七档：城区常住人口50万人以下的城市为小城市，其中20万人以上50万人以下的城市为Ⅰ型小城市，20万人以下的城市为Ⅱ型小城市；城区常住人口50万人以上100万人以下的城市为中等城市；城区常住人口100万人以上500万人以下的城市为大城市，其中300万人以上500万人以下的城市为Ⅰ型大城市，100万人以上300万人以下的城市为Ⅱ型大城市；城区常住人口500万人以上1000万人以下的城市为特大城市；城区常住人口1000万人以上的城市为超大城市（以上包括本数，以下不包括本数）。从整体来看，山东半岛城市群有5个大城市（其中Ⅰ型大城市2个，Ⅱ型大城市3个），8个中等城市，28个小城市（其中Ⅰ型小城市16个，Ⅱ型小城市12个），城镇规模结构体系呈现出“顶端小，底端大”的正金字塔空间格局，但缺少超大城市和特大城市的辐射带动，城市群的辐射范围受到限制。

（2）沿胶济干线的5个地级单元城镇规模等级体系完整，其余地级市等级体系不完善。山东半岛城市群5个大城市分别为济南市、青岛市、淄博市、烟台市和潍坊市。济南市城镇规模结构中的大中小城市数量呈1-1-3的“顶端小底端大”的较合理金字塔结构；青岛市呈1-2-1的“中间大两端小”的欠合理金字塔结构；淄博市和烟台市缺少中等城市，分别呈1-0-3和1-0-8的“顶小底大中间缺失”的金字塔结构；潍坊市为1-2-5的“顶端小底端大”的合理金字塔结构。东营市、威海市和日照市缺少大城市，地级行政单元以中等城市为中心城市。东营市和威海市的城镇规模结构内中小城市数量为1-3结构，日照为1-2结构（表4.12）。

（3）地级行政单元面积与城市数量差别较大，烟台市与潍坊市城市数量明显较多。从地级行政单元面积来看，潍坊市、烟台市和青岛市面积均大于10 000 km^2，潍坊市最大，为16 143 km^2；济南市和东营市面积分别为8177 km^{2}和8243 km^2；淄博市、威海市和日照市为5000～6000 km^2。可见，城市面积差别较大。从城市数量来看，将地级市的市区合并作为一个城市单元，烟台市和潍坊市各有9个城市，济南市有5个城市，青岛市、淄博市、东营市和威海市均有4个城市，日照只有3个城市。烟台市与潍坊市城市数量明显多于其他地级行政单元。

（4）山东半岛城市群城镇等级合理性评价。按城市群城镇等级合理性评价标准，山东半岛城市群由于缺少超大城市和特大城市，整个城镇等级体系处于较高合理状态，需要培育特大城市，方可进入高度合理状态（表4.12）。

较高合理城市：潍坊市，大中小城镇等级健全，处于较高合理状态，宜承接青岛市产业转移及一体化发展。

中等合理城市：济南市，大中小城镇等级健全，但中等城市较少，难以有效转承大小城市的功能；青岛市，中等合理城市，大中小城市健全，但小城市数量较少，行政区划限制了辐射功能，需要与潍坊市、日照市实施一体化建设；烟台市，中等城市缺失，Ⅱ型大城市难以带动8个小城市发展，需要培育1～2个中等城市辅助形成合理的城镇等级体系。

低合理城市：淄博市，中等城市缺失，Ⅱ型大城市难以带动 3 个小城市发展，需要培育 1 个中等城市，辅助形成合理的城镇等级体系；东营市，大城市缺失，中等城市难以带动 3 个小城市发展，需要培育大城市和中等城市；威海市，大城市缺失，中等城市难以带动 3 个小城市发展，需要培育大城市和中等城市；日照市，大城市缺失，中等城市难以带动 2 个小城市发展，需要培育大城市，并承接青岛市产业转移及一体化发展。

表 4.12　2013 年山东半岛城市群城镇等级合理性评价

地级市	城市数/座	大城市		中等城市（50万～100万人）	小城市		G 值	规模结构特征	合理性判断
		Ⅰ型（300 万～500 万人）	Ⅱ型（100 万～300 万人）		Ⅰ型（20 万～50 万人）	Ⅱ型（<20 万人）			
济南市	5	1		1	1	2	0.6	顶端小底端大	中等合理
青岛市	4	1		2	1		0.65	中间大两端小	中等合理
淄博市	4		1		1	2	0.4	顶小底大中间缺失	低合理
东营市	4			1	1	2	0.35	中间小底端大	低合理
烟台市	9		1		5	3	0.65	顶小底大中间缺失	中等合理
潍坊市	9		1	2	4	1	0.85	顶端小底端大	较高合理
威海市	4			1	2	1	0.4	中间小底端大	低合理
日照市	3			1	1	1	0.3	中间小底端大	低合理
总计		2	3	8	16	12	2	顶端小底端大	较高合理

4. 山东半岛城市群城镇规模效率合理性评价

按城市规模效率（F）的分界值 1.25 万人/km^2、1 万人/km^2、0.83 万人/km^2、0.67 万人/km^2，对山东半岛城市群 8 个地级市和 42 个研究单元的规模效率进行评价。结果显示，山东半岛城市群平均的城镇规模效率指数为 0.9 万人/km^2，符合《城市用地分类与规划建设用地标准》（GB50137—2011），但略低于常规的 1 万人/km^2 的城市规划用地标准。

从地级行政单元来看，淄博市是山东半岛城市群城镇规模效率最高的地级市，城镇规模效率指数为 1.66 万人/km^2，为高合理城市；其次为潍坊市，为 0.95 万人/km^2；济南市和青岛市均为 0.94 万人/km^2，为中等合理城市；日照市和烟台市分别为 0.84 万人/km^2 和 0.83 万人/km^2，威海市和东营市均为 0.71 万人/km^2，为低合理城市。

从县（市、区）单元来看，最高为烟台市区，城镇规模效率指数为 1.66 万人/km^2，最低为文登市，为 0.41 万人/km^2。山东半岛城市群高合理城市有 4 个，占 9.52%；较高合理城市有 8 个，占 19.05%；中等合理城市有 15 个，占 35.71%；低合理城市有 7 个，占 16.67%；不合理城市有 8 个，占 19.05%。

根据《城市用地分类与规划建设用地标准》（GB50137—2011），全国分为 7 类建筑气候区，山东半岛城市群为Ⅱ类寒冷地区，所以对各地级市按目前的城镇规模效率采取以下提升措施。

高合理城市：淄博市。按人均 80～105m^2/人配备规划建设用地指标，允许调整幅度为+0.1～+15m^2/人。

中等合理城市：潍坊市、济南市和青岛市。提升现有建设用地的建设强度，适当引导提升中心城市和次级城市人口数量，按人均 95～115m^2/人配备规划建设用地指标，允许调整幅度为-20～-0.1m^2/人。

低合理城市：日照市、烟台市、威海市和东营市。提升现有建设用地的建设强度，积极引导中心城市和次级中心城市人口数量，按人均≤115m^2/人配备规划建设用地指标，允许调整幅度<0。

次级行政单元按其城镇规模效率指标和《城市用地分类规划建设用地标准》（GB50137—2011）的Ⅱ类寒冷地区标准，配备规划建设用地指标（表 4.13）。

表 4.13　2013 年山东半岛城市群城镇规模效率合理性评价表

市（县、区）	地市	合理性	市（县、区）	地市	合理性	市（县、区）	地市	合理性
济南市区	0.92	3	文登市	0.41	1	寿光市	1.28	5
平阴县	0.65	1	乳山市	0.93	2	**潍坊市**	**0.95**	**3**
商河县	0.71	2	荣成市	0.93	2	烟台市区	1.66	5
章丘市	1.19	4	**威海市**	**0.71**	**2**	蓬莱市	0.47	1
济阳县	1.25	5	东营市区	0.87	3	莱州市	0.49	1
济南市	**0.94**	**3**	垦利县	0.44	1	莱阳市	0.60	1
青岛市区	1.02	3	利津县	0.50	1	海阳市	0.73	2
平度市	0.84	2	广饶县	1.03	4	龙口市	0.83	3
胶州市	0.92	2	**东营市**	**0.71**	**2**	长岛县	0.84	3
即墨市	0.97	2	潍坊市区	1.06	4	栖霞市	0.88	3
青岛市	**0.94**	**3**	昌乐县	0.80	2	招远市	0.89	3
淄博市区	1.13	3	昌邑市	0.80	2	**烟台市**	**0.83**	**3**
高青县	1.11	3	青州市	0.81	2	日照市区	0.77	2
沂源县	1.20	3	安丘市	0.87	3	莒县	0.80	2
桓台县	1.56	5	高密市	0.91	3	五莲县	0.95	3
淄博市	**1.25**	**5**	临朐县	0.97	3	**日照市**	**0.84**	**3**
威海市区	0.56	1	诸城市	1.07	4			

注：5 为高合理城市，4 为较高合理城市，3 为中等合理城市，2 为低合理城市，1 为不合理城市。

5. 山东半岛城市群城镇规模结构体系评价及提升

式（4.5）中，α_1 为城市规模结构体系合理性指数的权系数，α_2 为城镇等级结构合理性指数的权系数，α_3 为城市规模效率合理性指数的权系数，采用层次分析法，计算得到 α_1=0.3571，α_2=0.3286，α_3=0.3143。采用极值标准化方法对 3 组数据进行标准化计算，分别计算城市群 8 个地级市的城镇规模结构体系合理性诊断指数 R，在此基础上，将其分为高合理城市、较高合理城市、中等合理城市、低合理城市和不合理城市。根据城市规模结构体系合理性指数的诊断标准、城镇等级结构合理性指数的诊断标准和城市规模效率合理性指数的诊断标准，提出城市规模结构格局合理性指数 USR 诊断标准如下：当 R>0.65 时，诊断为高合理城市；当 0.55<R<0.65 时，诊断为较高合理城市；当 0.45<R<0.55 时，诊断为中等合理城市；当 0.35<R<0.45 时，诊断为低合理城市；当 R<0.35 时，诊断为不合理城市（表 4.14）。

表 4.14　2013 年山东半岛城市群城镇规模结构体系合理性综合诊断标准

等级/权重/标准	规模结构合理性 Q		规模等级合理性 G		规模效率合理性 F	
	α_1=0.3571		α_2=0.3286		α_3=0.3143	
	标准（Q 值）	属性值	标准（G 值）	属性值	标准（F 值）	属性值
高合理城市	Q>0.64	5	G≥2	5	F>1.25	5
较高合理城市	0.55<Q<0.63	4	1≤G<2	4	1<F<1.25	4
中等合理城市	0.47<Q<0.54	3	0.6≤G<1	3	0.83<F<1	3
低合理城市	0.37<Q<0.46	2	0.3≤G<0.6	2	0.67<F<0.83	2
不合理城市	Q<0.36	1	G<0.3	1	F<0.67	1

计算结果显示，从整体来看，山东半岛城市群城镇规模体系合理性指数 R 值为 0.55，处于较高合理性水平。分地级市来看，潍坊市城镇规模结构合理性指数 R 值为 0.83，为高合理性城市；威海市和烟台市的 R 值分别为 0.63 和 0.55，为较高合理性城市；青岛市、淄博市、济南市、日照市的 R 值分别为 0.54、0.52、0.46 和 0.48，为高合理性城市；东营市的 R 值为 0.41，为低合理城市。为与国土空间开发强度提升指数、产业体系提升指数和交通体系提升指数统一标准，将 R 值进行 1～9 的标准化，得出济南市、青岛市、淄博市、日照市城镇规模体系综合提升指数均为 5，东营市为 2，烟台市和威海市为 7，潍坊市为 9。提升指数越高，表明城市群城镇规模体系越稳定，应该在维持现状的基础上优化内部结构，保持稳定提升；提升指数越低，表明城镇规模体系越不稳定，应该从规模结构、规模等级和规模效率方面进行优先与重点提升。根据城市群城镇规模综合提升指数 R 划分提升类型分区。其中，综合提升指数 1～3 为重点提升区，包括重点提升区Ⅰ（指数 1）、重点提升区Ⅱ（指数 2）和重点提升区Ⅲ（指数 3）3 种类型；综合提升指数 4～6 为优化提升区，包括优化提升区Ⅰ（指数 4）、优化提升区Ⅱ（指数 5）和优化提升区Ⅲ（指数 6）3 种类型；综合提升指数 7～9 为重点提升区，包括稳定提升区Ⅰ（指数 7）、稳定提升区Ⅱ（指数 8）和稳定提升区Ⅲ（指数 9）3 种类型。

针对山东半岛城市群城镇规模结构体系合理性综合诊断结果，结合其在城镇规模结构、城镇等级结构和城镇效率结构方面的特征与问题，将山东半岛城市群 8 个地级市城镇规模结构体系设置以下提升路径与对策（表 4.15）。

表 4.15　2013 年山东半岛城市群城镇规模结构体系合理性结果及提升对策表

地级市	R 值	标准化 R 值	合理性	提升对策
济南市	0.46	5	优化提升区Ⅱ	省会非核心功能外迁，扩大辐射（行政）范围，培育章丘市和济阳市 2 个副中心城市，实施济南—德州、济南—莱芜一体化建设；同时，提升现有建设用地的建设强度，适当引导提升中心城市和次级城市人口数量，按人均 95～115m^2/人配备规划建设用地指标，允许调整幅度为-20～-0.1m^2/人
青岛市	0.54	5	优化提升区Ⅱ	减缓中心城市垄断地位，实施部分功能向即墨市、胶州市副中心外迁，扩大辐射（行政）范围，开展青岛—潍坊、青岛—日照一体化建设；提升现有建设用地的建设强度，适当引导提升中心城市和次级城市人口数量，按人均 95～115m^2/人配备规划建设用地指标，允许调整幅度为-20～-0.1m^2/人

续表

地级市	R 值	标准化 R 值	合理性	提升对策
淄博市	0.52	5	优化提升区 II	培育 1 个中等城市桓台县作为次级中心城市，减轻中心城市垄断地位，继续保持土地集约利用优势，按人均 80～105m^2/人配备规划建设用地指标，允许调整幅度为+0.1～+15m^2/人
东营市	0.41	2	重点提升区 II	将东营市区培育成大城市，同时培育广饶县为中等城市，健全城镇体系，提升现有建设用地的建设强度，积极引导中心城市和广饶县城人口数量，按人均≤115m^2/人配备规划建设用地指标，允许调整幅度为＜0
烟台市	0.55	7	稳定提升区 I	发展市区为特大城市，培育 2～3 个中等城市作为次中心，提升现有建设用地的建设强度，积极引导中心城市和次级中心城市人口数量，按人均≤115m^2/人配备规划建设用地指标，允许调整幅度为＜0
潍坊市	0.83	9	稳定提升区III	发挥城镇规模结构高度合理优势，承接青岛市产业转移及一体化发展，提升现有建设用地建设强度，适当引导提升中心城市和次级城市人口数量，按人均 95～115m^2/人配备规划建设用地指标，允许调整幅度为–20～–0.1m^2/人
威海市	0.63	7	稳定提升区 I	培育市区为大城市，同时培育 1 个中心城市，承接烟台市的产业转移及一体化发展，提升现有建设用地的建设强度，积极引导中心城市和次级中心城市人口数量，按人均≤115m^2/人配备规划建设用地指标，允许调整幅度为＜0
日照市	0.48	5	优化提升区 II	培育市区为大城市，同时培育 1 个中心城市，承接青岛市产业转移及一体化发展，提升现有建设用地的建设强度，积极引导中心城市和次级中心城市人口数量，按人均≤115m^2/人配备规划建设用地指标，允许调整幅度为＜0

4.3.3 基于增量-就业-减排一体化的城市群产业结构优化技术

1. 山东半岛城市群产业结构现状特征

1）山东半岛城市群产业结构现状特征

通过 2013 年山东半岛城市群产业结构可以看出，其主导产业为石油加工、炼焦和核燃料加工业，其产值对区域 GDP 的贡献率达到了 18.41%，其次为化学非金属矿物制品制造业，产业产值占区域 GDP 的 13.20%，烟酒副食制造业、交通运输设备制造业、金属冶炼和压延加工业，以及通用、专用设备制造业 4 种产业发展并驾齐驱，对区域 GDP 的贡献率均在 10%～11%，能源开采业、矿物采选业、医药制造业和废弃综合利用及设备修理业在山东半岛城市群内发展较弱，其中废弃资源综合利用及设备修理业产值占区域 GDP 的 0.06%。所以，山东半岛城市群的主导产业为石油加工、炼焦和核燃料加工业，化学非金属矿物制品制造业，烟酒副食制造业，交通运输设备制造业，金属冶炼和压延加工业，以及通用、专用设备制造业（表 4.16）。

表 4.16 山东半岛城市群行业产值及比重表

行业名称	全国/亿元	比例/%	山东省/亿元	比例/%	山东半岛/亿元	比例/%
能源开采业	48 935.12	4.30	4 218.12	3.25	1 727.56	2.25
矿物采选业	24 002.86	2.11	1 852.22	1.43	1 417.04	1.84
烟酒副食制造业	109 534.06	9.62	15 675.08	12.07	8 437.52	10.98
纺织服饰鞋帽制造业	80 422.92	7.06	11 052.31	8.51	4 549.73	5.92

续表

行业名称	全国/亿元	比例/%	山东省/亿元	比例/%	山东半岛/亿元	比例/%
家具生活文化用品制造业	62 111.97	5.46	7 691.79	5.92	3 411.59	4.44
石油加工、炼焦和核燃料加工业	41 628.38	3.66	6 905.78	5.32	14 140.82	18.41
医药制造业	21 207.70	1.86	3 207.26	2.47	1 506.37	1.96
化学非金属矿物制品制造业	221 971.51	19.50	32 511.02	25.03	10 140.09	13.20
金属冶炼和压延加工业	126 920.92	11.15	11 242.46	8.65	7 886.7	10.27
通用、专用设备制造业	14 7486.37	12.96	12 981.40	9.99	7 887.49	10.27
交通运输设备制造业	89 805.92	7.89	12 667.41	9.75	8 039.66	10.47
通信、计算机设备等其他制造业	93 602.46	8.22	5 211.87	4.01	5 264.51	6.85
废弃资源综合利用及设备修理业	5 182.57	0.46	129.99	0.10	45.35	0.06
电力、热力、燃力及水的生产和供应业	65 535.59	5.76	4 559.30	3.51	2 366.72	3.08

2）山东半岛城市群地级市产业结构现状特征

对山东半岛城市群各地级市产业结构进行分析可得，青岛市和烟台市的产值最高（20.19%和 18.08%）。青岛市以化学非金属矿物制品制造业和交通运输设备制造业为主导，烟台市则以通信、计算机设备等其他制造业与金属冶炼和压延加工业为主；淄博市、东营市和潍坊市的工业总产值基本相当，均在 11 000 亿元左右，这 3 个城市均以石油加工、炼焦和核燃料加工业为主；济南市、威海市和日照市 3 个地区工业发展较弱，并以烟酒副食制造业为主导产业。能源开采业主要分布在东营市和淄博市，烟台市、潍坊市和济南市分布少许，其他 3 个城市该产业缺失（表 4.17）。

表 4.17　山东半岛城市群地级市行业产值及比重表

行业名称	青岛市/亿元	比例/%	日照市/亿元	比例/%	威海市/亿元	比例/%	淄博市/亿元	比例/%
能源开采业	0.00	0.00	0.00	0.00	0.00	0.00	326.23	2.98
矿物采选业	45.79	0.30	13.29	0.49	27.62	0.49	111.64	1.02
烟酒副食制造业	1953.52	12.59	734.56	27.34	1339.53	23.79	233.23	2.13
纺织服饰鞋帽制造业	1202.54	7.75	42.76	1.59	450.54	8.00	356.49	3.26
家具生活文化用品制造业	1129.43	7.28	144.17	5.37	358.01	6.36	407.64	3.73
石油加工、炼焦和核燃料加工业	973.35	6.27	139.40	5.19	201.47	3.58	4323.50	39.54
医药制造业	110.36	0.71	8.72	0.32	308.72	5.48	367.12	3.36
化学非金属矿物制品制造业	3261.65	21.03	376.70	14.02	510.36	9.07	1961.64	17.94
金属冶炼和压延加工业	604.94	3.90	445.65	16.59	138.74	2.46	1175.44	10.75
通用、专用设备制造业	1826.61	11.77	91.85	3.42	651.90	11.58	1134.25	10.37
交通运输设备制造业	3004.89	19.37	504.17	18.77	816.14	14.50	104.89	0.96
通信、计算机设备等其他制造业	931.46	6.00	33.57	1.25	640.65	11.38	126.19	1.15
废弃资源综合利用及设备修理业	22.63	0.15	0.00	0.00	0.00	0.00	0.77	0.01
电力、热力、燃力及水的生产和供应业	445.50	2.87	151.46	5.64	186.03	3.30	305.98	2.80

续表

行业名称	东营市/亿元	比例/%	潍坊市/亿元	比例/%	济南市/亿元	比例/%	烟台市/亿元	比例/%
能源开采业	1186.89	9.94	19.52	0.17	25.70	0.56	169.21	1.22
矿物采选业	218.78	1.83	89.00	0.77	24.29	0.53	886.62	6.38
烟酒副食制造业	495.43	4.15	1595.43	13.74	428.79	9.30	1657.04	11.93
纺织服饰鞋帽制造业	615.15	5.15	1397.00	12.03	0.11	0.00	485.13	3.49
家具生活文化用品制造业	208.60	1.75	768.22	6.62	95.17	2.06	300.34	2.16
石油加工、炼焦和核燃料加工业	4817.65	40.33	2316.18	19.95	617.90	13.40	751.36	5.41
医药制造业	125.90	1.05	261.36	2.25	158.05	3.43	166.14	1.20
化学非金属矿物制品制造业	1687.54	14.13	909.66	7.84	374.34	8.12	1058.20	7.62
金属冶炼和压延加工业	1301.98	10.90	1039.48	8.95	714.67	15.49	2465.79	17.75
通用、专用设备制造业	773.58	6.48	1609.96	13.87	531.36	11.52	1267.99	9.13
交通运输设备制造业	301.41	2.52	923.89	7.96	979.55	21.24	1404.73	10.11
通信、计算机设备等其他制造业	22.96	0.19	283.07	2.44	409.79	8.88	2816.83	20.28
废弃资源综合利用及设备修理业	7.08	0.06	0.00	0.00	0.00	0.00	14.87	0.11
电力、热力、燃力及水的生产和供应业	181.41	1.52	396.66	3.42	252.96	5.48	446.71	3.22

在得到每个产业部门的产值比重后，分别计算所有城市每个产业部门产值比重的算术平均值和标准差，以此平均值作为城市主导产业部门的识别标准，即若某城市某部门的产值比重高于全国平均水平，则此城市具有该种相应产业的主导产业。山东半岛城市群各地级市的主导产业具有较大差异，8 个地级市主导产业见表 4.18。

表 4.18　山东半岛城市群地级市主导产业及区位熵

地级市	主导产业及区位熵
济南市	石油加工、炼焦和核燃料加工业（2.52），医药制造业（1.39），金属冶炼和压延加工业（1.79），通用、专用设备制造业（1.15），交通运输设备制造业（2.18），电力、热力、燃力及水的生产和供应业（1.56）
青岛市	烟酒副食制造业（1.04），家具生活文化用品制造业（1.23），石油加工、炼焦和核燃料加工业（1.18），通用、专用设备制造业（1.18），交通运输设备制造业（1.99），通信、计算机设备等其他制造业（1.50），废弃资源综合利用及设备修理业（1.50）
淄博市	石油加工、炼焦和核燃料加工业（7.44），医药制造业（1.36），金属冶炼和压延加工业（1.24），通用、专用设备制造业（1.04）
潍坊市	烟酒副食制造业（1.14），纺织服饰鞋帽制造业（1.41），家具生活文化用品制造业（1.12），石油加工、炼焦和核燃料加工业（3.75），金属冶炼和压延加工业（1.03），通用、专用设备制造业（1.39）
烟台市	矿物采选业（4.48），石油加工、炼焦和核燃料加工业（1.02），金属冶炼和压延加工业（2.05），交通运输设备制造业（5.05），废弃资源综合利用及设备修理业（1.07）
威海市	烟酒副食制造业（1.97），家具生活文化用品制造业（1.07），医药制造业（2.22），通用、专用设备制造业（1.16），交通运输设备制造业（1.49）
日照市	烟酒副食制造业（2.27），金属冶炼和压延加工业（1.92），交通运输设备制造业（1.92），电力、热力、燃力及水的生产和供应业（1.61）
东营市	能源开采业（3.06），矿物采选业（1.28），石油加工、炼焦和核燃料加工业（7.59），金属冶炼和压加工业（1.26）

采用加权方法构建城市群产业体系结构的合理性评价模型，从产业的多样化指数（diversity index）和区位熵（location entropy）两个方面评价山东半岛城市群的产业结构优化程度，即产业结构优化度指数 I。产业结构优化度指数越高的城市，表征着更高的产业结构多样性和专业化程度，意味着该城市的产业体系具有更高的稳定性，提升指数

越低，表明产业体系越不稳定，应该从“增量–就业–减排”方面进行优先与重点提升。按 1-2-3-4-5-6-7-8-9 的划分标准对优化指数 *I* 进行标准化和重新分类，并划分提升类型分区。其中，综合提升指数 1～3 为重点提升区，包括重点提升区Ⅰ（指数 1）、重点提升区Ⅱ（指数 2）和重点提升区Ⅲ（指数 3）3 种类型；综合提升指数 4～6 为优化提升区，包括优化提升区Ⅰ（指数 4）、优化提升区Ⅱ（指数 5）和优化提升区Ⅲ（指数 6）3 种类型；综合提升指数 7～9 为稳定提升区，包括稳定提升区Ⅰ（指数 7）、稳定提升区Ⅱ（指数 8）和稳定提升区Ⅲ（指数 9）3 种类型（表 4.19）。

表 4.19 山东半岛城市群地级市产业体系优化指数 I 及综合提升分区

地级市	多样性指数（0.4）	区位熵指数（0.6）	综合提升指数	综合提升分区
济南市	5	1	3	重点提升区Ⅲ
青岛市	9	9	9	稳定提升区Ⅲ
淄博市	1	6	4	优化提升区Ⅰ
潍坊市	5	6	6	优化提升区Ⅲ
烟台市	5	8	7	稳定提升区Ⅰ
威海市	5	2	3	重点提升区Ⅲ
日照市	1	1	1	重点提升区Ⅰ
东营市	1	7	5	优化提升区Ⅱ

山东半岛城市群产业体系结构优化指数为 4.75，整体属于中等稍偏下的优化水平，表明山东半岛城市群的产业体系在产业多样化和专业化方面均需要较大优化与提升。从地级市来看，青岛市、烟台市产业体系优化度较高，实施优化与升级的效率与潜力最大；潍坊市、东营市、淄博市产业体系优化度中等，需要在产业多样性方面实施提升战略；济南市、威海市和日照市产业体系优化度较低，需要全方面的培育与提升，见表 4.19。

2. 山东半岛城市群产业结构提升路径

总体而言，山东半岛城市群产业结构优化路径可以划分为经济发展路径及绿色发展路径。经济增长路径，即优化前的产业结构演进方向，仅考虑山东半岛城市群的区域经济发展及充分就业的目标；绿色发展路径，即优化后的产业结构演进方向，综合考虑山东半岛城市群经济发展、社会就业、能源消耗及污染物排放控制等目标。

产业结构优化是在保证产值和就业最大化的前提下，以单位能耗、单位二氧化硫、单位氮氧化物、单位化学需氧量、单位氨氮指标为约束条件，对区域产业进行结构优化和提升。根据山东省“十二五”“十三五”规划，以及山东半岛城市群各地级市“十二五”“十三五”规划和城市发展规划，并考虑到我国目前的经济发展现状，设置未来 15 年经济增长速度在 5%～15%；依据《山东省 2014～2015 年节能减排低碳发展行动实施方案》[14]，设置单位地区生产总值（GDP）能耗和二氧化碳排放量分别下降 2.8%、3.2%，化学需氧量、二氧化硫、氨氮、氮氧化物排放量分别逐年下降 1.8%、1.2%、2.4%、5.5%以上。综合考虑山东半岛地区经济发展、社会就业、能源消耗及污染物排放控制等因素，将各参数代入产业结构优化模型，对山东半岛城市群及各地级市进行产业优化测算，得到优化提升结果。

1）山东半岛城市群产业结构优化评价

山东半岛城市群优化后的产业结构呈现出较为明显的变化。其中，多数产业产值得到了明显的提升，优化后降低明显的产业主要有能源开采业及烟草和副食品制造业，从能源开采业来看，主要是由其高耗能的原因造成的，其降低幅度比只考虑增量下的产值降低了 33 678 万元，达到了优化前的 82%，这种幅度的优化说明实现 2020 年能耗和减排目标的艰巨性。从烟酒副食制造业来看，这主要是由于其产出效率不高，在模型计算过程中被大大削弱，但从现实发展来看，这一产业部门的发展在一定程度上，即使在扩大就业、增加产值和减排的情况下产值也不能为 0，但是由于在限定模型的约束下，造成结构模拟结果出现误差。其余产业部门在优化过程中有较大增长的有通用、专用设备制造业，通信、计算机设备等其他制造业，废弃资源综合利用及设备修理业等部门，这些部门在山东半岛宏观减排指标的限制下，产值均呈现出明显的增长，从产业部门的性质来看，通用、专用设备制造业的大幅提高（增长 128%）主要是由于其为整个国民经济主要部门提供生产资料的生产部门，在增量需要得到保证的情况下，装备制造业部门的发展是产业发展的基础；其次，通信、计算机设备等其他制造业（增长 91%）是知识经济时代，特别是新常态发展下的经济增长点，作为新兴产业的电子商务部门对其的推动作用更为明显，再加上新型城镇化和智慧城市的建设，通信、计算机设备等其他制造业势必成为新背景下的经济增长点；此外，废弃资源综合利用及设备修理业作为绿色经济和生态经济的重点，是当前条件下大力发展清洁能源及减排条件下的重点，因此这些产业部门在优化后会有较为明显的增高（图 4.33）。

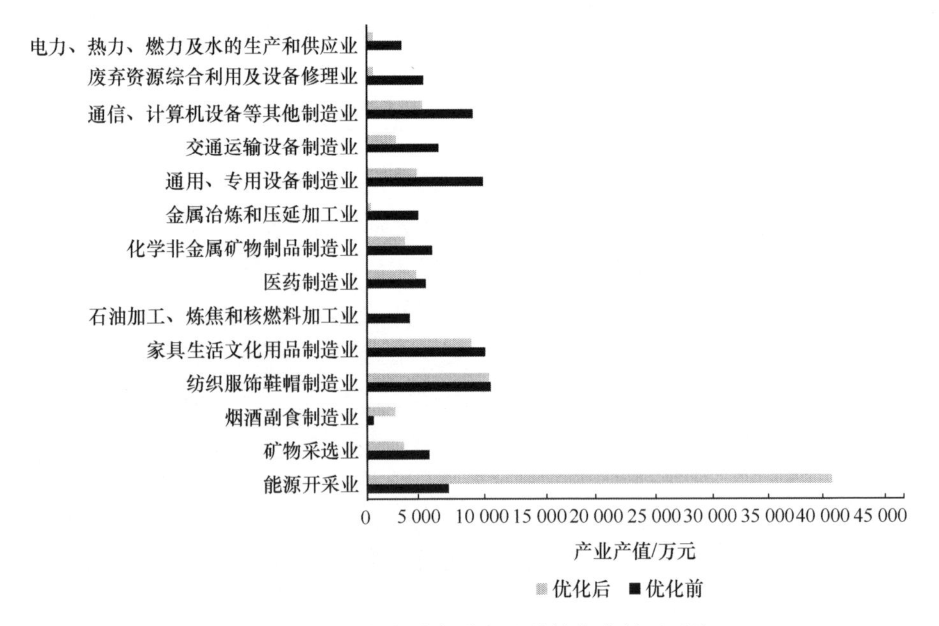

图 4.33　山东半岛城市群产业结构优化前后对比

2）山东半岛城市群各地级市产业结构优化结果

采用同样的标准对山东半岛城市群各地级市的产业结构进行优化提升，得出其提升后的主导产业及区位熵。可以看出，各地级市的主导产业均发生了变化，其中高污染和高耗能的产业得到限制，而低污染、低耗能的产业的区位熵得到了提升（表 4.20）。以济南市为例，其主导产业（区位熵）由调整前的石油加工、炼焦和核燃料加工业（2.52），医药制造业（1.39），金属冶炼和压延加工业（1.79），通用、专用设备制造业（1.15），交通运输设备制造业（2.18），电力、热力、燃力及水的生产和供应业（1.56），变为调整后的矿物采选业（1.26），石油加工、炼焦和核燃料加工业（1.95），医药制造业（1.05），化学非金属矿物制品制造业（1.06），金属冶炼和压延加工业（1.71），交通运输设备制造业（1.28），废弃资源综合利用及设备修理业（1.54），电力、热力、燃力及水的生产和供应业（1.31），其中通用、专用设备制造业被置于主导产业之外，并且主导产业的区位熵整体被调低。

表 4.20　山东半岛城市群提升后的主导产业及区位熵

地级市	主导产业及区位熵
济南市	矿物采选业（1.26），石油加工、炼焦和核燃料加工业（1.95），医药制造业（1.05），化学非金属矿物制品制造业（1.06），金属冶炼和压延加工业（1.71），交通运输设备制造业（1.28），废弃资源综合利用及设备修理业（1.54），电力、热力、燃力及水的生产和供应业（1.31）
青岛市	能源开采业（1.25），矿物采选业（1.23），纺织服饰鞋帽制造业（1.17），家具生活文化用品制造业（1.12），医药制造业（1.47），化学非金属矿物制品制造业（1.16）
淄博市	矿物采选业（1.19），石油加工、炼焦和核燃料加工业（1.72），医药制造业（1.02），化学非金属矿物制品制造业（1.01），金属冶炼和压延加工业（1.54），交通运输设备制造业（1.19），废弃资源综合利用及设备修理业（1.40），电力、热力、燃力及水的生产和供应业（1.19）
潍坊市	能源开采业（1.01），矿物采选业（1.14），石油加工、炼焦和核燃料加工业（1.40），医药制造业（1.03），金属冶炼和压延加工业（1.34），交通运输设备制造业（1.12），通信、计算机设备等其他制造业（1.08），废弃资源综合利用及设备修理业（1.24）
烟台市	纺织服饰鞋帽制造业（1.59），家具生活文化用品制造业（1.25），化学非金属矿物制品制造业（1.24），通用、专用设备制造业（1.97）
威海市	烟酒副食制造业（13.65），医药制造业（1.57），交通运输设备制造业（1.06），通信、计算机设备等其他制造业（2.01），废弃资源综合利用及设备修理业（1.19）
日照市	能源开采业（1.44），纺织服饰鞋帽制造业（2.12），家具生活文化用品制造业（1.83），通信、计算机设备等其他制造业（1.53），电力、热力、燃力及水的生产和供应业（1.77）
东营市	能源开采业（1.03），矿物采选业（1.12），石油加工、炼焦和核燃料加工业（1.20），医药制造业（1.07），金属冶炼和压延加工业（1.21），通用、专用设备制造业（1.06），交通运输设备制造业（1.06），废弃资源综合利用及设备修理业（1.13）

图 4.34 和表 4.21 显示了调整后的山东半岛城市群各地级市的行业比重，与优化前相比具有较大的改善。以济南市为例，能源开采业、矿物采选业、纺织服饰鞋帽制造业、家具生活文化用品制造业、化学非金属矿物制品制造业、废弃资源综合利用及设备修理业的比例有所提升，而烟酒副食制造业，石油加工、炼焦和核燃料加工业，医药制造业，金属冶炼和压延加工业，通用、专用设备制造业，交通运输设备制造业，通信、计算机设备等其他制造业，电力、热力、燃力及水的生产和供应业受到了限制。

3）山东半岛城市群及各地级市产业结构提升路径

根据山东半岛城市群及各地级市产业结构提升前与提升后的对比可以得出，综合考

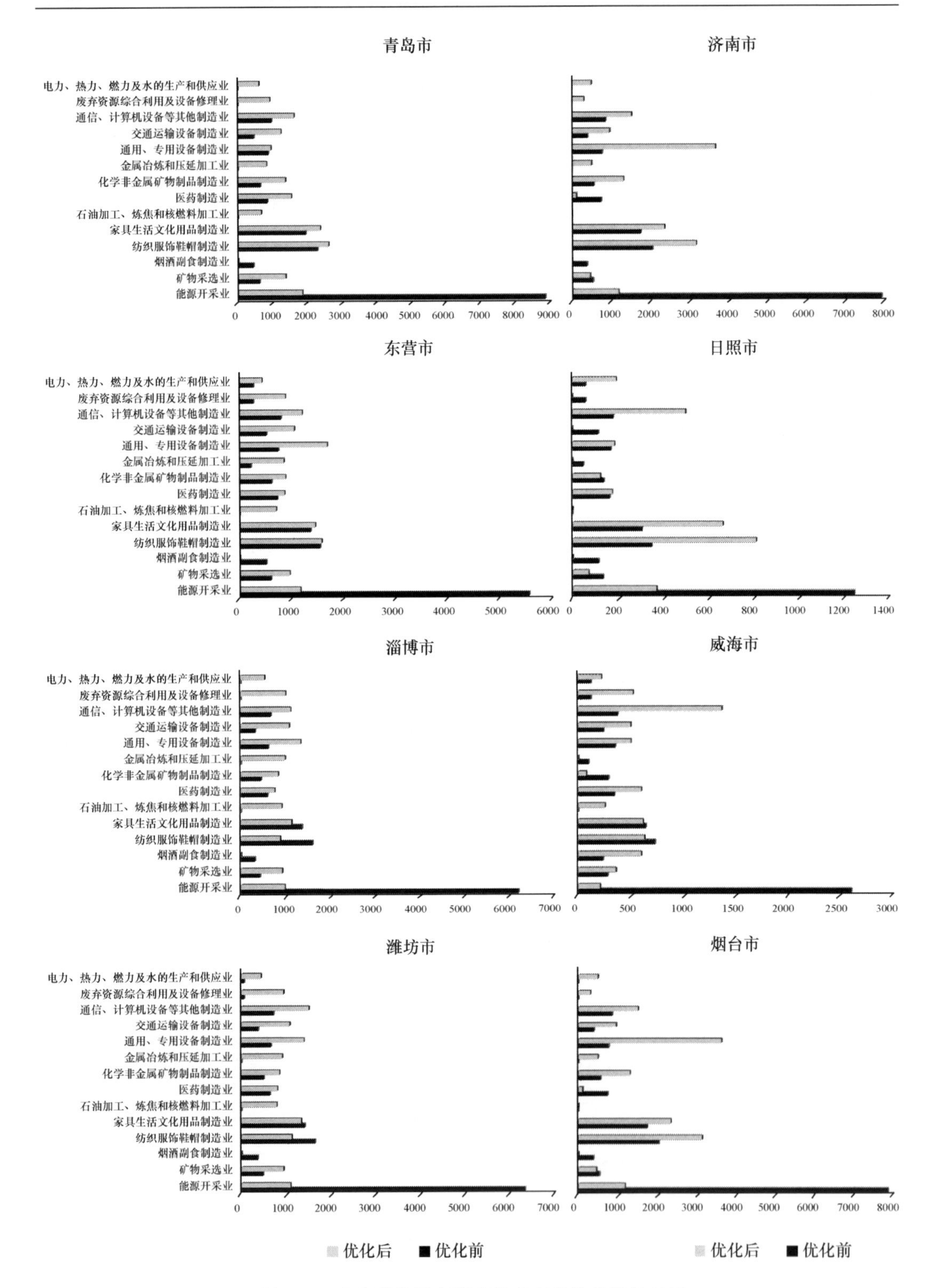

图 4.34　山东半岛城市群各地市产业结构优化结果

表 4.21　山东半岛城市群地级市提升后的行业产值及比重表

行业名称	青岛市/亿元	比例/%	日照市/亿元	比例/%	威海市/亿元	比例/%	淄博市/亿元	比例/%
能源开采业	1842.25	10.33	367.99	11.91	208.00	3.21	992.25	7.89
矿物采选业	1365.24	7.65	68.99	2.23	360.49	5.57	931.56	7.41
烟酒副食制造业	0.00	0.00	0.00	0.00	598.24	9.24	0.00	0.00
纺织服饰鞋帽制造业	2597.87	14.56	811.42	26.27	630.22	9.73	885.14	7.04
家具生活文化用品制造业	2360.32	13.23	664.40	21.51	616.25	9.52	1142.68	9.09
石油加工、炼焦和核燃料加工业	651.35	3.65	0.00	0.00	255.84	3.95	920.27	7.32
医药制造业	1544.73	8.66	174.52	5.65	599.40	9.26	755.69	6.01
化学非金属矿物制品制造业	1366.33	7.66	122.90	3.98	78.13	1.21	840.43	6.68
金属冶炼和压延加工业	804.00	4.51	0.00	0.00	0.00	0.00	998.50	7.94
通用、专用设备制造业	945.72	5.30	185.65	6.01	504.99	7.80	1345.96	10.70
交通运输设备制造业	1239.93	6.95	0.00	0.00	501.96	7.75	1091.10	8.68
通信、计算机设备等其他制造业	1617.14	9.06	498.52	16.14	1372.3	21.20	1121.60	8.92
废弃资源综合利用及设备修理业	914.18	5.12	0.00	0.00	524.64	8.10	1015.02	8.07
电力、热力、燃力及水的生产和供应业	590.54	3.31	194.84	6.31	223.67	3.45	535.07	4.25
	东营市/亿元	比例/%	潍坊市/亿元	比例/%	济南市/亿元	比例/%	烟台市/亿元	比例/%
能源开采业	1168.84	8.51	1107.82	8.30	425.08	8.01	1177.18	7.37
矿物采选业	960.99	7.00	953.84	7.14	415.96	7.84	457.65	2.86
烟酒副食制造业	0.00	0.00	0.00	0.00	0.00	0.00	0.00	0.00
纺织服饰鞋帽制造业	1573.26	11.45	1139.32	8.53	173.15	3.26	3146.43	19.70
家具生活文化用品制造业	1451.64	10.57	1351.43	10.12	475.82	8.97	2345.82	14.68
石油加工、炼焦和核燃料加工业	703.19	5.12	793.89	5.95	440.46	8.30	0.00	0.00
医药制造业	868.27	6.32	810.53	6.07	327.91	6.18	116.31	0.73
化学非金属矿物制品制造业	887.62	6.46	861.88	6.46	372.71	7.03	1309.58	8.20
金属冶炼和压延加工业	856.48	6.24	924.09	6.92	466.06	8.79	498.59	3.12
通用、专用设备制造业	1682.60	12.25	1405.55	10.53	500.43	9.43	3643.45	22.81
交通运输设备制造业	1059.81	7.72	1092.67	8.18	494.07	9.31	961.92	6.02
通信、计算机设备等其他制造业	1204.44	8.77	1520.42	11.39	493.82	9.31	1509.84	9.45
废弃资源综合利用及设备修理业	892.38	6.50	954.91	7.15	471.35	8.89	309.80	1.94
电力、热力、燃力及水的生产和供应业	426.51	3.11	434.49	3.25	247.74	4.67	498.06	3.12

虑山东半岛城市群经济发展、社会就业、能源消耗及污染物排放控制等目标，将其调整为绿色发展路径，即优化后的产业结构演进方向，需要对山东半岛城市群和各地级市的产业结构作如下调整（表 4.22）。

表 4.22　山东半岛城市群产业结构提升路径

地区	提升产业	限制产业
济南市	能源开采业，矿物采选业，纺织服饰鞋帽制造业，家具生活文化用品制造业，化学非金属矿物制品制造业，废弃资源综合利用及设备修理业	烟酒副食制造业，石油加工、炼焦和核燃料加工业，医药制造业，金属冶炼和压延加工业，通用、专用设备制造业，交通运输设备制造业，通信、计算机设备等其他制造业，电力、热力、燃力及水的生产和供应业
青岛市	能源开采业，矿物采选业，纺织服饰鞋帽制造业，医药制造业，化学非金属矿物制品制造业，金属冶炼和压延加工业，电力、热力、燃力及水的生产和供应业	烟酒副食制造业，家具生活文化用品制造业，石油加工、炼焦和核燃料加工业，通用、专用设备制造业，交通运输设备制造业，通信、计算机设备等其他制造业，废弃资源综合利用及设备修理业

续表

地区	提升产业	限制产业
淄博市	能源开采业，矿物采选业，纺织服饰鞋帽制造业，家具生活文化用品制造业，化学非金属矿物制品制造业，金属冶炼和压延加工业，交通运输设备制造业，通信、计算机设备等其他制造业，废弃资源综合利用及设备修理业，电力、热力、燃力及水的生产和供应业	烟酒副食制造业，石油加工、炼焦和核燃料加工业，医药制造业，通用、专用设备制造业
潍坊市	能源开采业，矿物采选业，医药制造业，化学非金属矿物制品制造业，金属冶炼和压延加工业，交通运输设备制造业，通信、计算机设备等其他制造业，废弃资源综合利用及设备修理业	烟酒副食制造业，纺织服饰鞋帽制造业，家具生活文化用品制造业，石油加工、炼焦和核燃料加工业，通用、专用设备制造业，电力、热力、燃力及水的生产和供应业
烟台市	能源开采业，纺织服饰鞋帽制造业，家具生活文化用品制造业，化学非金属矿物制品制造业，通用、专用设备制造业	矿物采选业，烟酒副食制造业，石油加工、炼焦和核燃料加工业，医药制造业，金属冶炼和压延加工业，交通运输设备制造业，通信、计算机设备等其他制造业，废弃资源综合利用及设备修理业，电力、热力、燃力及水的生产和供应业
威海市	能源开采业，矿物采选业，烟酒副食制造业，石油加工、炼焦和核燃料加工业，废弃资源综合利用及设备修理业，电力、热力、燃力及水的生产和供应业	纺织服饰鞋帽制造业，家具生活文化用品制造业，医药制造业，化学非金属矿物制品制造业，金属冶炼和压延加工业，通用、专用设备制造业，交通运输设备制造业，通信、计算机设备等其他制造业
日照市	能源开采业，矿物采选业，纺织服饰鞋帽制造业，家具生活文化用品制造业，医药制造业，化学非金属矿物制品制造业，通用、专用设备制造业，通信、计算机设备等其他制造业，废弃资源综合利用及设备修理业，电力、热力、燃力及水的生产和供应业	烟酒副食制造业，石油加工、炼焦和核燃料加工业，金属冶炼和压延加工业，交通运输设备制造业
东营市	纺织服饰鞋帽制造业，家具生活文化用品制造业，医药制造业，化学非金属矿物制品制造业，通用、专用设备制造业，交通运输设备制造业，通信、计算机设备等其他制造业，废弃资源综合利用及设备修理业，电力、热力、燃力及水的生产和供应业	能源开采业，矿物采选业，烟酒副食制造业，石油加工、炼焦和核燃料加工业，金属冶炼和压延加工业
山东半岛城市群	矿物采选业，纺织服饰鞋帽制造业，家具生活文化用品制造业，石油加工、炼焦和核燃料加工业，医药制造业、化学非金属矿物制品制造业，金属冶炼和压延加工业、通用、专用设备制造业，交通运输设备制造业，通信、计算机设备等其他制造业，废弃资源综合利用及设备修理业，电力、热力、燃力及水的生产和供应业	能源开采业，烟酒副食制造业

4.3.4 基于载流空间一体化的城市群交通网络优化技术

1. 山东半岛城市群交通网络现状特征

国土系数模型表明，引起交通问题的主导因素为区域经济社会发展，又常显现于城市布局及其发展。山东半岛城市群地形以平原为主，北、东、南三面环海，城市分布较为集中。8 个地级市中，济南市、淄博市、潍坊市、青岛市集中在胶济铁路沿线，东营市、烟台市、威海市和日照市 4 个城市均位于沿海地区，由沿海高速公路相连；城市群 21 个县级市中，6 个城市位于胶济铁路沿线，10 个城市位于沿海高速公路沿线。城市集中于轴带附近，易于组织交通运输，保证主要城市间的通达性，但也容易加剧轴带交通压力，其恶化趋势将加剧并导致连锁反应，不利于远轴区域经济和社会的发展。

2013 年，山东半岛城市群铁路通车里程为 2119 km，公路通车里程为 105 963 km，公路密度为 144 km/100 km^2。在全部公路里程中，二级及以上公路里程为 20 604 km，高速公路里程为 2692 km，晴雨通车里程为 105 733 km。从公路密度来看，山东半岛城市群各地级市存在较大的空间差异，呈现中南部高、北部低的空间格局。其中，淄博市公路密度最高，为 183 km/100 km^2；其次为潍坊市，为 164 km/100 km^2，济南市和日照市分别为 155 km/100 km^2 和 152 km/100 km^2；再次为烟台市和威海市，分别为 124 km/100 km^2 和 122 km/100 km^2；东营市最低，只有 103 km/100 km^2。所以，对山东半岛城市群的交通体系现状和问题进行诊断，并提出优化方案，对城市群国土空间开发质量的提升具有重大的现实意义（图 4.35）。

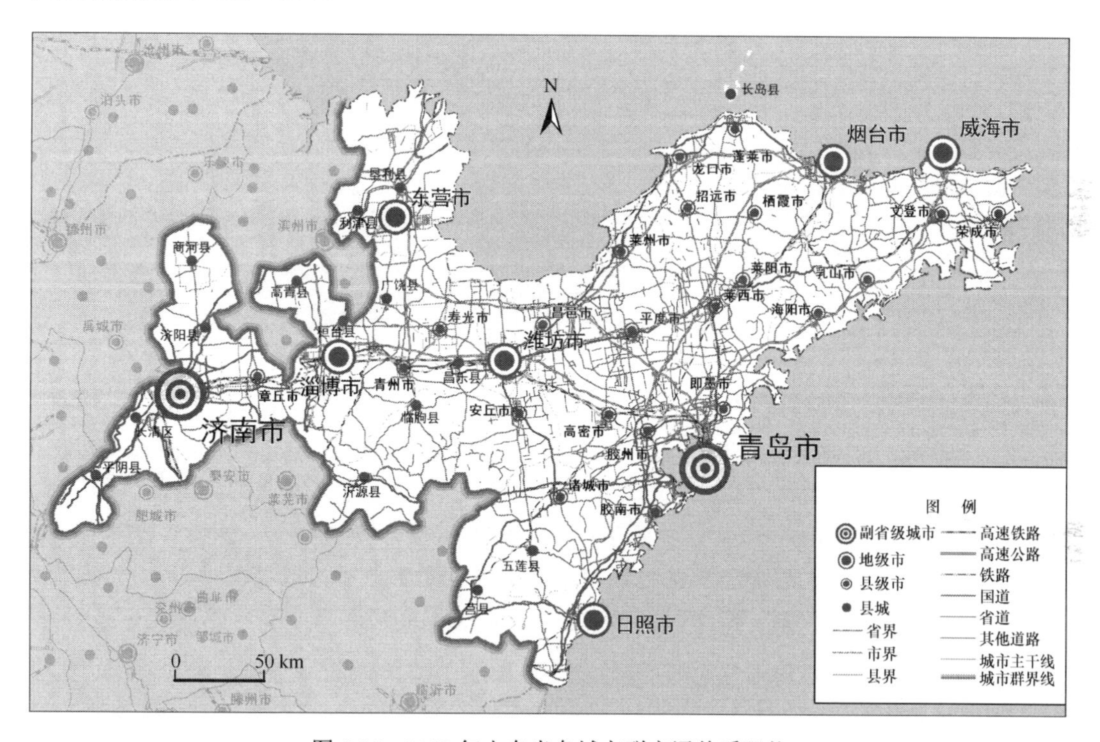

图 4.35　2013 年山东半岛城市群交通体系现状

交通现状决定城市群交通的实际承载能力，形成城市群交通网络的实际承载格局；而区域交通网的理论合理长度与区域人口和面积乘积的平方根及其经济指标成正比，由此形成区域交通网络的理论承载格局。利用 GIS 作空间分析和效果显示，对比两种格局，标识出交通线路承载能力的缺口程度。在测算各个区域承载能力指数的基础上，可以展示交通网络结构中的问题区域，结合区域社会发展情况，为进一步优化设计提出切实可行的调控措施。

山东半岛城市群对外交通类型包括陆运、海运、空运等，欠发达区多以陆运为主。利用 2013 年山东半岛城市群分县（市）GDP、人口、面积等统计数据，经计算，选择相关系数 R 为 0.98 的 K 值公式，分析得出，山东半岛城市群合理里程值为 366 326km，实际里程值为 1 774 558km，两者比值 B=2.0986。可见，合理程值是实际程值的两倍有余，山东半岛城市群交通体系密度有待进一步提升（表 4.23）。

表 4.23　2013 年山东半岛城市群公路里程结构及公路密度表

地区	公路里程/km	等级公路里程/km	二级及以上公路里程/km	高速公路里程/km	晴雨通车里程/km	公路密度/（$km/100km^2$）
济南市	12 697	12 644	1 910	355	12 679	155
青岛市	16 270	16 261	4 124	729	16 270	147
淄博市	10 924	10 473	1 783	206	10 713	183
东营市	8 609	8 609	1 126	181	8 609	103
烟台市	17 024	17 024	4 059	507	17 024	124
潍坊市	25 225	25 225	4 393	428	25 225	164
威海市	7 060	7 060	1 732	125	7 060	122
日照市	8 153	8 153	1 477	163	8 153	152
总计	105 962	105 449	20 604	2 694	105 733	144

资料来源：《山东省统计年鉴 2014》。

2. 山东半岛城市群交通体系实际载流程值评价

为建模需要，本书的研究约定区域各类型交通线路相关设施完备，具有相同的最大载流能力。该研究中的分析单元为县域，域内作均一化处理，同一交通线路类型无差别，且区域内道路充分利用。为标识区域交通承载量，以县道为基准，对其他交通线路类型的里程数值进行折算，其他类型交通线路程值=线路长度×载流权重。假定县道载流权重为 1，依胡序威等[12]和乔家君[10]学者的研究成果，依次确定高速铁路、高速公路、铁路、国道、省道、城市主干道和县乡道的载流权重为 15∶10∶8∶5∶3∶2：1。城市群交通不能满负荷运转主要是由区域经济发展水平较低所致，暂且不考虑收费不合理、管理不完善、配套设施不健全等体制或道路建设问题，即假设各类交通线路均达到了适合经济发展的最大运行状态。

表 4.24 显示，高速公路、城市主干道和省道是山东半岛城市群的主要载流道路，占到城市群总程值的 75.82%。山东半岛城市群的实际程值为 174 560km，其中高速公路最高，为 58 482km，占总程值的 33.50%；其次为城市主干道和省道，分别为 37 715km 和 36 149km，所占比例为 21.61%和 20.71%；铁路和国道位居其后，分别为 16 948km 和 16 813km，所占比例为 9.71%和 9.63%；再次为高速铁路为 4812km，占 2.76%；其他道路最小，为 3641km，只占 2.09%。

表 4.24　2013 年山东半岛城市群实际载流程值表　　（单位：km）

市（县、区）	高速铁路	高速公路	铁路	国道	省道	城市主干道	其他道路	总计
济南市区	383	6 443	1 439	1 776	908	3 396	62	14 407
平阴县	0	826	0	450	9	195	0	1 480
济阳县	0	220	0	734	318	364	0	1 636
商河县	0	0	0	0	304	594	1	899
章丘市	510	1 100	443	326	866	802	3	4 050

续表

市（县、区）	高速铁路	高速公路	铁路	国道	省道	城市主干道	其他道路	总计
青岛市区	568	5 066	831	1 372	3 436	4 985	182	16 440
胶州市	375	2 499	928	239	968	654	150	5 813
即墨市	50	2 544	506	392	1 641	804	194	6 131
平度市	0	4 759	107	535	1 569	575	520	8 065
莱西市	0	1 875	351	557	970	812	253	4 818
淄博市区	619	2 483	2 101	736	2 319	2 405	67	10 730
桓台县	0	525	201	26	424	270	1	1 447
高青县	0	508	0	0	397	212	5	1 122
沂源县	0	1 324	0	0	684	93	22	2 123
东营市区	0	1 447	319	297	867	2 979	19	5 928
垦利县	0	387	55	104	635	720	1	1 902
利津县	0	1 147	0	84	505	402	0	2 138
广饶县	0	1 372	0	0	750	490	19	2 631
烟台市区	0	2 978	688	645	1 592	2 095	145	8 143
长岛县	0	0	0	0	67	91	0	158
龙口市	0	734	173	652	438	677	34	2 708
莱阳市	0	800	414	543	405	331	155	2 648
莱州市	0	1 388	573	691	1 002	402	53	4 109
蓬莱市	0	894	0	461	465	659	12	2 491
招远市	0	639	150	149	593	394	132	2 057
栖霞市	0	1 381	400	248	802	201	46	3 078
海阳市	0	1 244	310	338	659	516	139	3 206
潍坊市区	557	2 117	818	1 167	1 033	2 313	144	8 149
临朐县	0	0	146	0	906	191	55	1 298
昌乐县	255	248	214	463	452	296	32	1 960
青州市	554	1 008	832	360	976	333	20	4 083
诸城市	0	1 457	463	480	794	655	165	4 014
寿光市	68	1 418	722	0	958	1 247	76	4 489
安丘市	56	0	111	404	403	532	336	1 842
高密市	456	653	720	0	343	680	141	2 993
昌邑市	361	1 489	568	384	394	434	227	3 857
威海市区	0	267	187	0	1 384	1 033	22	2 893
荣成市	0	0	0	136	1 523	683	25	2 367
文登市	0	1 071	358	579	1 325	481	38	3 852
乳山市	0	1 040	579	506	741	281	37	3 184
日照市区	0	2 291	696	397	717	1 859	62	6 022
五莲县	0	0	282	142	424	171	41	1 060
莒县	0	840	263	440	183	408	5	2 139
总计	4 812	58 482	16 948	16 813	36 149	37 715	3 641	174 560

从空间上看，山东半岛城市群的总程值形成了以青岛市和济南市为核心，以胶济铁路线为轴带，以地级市市区为主要节点的空间格局。地级市市区是城市群总程值的主要承载单元，8 个城市市区占到城市群总程值的 41.65%；青岛市和济南市作为两个副省级城市，其程值分别为 16 440km 和 14 407km，占城市群总程值的 9.42%和 8.25%；其次为淄博市 10 730km，占 6.15%；潍坊市、烟台市、日照市、东营市位居其后，威海市因地处半岛顶端，程值最小，为 2893km，只占城市群总程值的 1.66%（图 4.36）。

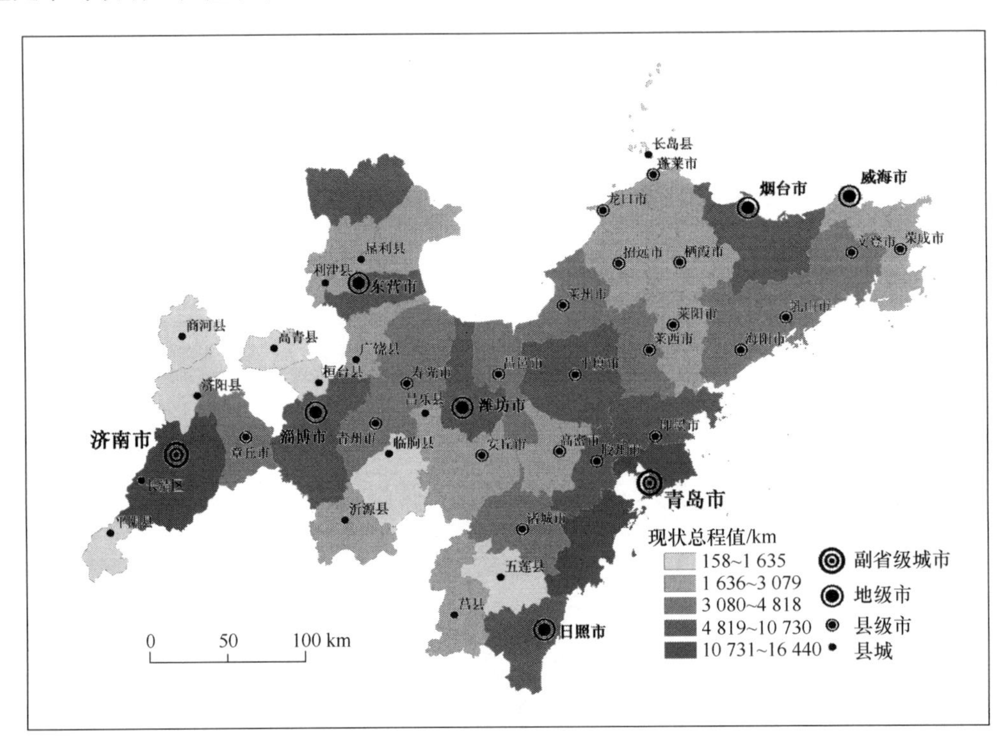

图 4.36　2013 年山东半岛城市群交通体系程值图

3. 山东半岛城市群交通体系理论载流权重与实际载流权重对比评价

通过对比城市群尺度和县域尺度两个层面的理实比率（区域总理论程值与实际程值之比，记为 B），构建了变换后的道路合理载流权重（P_i），表示了基于各市（县、区）行政单元总人口和总面积的区域载流合理需求。Q 为道路实际载流权重，二者的差值体现了研究单元内部道路载流的满足程度。

山东半岛城市群城市交通和铁路、国道、省道等外部交通压力较大，县乡村道路可以保障正常运行。根据上述计算步骤，可以得出山东半岛城市群理实比率 B=2.0986，表明城市群实际载流量和理论载流量还存在较大差距。表 4.25 显示了不同行政单元内不同类型交通线路的理实载流指数。高速铁路和高速公路的 Q 与 P_i 值差距不大，原因是高速铁路载流量占城市群的总载流量较小，而高速公路又分布较为均匀。铁路、国道和省道的 Q 与 P_i 值差距均值为+4.51、+4.19 和+4.13，表明研究单元对铁路、国道和省道的需求缺口较大；城市主干道 Q 与 P_i 值差距均值为+17.49，表明城市主干道载流负担较为严重，山东半岛城市群普遍存在城市主干道不能满足当地人车流量的问题；相比之下，包括县乡道在内的其他道路 Q 与 P_i 值差距均值为–0.55，表明县乡道整体状态良好，可以满足当地农村居民的出行需要，反映了国家和山东省村村通公路工程的良好效果（表 4.25）。

表 4.25　2013 年山东半岛城市群单类交通线路合理载流指数与实际载流指数对比表

市（县、区）	高速铁路		高速公路		铁路		国道		省道		城市主干道		其他道路	
	Q	P_i	Q	P_i	Q	P_i	Q	P_i	Q	P_i	Q	P_i	Q	P_i
济南市区	15	15	10	10	8	15	5	12	3	10	4	17	1	0.6
平阴县	15	15	10	10	8	18	5	11	3	22	4	30	1	0.5
济阳县	15	15	10	10	8	9	5	6	3	7	4	18	1	0.4
商河县	15	15	10	10	8	8	5	5	3	3	4	6	1	0.2
章丘市	15	15	10	11	8	13	5	10	3	7	4	20	1	0.4
青岛市区	15	15	10	10	8	12	5	8	3	6	4	13	1	0.4
胶州市	15	15	10	11	8	16	5	14	3	10	4	29	1	0.6
即墨市	15	15	10	10	8	14	5	10	3	7	4	25	1	0.6
平度市	15	15	10	10	8	20	5	13	3	9	4	29	1	0.6
莱西市	15	15	10	10	8	13	5	9	3	7	4	18	1	0.7
淄博市区	15	15	10	11	8	11	5	10	3	7	4	17	1	0.4
桓台县	15	15	10	10	8	13	5	10	3	6	4	21	1	0.4
高青县	15	15	10	10	8	15	5	9	3	5	4	21	1	0.4
沂源县	15	15	10	10	8	21	5	13	3	8	4	73	1	0.4
东营市区	15	15	10	10	8	11	5	7	3	5	4	8	1	0.5
垦利县	15	15	10	10	8	10	5	7	3	4	4	11	1	0.2
利津县	15	15	10	10	8	17	5	11	3	7	4	21	1	0.4
广饶县	15	15	10	10	8	17	5	10	3	6	4	21	1	0.3
烟台市区	15	15	10	10	8	13	5	9	3	6	4	15	1	0.6
长岛县	15	15	10	10	8	8	5	5	3	3	4	7	1	0.3
龙口市	15	15	10	10	8	11	5	8	3	7	4	15	1	0.3
莱阳市	15	15	10	10	8	11	5	9	3	9	4	22	1	0.4
莱州市	15	15	10	10	8	12	5	10	3	8	4	36	1	0.5
蓬莱市	15	15	10	10	8	12	5	8	3	7	4	15	1	0.4
招远市	15	15	10	10	8	12	5	8	3	6	4	16	1	0.3
栖霞市	15	15	10	10	8	15	5	12	3	9	4	50	1	0.6
海阳市	15	15	10	10	8	13	5	10	3	7	4	20	1	0.5
潍坊市区	15	15	10	11	8	12	5	9	3	7	4	13	1	0.7
临朐县	15	15	10	10	8	8	5	6	3	3	4	21	1	0.2
昌乐县	15	15	10	11	8	11	5	8	3	8	4	24	1	0.5
青州市	15	15	10	12	8	13	5	12	3	9	4	46	1	0.6
诸城市	15	15	10	10	8	13	5	10	3	7	4	20	1	0.4
寿光市	15	15	10	10	8	12	5	10	3	6	4	14	1	0.5
安丘市	15	15	10	10	8	8	5	5	3	4	4	8	1	0.3

续表

市（县、区）	高速铁路		高速公路		铁路		国道		省道		城市主干道		其他道路	
	Q	P_i	Q	P_i	Q	P_i	Q	P_i	Q	P_i	Q	P_i	Q	P_i
高密市	15	15	10	12	8	13	5	13	3	8	4	15	1	0.4
昌邑市	15	15	10	11	8	15	5	13	3	11	4	23	1	0.6
威海市区	15	15	10	10	8	9	5	6	3	4	4	11	1	0.8
荣成市	15	15	10	10	8	8	5	5	3	3	4	13	1	0.3
文登市	15	15	10	10	8	11	5	8	3	6	4	30	1	0.4
乳山市	15	15	10	10	8	12	5	10	3	9	4	40	1	0.5
日照市区	15	15	10	10	8	13	5	10	3	7	4	13	1	0.5
五莲县	15	15	10	10	8	8	5	7	3	5	4	20	1	0.2
莒县	15	15	10	10	8	13	5	10	3	11	4	21	1	0.3

注：Q 为道路实际载流权重，P_i 为道路合理载流权重。

4. 山东半岛城市群综合交通载流承载力评价

通过对比公式（4.21）计算了山东半岛城市群的区域综合承载能力指数，即对行政单元内缺口载流权重与实际载流权重表明交通问题紧张的相对程度，其值大小可作为优先调整的参考依据。

图 4.37 显示了山东半岛城市群交通问题紧张程度，颜色越深，交通压力越大。城市群 43 个研究单元的平均综合承载能力指数为 1.04，表明山东半岛城市群各行政单元的平均载流能力缺口大于现状载流能力。在 43 个行政单元中，26 个行政单元的综合承载

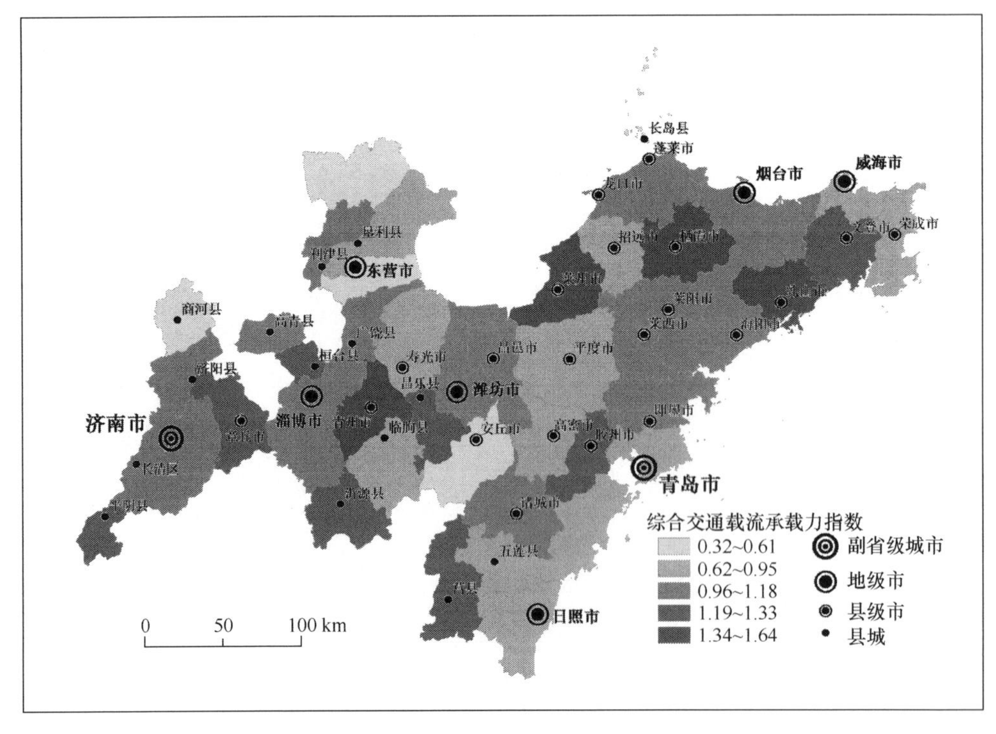

图 4.37　2013 年山东半岛城市群综合交通载流承载力图

能力指数大于 1，12 个行政单元位于 0.7～1，只有临朐县、东营市区、长岛县、章丘和安丘市 5 个行政单元小于 0.7。

从空间上看，综合承载能力指数大于 1.2 的单元主要位于地级市的接壤区位，如青州市、乳山市、栖霞市和莱州市，综合承载能力指数大于 0.9 的城市主要位于烟台市、青岛市和胶济沿线的地级市区；综合承载能力指数小于 0.9 的城市整体交通压力相对较小，主要位于包括东营市区在内的城市群中部地区（图 4.37，表 4.26）。

表 4.26　山东半岛城市群交通载流综合承载力评价表

市（县、区）	综合承载力指数	市（县、区）	综合承载力指数	市（县、区）	综合承载力指数
济南市区	1.16	文登市	0.71	昌邑市	1.14
平阴县	1.29	乳山市	1.30	**潍坊市**	**0.95**
商河县	1.12	荣成市	1.51	烟台市区	1.00
章丘市	0.34	**威海市**	**1.06**	长岛县	0.42
济阳县	1.30	东营市区	0.61	龙口市	1.06
济南市	**1.04**	垦利县	0.78	莱阳市	1.07
青岛市区	0.94	利津县	1.18	莱州市	1.45
胶州市	1.33	广饶县	1.08	蓬莱市	1.04
即墨市	1.14	**东营市**	**0.91**	招远市	0.83
平度市	0.95	潍坊市区	1.00	栖霞市	1.46
青岛市	**1.07**	临朐县	0.69	海阳市	1.06
淄博市区	1.17	昌乐县	1.29	**烟台市**	**1.04**
桓台县	1.22	青州市	1.64	日照市区	0.94
高青县	1.08	诸城市	1.08	五莲县	0.93
沂源县	1.29	寿光市	0.95	莒县	1.32
淄博市	**1.19**	安丘市	0.32	**日照市**	**1.06**
威海市区	0.72	高密市	0.93		

5. 山东半岛城市群交通网络优化与提升

通过对比载流能力的缺口值，对不同行政单元的单类交通类型的承载能力（T）进行了评价。若整个区域某交通类型的承载能力 $T_i>0$，表明单类交通不能更好地满足现状需求，应加强该交通线路建设或者分流，直至交通类型为负值；若 $T_i<0$，表明整体满足需要，但也可能存在局部紧张、结构不完善等问题。

1）山东半岛城市群单类道路综合优化方案

山东半岛城市群城市主干道和省道缺口里程最多，其次为国道和铁路；县乡道可以满足载流需求。表 4.27 显示，山东半岛城市群高速铁路缺口为 0，表明其状态良好，同时也与其在交通体系中所占份额较小有关系；高速公路承载能力为 0.02，缺口为 138km，表明高速公路在城市群交通体系中基本处于饱和状态；铁路、国道、省道和城市主干道的 T 值均为正值，表明承载能力紧张，该交通类型无法满足经济发展的需要，建议从全局层面加强该交通类型的基础设施建设，或改以建设省道、国道、铁路等承载能力大的道路类型，或在局部向其他承载能力为负的交通类型线路分流。包括县乡道在内的其他

道路 T 值为–1.13，表明县乡道可以满足需要。

表 4.27　2013 年山东半岛城市群单类道路承载力评价表

类型	高速铁路	高速公路	铁路	国道	省道	城市主干道	其他道路
缺口里程/km	0	138	752	1 495	6 101	6 769	–4 102
实际里程/km	321	5 848	2 119	3 362	12 049	9 429	3 642
承载能力 T	0.00	0.02	0.35	0.44	0.51	0.72	–1.13

2）山东半岛城市群各行政单元单类道路优化里程

表 4.28 显示了山东半岛城市群 43 个行政单元中单类道路优化里程。高速铁路呈现良好的承载状态，可以满足基本交通出行需求，近期无需优化；高速公路整体饱和，需要在交通载流量集中的胶济铁路沿线地级市区实施适当的优化方案，如济南市需要增加 17km 高速公路，青岛市需要增加 18km，淄博市和潍坊市均需要增加 14km 等（图 4.38）；铁路一方面需要在胶济线沿线实施铁路电气化改造与升级，并且需要在沿海地区增加青岛市至烟台市和威海市的城际铁路、青岛市至日照市的城际铁路，以满足沿海城市之间的交通出行需求（图 4.39）；国道的缺口主要集中在济南、淄博、潍坊、青岛等地级市区，需要对国道与外环线的对接工程进行提升与改造，以增强城市主干道和国道的连接度，另外胶济铁路沿线和山东半岛南部沿海地区需要实施国道升级工程（图 4.40）；省道为连接各县市区的主要通道，目前缺口较大，尤其在青岛市与烟台市南部县市、烟台市与威海市、济南市–淄博市–潍坊市等地区需要对省道进行重点升级

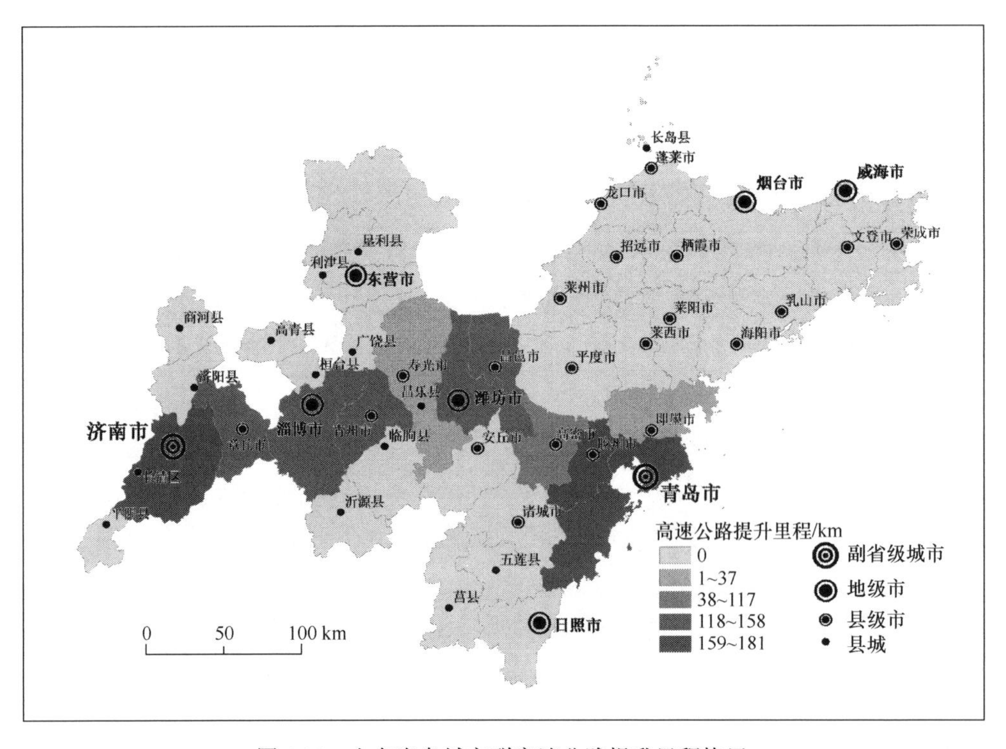

图 4.38　山东半岛城市群高速公路提升里程格局

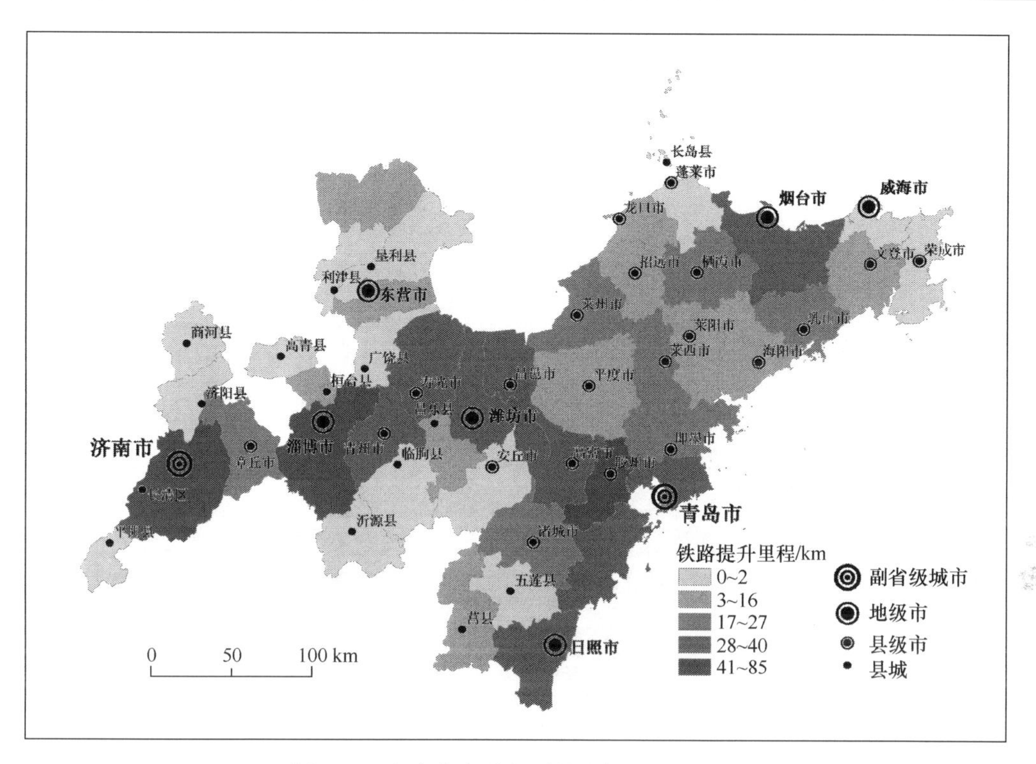

图 4.39　山东半岛城市群铁路提升里程格局

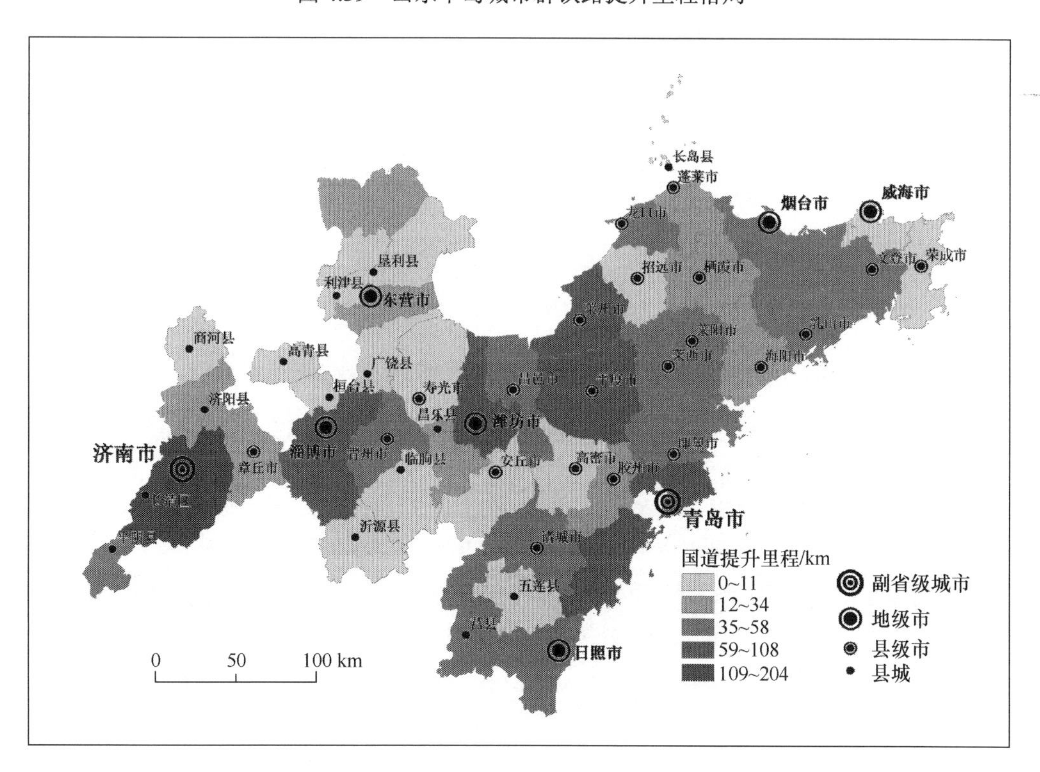

图 4.40　山东半岛城市群国道提升里程格局

与改造（图 4.41）；城市主干道缺口主要集中在地级市区，尤其是副省级城市青岛市和济南市更为突出，其次为淄博市、潍坊市、日照市、烟台市和东营市区，青岛市和潍坊市交界的县市也存在较大缺口，需要实施城市主干道优化与升级工程（图 4.42）。以县乡道为主的其他道路整体可以满足出行需求，但同样存在较大的空间差异，以青岛市为中心的城市群中东部地区县乡道体系较为富裕，而整体沿海地区和城市群西部边界地区县乡道基本处于载流与需求平衡状态（图 4.43）。山东半岛城市群 43 个行政单元的单类道路优化里程见表 4.28。

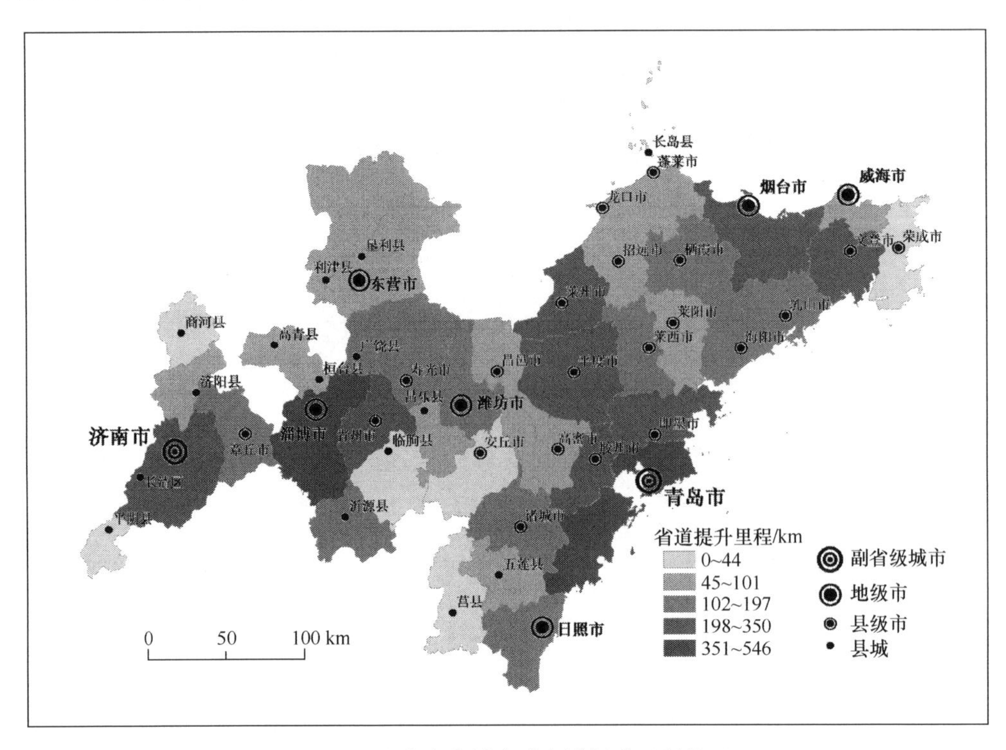

图 4.41　山东半岛城市群省道提升里程格局

3）城市群交通体系优化指数

城市群各个城市的交通体系优化指数 T_Δ 是实际载流里程相对于理论载流里程，即需求里程的缺口值，表明交通问题的紧张程度及需要优化的紧迫程度。考虑到高速铁路、高速公路、铁路、国道、省道、城市主干道和县道的载流能力不同，不能将其道路长度简单相加，所以将不同类型的交通线路设置不同的载流权重再求和，即高速铁路、高速公路、铁路、国道、省道、城市主干道和县道的载流权重分别为 15∶10∶8∶5∶3∶2∶1。考虑到交通体系优化指数 T_Δ 直接体现的是交通载流里程的缺口程值，与其他 3 个子目标相比为负指标，除去最大缺口程值为青岛市区的 413.4km 和最小缺口程值为安丘市的–43.9km 两个极值，按 4 个子目标系统统一划分标准，将其余城市的程值均分为 9 份，均值为 41.5km，将最小程值区间的交通体系优化指数设置为 9，最大程值区间设置为 1，得出山东半岛城市群交通体系优化指数 1-2-3-4-5-6-7-8-9（表 4.29）。

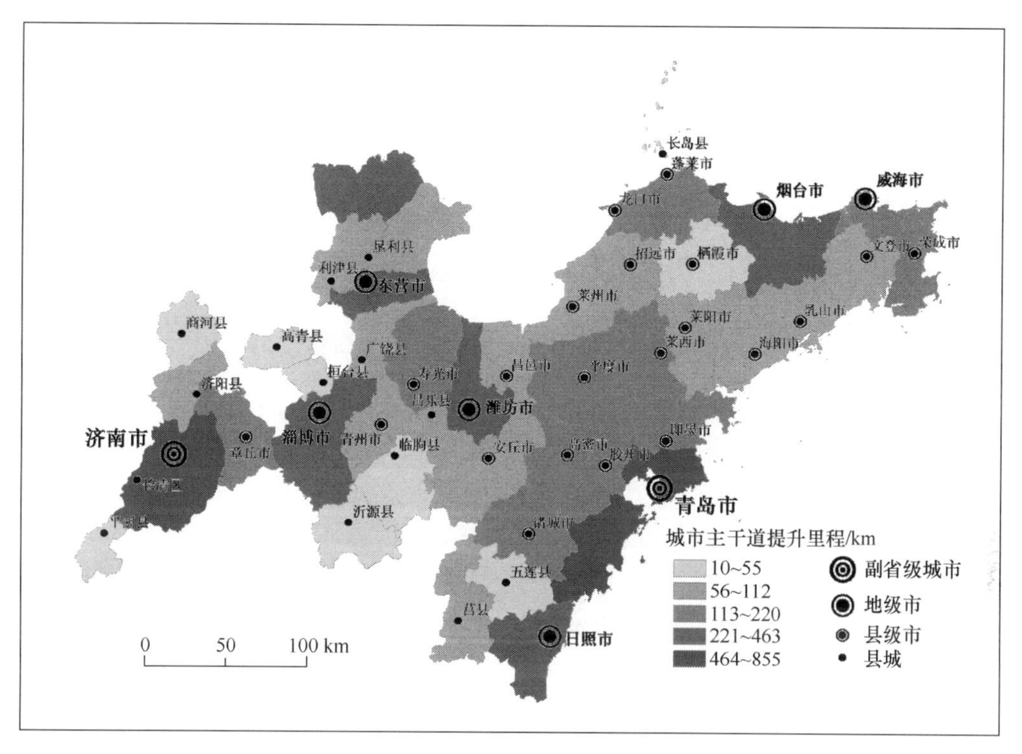

图 4.42　山东半岛城市群城市主干道提升里程格局

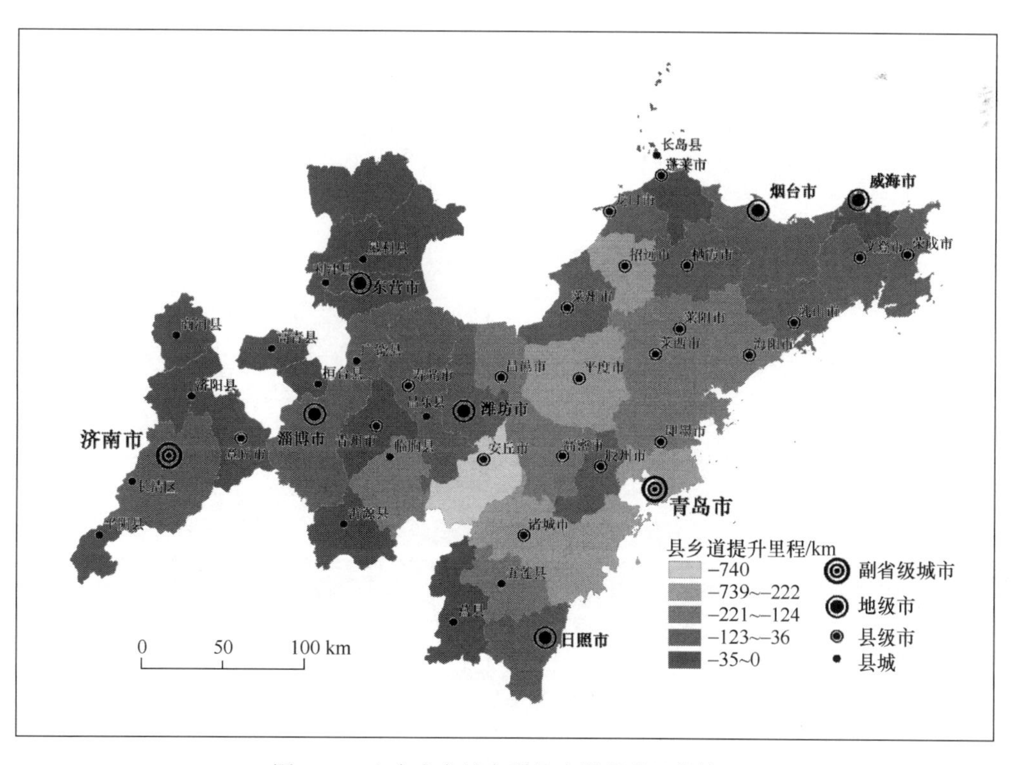

图 4.43　山东半岛城市群县乡道提升里程格局

表 4.28　2013 年山东半岛城市群单类道路优化里程表　（单位：km）

市（县、区）	高速铁路	高速公路	铁路	国道	省道	城市主干道	其他道路	总计
济南市区	0	17	85	204	211	645	（49）	1113
平阴县	0	0	0	50	3	42	0	95
济阳县	0	0	0	20	62	71	0	153
商河县	0	0	0	0	0	50	（4）	46
章丘市	0	14	22	33	169	161	（5）	394
青岛市区	0	18	36	108	546	855	（222）	1341
胶州市	0	16	57	31	224	141	（90）	379
即墨市	0	2	27	40	312	168	（158）	391
平度市	0	0	8	65	350	124	（290）	257
莱西市	0	0	17	52	187	158	（125）	289
淄博市区	0	14	76	71	428	463	（85）	967
桓台县	0	0	9	3	73	55	（2）	138
高青县	0	0	0	0	60	43	（9）	94
沂源县	0	0	0	0	142	22	（30）	134
东营市区	0	0	10	18	101	368	（17）	480
垦利县	0	0	1	5	61	112	（2）	177
利津县	0	0	0	9	97	82	0	188
广饶县	0	0	0	0	130	99	（37）	192
烟台市区	0	0	31	58	281	380	（89）	661
长岛县	0	0	0	0	0	10	（0）	10
龙口市	0	0	6	44	84	125	（67）	192
莱阳市	0	0	16	50	90	68	（201）	23
莱州市	0	0	24	66	216	89	（62）	333
蓬莱市	0	0	0	33	84	120	（16）	221
招远市	0	0	6	11	90	73	（368）	（188）
栖霞市	0	0	22	29	176	46	（37）	236
海阳市	0	0	15	33	130	103	（129）	151
潍坊市区	0	14	34	100	197	404	（51）	698
临朐县	0	0	0	0	34	39	（174）	（101）
昌乐县	0	3	7	34	91	62	（36）	161
青州市	0	14	40	42	219	76	（15）	376
诸城市	0	0	21	46	158	130	（223）	132
寿光市	0	2	30	0	157	220	（84）	325
安丘市	0	0	0	7	42	70	（740）	（621）
高密市	0	10	33	0	70	123	（191）	45
昌邑市	0	14	34	48	95	90	（125）	156
威海市区	0	0	2	0	72	164	（6）	232
荣成市	0	0	0	0	29	120	（68）	81
文登市	0	0	12	43	230	104	（60）	329
乳山市	0	0	24	51	165	63	（38）	265
日照市区	0	0	33	39	134	316	（61）	461
五莲县	0	0	0	8	57	34	（124）	（25）
莒县	0	0	13	45	44	82	（10）	174
总计	0	138	751	1496	6101	6770	（4100）	11 153

注：括号内为负值。

表 4.29　2013 年山东半岛城市群综合交通提升指数 T_Δ

市（县、区）	提升指数 T_Δ	提升类型分区	市（县、区）	提升指数 T_Δ	提升类型分区
济南市区	1	重点提升区Ⅲ	莱州市	6	优化提升区Ⅲ
平阴县	9	稳定提升区Ⅲ	蓬莱市	8	稳定提升区Ⅱ
济阳县	8	稳定提升区Ⅱ	招远市	9	稳定提升区Ⅲ
商河县	9	稳定提升区Ⅲ	栖霞市	8	稳定提升区Ⅱ
章丘市	6	优化提升区Ⅲ	海阳市	8	稳定提升区Ⅱ
青岛市区	1	重点提升区Ⅲ	潍坊市区	4	优化提升区Ⅰ
胶州市	6	优化提升区Ⅲ	临朐县	9	稳定提升区Ⅲ
即墨市	6	优化提升区Ⅲ	昌乐县	8	稳定提升区Ⅱ
平度市	6	优化提升区Ⅲ	青州市	6	优化提升区Ⅲ
莱西市	7	稳定提升区Ⅰ	诸城市	8	稳定提升区Ⅱ
淄博市区	2	重点提升区Ⅱ	寿光市	7	稳定提升区Ⅰ
桓台县	9	稳定提升区Ⅲ	安丘市	9	稳定提升区Ⅲ
高青县	9	稳定提升区Ⅲ	高密市	8	稳定提升区Ⅱ
沂源县	8	稳定提升区Ⅱ	昌邑市	7	稳定提升区Ⅰ
东营市区	7	稳定提升区Ⅰ	威海市区	8	稳定提升区Ⅱ
垦利县	8	稳定提升区Ⅱ	荣成市	9	稳定提升区Ⅲ
利津县	8	稳定提升区Ⅱ	文登市	7	稳定提升区Ⅰ
广饶县	8	稳定提升区Ⅱ	乳山市	7	稳定提升区Ⅰ
烟台市区	5	优化提升区Ⅱ	日照市区	6	优化提升区Ⅲ
长岛县	9	稳定提升区Ⅲ	五莲县	9	稳定提升区Ⅲ
龙口市	8	稳定提升区Ⅱ	莒县	8	稳定提升区Ⅱ
莱阳市	8	稳定提升区Ⅱ			

交通体系优化度指数越高的城市具有更完善和更便捷的交通网络，交通体系载流能力更强，交通体系具有更高的稳定性；优化度指数越低，表明城市相对于理论载流里程而言的缺口里程越大，交通拥堵问题就越突出，交通体系载流能力越弱，系统越不稳定，应该从增加和拓宽交通线路、调整交通类型结构等方面进行优先与重点提升。

根据城市群交通体系综合提升指数 I 划分提升类型分区。其中，综合提升指数 1～3 为重点提升区，包括重点提升区Ⅰ（指数 1）、重点提升区Ⅱ（指数 2）和重点提升区Ⅲ（指数 3）3 种类型；综合提升指数 4～6 为优化提升区，包括优化提升区Ⅰ（指数 4）、优化提升区Ⅱ（指数 5）和优化提升区Ⅲ（指数 6）3 种类型；综合提升指数 7～9 为稳定提升区，包括稳定提升区Ⅰ（指数 7）、稳定提升区Ⅱ（指数 8）和稳定提升区Ⅲ（指数 9）3 种类型。

4.3.5　基于“产城网基”一体的城市群国土空间利用质量提升路径

面向城市群国土空间利用规划需求，以新型城镇化的统筹协调、集约高效、生态文明、安全宜居和传承共享五大理念为指导原则，以城市群国土空间利用质量提升为根本目标，根据“产（产业体系）城（城镇体系）网（交通体系）基（国土空间开发强度）”一体的城市群国土空间利用质量提升指标体系，采用城市群国土空间利用质量提升模型，综合空间开发强度提升指数 S、城镇规模体系提升指数 R、产业体系提升指数 I、交通体系提升指数 T_{Δ}，采用熵技术支持下的层次分析法计算得到的权重系数，计算城市群国土空间利用质量综合提升指数，并进行提升类型分区。

1. 2000 年以来山东半岛城市群国土空间利用质量提升指数的演变规律

依据“产（产业体系）城（城镇体系）网（交通体系）基（国土空间开发强度）”一体化化的城市群国土空间质量提升指标体系，分别以山东半岛城市群 2000 年、2005 年、2010 年和 2014 年为时间节点，从国土空间开发强度提升指数 S、城镇规模体系提升指数 R、产业体系提升指数 I、交通体系提升指数 T_{Δ} 等方面，探讨 2000 年以来山东半岛城市群国土空间利用质量提升指数的时间演变规律，为城市群国土空间利用质量提升路径的制定，以及城市群国土空间利用质量提升信息系统的构建，提供时间序列的数据基础和经验支持。

1）城市群国土空间开发强度提升指数演变特征

基于前文所述国土空间开发强度提升指数评价标准，按城市群国土空间开发强度类型、建设用地比重阈值和年均增速阈值，按 1-2-3-4-5-6-7-8-9 确定国土空间开发强度提升指数 S，如重点开发区建设用地比重小于 19%且年均增速大于 6.54%的行政单元，其提升指数设定为 1；限制开发区建设用地比重大于 25%且年均增速小于 3.40%的行政单元，其提升指数设定为 9。城市群国土空间开发强度提升指数越小，表明国土空间开发强度需要提升的幅度越大，反之越小。

从空间格局来看，山东半岛城市群国土空间开发强度提升指数具有较大的空间差异性，高低交错的空间格局明显。高值区主要集中在城市群中部的潍坊、日照北部地区和山东半岛的烟台、威海沿海地区；而低值区则集中在西部和北部的济南、淄博和东营地区，以及东部的青岛地区（图 4.44）。

从时间序列来看，2000 年，山东半岛城市群国土空间开发强度提升指数高值区主要集中在潍坊外围县市、日照北部和威海东部地区［图 4.44（a）］；2005 年，潍坊西部地区有所减弱，而烟台地区指数提升［图 4.44（b）］；2010 年，潍坊地区高值区更为集聚，烟台地区和邻近青岛的高密市提升指数开始减弱，表明该地区的开发程度明显提升［图 4.44（c）］；2014 年，潍坊、日照和威海的提升指数明显集聚成三片区域，成为城市群潜力最大的提升区域［图 4.44（d）］。济南、淄博、东营和青岛作为城市群国土空间开发强度提升指数的低值区，范围变化不明显；而沿渤海的烟台辖区作为中值区也没有明显的变化。

2）城市群城镇规模体系提升指数演变特征

基于城市群规模体系结构格局的合理性评价模型得出的城镇规模体系提升指数 R

规定，按 1-2-3-4-5-6-7-8-9 对 R 进行分类，如城市规模体系合理性越高的城市，其 R 值越高，包括城市规模合理性指数 Q、城镇等级效率指数 G、单个城市的规模效率 F 均处于优势地位；反之，城市规模体系合理性越低，R 值就越低，其所包含的 3 个分指数也处于劣势状态。

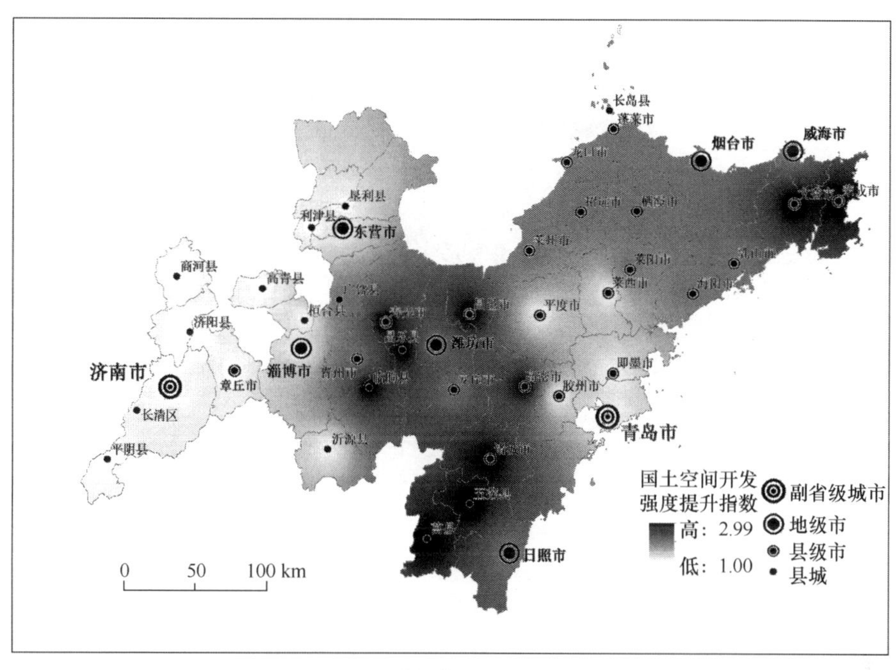

(a) 2000年

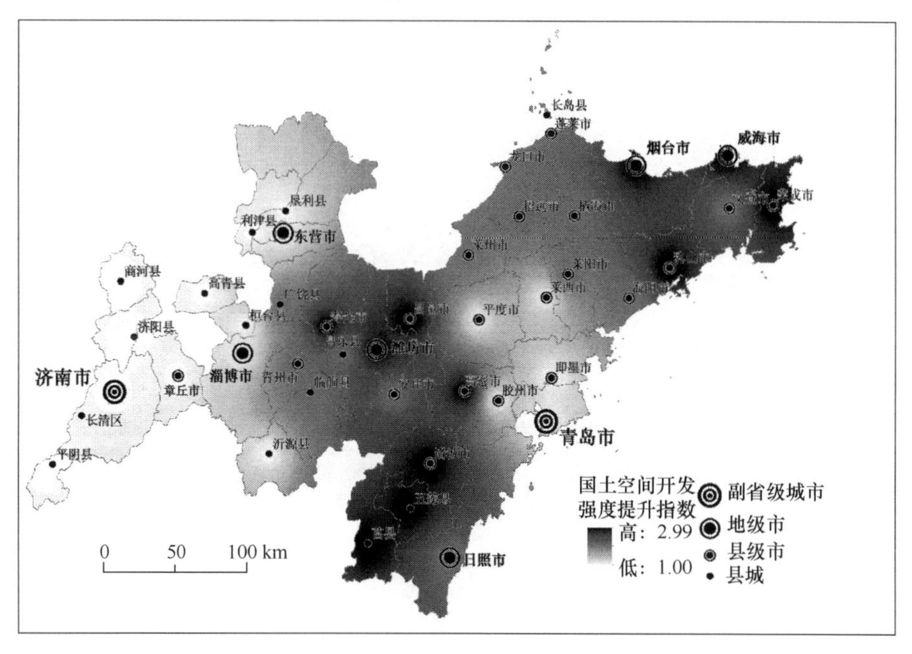

(b) 2005年

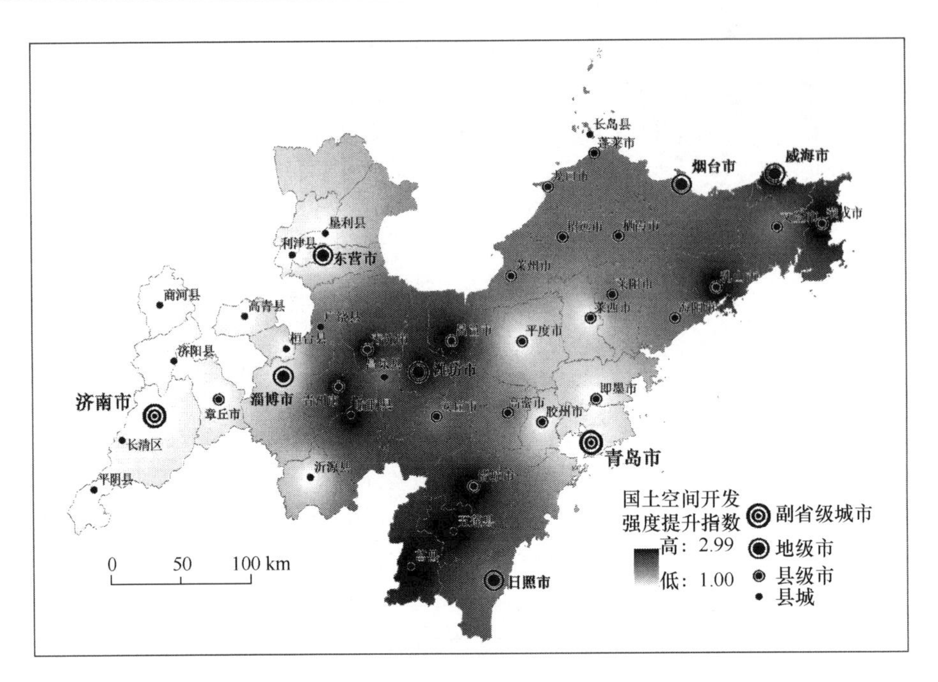

(c) 2010年

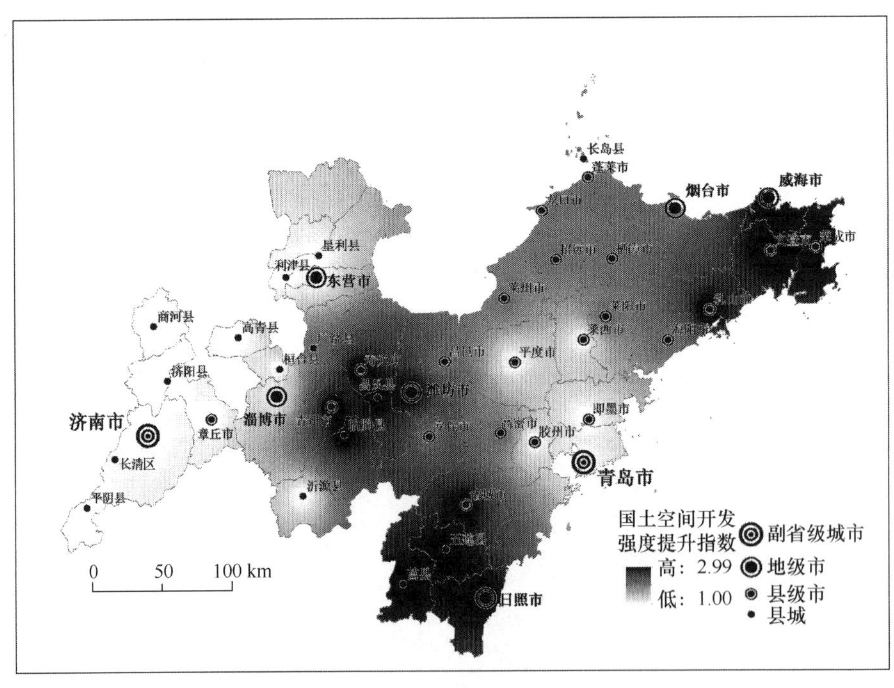

(d) 2014年

图 4.44　2000 年以来山东半岛城市群国土空间开发强度提升指数

从空间格局来看，山东半岛城市群城镇规模体系提升指数同样具有较大的空间差异性，呈现出较为明显的核心-外围空间格局。提升指数的高值区主要以城市群中部的潍坊和淄博为核心，而北部的东营，西部的济南和南部的日照处于低值区；相比而言，处于核心位置的高值区范围较为稳定，而外围地区的城镇规模体系提升指数则逐渐出现降低的趋势（图 4.45）。

从时间序列来看，2000 年，山东半岛城市群城镇规模体系提升指数高值区位于淄博，辐射到潍坊；低值区则位于东营和烟台地区［图 4.45（a）］；2005 年，高值区由淄博转至潍坊，威海的指数有所提升，表明淄博的城镇规模结构发生了较大的改变，国土空间开发强度快速提升［图 4.45（b）］；2010 年，潍坊提升指数稳定处于高位，而济南城镇规模体系提升指数出现显著降低，而东部的青岛、日照和烟台地区的指数也有较明显的降低［图 4.45（c）］；2014 年，济南、日照、淄博和威海的指数进一步降低，潍坊指数仍处于较高位置，整体格局呈现出明显的核心-外围空间格局［图 4.45（d）］。

从整体来看，山东半岛城市群的城镇规模体系合理性正在好转，但在重要城镇节点的规模提升的同时，建设用地效率也出现了下降的趋势，城镇等级效率变化速度较慢，更需要国家和省级政府的规划和政策加以引导。

3）城市群产业体系提升指数演变特征

基于城市群产业体系的合理性评价模型得出城市群产业体系提升指数 I，主要综合城市产业多样化性指数 D 和产业区位熵 L 等方面，解释城市群产业体系的合理性和存在的问题，并以增量-就业-减排为目标明确产业提升路径。将 I 按 1-2-3-4-5-6-7-8-9 对 I 进行分类，如高产业体系优化度城市的城市产业多样化性指数 D、产业区位熵 L 均处于优势地位，而不合理城市的两个指数处于劣势地位。

从空间格局来看，山东半岛城市群的产业结构体系提升指数呈现明显的以青岛市为辐射中心的核心-边缘空间格局。青岛外围的烟台、潍坊也具有较大的优势，而城市群边缘南部的日照、北部的威海、西部济南和淄博，以及北部的东营等地区均处于产业结构体系提升指数较弱的区域。

从空间格局来看，与青岛同处黄海沿海地区的日照和威海地区受城市群经济中心城市青岛的集聚和阴影效应较强，而作为用地的烟台和潍坊地区在产业体系发展方面则受到较强的辐射效应。济南市的产业体系结构提升指数整体呈现出下降的趋势，需要进一步在产业多样化和规模化方面得以提升。

从时间序列来看，2000 年，以青岛为中心，以胶济线为轴线的产业体系提升指数格局较为明显，只是威海和日照处于低位［图 4.46（a）］；2005 年，日照和威海的弱性更为显著，同时济南和东营的提升指数出现下降趋势，而烟台则呈现上升趋势，表明青岛对烟台产业体系的发展已经产生了较大的辐射效应［图 4.46（b）］；2010 年，日照仍然处于低位，济南的指数继续下降，威海虽然处于弱势，但与青岛的差距正在缩小，同时，烟台的指数继续提升。可以判断，威海的产业体系正在受到烟台的辐射效应［图 4.46（c）］；2014 年，青岛和日照的格局仍然保持两极的状态，济南持续下降，东营也呈现下降趋势，而烟台、潍坊与青岛的组团关系已经达到了较为稳定的状态［图 4.46（d）］。

4）城市群交通体系提升指数演变特征

城市的交通体系优化指数 T_{Δ} 是实际载流里程相对于理论载流里程，即需求里程的缺口值，表明交通问题的紧张程度及需要优化的紧迫程度。将高速铁路、高速公路、铁路、国道、省道、城市主干道和县道等不同类型的交通线路设置不同的载流权重，加权相加。交通体系优化指数越高的城市，交通问题越突出，反之，交通状态越好。

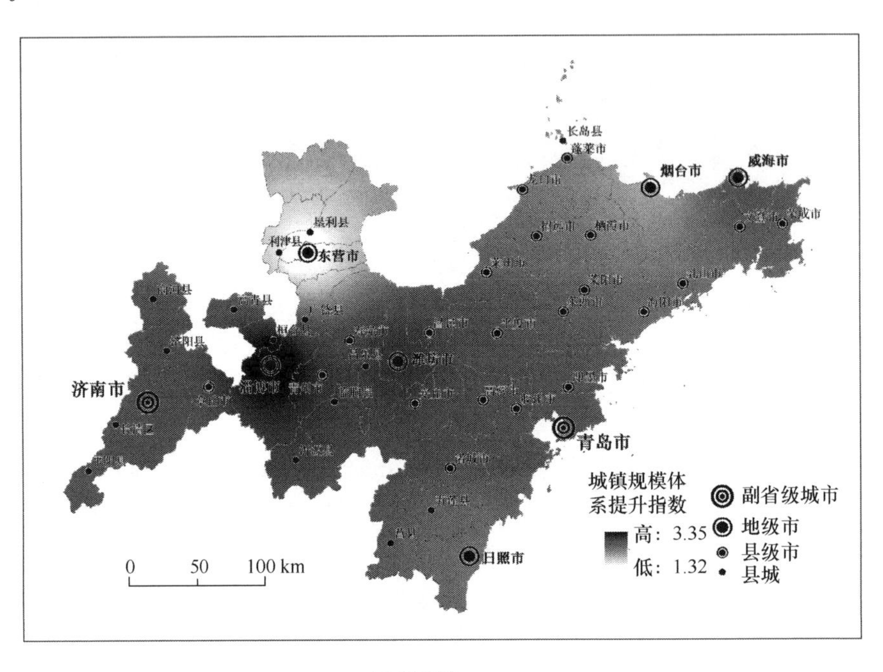

(a) 2000年

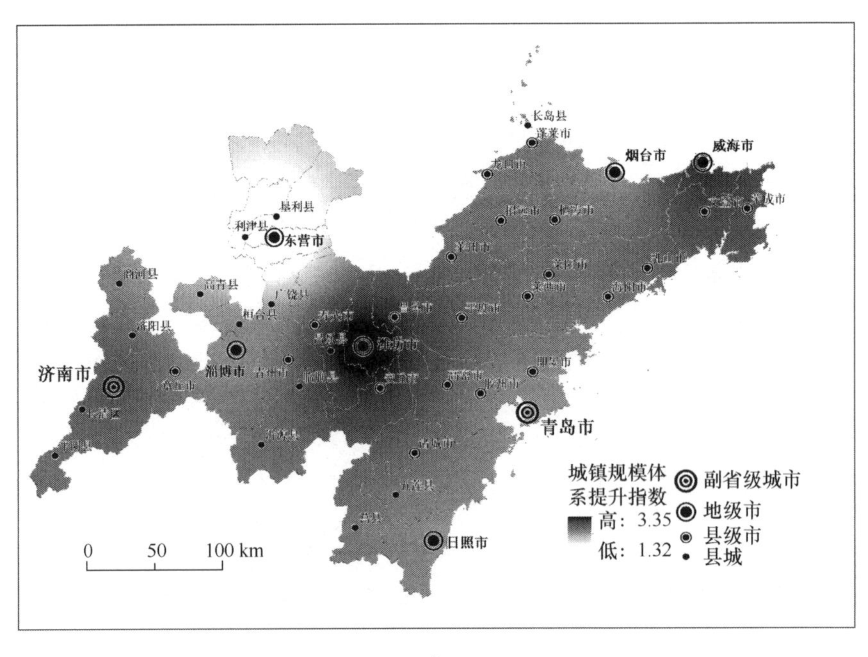

(b) 2005年

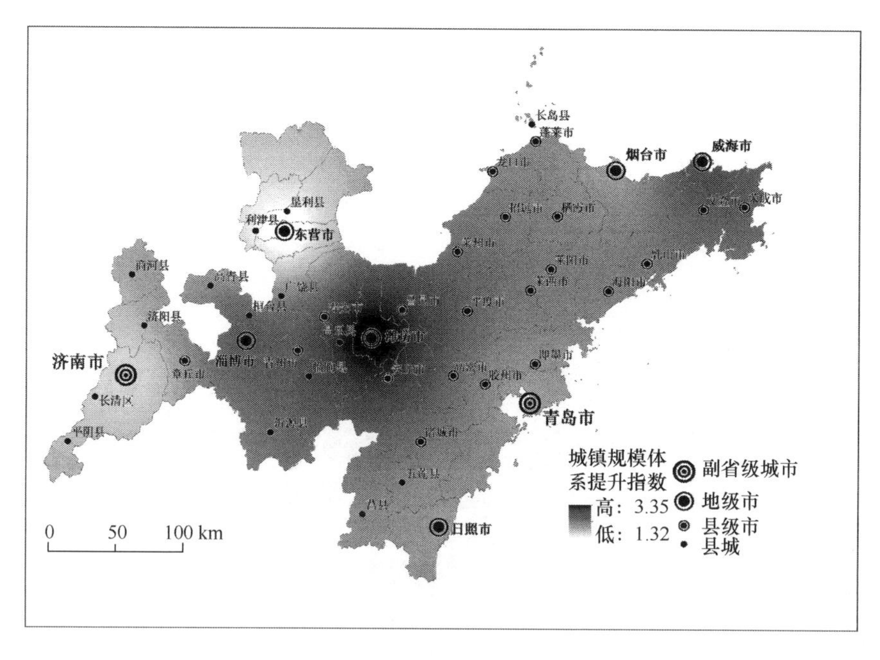

(c) 2010年

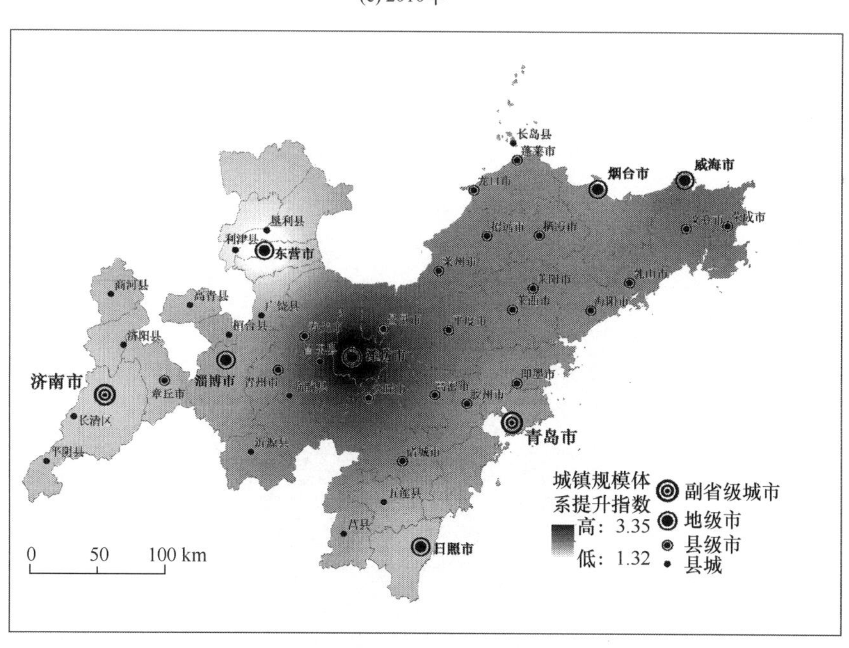

(d) 2014年

图 4.45　2000 年以来山东半岛城市群城镇规模体系提升指数

从空间格局来看，山东半岛城市群的交通体系提升指数整体较为均衡，道路缺口较大的区域主要集中在城市群西北部的东营地区、济南北部、淄博北部、烟台西部，以及日照西部地区；而胶济沿线和整个青岛、烟台和威海构成的半岛地区交通条件较好。

从时间序列来看，2005 年之前，山东半岛城市群的交通条件整体处于稳定状态，胶济沿线和青烟威半岛地区交通条件较好，而城市群的东北部地区和南部山地地区交通条件较为落后［图 4.47（a），图 4.47（b）］。2010 年，交通条件整体改善，尤其是东营和日照西部道路缺口明显减少［图 4.47（c）］。2010 年之后，随着公路村村通工程的普及，城市群交通网络整体快速提升。目前，只有烟台的莱州地区和日照的莒县等丘陵地区尚有较大的道路缺口［图 4.47（d）］。

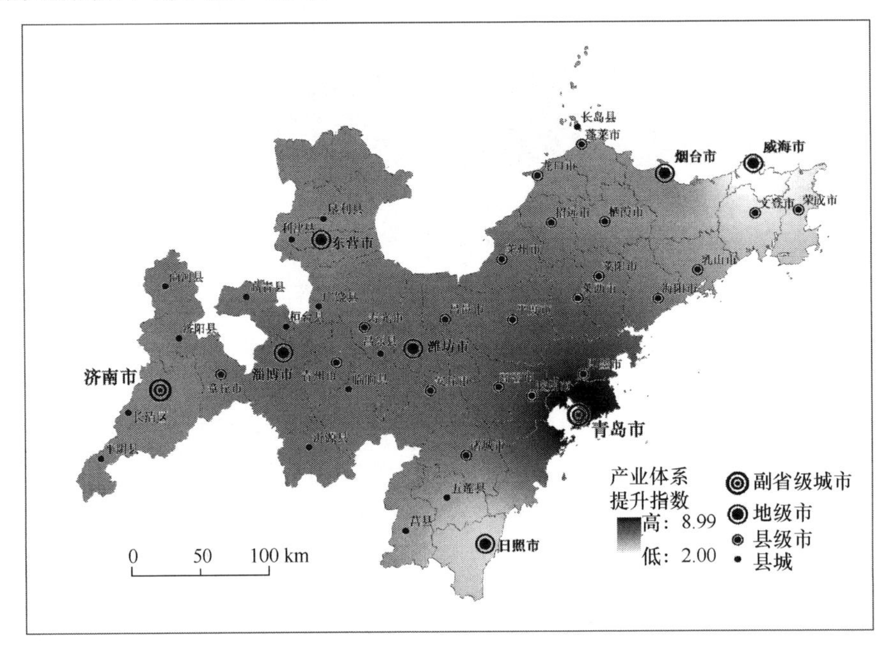

(a) 2000年

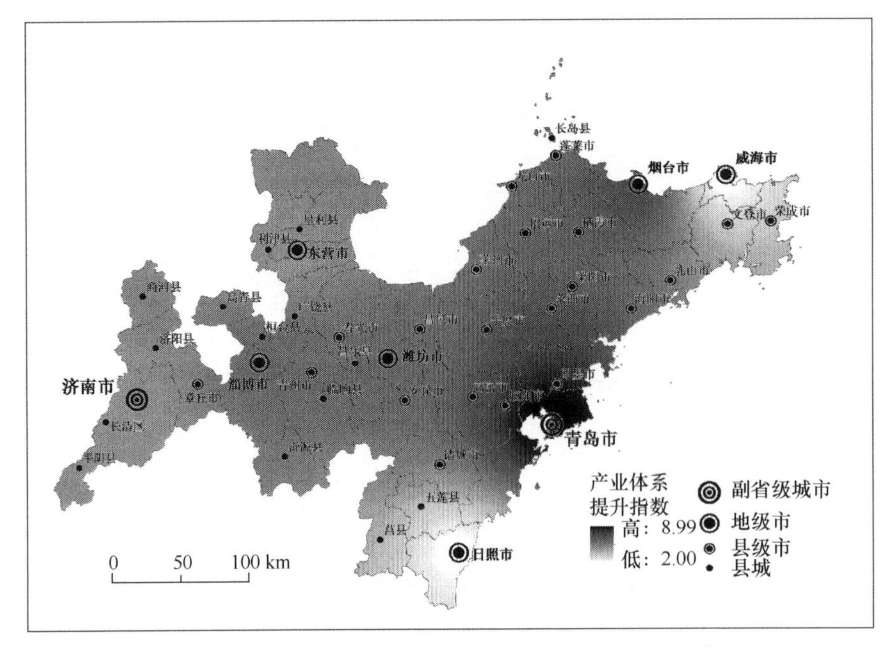

(b) 2005年

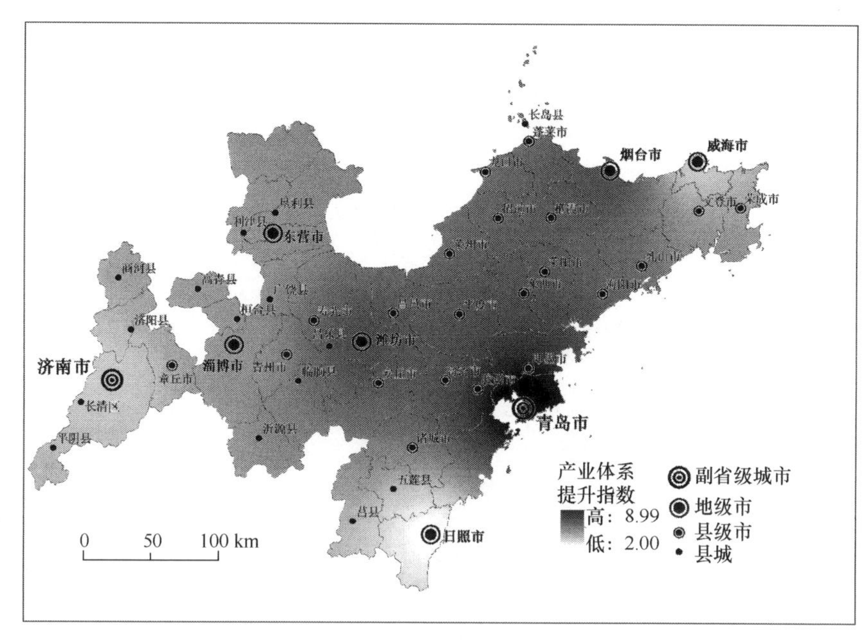

(c) 2010年

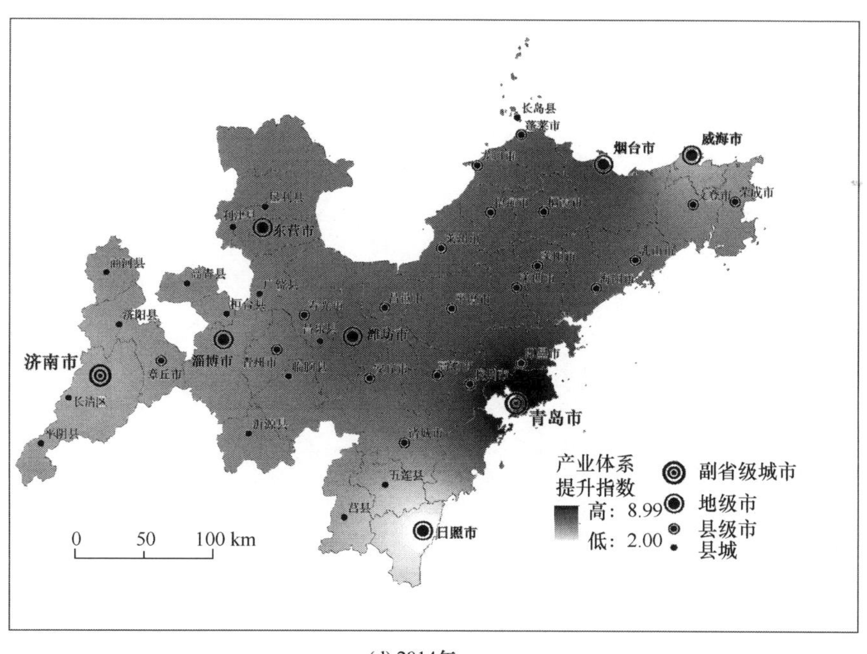

(d) 2014年

图 4.46　2000 年以来山东半岛城市群产业体系提升指数

5）城市群国土空间利用质量综合提升指数演变特征

按照 1-2-3-4-5-6-7-8-9 的划分标准，对国土空间利用质量综合提升指数 Q 进行标准化和重新分类，并划分提升类型分区。其中，在城市群范围内，综合提升指数越高的城市具有更高的国土空间利用质量，空间开发、城镇规模体系、产业体系和交通体系均具有更高的稳定性；综合提升指数越低，表明城市在空间开发、城镇规模体系、产业体系和交通体系等方面存在某些不足，应该针对具体问题确定实施路径。

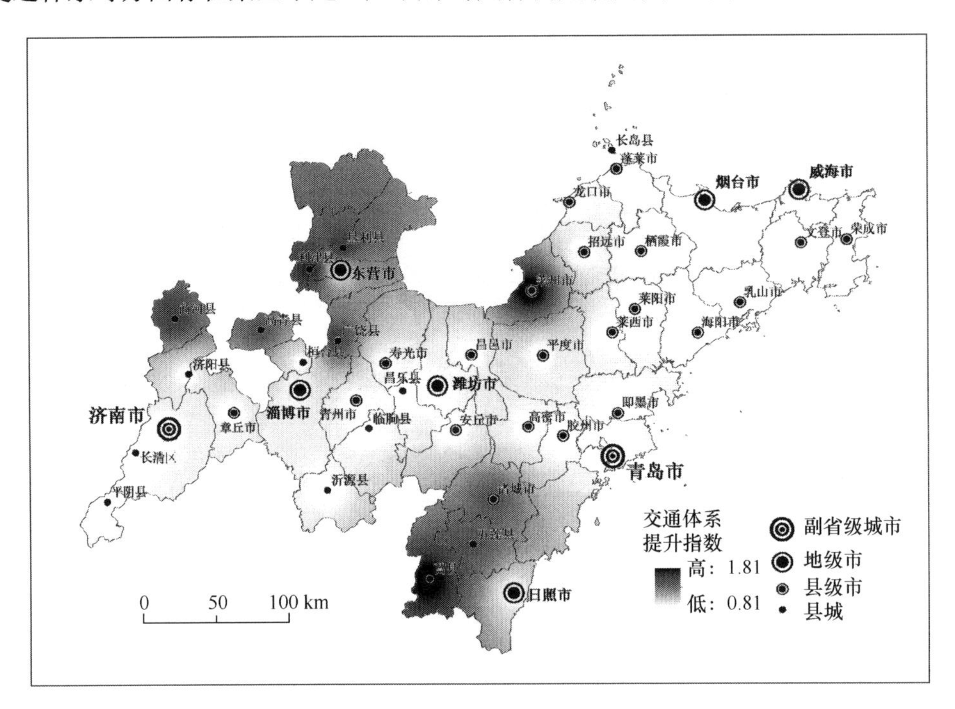

(a) 2000年

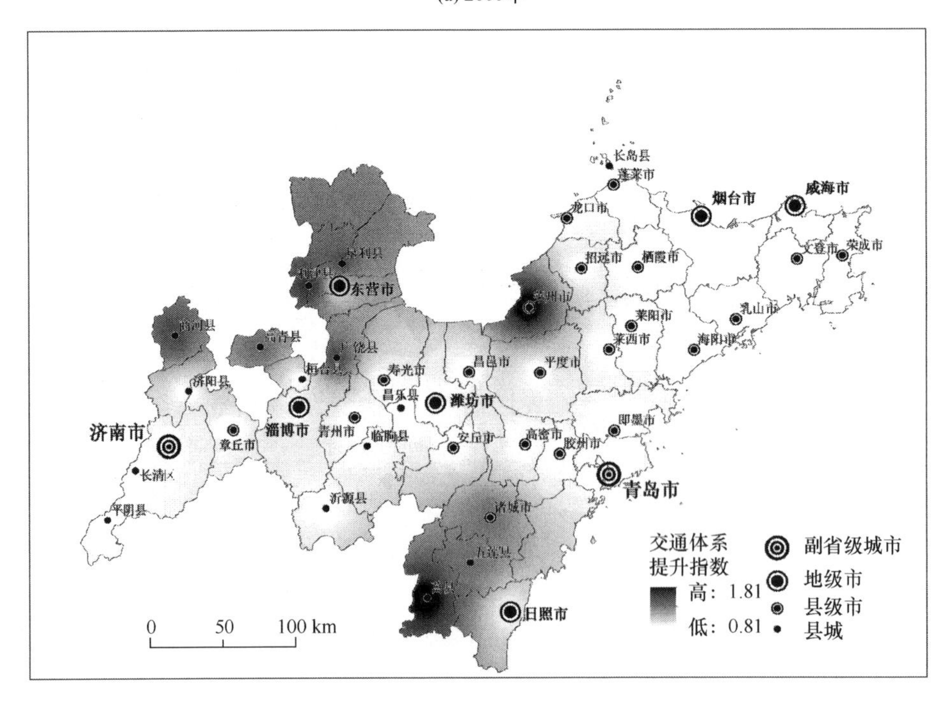

(b) 2005年

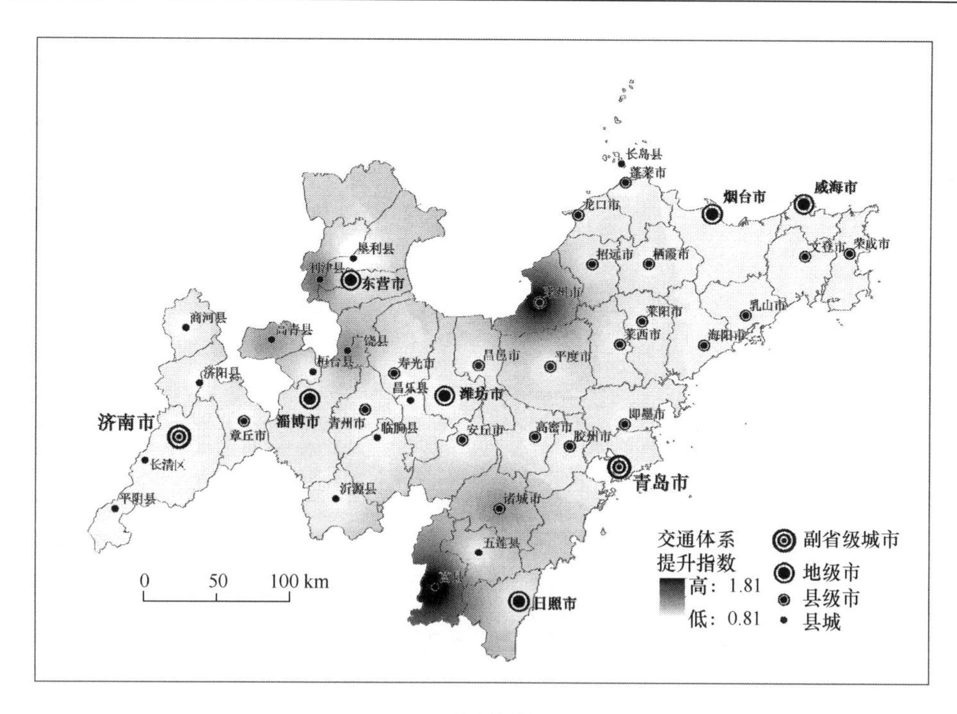

(c) 2010年

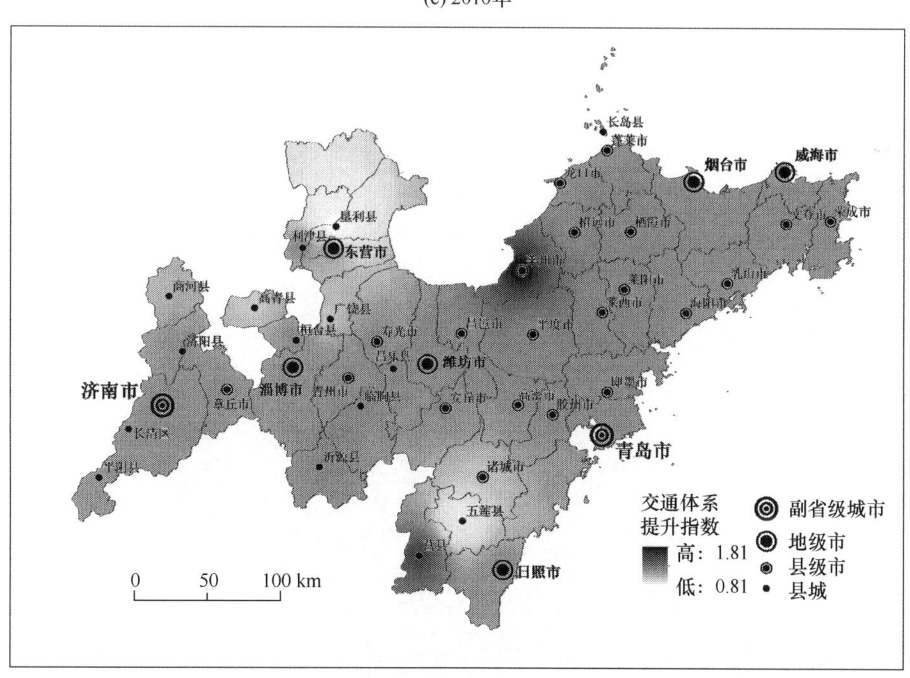

(d) 2014年

图4.47　2000年以来山东半岛城市群交通体系提升指数

从空间格局来看，山东半岛城市群国土空间利用质量综合提升指数 Q 呈现出东部高、西部低、中间高、四周低的空间格局。

从整体来看，中部地区的潍坊地区、东部的青岛和烟台地区是城市群国土空间利用质量综合提升指数的高值区，而西部的济南、淄博东营，南部的日照和东北的威海地区处于低值区。

从时间序列来看，2000 年以来，山东半岛城市群国土空间利用质量综合提升指数呈现出地区差异拉大、高值节点转移的趋势。2000 年，高值区主要以青岛为中心，沿胶济线辐射至潍坊和淄博地区；日照、威海、烟台、东营和济南均处于弱势地区［图 4.48（a）］。2005 年，城市群综合提升指数整体东移，在淄博下降的同时，烟台成为明显的增长中心，潍坊的中心性也显著提升［图 4.48（b）］。2010 年，潍坊成为山东半岛城市群国土空间

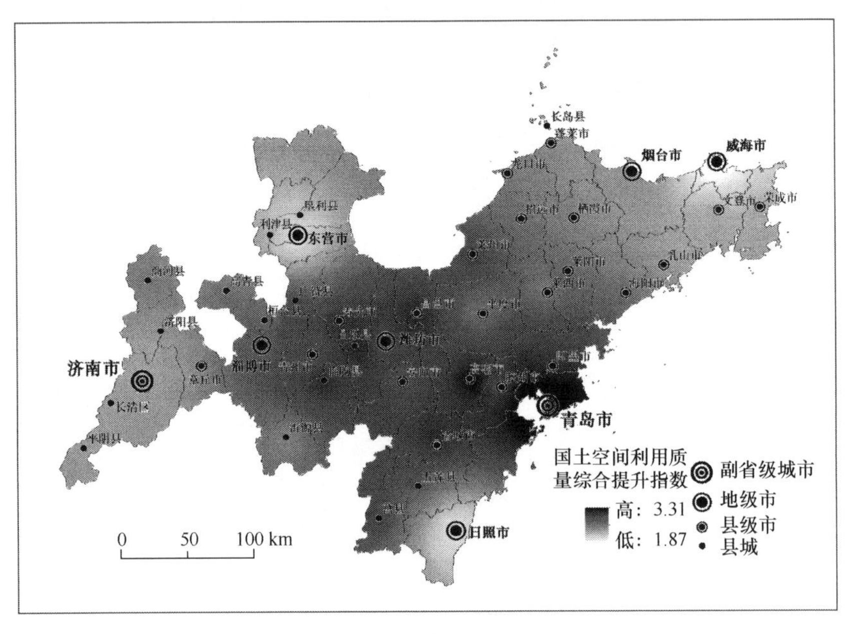

(a) 2000年

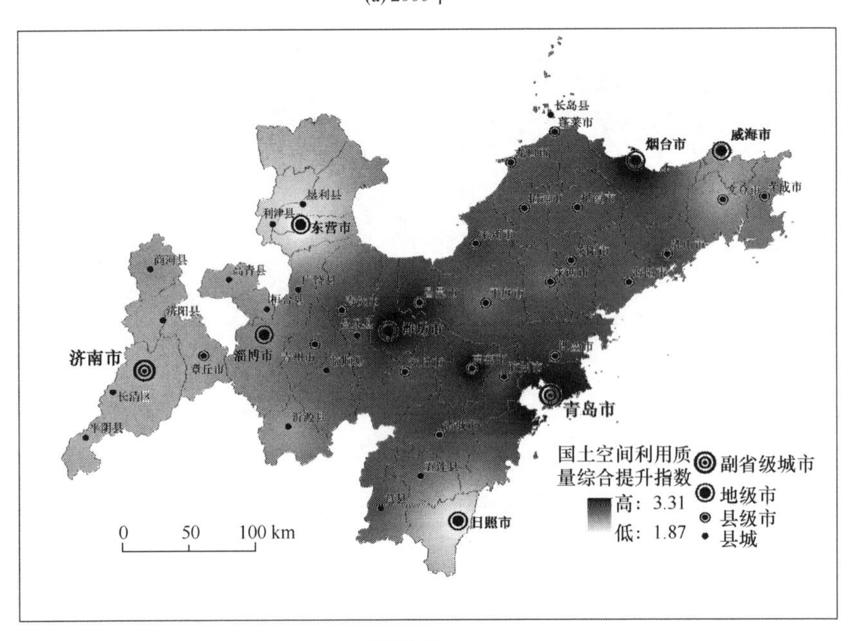

(b) 2005年

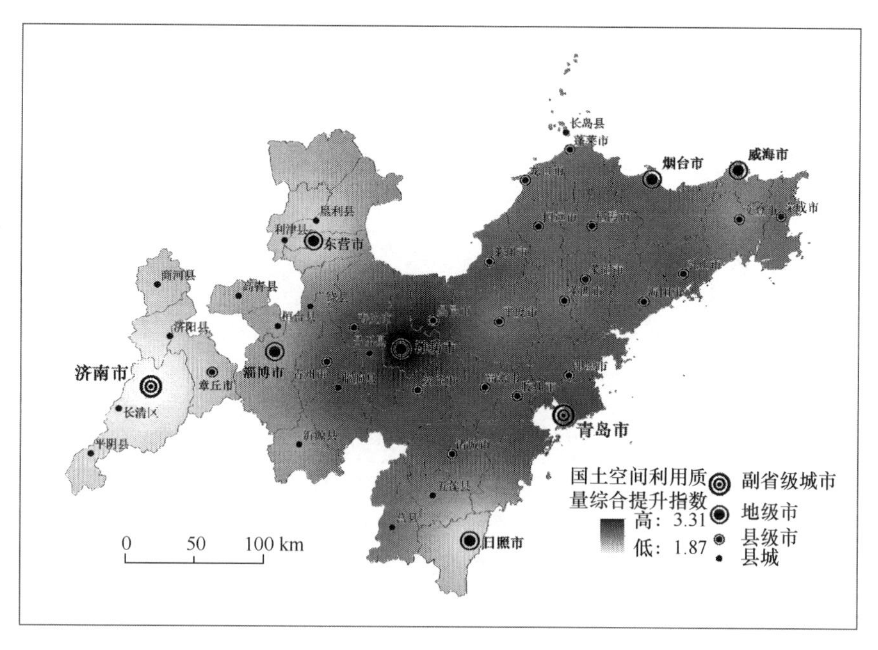

(c) 2010年

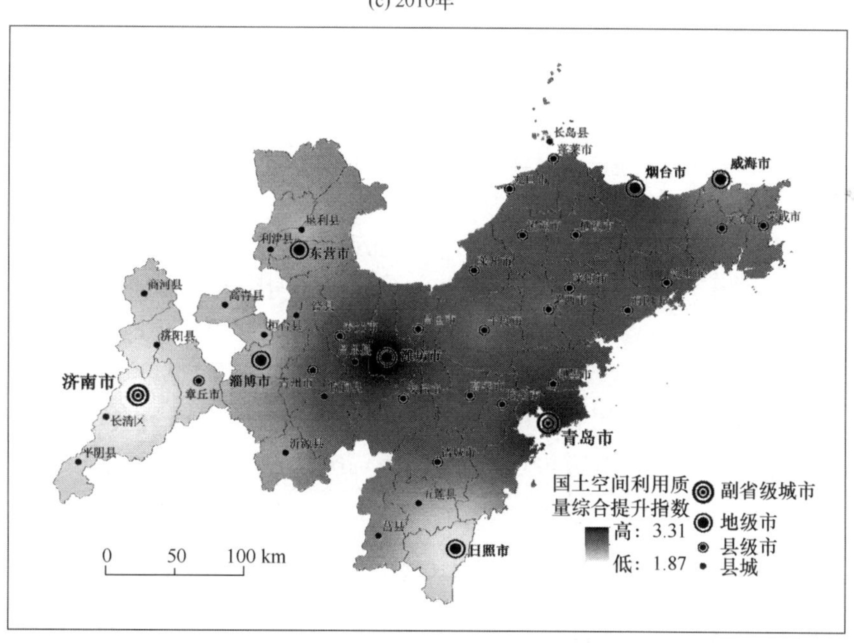

(d) 2014年

图 4.48　2000 年以来山东半岛城市群国土空间利用质量综合提升指数

利用质量综合提升指数的中心城市，威海也出现上升趋势；相比之下，济南下降明显［图 4.48（c）］。2014 年，城市群呈现出青岛、潍坊和烟台 3 个中心支撑的国土空间利用质量综合提升指数格局，威海也呈现持续上升趋势，这表明该地区已经具备了良好的发展基础和稳定的发展势头，是未来一段时期内山东半岛城市群国土空间利用质量综合提升的重点区域［图 4.48（d)］。

2. 基于“产城网基”一体的城市群国土空间利用质量综合提升路径

以 2014 年为基准年，综合空间开发强度提升指数 S、城镇规模体系提升指数 R、产业体系提升指数 I、交通体系提升指数 T_{Δ}，集成计算城市群国土空间利用质量综合提升指数，并进行提升类型分区，在此基础上，提出基于“产城网基”一体的城市群国土空间利用质量综合提升路径。

1）山东半岛城市群国土空间利用质量综合提升分区

按综合提升指数属性，将城市群按国土空间利用质量分为三大类 9 个亚类。其中，综合提升指数 1～3 为重点提升区，包括重点提升区Ⅰ（指数 1)、重点提升区Ⅱ（指数 2）和重点提升区Ⅲ（指数 3）3 种类型；综合提升指数 4～6 为优化提升区，包括优化提升区Ⅰ（指数 4)、优化提升区Ⅱ（指数 5）和优化提升区Ⅲ（指数 6）3 种类型；综合提升指数 7～9 为重点提升区，包括稳定提升区Ⅰ（指数 7)、稳定提升区Ⅱ（指数 8）和稳定提升区Ⅲ（指数 9）3 种类型。

综合来看，山东省 43 个研究单元均处于重点提升区和优化提升区的区间，不存在稳定提升区，即全省行政单元均需要在空间开发强度、城镇规模体系、产业体系、交通体系等某一个或某些方面进行提升。其中，重点提升区有 5 个单元，主要为城市群边缘的地级市市区，包括 1 个重点提升区Ⅱ（济南市区）和 4 个重点提升区Ⅲ（淄博市区、东营市区、日照市区和广饶县)；优化提升区Ⅰ有 14 个，除了青岛市区之外，主要包括平阴县、济阳县等西部济南地区、西北部东营地区和东北部威海地区的行政单元；优化提升区Ⅱ有 15 个，包括即墨市、平度市等中部潍坊、东部烟台等地区的行政单元；优化提升区Ⅲ有 9 个单元，主要位于青岛市和烟台市周边地区，包括安丘市、高密市、招远市、海阳市、诸城市、临朐县、昌乐县、长岛县、昌邑市。从整体来看，山东半岛城市群国土空间利用质量的重点提升地区主要集中在以济南、淄博、东营、日照和威海为主的西部和城市群边缘地区，青岛、潍坊和烟台地区宜实施优化提升（表 4.30)。

2）山东半岛城市群国土空间利用质量综合提升路径

在基于“产城网基”一体的城市群国土空间利用质量综合提升分区的基础上，再统筹融合并提取城市群国土空间利用质量提升的 4 个子系统的提升路径，包括国土空间开发强度子系统提升路径、城镇规模体系子系统提升路径、产业体系子系统提升路径和交通体系子系统提升路径，最终形成包括城市群各行政单元的国土空间建设用地增长率调控阈值、增长面积调控阈值，城镇体系提升对策，产业体系中的提升产业与限制产业类型，交通体系中的提升里程等具体方案在内的山东半岛城市群国土空间利用质量在各个方面的综合提升路径（表 4.31)。

表 4.30　基于“产城网基”一体的城市群国土空间利用质量提升指标体系计算结果

市县名称	空间开发强度提升指数 S	城镇规模体系提升指数 R	产业体系提升指数 I	交通体系提升指数 T_{Δ}	综合提升指数 Z	综合提升分区
济南市区	1	5	3	1	2	重点提升区Ⅱ
平阴县	6	5	3	9	4	优化提升区Ⅰ
济阳县	5	5	3	8	4	优化提升区Ⅰ
商河县	4	5	3	9	4	优化提升区Ⅰ
章丘市	4	5	3	6	4	优化提升区Ⅰ
青岛市区	1	5	9	1	4	优化提升区Ⅰ
胶州市	1	5	9	6	5	优化提升区Ⅱ
即墨市	1	5	9	6	5	优化提升区Ⅱ
平度市	4	5	9	6	5	优化提升区Ⅱ
莱西市	1	5	9	7	5	优化提升区Ⅱ
淄博市区	2	5	4	2	3	重点提升区Ⅲ
桓台县	1	5	4	9	4	优化提升区Ⅰ
高青县	4	5	4	9	5	优化提升区Ⅱ
沂源县	5	5	4	8	4	优化提升区Ⅰ
东营市区	4	1	5	7	3	重点提升区Ⅲ
垦利县	7	1	5	8	4	优化提升区Ⅰ
利津县	7	1	5	8	4	优化提升区Ⅰ
广饶县	1	1	5	8	3	重点提升区Ⅲ
烟台市区	1	7	7	5	5	优化提升区Ⅱ
长岛县	2	7	7	9	6	优化提升区Ⅲ
龙口市	2	7	7	8	5	优化提升区Ⅱ
莱阳市	5	7	7	8	5	优化提升区Ⅱ
莱州市	4	7	7	6	5	优化提升区Ⅱ
蓬莱市	1	7	7	8	5	优化提升区Ⅱ
招远市	1	7	7	9	6	优化提升区Ⅲ
栖霞市	4	7	7	8	5	优化提升区Ⅱ
海阳市	6	7	7	8	6	优化提升区Ⅲ
潍坊市区	9	9	6	4	5	优化提升区Ⅱ
临朐县	7	9	6	9	6	优化提升区Ⅲ
昌乐县	5	9	6	8	6	优化提升区Ⅲ
青州市	5	9	6	6	5	优化提升区Ⅱ
诸城市	6	9	6	8	6	优化提升区Ⅲ
寿光市	2	9	6	7	5	优化提升区Ⅱ
安丘市	3	9	6	9	6	优化提升区Ⅲ
高密市	5	9	6	8	6	优化提升区Ⅲ
昌邑市	8	9	6	7	6	优化提升区Ⅲ
威海市区	1	7	3	8	4	优化提升区Ⅰ
荣成市	4	7	3	9	5	优化提升区Ⅱ
文登市	2	7	3	7	4	优化提升区Ⅰ
乳山市	1	7	3	7	4	优化提升区Ⅰ
日照市区	1	5	1	6	3	重点提升区Ⅲ
五莲县	7	5	1	9	4	优化提升区Ⅰ
莒县	5	5	1	8	4	优化提升区Ⅰ

表 4.31　基于“产城网基”一体的城市群国土空间利用质量综合提升路径

地级市	市县名称	城市群空间开发强度提升			城镇体系提升		产业体系提升			交通体系提升	
		类型分区	增长率调控/%	增长面积调控/km	类型分区	提升对策	类型分区	提升产业	限制产业	类型分区	提升里程/km
济南市	济南市区	重点开发区	<6.54	<57.06	优化提升区Ⅱ	省会非核心功能外迁，扩大行政范围，培育章丘市和济阳县 2 个副中心城市，实施济南-德州、济南-莱芜一体化建设；提升建设用地强度，提升中心城市和次级城市人口数量，按人均 95～115m²/人配备规划建设用地指标，允许调整幅度为–20～–0.1m²/人	重点提升区Ⅲ	1，2，4，5，8，13	3，6，7，9，10，11，12，14	重点提升区Ⅲ	1113
	平阴县	稳定开发区	<3.40	<4.36	优化提升区Ⅱ		重点提升区Ⅲ			稳定提升区Ⅲ	95
	济阳县	稳定开发区	3.40～4.30	6.89～8.71	优化提升区Ⅱ		重点提升区Ⅲ			稳定提升区Ⅱ	152
	商河县	稳定开发区	<4.30	<9.55	优化提升区Ⅱ		重点提升区Ⅲ			稳定提升区Ⅲ	46
	章丘市	稳定开发区	<4.30	<14.50	优化提升区Ⅱ		重点提升区Ⅲ			优化提升区Ⅲ	394
青岛市	青岛市区	重点开发区	<6.54	<64.72	优化提升区Ⅱ	实施中心城市部分功能外迁，降低垄断地位，扩大行政范围，开展青岛-潍坊-日照实施一体化建设；提升建设用地强度，提升中心城市和次级城市人口数量，按人均 95～115m²/人配备规划建设用地指标，允许调整幅度为–20～ –0.1m²/人	稳定提升区Ⅲ	1，2，4，7，9，14	3，5，6，8，10，11，12，13	重点提升区Ⅲ	1339
	胶州市	重点开发区	<6.54	<24.26	优化提升区Ⅱ		稳定提升区Ⅲ			优化提升区Ⅲ	379
	即墨市	重点开发区	<6.54	<26.79	优化提升区Ⅱ		稳定提升区Ⅲ			优化提升区Ⅲ	391
	平度市	稳定开发区	<4.30	<21.99	优化提升区Ⅱ		稳定提升区Ⅲ			优化提升区Ⅲ	257
	莱西市	重点开发区	<6.54	<19.27	优化提升区Ⅱ		稳定提升区Ⅲ			稳定提升区Ⅰ	288
淄博市	淄博市区	重点开发区	4.30～6.54	34.02～51.74	优化提升区Ⅱ	培育桓台县为次级中心城市，减轻中心城市垄断地位，保持土地集约利用优势，按人均 80～105m²/人配备规划建设用地指标，允许调整幅度为+0.1～+15m²/人	优化提升区Ⅰ	1，2，4，5，8，9，11，12，13，14	3，6，7，10	重点提升区Ⅱ	967
	桓台县	重点开发区	<6.54	<10.19	优化提升区Ⅱ		优化提升区Ⅰ			稳定提升区Ⅲ	138
	高青县	稳定开发区	<4.30	<6.77	优化提升区Ⅱ		优化提升区Ⅰ			稳定提升区Ⅲ	94
	沂源县	稳定开发区	3.40～4.30	5.20～6.58	优化提升区Ⅱ		优化提升区Ⅰ			稳定提升区Ⅱ	134
东营市	东营市区	稳定开发区	<4.30	<24.35	重点提升区Ⅱ	培育东营市区为大城市，同时培育广饶县为中等城市，健全城镇体系，提升建设用地强度，积极引导中心城市和次级中心城市人口数量，按人均≤115m²/人配备规划建设用地指标，允许调整幅度为<0	优化提升区Ⅱ	4，5，7，8，10，11，12，13，14	1，2，3，6，9	稳定提升区Ⅰ	479
	垦利县	限制开发区	<3.40	<7.98	重点提升区Ⅱ		优化提升区Ⅱ			稳定提升区Ⅱ	176
	利津县	限制开发区	<3.40	<6.67	重点提升区Ⅱ		优化提升区Ⅱ			稳定提升区Ⅱ	188
	广饶县	重点开发区	<6.54	<17.18	重点提升区Ⅱ		优化提升区Ⅱ			稳定提升区Ⅱ	192
烟台市	烟台市区	重点开发区	<6.54	<35.93	稳定提升区Ⅰ	发展市区为特大城市，培育龙口市、莱阳市为次级中心城市，提升现有建设用地强度，积极引导中心城市和次级中心城市人口数量，按人均≤115m²/人配备规划建设用地指标，允许调整幅度为<0	稳定提升区Ⅰ	1，4，5，8，10	2，3，6，7，9，11，12，13，14	优化提升区Ⅱ	661
	长岛县	重点开发区	4.30～6.54	0.59～0.89	稳定提升区Ⅰ		稳定提升区Ⅰ			稳定提升区Ⅲ	9
	龙口市	重点开发区	4.30～6.54	9.68～14.72	稳定提升区Ⅰ		稳定提升区Ⅰ			稳定提升区Ⅱ	192
	莱阳市	稳定开发区	3.40～4.30	8.83～11.17	稳定提升区Ⅰ		稳定提升区Ⅰ			稳定提升区Ⅱ	21

续表

地级市	市县名称	城市群空间开发强度提升			城镇体系提升		产业体系提升			交通体系提升	
		类型分区	增长率调控/%	增长面积调控/km	类型分区	提升对策	类型分区	提升产业	限制产业	类型分区	提升里程/km
烟台市	莱州市	稳定开发区	<4.30	<17.57	稳定提升区Ⅰ		稳定提升区Ⅰ			优化提升区Ⅲ	334
	蓬莱市	重点开发区	<6.54	<11.38	稳定提升区Ⅰ		稳定提升区Ⅰ			稳定提升区Ⅱ	222
	招远市	重点开发区	<6.54	<13.09	稳定提升区Ⅰ		稳定提升区Ⅰ			稳定提升区Ⅲ	–187
	栖霞市	稳定开发区	<3.40	<5.94	稳定提升区Ⅰ		稳定提升区Ⅰ			稳定提升区Ⅱ	236
	海阳市	稳定开发区	<4.30	<10.12	稳定提升区Ⅰ		稳定提升区Ⅰ			稳定提升区Ⅱ	151
潍坊市	潍坊市区	限制开发区	<3.40	<31.06	稳定提升区Ⅲ	发挥城镇规模结构高度合理的优势，承接青岛市产业转移及一体化发展，提升现有建设用地的建设强度，适当引导提升中心城市和次级城市人口数量，按人均 95～115m²/人配备规划建设用地指标，允许调整幅度为–20～–0.1m²/人	优化提升区Ⅲ	1，2，7，8，9，11，12，13	3，4，5，6，10，14	优化提升区Ⅰ	698
	临朐县	限制开发区	<3.40	<7.25	稳定提升区Ⅲ		优化提升区Ⅲ			稳定提升区Ⅲ	–102
	昌乐县	稳定开发区	3.40～4.30	6.79～8.59	稳定提升区Ⅲ		优化提升区Ⅲ			稳定提升区Ⅱ	161
	青州市	稳定开发区	3.40～4.30	8.66～10.95	稳定提升区Ⅲ		优化提升区Ⅲ			优化提升区Ⅲ	376
	诸城市	稳定开发区	<3.40	<10.01	稳定提升区Ⅲ		优化提升区Ⅲ			稳定提升区Ⅱ	132
	寿光市	限制开发区	<3.40	<15.85	稳定提升区Ⅲ		优化提升区Ⅲ			稳定提升区Ⅰ	325
	安丘市	限制开发区	<3.40	<8.66	稳定提升区Ⅲ		优化提升区Ⅲ			稳定提升区Ⅲ	–621
	高密市	稳定开发区	3.40～4.30	10.18～12.88	稳定提升区Ⅲ		优化提升区Ⅲ			稳定提升区Ⅱ	45
	昌邑市	限制开发区	<3.40	<12.54	稳定提升区Ⅲ		优化提升区Ⅲ			稳定提升区Ⅰ	157
威海市	威海市区	重点开发区	<6.54	<13.64	稳定提升区Ⅰ	培育市区为大城市，同时培育乳山市为次级中心城市，承接烟台市的产业转移及一体化发展，提升现有建设用地的建设强度，积极引导中心城市和次级中心城市人口数量，按人均≤115m²/人配备规划建设用地指标，允许调整幅度<0	重点提升区Ⅲ	1，2，3，6，13，14	4，5，7，8，9，10，11，12	稳定提升区Ⅱ	233
	荣成市	稳定开发区	<4.30	<15.11	稳定提升区Ⅰ		重点提升区Ⅲ			稳定提升区Ⅲ	81
	文登市	重点开发区	4.30～6.54	10.50～15.97	稳定提升区Ⅰ		重点提升区Ⅲ			稳定提升区Ⅰ	330
	乳山市	重点开发区	<6.54	<13.63	稳定提升区Ⅰ		重点提升区Ⅲ			稳定提升区Ⅰ	265
日照市	日照市区	重点开发区	<6.54	<27.45	优化提升区Ⅱ		重点提升区Ⅰ	1，2，4，5，7，8，10，12，13，14	3，6，9，11	优化提升区Ⅲ	463
	五莲县	限制开发区	<3.40	<5.73	优化提升区Ⅱ		重点提升区Ⅰ			稳定提升区Ⅲ	–26
	莒县	稳定开发区	3.40～4.30	9.93～12.55	优化提升区Ⅱ		重点提升区Ⅰ			稳定提升区Ⅱ	175

注：1 代表能源开采业；2 代表矿物采选业；3 代表烟酒副食制造业；4 代表纺织服饰鞋帽制造业；5 代表家具生活文化用品制造业；6 代表石油加工、炼焦和核燃料加工业；7 代表医药制造业；8 代表化学非金属矿物制品制造业；9 代表金属冶炼和压延加工业；10 代表通用、专用设备制造业；11 代表交通运输设备制造业；12 代表通信、计算机设备等其他制造业；13 代表废弃资源综合利用及设备修理业；14 代表电力、热力、燃力及水的生产和供应。

主要参考文献

[1] 方创琳. 城市群空间范围识别标准的研究进展与基本判断. 城市规划学刊, 2009, 04: 1-6.

[2] 山东省人民政府. 山东省地质灾害防治规划(2003～2020 年). http：//www.shandong.gov.cn/art/2014/ 4/1/art_285_5745.html[2014-04-01].

[3] 谭雪晶, 姜广辉, 付晶, 等. 主体功能区规划框架下国土开发强度分析.中国土地科学, 2011, 25(1): 70-77.

[4] 中华人民共和国行业标准. CJJ83-1999 城市用地竖向规划规范. 北京: 中国建筑工业出版社, 1999.

[5] 山东省人民政府. 山东省水系生态建设规划(2011～2020 年). http: //govinfo.nlc.gov.cn/sdsfz/zfgb. [2012-01-20].

[6] Wang Z B, Fang C L, Zhang X R. Spatial expansion and potential of construction land use in the Yangtze River Delta. J. Geogr. Sci., 2015, 25(7): 851-864.

[7] 王振波, 徐小黎, 张蔷. 中国城市规模格局的合理性评价. 中国人口资源与环境, 2015, 25(12): 121-128.

[8] 劳昕, 沈体雁, 孔赟珑. 中国城市规模分布实证研究. 浙江大学学报：人文社会科学版, 2015, 46(5): 323-351.

[9] 宋周莺, 刘卫. 西部地区产业结构优化路径分析. 中国人口·资源与环境, 2013, 23(10): 31-37.

[10] 乔家君. 河南省城镇密集区的空间地域结构. 地理研究, 2006, 25(2): 243-251.

[11] 山东省人民政府. 山东省地下水超采区综合整治实施方案. http: //www.shandong.gov.cn/art/2015/ 11/12/art_285_8061.html. [2015-11-12].

[12] 胡序威, 周一星, 顾朝林, 等. 中国沿海城镇密集地区空间集聚与扩散研究. 北京: 科学出版社, 2000.

[13] 国务院. 关于调整城市规模划分标准的通知(国发〔2014〕51 号). http: //www.gov.cn/zhengce/ content/2014-11/20/content_9225.htm. [2014-11-20].

[14] 山东省人民政府. 山东省 2014～2015 年节能减排低碳发展行动实施方案. http: //www.shandong. gov.cn/art/2014/10/14/art_285_6649.htm. [2014-10-14].

第 5 章　城市群地区国土空间利用质量评价与提升系统研发

在城市群地区国土空间利用质量评价与提升技术研发和案例分析的基础上，梳理技术体系，总结实证分析经验，综合运用 GIS 技术，对城市群尺度国土空间利用质量评价和提升的技术方法和基本流程进行计算机语言编程，研发城市群地区国土空间利用质量评价系统与城市群地区国土空间利用质量提升系统。研制形成相应的软件系统，并以山东半岛城市群为示范基地，进行技术应用示范。为落实国家优化国土空间开发利用格局目标与完善国土空间利用质量评价和提升的技术体系奠定基础，为国家和地方编制实施相关规划，为省级或省级以下国土资源部门的业务工作提供技术支持。

5.1　城市群地区国土空间利用质量评价系统研发

为了便于对城市群尺度国土空间利用质量进行综合评价和分析，及时掌握城市群尺度国土空间的整体利用状况、存在的问题，研发了城市群尺度国土空间利用质量评价系统。该系统以当前城市群规划和国土空间规划为背景，结合我国现阶段城市群地区国土空间利用的阶段性特点，对城市群尺度的国土空间利用质量加以计算和评估。本系统整合数据管理、数据处理、图形可视化和结果输出等功能，基本可以实现城市群国土空间利用质量的自动计算，大大提高了计算效率，为城市群尺度国土空间利用质量相关决策提供了技术支撑。

5.1.1　国土空间利用质量评价系统的结构与功能

1. 国土空间利用质量评价系统的核心结构

国土空间利用质量评价系统首先按照国土空间利用质量指标体系导入相关的指标数据。然后，对数据进行汇总和归类，构建数据库，进行数据的综合管理和查询，并根据各单项指标的计算方法进行各单项指标的计算。接下来，对计算获得的各单项指标数据进行数据的标准化处理，实现无量纲化。然后，运用权重计算方法，分别计算指标层、准则层数据的权重。随后，根据计算获得的权重和之前的指标值，分别计算指标层、准则层和目标层的国土空间利用质量结果。最后，对各级计算结果进行综合可视化展示，包括地图和图表等，并可以将计算结果导出。软件的整体结构流程如图 5.1 所示。

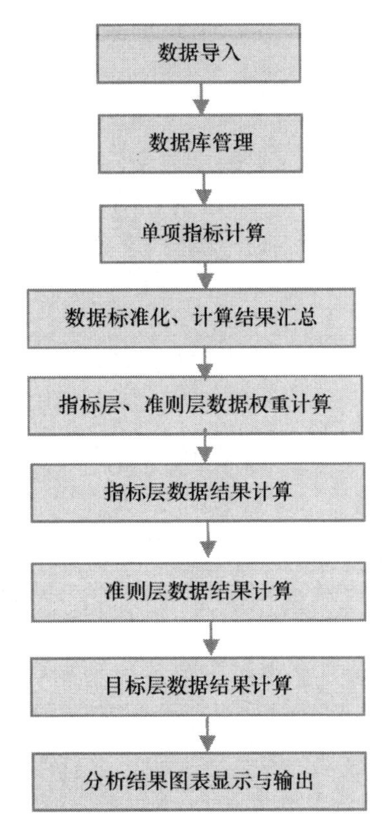

图 5.1　国土空间利用质量评价系统的结构设计框图

2. 国土空间利用质量评价系统的核心功能

国土空间利用质量评价系统的核心功能包括数据处理功能、指标层数据计算功能、准则层数据计算功能、目标层数据计算功能、数据管理功能[1]，各功能具体如下。

（1）数据处理功能。数据处理功能包括国土空间利用质量一键导入功能，能够实现数据导入的功能；国土空间利用质量标准化功能，能够实现对数据进行标准化处理的功能；国土空间利用质量权重计算功能，能够实现权重计算及查看权重指标数据的功能。

（2）指标层数据计算功能。指则层数据计算功能，能够实现查看指标层数据计算结果的功能。

（3）准则层数据计算功能。准则层数据计算功能，能够实现查看数据标准化和权重计算结果的功能。

（4）目标层数据计算功能。目标层数据计算功能，能够实现查看计算的国土空间利用质量指标数据的功能。

（5）数据管理功能。数据管理功能包括数据导出，能够实现导入数据的功能；动态变化图制作，能够实现生成动态变化图的功能；空间分布图制作，能够实现生成空间分布图的功能。

5.1.2　国土空间利用质量评价系统的主要模块

国土空间利用质量评价系统包括 2 个主要模块和 3 个主要面板，各模块和面板的具体功能如下。

1）质量评价模块

质量评价模块主要用于计算国土空间利用质量评价的各项指标。

2）数据管理模块

数据管理模块主要用于数据的输入、展示、导出的控制，以及用户管理。

3）地图面板

地图面板用于基础空间数据的显示和质量评价结果的空间展示，展示其空间分布格局和变化状况。

4）图表面板

图表面板以图表的形式展示质量评价结果，展示数据的动态变化状况。

5）数据面板

数据面板详细地展示原始数据和质量评价结果的数据表格。

5.1.3　国土空间利用质量评价系统的技术流程

城市群尺度国土空间利用质量评价系统重点研发城市群国土空间利用质量评价系统软件，并选择山东半岛城市群地区进行试验示范，实现国土空间利用的经济效益、社会效益和生态环境效益的高效协调统一。

系统在功能上主要包括质量评价和数据管理 2 个板块。质量评价主要用于计算国土空间利用质量评价的各项指标；数据管理主要用于数据的输入、展示、导出的控制及用户管理。

系统在展示上主要包括地图、图表和数据 3 个面板。地图面板用于基础空间数据的显示和质量评价结果的空间展示；图表面板以图表的形式展示质量评价结果；数据面板则详细地展示原始数据和质量评价结果的数据表格。

1. 系统登录界面

在系统启动时，首先显示登录界面，如图 5.2 所示，提示用户输入用户名和密码，点击“登录”按钮，若用户名与密码匹配，系统将启动，供用户使用。

图 5.2　系统登录界面

2. 系统主界面

为方便用户操作，系统主界面采用流行的 Ribbon 界面模式，主界面主要包括 4 个部分：工具条、菜单栏、内容显示区及状态栏，具体界面如图 5.3 所示。

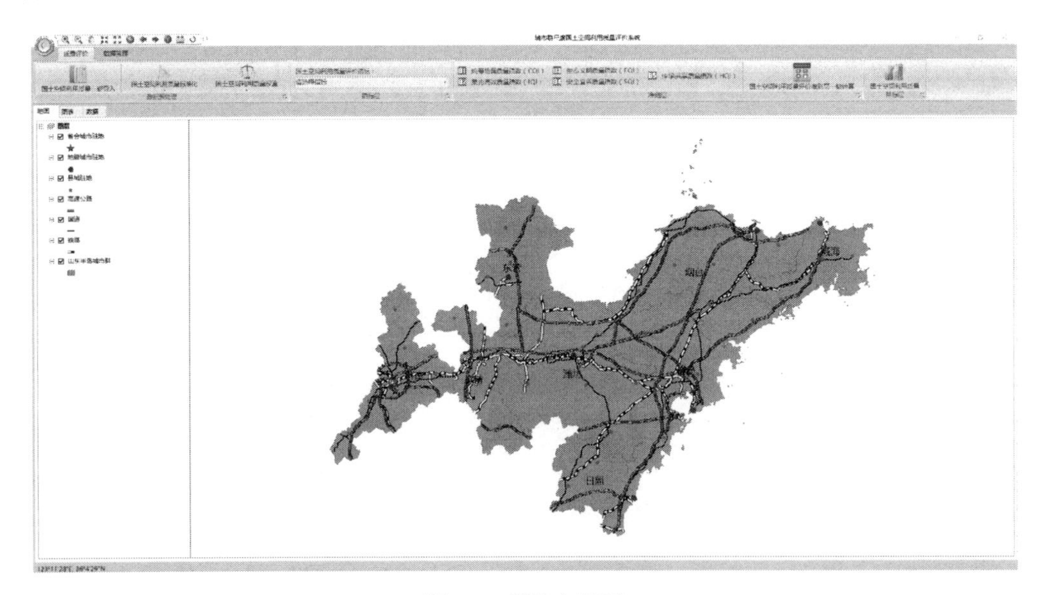

图 5.3　系统主界面

1）工具条

工具条在系统主界面顶部的左侧，工具条的功能是针对地图面板来进行操作。因此，只有在地图面板激活时才可用。工具条的功能包括放大、缩小、移动、固定放大、固定缩小、全屏、前一场景、后一场景、信息、测量、重置地图。

（1）放大。点击按钮，地图进入放大模式。若鼠标单击地图上某点，地图显示将会以此点为中心，进行一定比例的放大；若鼠标在地图上单击拖拽选框，则地图显示将会以该选框为显示边界进行放大。

（2）缩小。点击按钮，地图进入缩小模式。若鼠标单击地图上某点，地图显示将会以此点为中心，进行一定比例的缩小；若鼠标在地图上单击拖拽选框，则地图显示将会把所有内容缩小到该选框内。

（3）移动。点击按钮，地图进入移动模式。可通过鼠标点击拖拽，将地图显示跟随鼠标进行整体移动。

（4）固定放大。点击按钮，地图将以固定比例进行整体放大。

（5）固定缩小。点击按钮，地图将以固定比例进行整体缩小。

（6）全屏。点击按钮，地图将在显示所有图层内容的前提下，以最大比例显示。

（7）前一场景。通过工具条（1）～（6）对地图进行操作，每次地图显示的场景都会被记录下来，点击按钮，可撤销 1 次操作，使地图的显示恢复到上一场景。当场景为初始场景时，该功能无效。

（8）后一场景。点击按钮，可恢复“前一场景”撤销的 1 次操作。当场景为最后操作的场景时，该功能无效。

（9）信息。点击按钮，弹出空间信息查询对话框，同时，地图进入空间信息查询状态，点击地图中的要素，对话框中将会显示要素对应的属性信息。

（10）测量。点击按钮，弹出空间测量对话框，同时，地图进入空间测量状态，通过点击地图形成路径或多边形，可进行相应的空间长度或面积测量。双击可重置测量状态。

（11）重置地图。点击按钮，可使地图的显示恢复到初始状态。

2）菜单栏

菜单栏包括图标按钮、质量评价面板和数据管理面板 3 个部分。

（1）图标按钮。点击图标按钮，弹出下拉菜单列表。点击“关于”菜单项，弹出关于窗口，显示系统的基本信息。点击“关闭”菜单项，关闭下拉菜单列表。点击“退出程序”按钮，关闭整个系统。

（2）质量评价面板。质量评价面板包含了系统核心的质量评价各指标的计算功能，将在下文中进行详细介绍。

（3）数据管理面板。数据管理面板包含了系统数据管理的相关功能，其将在下文中进行详细介绍。

3）内容显示区

内容显示区包含地图、图表和数据 3 个面板，它们分别以不同的形式显示数据和质量评价指标，将分别在下文中进行详细介绍。

4）状态栏

状态栏显示鼠标在地图上的位置、对应的经纬度坐标，状态栏仅在地图面板激活时有效。

3. 质量评价面板

质量评价面板是系统菜单栏的组成部分，主要用于空间利用质量评价各项指标的计算，是系统最核心的部分，包含了数据预处理、指标层、准则层和目标层 4 个部分。

1）数据预处理

(1) 国土空间利用质量一键导入。国土空间利用质量一键导入是一个普通的菜单按钮。点击国土空间利用质量一键导入按钮，弹出打开文件对话框，选择要导入的数据文件，点击打开按钮，进行导入。

导入的数据文件支持的格式为 Excel 工作簿，包括 xls 和 xlsx 两种工作簿格式。为方便地进行数据导入，一键导入功能不能进行字段的手动选择，需用户制作符合字段约束的数据文件。字段约束的对应关系见表 5.1。

表 5.1　字段约束表

列号	字段
A	城市
B	年份
C	第一产业劳动力（万人）
D	第二产业劳动力（万人）
E	第三产业劳动力（万人）
F	城镇人口（万人）
G	工业增加值（亿元）
H	第一产业增加值（亿元）
I	第二产业增加值（亿元）
J	第三产业增加值（亿元）
K	城市道路长度（km）
L	城市建设用地面积（km^2）
M	每万人拥有公共交通车辆数（辆）
N	工矿建设用地面积（km^2）
O	城市和农村常住人口总量（万人）
P	城市和农村建设用地面积（km^2）
Q	国内生产总值（亿元）
R	总面积（km^2）
S	农村建设用地面积（km^2）
T	公用管理与公共服务用地（km^2）

续表

列号	字段
U	道路交通用地（km^2）
V	公用设施用地（km^2）
W	市辖区年末人口数（万人）
X	水资源消耗量（亿 m^3）
Y	能源消耗量（万 tce）
Z	绿化垂直投影面积（km^2）
AA	建设用地与潜在地质灾害重合面积（km^2）
AB	教育服务机构数量（个）
AC	医疗健康服务机构数量（个）
AD	财政用于科学支出（万元）
AE	技术市场成交合同额（万元）
AF	社会福利及养老服务机构数量（个）
AG	年末互联网宽带用户数（户）
AH	城市间高速公路最短可达时间（min）
AI	空气质量优良天数（天）
AJ	交通干线长度（km）
AK	交通线长度（km）
AL	距离交通干线的平均距离（km）
AM	城市居民人均可支配收入（元）
AN	农村居民人均纯收入（元）

选定文件后，系统将根据字段约束，自动读入 Excel 工作簿内容，然后将数据导入系统数据库。导入完成后，系统将自动跳转数据面板，显示导入结果，并提示导入完成对话框，如图 5.4 所示。

（2）国土空间利用质量标准化。国土空间利用质量标准化是一个下拉按钮。

单击国土空间利用质量标准化按钮，系统将对指标层 C1～C20 和准则层 B1～B5 的所有数据进行标准化，为实际准则层和目标层的计算做准备。标准化完成后，系统将自动跳转数据面板，显示标准化结果，并提示标准化成功对话框，如图 5.5 所示。

单击国土空间利用质量标准化按钮的下拉按钮，弹出标准化菜单下拉列表，如图 5.6 所示。点击菜单项，系统将仅对相应的指标进行标准化。当某一指标发生变化时，可利用此功能独立标准化该指标，而不改变其他指标的数据。标准化完成后，系统将自动跳转数据面板，显示标准化结果，并提示标准化成功对话框，如标准化 C1 后，界面如图 5.7 所示。

（3）国土空间利用质量权重。国土空间利用质量权重是一个下拉按钮。

单击国土空间利用质量权重按钮的下拉按钮，弹出权重菜单下拉列表，如图 5.8 所示。点击菜单项，系统将计算准则层 B1～B5 分别由指标层 C1～C20 构成的权重或目标层国土空间利用质量由 B1～B5 构成的权重。权重计算完成后，将自动弹出结果对话框，显示权重的构成，如计算国土空间利用质量的权重，结果对话框如图 5.9 所示。

OBJECTID	城市	年份	第一产业劳动力（万人）	第二产业劳动力（万人）	第三产业劳动力（万人）	城镇人口（万人）	工业增加值（亿元）	第一产业增加值（亿元）	第二产业增加值（亿元）
1	济南	2000	109.98	110.81	126.58	233.1	336.61	95.22	418.968
2	济南	2001	109.99	109.24	130.87	251.11	356.73	97.13082	442.6862
3	济南	2002	106.01	109.14	135.55	285.83	411	98.7082	509.0317
4	济南	2003	104.9	110.6	139.8	297.21	494.55	104.857	599.651
5	济南	2004	99.3	113.3	145.9	307.96	620.14	118.6634	742.4151
6	济南	2005	99.1	114.2	146.7	330.26	734	134.3651	863.9899
7	济南	2006	99	115.2	147.6	338.61	861.51	125.4239	1142.8
8	济南	2007	[illegible]	116.3	149.2	422.86	994.4	150.1809	1158.135
9	济南	[illegible]	[illegible]	120.8	159.7	431.197	1140.14	175.0106	1330.684
10	济南	[illegible]	[illegible]	126.6	169.6	430.24	1211.4	187.0061	1453.487
11	济南	[illegible]	[illegible]	133.7	168.2	431	1352.424	215.079	1637.338
12	济南	[illegible]	[illegible]	140.8	166.8	431.76	1507.88	237.86	1828.97
13	济南	[illegible]	[illegible]	147.9	165.4	432.52	1603.08	252.9	1938.1
14	济南	[illegible]	[illegible]	155	164	433.28	1690.631	284.7088	2053.24
15	青岛	[illegible]	[illegible]	134.91	117.99	292.35	500.32	140.3086	560.0842
16	青岛	2001	133.9	142.3	124.3	302.17	578.23	143.19	648.6981
17	青岛	2002	121.38	153.85	138.08	313.13	681	145.8961	765.0059
18	青岛	2003	119.91	163.93	155.12	329.96	825.52	150.9796	937.2131
19	青岛	2004	113.98	180.63	164.2	350.96	1032.5	161.8522	1171.481
20	青岛	2005	104.48	196.8	169.75	446.94	1266.79	178.4631	1396.164
21	青岛	2006	102.97	209.83	177.3	458.16	1527.5	122.1707	2103.196
22	青岛	2007	102.3	217.8	185.7	465.82	1785.31	203.7145	1953.463
23	青岛	2008	102.4	220.8	190.6	468.238	2062	223.5835	2255.354
24	青岛	2009	104.1	218.7	178.7	487.44	2174.43	230.0733	2420.138
25	青岛	2010	104.2	222.3	197.4	479.89	2454.2	277.0767	2758.868

图 5.4　一键导入完成界面

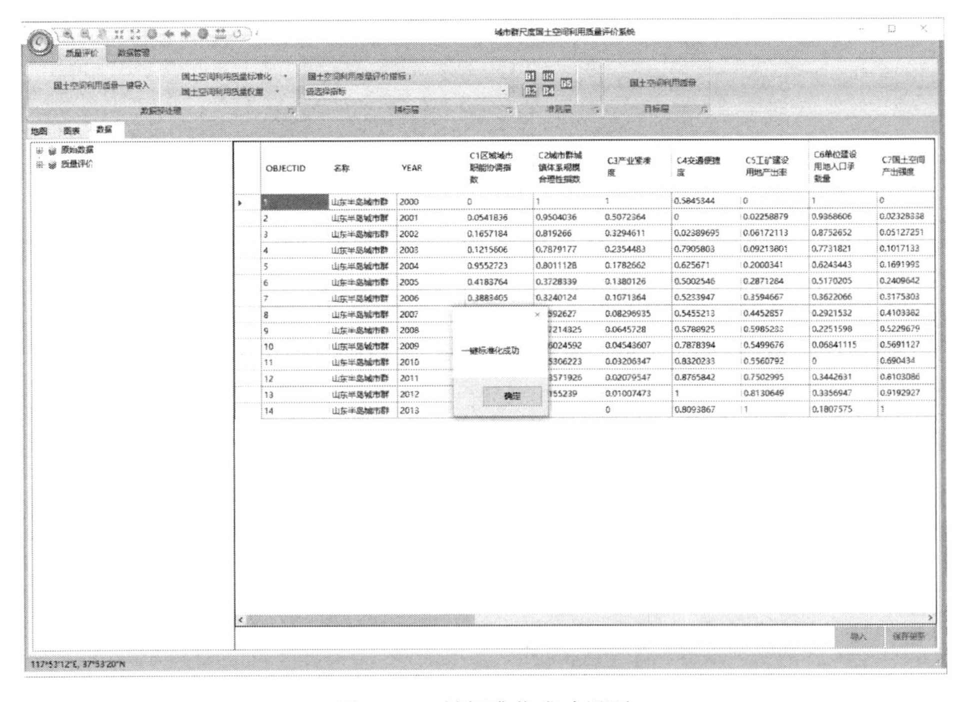

OBJECTID	名称	YEAR	C1区域城市职能协调指数	C2城市群城镇体系规模合理性指数	C3产业紧凑度	C4交通便捷度	C5工矿建设用地产出率	C6单位建设用地人口承载量	C7国土空间产出强度
1	山东半岛城市群	2000	0	1	1	0.5845344	0	1	0
2	山东半岛城市群	2001	0.0541836	0.9504036	0.5072364	0	0.02258879	0.9368606	0.02328338
3	山东半岛城市群	2002	0.1657184	0.819266	0.3294611	0.02389695	0.06172113	0.8752652	0.05127251
4	山东半岛城市群	2003	0.1215606	0.7879177	0.2354483	0.7905803	0.09213801	0.7731821	0.1017133
5	山东半岛城市群	2004	0.9552723	0.8011128	0.1782662	0.625671	0.2000341	0.6243443	0.1691993
6	山东半岛城市群	2005	0.4183764	0.3728339	0.1380126	0.5002546	0.2871284	0.5170205	0.2409642
7	山东半岛城市群	2006	0.3883405	0.3240124	0.1071364	0.5233947	0.3594667	0.3622066	0.3175303
8	山东半岛城市群	2007	[illegible]	[illegible]	0.08296935	0.5455213	0.4452857	0.2921532	0.4103382
9	山东半岛城市群	2008	[illegible]	[illegible]	0.0645728	0.5788925	0.5985233	0.2251598	0.5229679
10	山东半岛城市群	2009	[illegible]	[illegible]	0.04543607	0.7878394	0.5499676	0.06841115	0.5691127
11	山东半岛城市群	2010	[illegible]	[illegible]	0.03206347	0.8320233	0.5560792	0	0.690434
12	山东半岛城市群	2011	[illegible]	[illegible]	0.02079547	0.8765842	0.7502995	0.3442631	0.8103086
13	山东半岛城市群	2012	[illegible]	[illegible]	0.01007473	1	0.8130649	0.3356947	0.9192927
14	山东半岛城市群	2013	[illegible]	[illegible]	0	0.8093867	1	0.1807575	1

图 5.5　一键标准化成功界面

2）指标层

指标层的菜单项是一个下拉列表。单击下拉箭头，弹出下拉列表，如图 5.10 所示。若点击 C1～C20 的菜单项，系统将根据导入的原始数据，自动计算对应指标的结果，

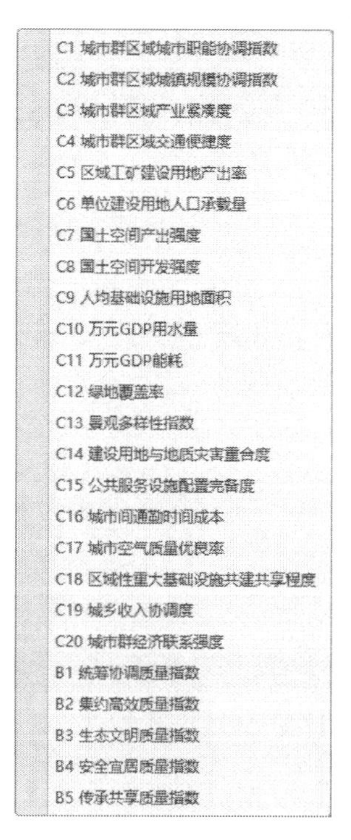

图 5.6　标准化菜单下拉列表

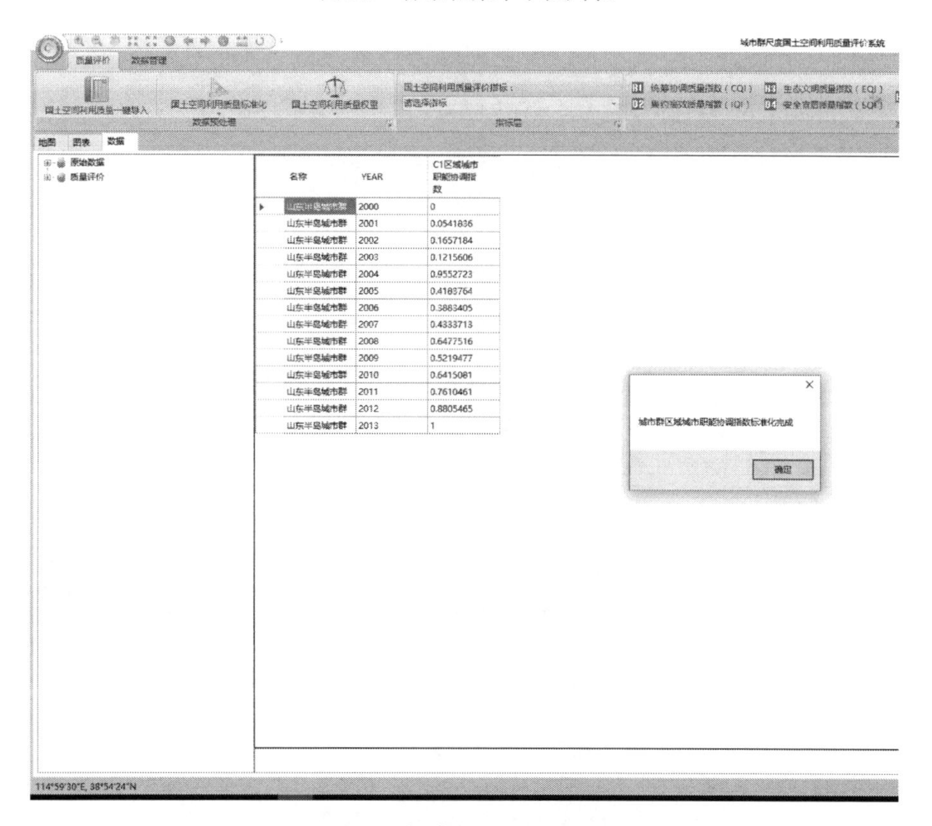

图 5.7　标准化 C1 成功界面

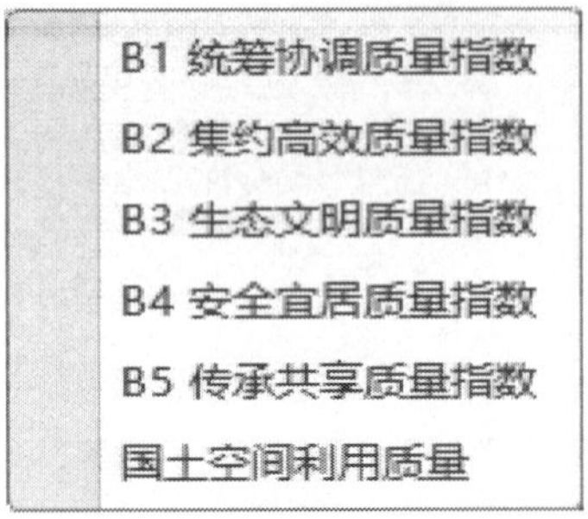

B1 统筹协调质量指数
B2 集约高效质量指数
B3 生态文明质量指数
B4 安全宜居质量指数
B5 传承共享质量指数
国土空间利用质量

图 5.8　权重菜单下拉列表

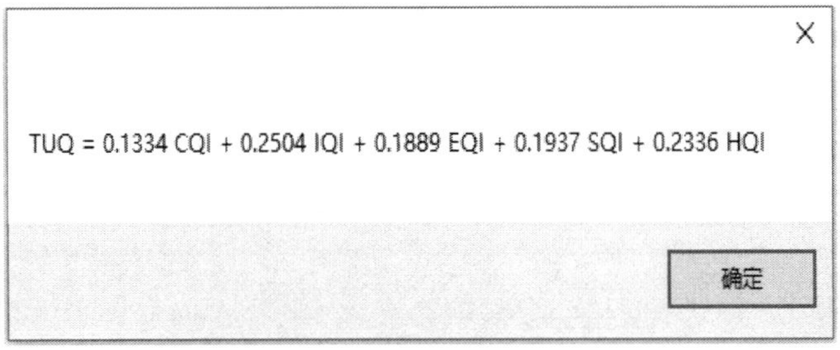

TUQ = 0.1334 CQI + 0.2504 IQI + 0.1889 EQI + 0.1937 SQI + 0.2336 HQI

确定

图 5.9　国土空间利用质量权重对话框

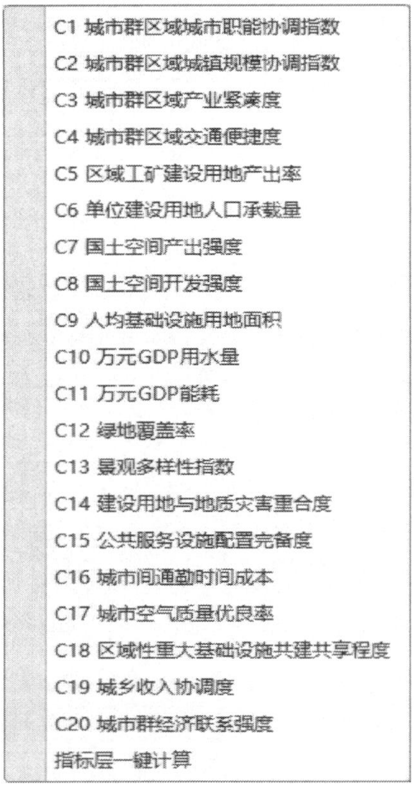

C1 城市群区域城市职能协调指数
C2 城市群区域城镇规模协调指数
C3 城市群区域产业紧凑度
C4 城市群区域交通便捷度
C5 区域工矿建设用地产出率
C6 单位建设用地人口承载量
C7 国土空间产出强度
C8 国土空间开发强度
C9 人均基础设施用地面积
C10 万元GDP用水量
C11 万元GDP能耗
C12 绿地覆盖率
C13 景观多样性指数
C14 建设用地与地质灾害重合度
C15 公共服务设施配置完备度
C16 城市间通勤时间成本
C17 城市空气质量优良率
C18 区域性重大基础设施共建共享程度
C19 城乡收入协调度
C20 城市群经济联系强度
指标层一键计算

图 5.10　指标层菜单下拉列表

计算完成后，将自动跳转数据面板，显示指标计算结果，并提示计算完成对话框，如计算 C1，结果如图 5.11 所示。若点击“指标层一键计算”菜单项，系统将进行指标层 C1～C20 所有指标的计算，计算完成后，将自动跳转数据面板，显示指标计算结果，并提示计算完成对话框，结果如图 5.12 所示。

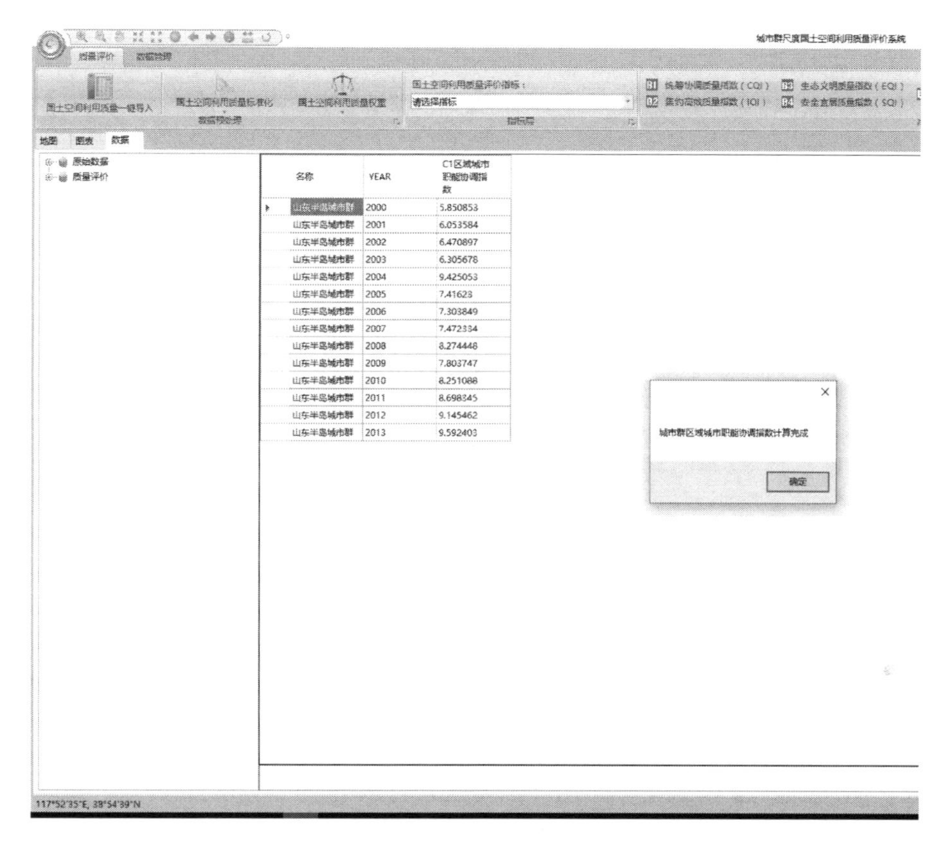

图 5.11　计算 C1 完成界面

3）准则层

（1）单一准则层指数计算。单一准则层指数计算由分别对应 B1～B5 的 5 个菜单按钮组成，如图 5.13 所示。

单击 B1～B5 相应指数计算的按钮，系统将根据指标层的计算结果，自动对相应指标进行标准化和权重计算，并计算出相应的准则层指数。计算完成后，系统将自动跳转数据面板，显示指数计算结果，并提示计算完成对话框，如计算 B1，结果如图 5.14 所示。

（2）国土空间利用质量评价准则层一键计算。国土空间利用质量评价准则层一键计算是一个菜单按钮。单击国土空间利用质量评价准则层一键计算按钮，系统将根据指标层的计算结果，自动对相应指标进行标准化和权重计算，并计算出 B1～B5 所有准则层指数。计算完成后，系统将自动跳转数据面板，显示指数计算结果，并提示计算完成对话框，结果如图 5.15 所示。

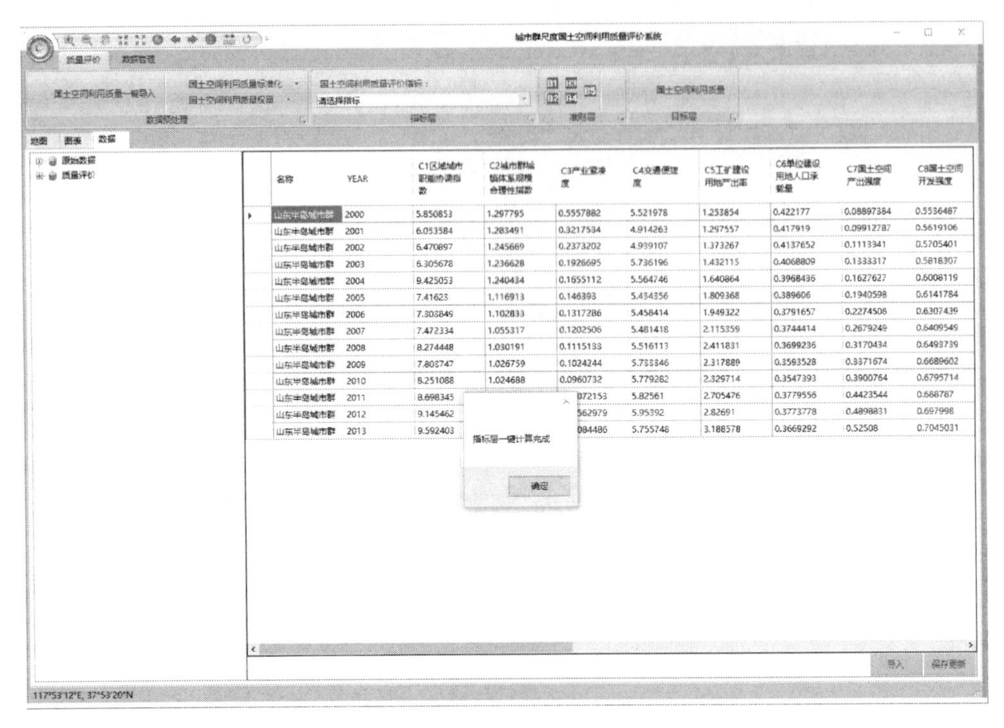

图 5.12　计算所有指标完成界面

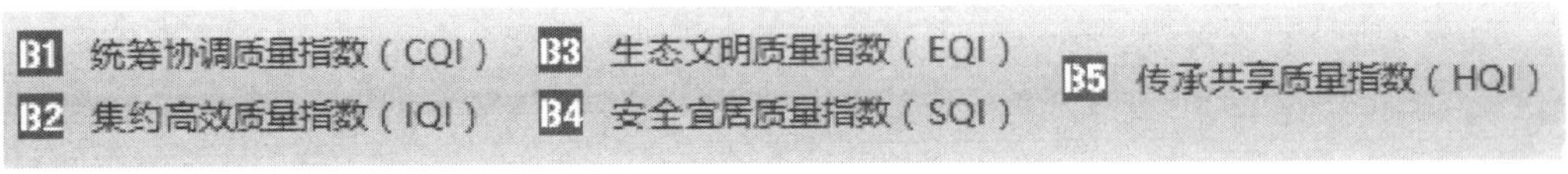

B1 统筹协调质量指数（CQI）　B3 生态文明质量指数（EQI）　B5 传承共享质量指数（HQI）

B2 集约高效质量指数（IQI）　B4 安全宜居质量指数（SQI）

图 5.13　单一准则层指数计算按钮

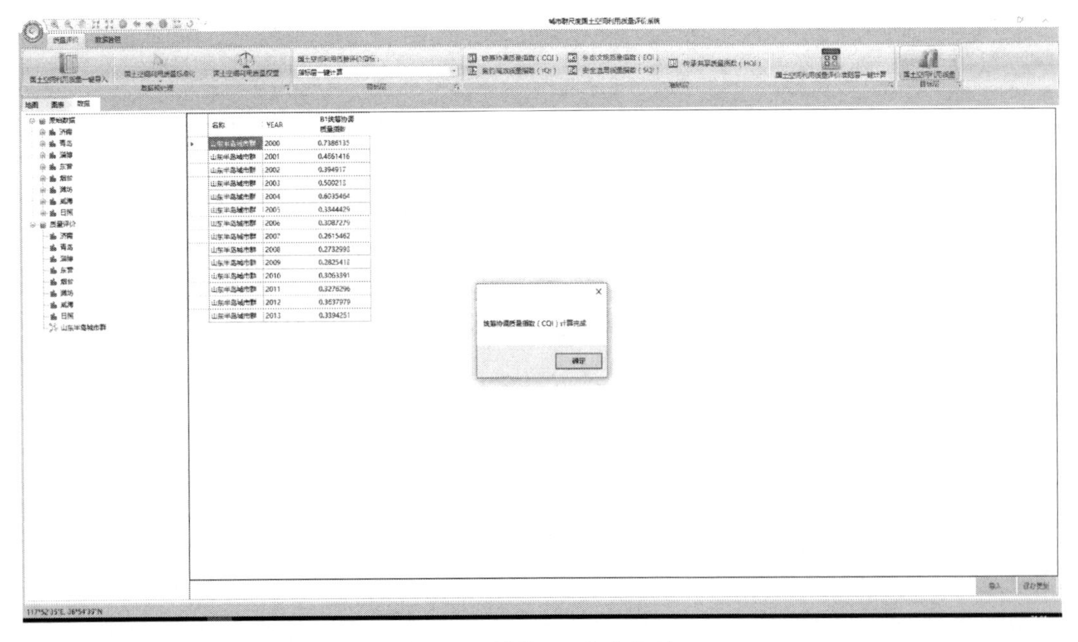

图 5.14　计算 B1 完成界面

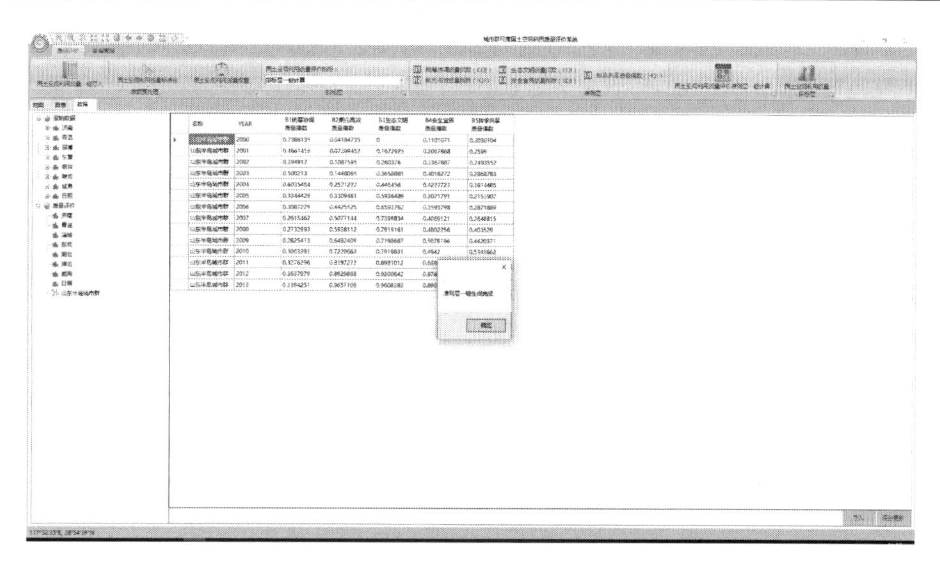

图 5.15　国土空间利用质量评价准则层一键计算完成界面

4）目标层

目标层只有国土空间利用质量一个菜单按钮。单击国土空间利用质量按钮，系统将根据准则层的计算结果，自动对相应指数进行标准化和权重计算，并计算出国土空间利用质量。计算完成后，系统将自动跳转数据面板，显示计算结果，并提示计算完成对话框，结果如图 5.16 所示。

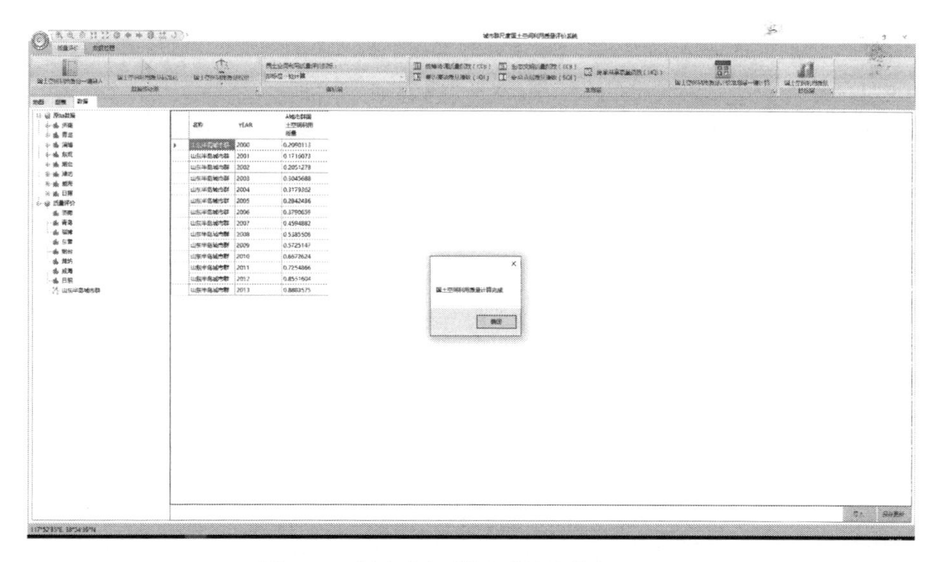

图 5.16　国土空间利用质量计算完成界面

4. 数据管理面板

1）数据

（1）导入。数据导入是一个下拉按钮。单击下拉箭头，弹出下拉列表，如图 5.17

所示，包含了 C1～C20 的菜单项。点击菜单项，弹出对应指标导入对话框，进行计算对应指标的原始数据的导入。以下以导入 C1 为例，说明导入过程。

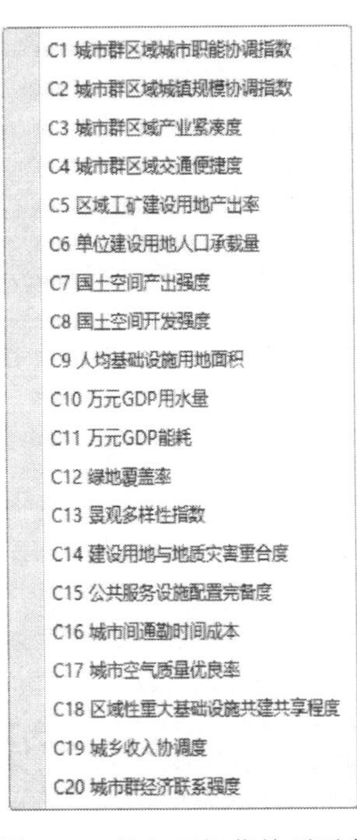

图 5.17　导入下拉菜单项列表

点击“C1 城市群区域城市职能协调指数”，弹出导入对话框。点击浏览按钮，弹出打开文件对话框。选择要导入的数据文件，点击打开按钮，进行导入。

导入的数据文件支持的格式为 Excel 工作簿，包括 xls 和 xlsx 两种工作簿格式。导入成功后，字段区域将被激活，可通过下拉列表选择需要导入的原始数据对应的字段，然后进行数据的导入。该功能字段选择灵活，能够针对个别字段进行导入。

（2）导出。数据导出是一个下拉按钮。单击下拉箭头，弹出下拉列表，包含了城市结果和城市群结果。城市结果是指标层分城市计算结果的导出，城市群结果是城市群总体指标层、准则层和目标层计算结果的导出。

点击任一菜单项，弹出保存文件对话框。

导出的数据文件支持的格式为 Excel 工作簿，包括 xls 和 xlsx 两种工作簿格式。

2）制图

（1）动态变化图。动态变化图是一个下拉按钮。单击下拉箭头，弹出下拉列表，包含了指标层 C1～C20、准则层和目标层的菜单项。点击菜单项，则会根据相应指标的城市群计算结果，绘制动态变化图。绘制完成后，图表面板被激活，显示绘制结果。其中，指标层和目标层为柱状图，如目标层图表如图 5.18 所示；准则层为折线图，如图 5.19 所示。

（2）空间分布图。空间分布图是一个按钮，点击空间分布图按钮，弹出空间分布图对话框，如图 5.20 所示。

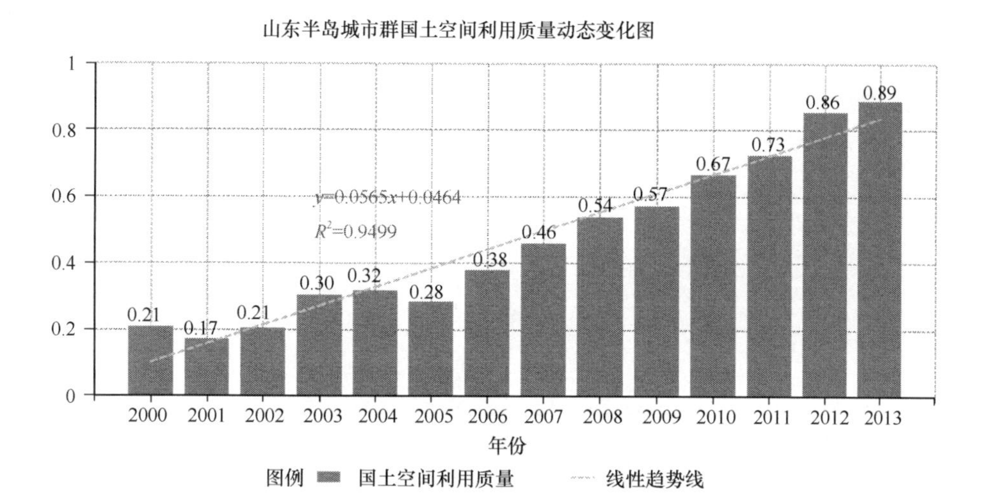

图 5.18　目标层动态变化图

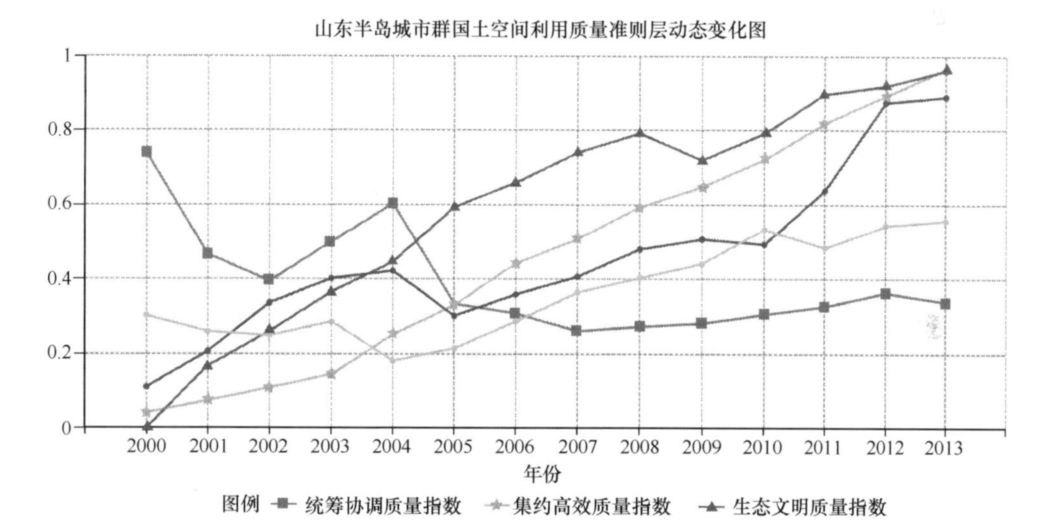

空间分布图

指标： C1 城市群区域城市职能协调指数

年份： 2000

确定　取消

图 5.20　空间分布图对话框

指标下拉列表用于选择空间分布图展示的指标层指标，年份下拉列表用于选择空间分布图展示的年份，选择完成后，点击确定按钮，地图面板将被激活，在地图中将会显示空间分布图，如绘制 2000 年 C1 的空间分布图，如图 5.21 所示。

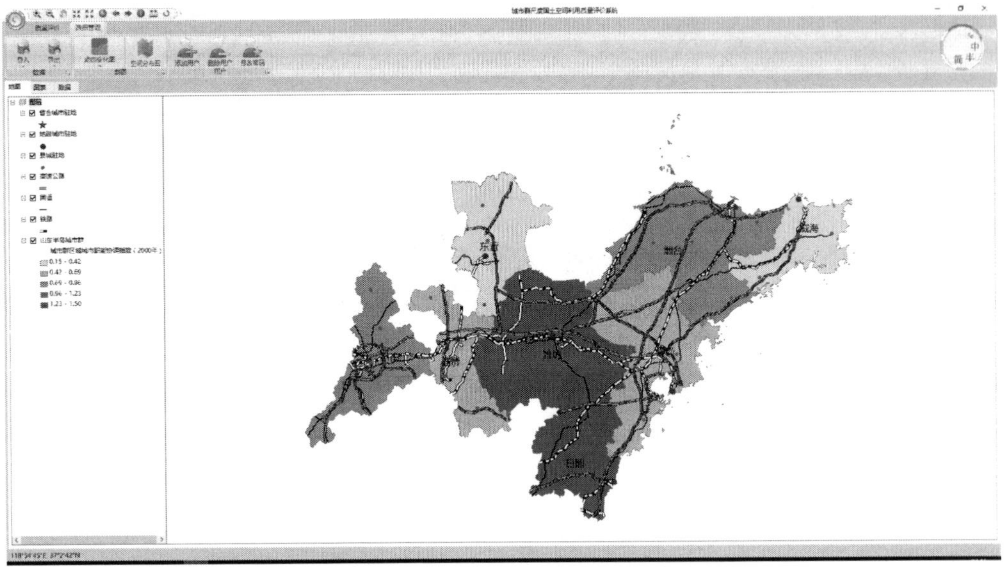

图 5.21　2000 年 C1 指标的空间分布图

3）用户

（1）添加用户。添加用户是一个按钮。点击添加用户按钮，弹出添加用户对话框，在对话框中输入用户名和两次输入相同的密码，点击添加按钮，即可为系统添加用户。添加成功后，系统可通过添加的用户名和相应的密码进行登录。

（2）删除用户。删除用户是一个按钮，点击删除用户按钮，弹出删除用户对话框。删除用户对话框会列出所有添加的非管理员账户的用户名，勾选要删除的用户，点击删除按钮，即可删除相应用户。

（3）修改密码。修改密码是一个按钮，点击修改密码按钮，弹出修改密码对话框。在对话框中输入要修改密码的用户名和两次输入相同的新密码，点击确定按钮，即可修改用户的密码。修改成功后，系统可通过用户名和相应的新密码进行登录。

5. 地图面板

地图面板包括图层控制区和地图区 2 个部分。

1）图层控制区

图层控制区用于控制地图中图层的显示。系统中的图层包括省会城市驻地、地级城市驻地、县城驻地、高速公路、国道、铁路和山东半岛城市群 7 个图层，可通过勾选图层前的选框，控制图层的显示和隐藏。

2）地图区

地图显示区用于显示基本的地图和空间分布图的绘制结果，如图 5.22 所示。地图区可通过工具条进行常用的空间操作。

图 5.22　地图区

6. 图表面板

图表面板包括图表控制区和图表显示区 2 个部分。

1）图表控制区

图表控制区是一个树形列表，如图 5.23 所示。
通过双击相应的结点，可在图表显示区中绘制相应城市群结果的动态变化图。

2）图表显示区

图表显示区用于显示绘制的城市群指标动态变化图。其中，指标层和目标层为柱状图，如目标层动态变化图如图 5.24 所示；准则层为折线图，如图 5.25 所示。

7. 数据面板

数据面板包括数据控制区和数据显示区 2 个部分。

1）数据控制区

数据控制区是一个树形列表，如图 5.26 所示。
数据控制区的树形列表包括原始数据和质量评价 2 个部分。其中，原始数据对应所

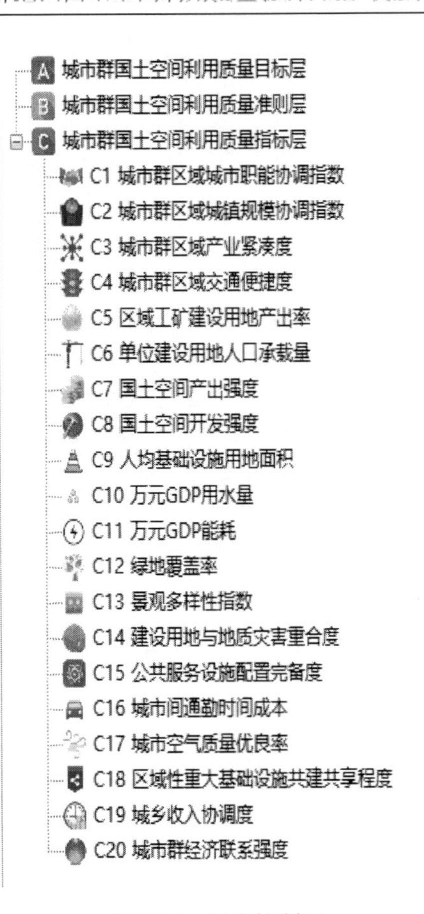

图 5.23　图表控制区

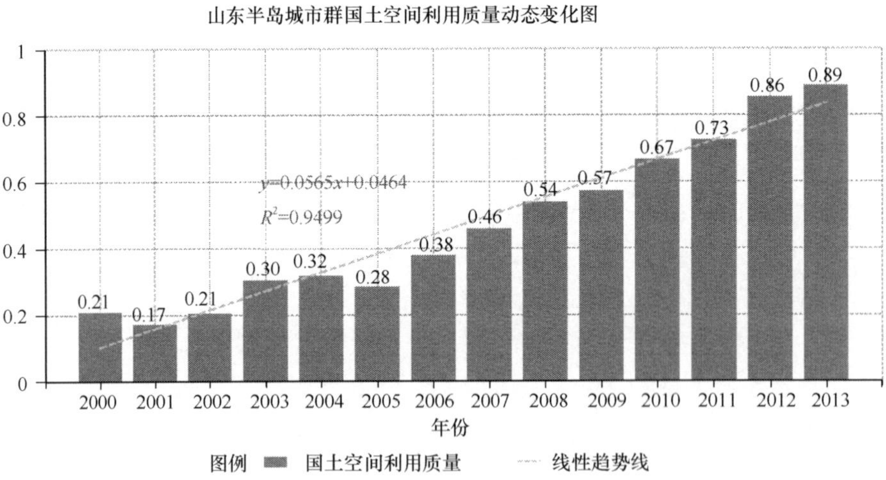

图 5.24　目标层动态变化图

有城市指标层结点。双击结点，将在数据显示区显示相应城市计算相应指标所需的原始数据的数据表格。质量评价则包括各城市和城市群结点，双击结点，将在数据显示区显示相应城市指标层的计算结果数据或城市群指标层、准则层和目标层的计算结果。

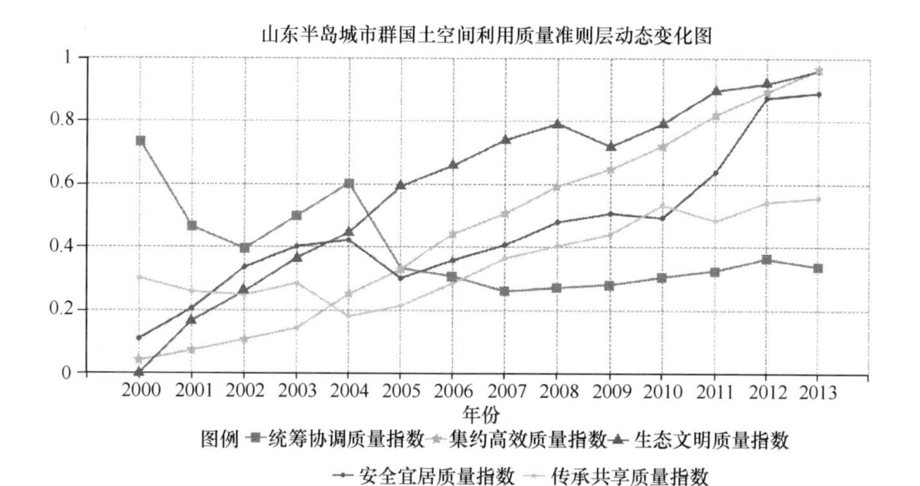

图 5.25　准则层动态变化图

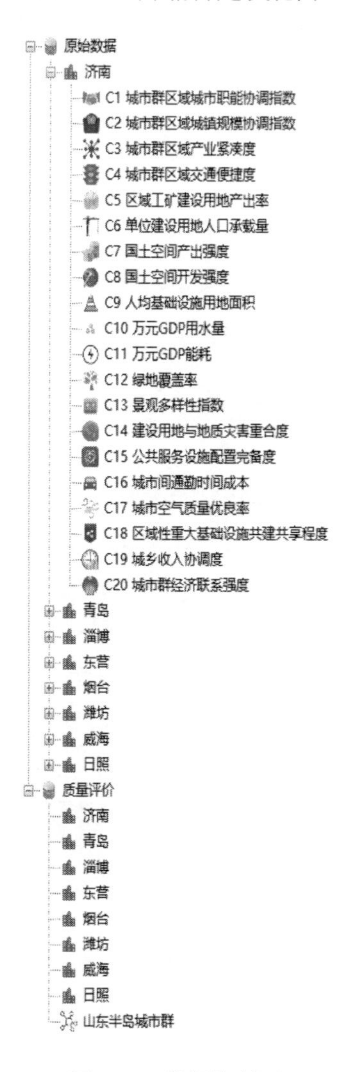

图 5.26　数据控制区

2）数据显示区

数据显示区用于显示数据表格。对于原始数据，点击右下角的导入按钮，会弹出相应指标的导入对话框，可进行数据的导入。同时，对于原始数据字段中的具体数据，可进行手动修改，修改后，保存更新按钮将激活，可点击该按钮保存修改的结果。对于质量评价数据，只能通过质量评价面板提供的功能进行计算，无法进行导入和修改操作。

5.2 城市群地区国土空间利用质量提升技术系统研发

面向城市群地区国土空间的规划需求和国土空间利用质量提升的要求，研发了城市群地区国土空间利用质量提升系统。城市群国土空间利用质量提升系统是在城市群地区国土空间利用质量评价系统的基础上，基于城市群地区的国土空间生态-资源与环境承载力、开发强度现状、城镇规模体系、产业体系、交通体系等城市群主控要素综合特征，以城市群国土空间利用质量综合提升为目标，通过构建城市群国土空间开发强度提升模型、城镇规模结构提升模型、产业结构提升模型、交通网络结构提升模型和综合提升模型，分别测算国土空间建设用地开发强度阈值、城镇规模体系提升系数、产业体系提升系数、交通体系提升系数和国土空间利用质量综合提升系数。本系统整合数据管理、数据处理、图形可视化和结果输出等功能[2]，基本可以实现城市群国土空间利用质量提升的自动计算，从而为城市群尺度国土空间利用质量提升路径等相关决策提供了技术支撑。

5.2.1 国土空间利用质量提升系统的结构与功能

1. 国土空间利用质量提升系统的核心结构

城市群国土空间质量提升系统结构流程如下：首先，构建城市群国土空间利用的空间开发强度、城镇规模、产业体系和交通体系的数据库。其次，开发国土空间开发强度提升模块、城镇规模结构提升模块、产业结构提升模块、交通网络结构提升模块，分别根据 4 个模块的指标体系导入数据，进行标准化处理和权重计算，通过运算得出国土空间利用质量提升结果。之后，通过综合提升模块，将 4 个子系统的计算结果进行加权汇总，得出城市群国土空间利用质量的综合提升结果和路径。最后，对各级计算结果进行综合可视化展示，包括地图和图表等，并将计算结果导出。软件的结构流程图如图 5.27 所示。

2. 国土空间利用质量提升系统的核心功能

国土空间利用质量提升系统的核心功能包括数据处理功能、指标层数据计算功能、准则层数据计算功能、目标层数据计算功能、数据管理功能、提升方案展示功能各功能具体如下。

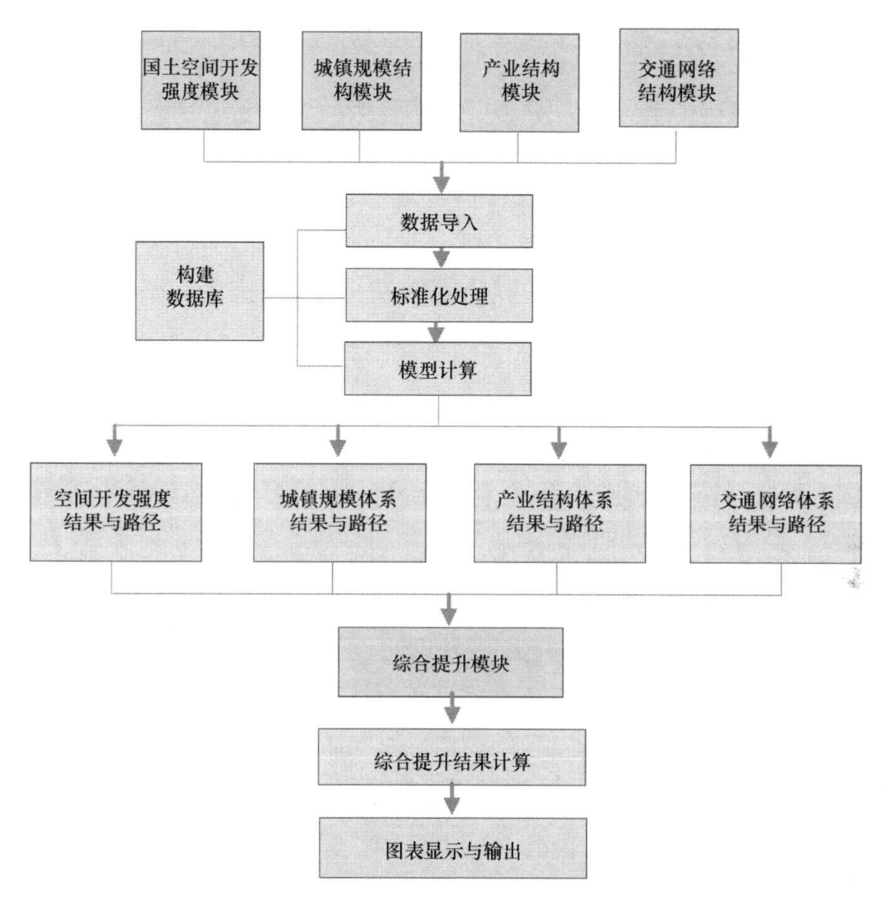

图 5.27　城市群国土空间利用质量提升系统结构设计

1）数据处理功能

数据处理功能包括国土空间利用质量主控要素数据一键导入功能，能够实现数据导入的功能；国土空间利用质量提升数据标准化功能，能够实现对数据进行标准化处理的功能；国土空间利用质量提升子系统及指标项权重计算功能，能够实现权重计算及查看权重指标数据的功能。

2）数据计算功能

按相关模块的模型设计进行数据计算，能够实现查看多模块和多层次计算结果的功能。

3）数据管理功能

数据管理功能包括数据导出，能够实现导入数据的功能；动态变化图制作，能够实现生成动态变化图的功能；空间分布图制作，能够实现生成空间分布图的功能。

4）提升方案展示功能

可以对不同模块的国土空间利用质量子系统提升方案进行组合与展示，能够实现方案展示功能。

5.2.2　国土空间利用质量提升系统的主要模块

国土空间利用质量提升系统的功能模块由国土空间开发强度子系统、城镇规模调控子系统、产业结构优化子系统、交通网络优化子系统、综合提升子系统构成。

1）国土空间开发强度子系统模块

基础功能菜单主要包括国土空间开发基础数据、国土空间开发测算权重、国土空间开发强度综合测算、国土空间开发强度综合分析。

2）城镇规模调控子系统模块

基础功能菜单主要包括城镇规模调控基础数据、城镇规模调控测算权重、城镇规模调控综合测算、城镇规模调控综合分析、城镇规模调控提升分析、城镇规模调控提升专题图。

3）产业结构优化子系统模块

基础功能菜单主要包括产业结构优化基础数据、产业结构优化权重、产业结构优化综合测算、产业结构优化综合分析、产业结构优化提升分析、产业结构优化提升专题图。

4）交通网络优化子系统模块

基础功能菜单主要包括交通网络优化基础数据、交通网络优化权重值、交通网络优化综合测算、交通网络优化综合分析、交通网络优化提升分析、交通网络优化提升专题图。

5）综合提升子系统模块

基础功能菜单主要包括综合提升测算、综合提升分析、综合提升子系统。

6）用户管理模块

可以对系统进行修改密码、用户变更等用户管理。

7）帮助模块

开发了帮助文档，可以对用户进行相关的查询帮助。

5.2.3　国土空间利用质量提升系统的技术流程

城市群国土空间利用质量提升系统重点研发城市群国土空间利用质量提升系统软件，并选择山东半岛城市群地区进行试验示范，从而为相关部门的规划管理与决策提供辅助参考。

整个技术流程包括系统管理与控制展示、国土空间开发强度子系统、城镇规模调控子系统、产业结构优化子系统、交通网络优化子系统和综合提升子系统的技术设计流程[3]。

1. 系统管理与控制展示

1）系统登录界面说明

在系统启动时，首先显示登录界面，提示用户输入用户名和密码，点击“登录”，系统将启动并运行所选择的相应模块，以供用户使用（图 5.28）。

图 5.28　系统登录主界面

2）系统主界面

为了方便用户操作，系统主界面采用 Office 2013 界面模式，主窗口按功能共分为 5 个功能区：菜单栏区、工具条区、图层控制面板、地图显示区及状态栏（图 5.29）。

（1）菜单栏区。菜单栏区包括国土空间开发强度子系统、城镇规模调控子系统、产业结构优化子系统、交通网络优化子系统、综合提升子系统、用户管理、帮助 7 个主菜单。每个主菜单下面都有二、三级菜单。

（2）工具条区。工具条区在系统主界面的左侧中部。工具条主要包括选择、漫游、放大、缩小、全景、空间测量、空间查询和导出图片等功能。

选择：鼠标左键点击选择按钮，鼠标状态切换为箭头图标，进入初始状态。

漫游：鼠标左键点击漫游按钮，系统自动地根据鼠标的移动显示地图。

放大、缩小：放大、缩小是地图放大、缩小控制的工具，鼠标左键点击放大或缩小按钮，按住鼠标左键进行拉框操作，就能够对地图进行放大、缩小的操作。

全景：对地图的全图范围进行显示。

空间测量：鼠标左键点击 “空间测量”按钮，弹出空间测量面板。

鼠标左键点击测量面板上的“测量长度” 按钮开始测量，每点击一次将形成一线段，双击结束测量，长度信息在测量面板状态栏显示。

鼠标左键点击测量面板上的“测量面积”按钮开始测量，每点击一次将形成多

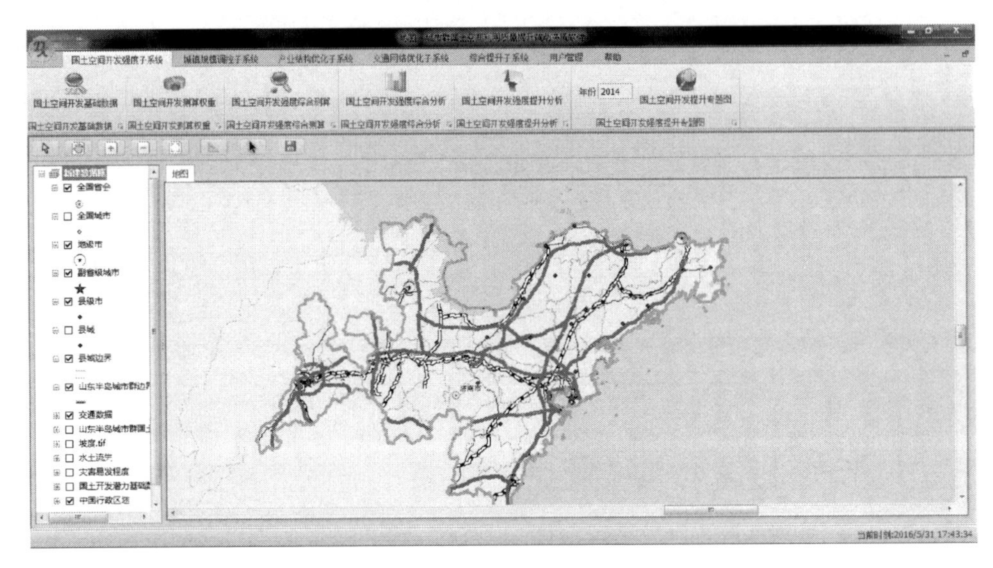

图 5.29　系统主界面

边形一个边，双击结束测量，面积信息在测量面板状态栏显示。

鼠标左键点击测量面板上的“测量要素”按钮，在地图窗口上单击空间要素进行测量，测量信息在测量面板状态栏显示。

鼠标左键点击测量面板上的“总和”按钮，每测量一次面积或者长度将自动记录总和，总和信息在测量面板状态栏显示。

鼠标左键点击测量面板上的“选择单位”按钮选择测量单位，单位信息在测量面板状态栏显示。

鼠标左键点击测量面板上的“清空”按钮，测量面板状态栏的信息都会清空。

空间查询：鼠标左键点击“空间查询”按钮，在地图窗口单击选择所要查询的省份，窗口跳转到查询标签页中。根据年份、准则指标、综合指标来进行查询和分析，同时可以将数据导出为 Excel 格式。

导出图片：鼠标左键点击“导出”按钮，将地图窗口中的地图导出为图片格式。

（3）图层控制面板。图层控制面板主要是管理各图层是否显示、地图显示颜色、符号要素列表。

（4）地图显示区。地图显示区为本系统的核心区域，主要是显示用户加载的地图数据。地图显示区主要是显示当前操作的地图图层信息。该窗口为活动窗口时，滚动鼠标滚轮，可实现当前地图的无极缩放，前滚是缩小，后滚是放大。

（5）状态栏。状态的作用是让用户明确当前时间。

3）用户管理

点击用户管理菜单，系统会显示功能菜单的二级菜单。基础功能菜单主要包括修改密码、用户变更和帮助两个 3 级菜单。

（1）修改密码。修改密码用于修改用户当前使用的密码。点击修改密码按钮，系统会自动跳出修改密码界面。当用户关闭修改密码窗体后，若想再次显示该窗口，再次点击修改密码按钮即可。用户依次输入原始密码和新密码，点击确定即可修改。点击取消，关闭该窗体。

（2）用户变更。用户变更用于管理当前使用系统的用户。点击添加用户按钮，系统会自动跳出添加用户界面。当用户关闭添加用户窗体后，若想再次显示该窗口，再次点击添加用户按钮即可。用户依次输入新用户名和新密码，点击确定即可修改。点击取消，关闭该窗体。点击删除用户按钮，系统会自动跳出删除用户界面。当用户关闭删除用户窗体后，若想再次显示该窗口，再次点击删除用户按钮即可。用户勾选需要删除的用户，点击确定即可删除。点击取消，关闭该窗体。

（3）帮助。点击帮助菜单，系统会显示功能菜单的二级菜单。基础功能菜单为用户帮助文档的二级菜单，点击用户帮助文档按钮，系统自动弹出用户帮助文档，便于用户参考。

2. 国土空间开发强度子系统

点击国土空间开发强度子系统菜单，系统会显示功能菜单的二级菜单。基础功能菜单主要包括国土空间开发基础数据、国土空间开发测算权重、国土空间开发强度综合测算、国土空间开发强度综合分析 4 个二级菜单，如图 5.30 所示。

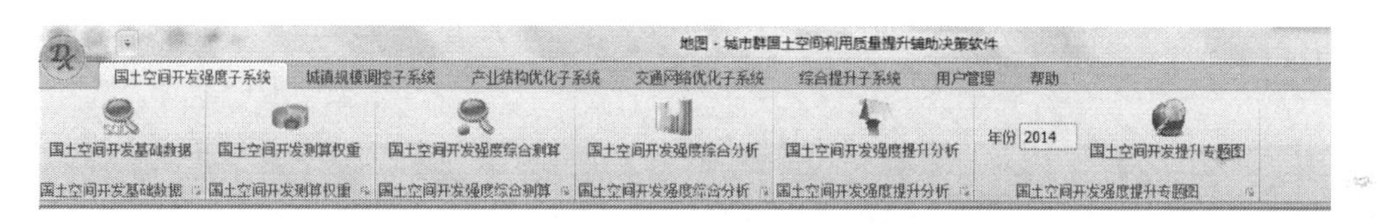

图 5.30　国土空间开发强度子系统菜单

1）国土空间开发基础数据

国土空间开发基础数据功能用于管理参与国土空间开发强度综合测算的基础数据。点击国土空间开发基础数据菜单下的国土空间开发基础数据按钮，系统会自动跳出国土空间开发基础数据管理界面，如图 5.31 所示。当用户关闭国土空间开发基础数据管理窗体后，若想再次显示该窗口，再次点击国土空间开发基础数据菜单下的按钮即可。

国土空间开发基础数据管理界面按功能共分为 4 个功能区：工具条区、数据显示区、数据控制区及数据状态栏。

（1）工具条区主要包括添加、编辑、删除、保存、导入、导出、打印、刷新、合并等功能。

添加：鼠标左键点击添加按钮，系统弹出新增数据界面，输入新的指标数据，点击新增即可。点击取消按钮则关闭该界面。

编辑：鼠标左键点击编辑按钮，系统弹出编辑数据界面，如图 5.32 所示。更新数据，点击保存即可。点击取消按钮则关闭该界面。

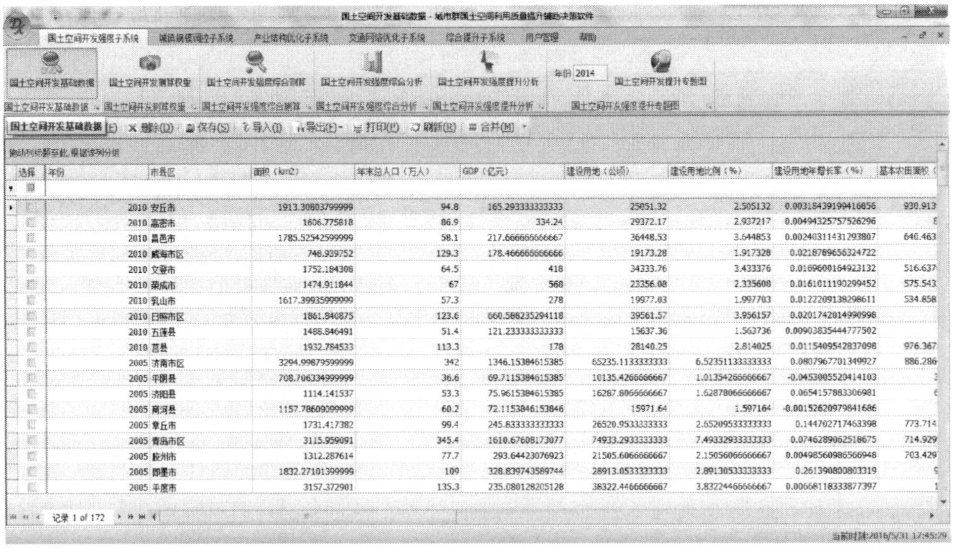

国土空间开发基础数据 - 城市群国土空间利用质量提升辅助决策软件

国土空间开发强度子系统　城镇规模调控子系统　产业结构优化子系统　交通网络优化子系统　综合提升子系统　用户管理　帮助

国土空间开发基础数据　国土空间开发测算权重　国土空间开发强度综合测算　国土空间开发强度综合分析　国土空间开发强度提升分析　年份 2014　国土空间开发提升专题图

国土空间开发基础数据 × 删除(D) 保存(S) 导入(I) 导出(E) 打印(P) 刷新(R) 合并(M)

拖动列标题至此,根据该列分组

选择	年份	市县区	面积（km2）	年末总人口（万人）	GDP（亿元）	建设用地（公顷）	建设用地比例（%）	建设用地年增长率（%）	基本农田面积（
	2010	安丘市	1913.30803799999	94.8	165.293333333333	25051.32	2.505132	0.00318439199416856	930.913
	2010	高密市	1606.775818	86.9	334.24	29372.17	2.937217	0.00494325757526296	8
	2010	昌邑市	1785.52542599999	58.1	217.666666666667	36448.53	3.644853	0.00240311431293807	640.463
	2010	威海市区	748.939752	129.3	178.466666666666	19173.28	1.917328	0.0218789656324722	
	2010	文登市	1752.184308	64.5	418	34333.76	3.433376	0.0169600164923132	516.637
	2010	荣成市	1474.911844	67	568	23356.08	2.335608	0.0161011190299452	575.543
	2010	乳山市	1617.39935999999	57.3	278	19977.03	1.997703	0.0122209138298611	534.858
	2010	日照市区	1861.840875	123.6	660.588235294118	39561.57	3.956157	0.0201742014990998	
	2010	五莲县	1488.846491	51.4	121.233333333333	15637.36	1.563736	0.00903835444777502	
	2010	莒县	1932.784533	113.3	178	28140.25	2.814025	0.0115409542837098	976.367
	2005	济南市区	3294.99879599999	342	1346.15384615385	65235.1133333333	6.52351133333333	0.0807967701349927	886.286
	2005	平阴县	708.706334999999	36.6	69.7115384615385	10135.4266666667	1.01354266666667	-0.0453005520414103	3
	2005	济阳县	1114.141537	53.3	75.9615384615385	16287.8066666667	1.62878066666667	0.0654157883306981	6
	2005	商河县	1157.78609099999	60.2	72.1153846153846	15971.64	1.597164	-0.00152620979841686	
	2005	章丘市	1731.417382	99.4	245.833333333333	26520.9533333333	2.65209533333333	0.144702717463398	773.714
	2005	青岛市区	3115.959091	345.4	1610.67608173077	74933.2933333333	7.49332933333333	0.0746289062518675	714.929
	2005	胶州市	1312.287614	77.7	293.64423076923	21505.6066666667	2.15056066666667	0.00498560986566948	703.429
	2005	即墨市	1832.27101399999	109	328.839743589744	28913.0533333333	2.89130533333333	0.261390800803319	9
	2005	平度市	3157.372901	135.3	235.080128205128	38322.4466666667	3.83224466666667	0.00668118333877397	1

记录 1 of 172

当前时间:2016/5/31 17:45:29

图 5.31　国土空间开发基础数据管理界面

国土空间开发基础数据-->编辑

年份:	2014
市县区:	日照市区
面积（km2）:	1861.840875
年末总人口（万人）:	132.099999999999
GDP（亿元）:	1123
建设用地（公顷）:	41970.6299999999
建设用地比例（%）:	21.952314
建设用地年增长率（%）:	0.040666
基本农田面积（km2）:	582.46
坡度大于25度:	5.861305
非敏感区（km2）:	169.486518999999
较低敏感区（km2）:	1269.373303
中敏感区（km2）:	383.998053
较高敏感区（km2）:	38.9829999999999
高敏感区（km2）:	0
可利用国土空间规模（km2）:	1430.97719299999
与城市中心距离（km）:	3.45
道路密度（km/km2）:	2.69311
人均GDP（元）:	89624.9002389999
建设用地的常住人口密度（人/km2）:	29.8542099999999
建设用地的固定资产投资密度（亿元/km2）:	189.842324999999
建设用地的GDP（亿元/km2）:	267.568059

W: 594　H: 662　　保存(S)　取消(C)

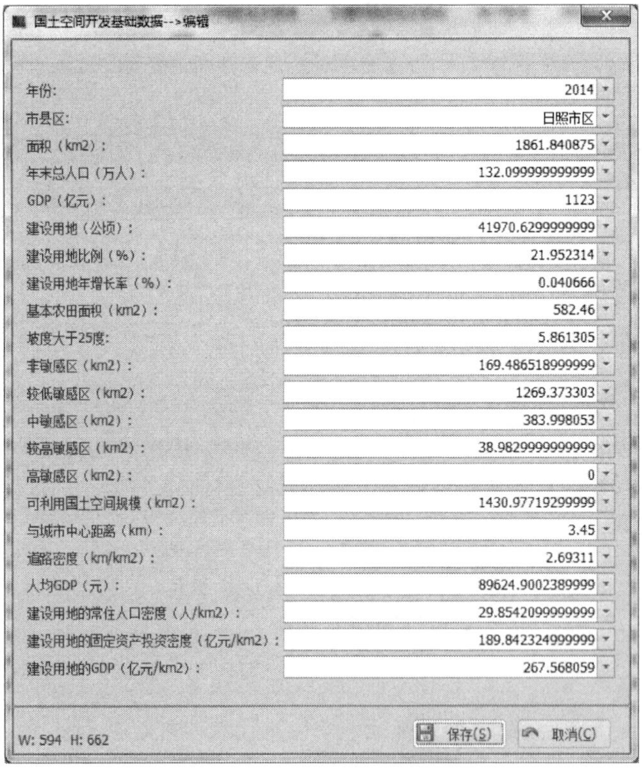

图 5.32　编辑数据界面

删除：鼠标左键点击删除按钮，系统弹出确认删除的对话框，点击是按钮，确认删除；点击否按钮，则关闭该界面。

保存：鼠标左键点击保存按钮，系统弹出确认执行保存结果的消息对话框。

导入：鼠标左键点击导入按钮，系统弹出选择导入数据的消息对话框，用户选择相应的导入模板，在对话框中点击打开即可。

导出：鼠标左键点击导出按钮的下拉菜单，选择相应的导出格式，将数据表格中的数据导出为对应的格式。

打印：鼠标左键点击打印按钮，系统弹出选择打印数据的界面，用户可以根据相应的需求在界面内进行调整和打印。

刷新：鼠标左键点击刷新按钮，数据表格将重新加载和刷新。

合并：鼠标左键点击合并按钮，数据表格将有重复值的单元格进行合并，方便用户直观的分析。当不需要合并视图时，再次单击合并按钮即可。

（2）数据显示区是将数据以表格形式进行展示，用户可以在表格对数据进行修改、排序、筛选等。

（3）数据控制区可以控制数据的分组筛选情况，用户可以把某一列的标题拖动到数据控制区，数据显示区的数据可自动按照该列进行分组展示。

（4）数据状态栏是显示数据的记录条数，用户可以对数据集进行一定的操作，包括上一条记录、下一条记录、第一条记录、最后一条记录、上一页、下一页等功能。

2）国土空间开发测算权重

国土空间开发测算权重用于管理测算权重因子。点击国土空间开发测算权重菜单下的国土空间开发测算权重按钮，系统会自动跳出权重数据管理界面，如图 5.33 所示。当用户关闭测算评价窗体后，若想再次显示该窗口，再次点击国土空间开发测算权重菜单下的按钮即可。

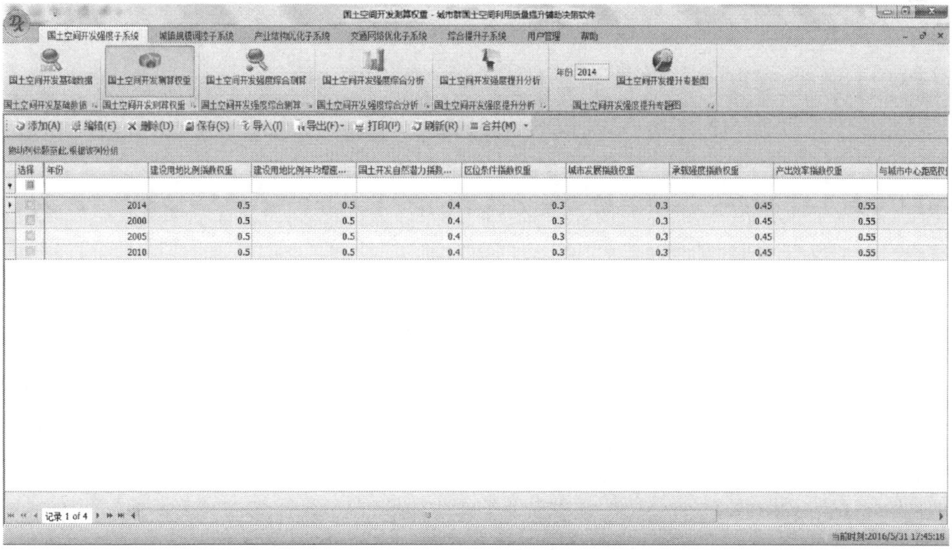

图 5.33　国土空间开发测算权重界面

国土空间开发测算权重界面按功能共分为 4 个功能区：工具条区、数据显示区、数据控制区及数据状态栏。

（1）工具条区主要包括添加、编辑、删除、保存、导入、导出、打印、刷新、合并等功能。

（2）数据显示区、数据控制区、数据状态栏的功能说明请参考“国土空间开发基础数据”部分的指标菜单中对应的功能说明。

3）国土空间开发强度综合测算

国土空间开发强度综合测算用于测算国土空间开发强度。点击国土空间开发强度综合测算菜单下的国土空间开发测算按钮，系统会自动测算国土空间开发强度，并将测算后的结果弹出，如图 5.34 所示。当用户关闭测算窗体后，若想再次显示该窗口，再次点击国土空间开发强度综合测算菜单下的按钮即可。

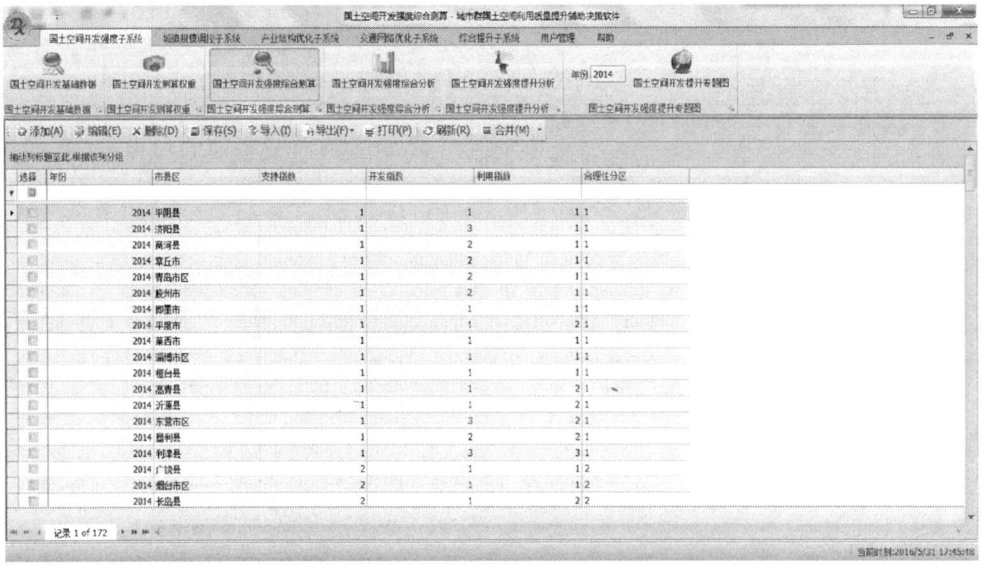

图 5.34 国土空间开发强度综合测算界面

国土空间开发强度综合测算界面按功能共分为 4 个功能区：工具条区、数据显示区、数据控制区及数据状态栏。

（1）工具条区主要包括添加、编辑、删除、保存、导入、导出、打印、刷新、合并等功能，请参考“国土空间开发基础数据”部分指标菜单中的工具条功能。

（2）数据显示区、数据控制区、数据状态栏的功能说明请参考“国土空间开发基础数据”部分指标菜单中对应的功能说明。

4）国土空间开发强度综合分析

国土空间开发强度综合分析功能用于分析国土空间开发强度。点击国土空间开发强度综合分析按钮，系统会自动弹出综合分析面板，如图 5.35 所示，选择需要分析的年份、行政区域、指标，点击查询按钮即可。用户可根据实际需要，选择是否分析所有数据。

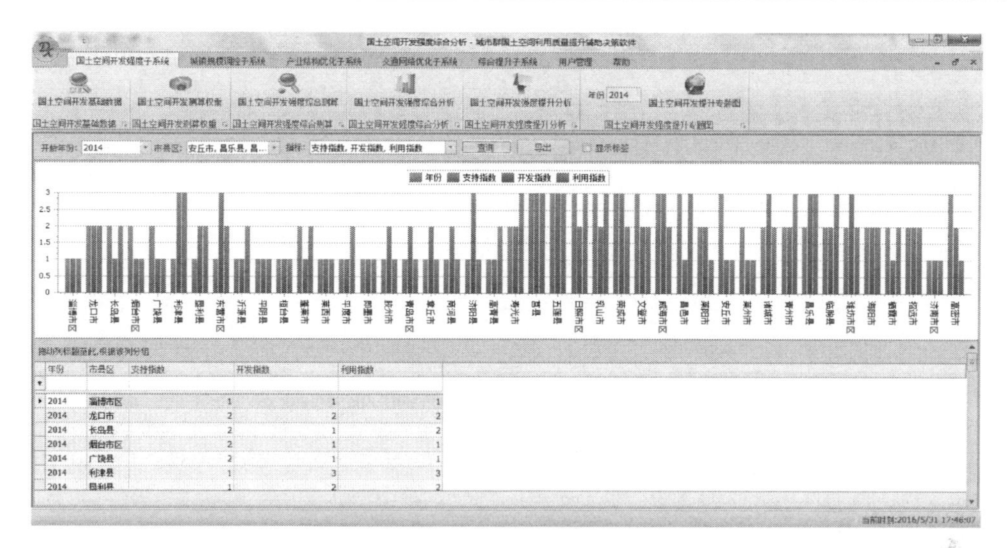

年份	市县区	支持指数	开发指数	利用指数
2014	淄博市区	1	1	1
2014	龙口市	2	2	2
2014	长岛县	2	1	2
2014	烟台市区	2	1	1
2014	广饶县	2	1	1
2014	利津县	1	3	3
2014	垦利县	1	2	2

图 5.35　国土空间开发强度综合分析界面

分析界面按功能共分为 3 个功能区：工具条区、图表显示区及数据显示区。

（1）工具条区主要包括开始年份、结束年份、指标、查询、导出、显示标签等功能。

开始年份：鼠标左键点击开始年份旁的下拉框，选择相应的年份作为数据查询的起始年份。

结束年份：鼠标左键点击结束年份旁的下拉框，选择相应的年份作为数据查询的结束年份。

指标：鼠标左键点击指标旁的下拉框，选择相应的指标作为查询的数据。

查询：鼠标左键点击查询按钮，进行查询。

导出：鼠标左键点击导出按钮，选择相应的导出格式，将数据表格中的数据和图表导出为对应的格式。

显示标签：鼠标左键点击勾选显示标签按钮。如果选中，则图表区中的数据将显示标签；如果不选中，则图表区中的数据将不显示标签。

（2）图表显示区是按照年份、指标的不同，将数据以图表的形式进行可视化展示。

（3）数据显示区是将数据以表格形式进行展示，用户可以在表格对数据进行修改、排序、筛选等。

5）国土空间开发强度提升分析

国土空间开发强度提升分析用于测算国土空间开发强度的提升效果。点击国土空间开发强度提升分析按钮，系统会自动测算提升国土空间开发强度数值，并将测算后的结果弹出，如图 5.36 所示。当用户关闭测算窗体后，若想再次显示该窗口，再次点击国土空间开发强度提升分析菜单下的按钮即可。

国土空间开发强度提升分析界面按功能共分为 4 个功能区：工具条区、数据显示区、数据控制区及数据状态栏。

（1）工具条区主要包括添加、编辑、删除、保存、导入、导出、打印、刷新、合并等功能，请参“国土空间开发基础数据”部分指标菜单中的工具条功能。

国土空间开发强度提升分析 - 城市群国土空间利用质量提升辅助决策软件

国土空间开发强度子系统　城镇规模调控子系统　产业结构优化子系统　交通网络优化子系统　综合提升子系统　用户管理　帮助

国土空间开发基础数据　国土空间开发测算权重　国土空间开发强度综合测算　国土空间开发强度综合分析　国土空间开发强度提升分析　年份 2014　国土空间开发提升专题图

添加(A)　编辑(E)　删除(D)　保存(S)　导入(I)　导出(F)　打印(P)　刷新　国土空间开发强度提升分析

拖动列标题至此,根据该列分组

选择	年份	市县区	合理性分区	增长率调控(%)	增长面积调控(km)	空间开发强度提升指数
	2014	济南市区	重点开发区	<6.54	<57.06	9
						0
	2014	平阴县	稳定开发区	<3.40	<4.36	4
	2014	济阳县	稳定开发区	3.40~4.30	6.89~8.71	5
	2014	商河县	稳定开发区	<4.30	<9.55	6
	2014	章丘市	稳定开发区	<4.30	<14.50	6
	2014	青岛市区	重点开发区	<6.54	<64.72	9
	2014	胶州市	重点开发区	<6.54	<24.26	9
	2014	即墨市	重点开发区	<6.54	<26.79	9
	2014	平度市	稳定开发区	<4.30	<21.99	6
	2014	莱西市	重点开发区	<6.54	<19.27	9
	2014	淄博市区	重点开发区	4.30~6.54	34.02~51.74	8
	2014	桓台县	重点开发区	<6.54	<10.19	9
	2014	高青县	稳定开发区	<4.30	<6.77	6
	2014	沂源县	稳定开发区	3.40~4.30	5.20~6.58	5
	2014	东营市区	稳定开发区	<4.30	<24.35	6
	2014	垦利县	限制开发区	<3.40	<7.98	3
	2014	利津县	限制开发区	<3.40	<6.67	3
	2014	广饶县	重点开发区	<6.54	<17.18	9

记录 1 of 44

当前时刻:2016/5/31 17:46:47

图 5.36　国土空间开发强度提升分析界面

（2）数据显示区、数据控制区、数据状态栏的功能说明请参考“国土空间开发基础数据”部分指标菜单中对应的功能说明。

6）国土空间开发强度提升分析专题图

国土空间开发强度提升分析专题图的功能是生成专题地图。点击国土空间开发强度提升分析专题图按钮，系统自动生成国土空间开发强度提升分析专题图，如图5.37所示。

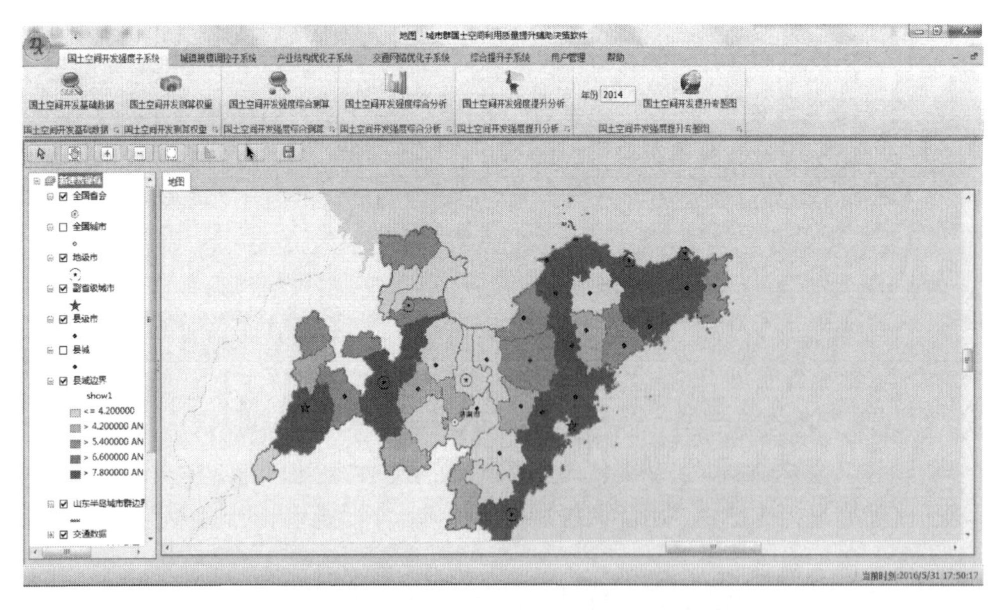

图 5.37　国土空间开发强度提升分析专题图界面

3. 城镇规模调控子系统

点击城镇规模调控子系统菜单，系统会显示功能菜单的二级菜单。基础功能菜单主要包括城镇规模调控基础数据、城镇规模调控测算权重、城镇规模调控综合测算、城镇规模调控综合分析、城镇规模调控提升分析、城镇规模调控提升分析专题图 6 个二级菜单，如图 5.38 所示。

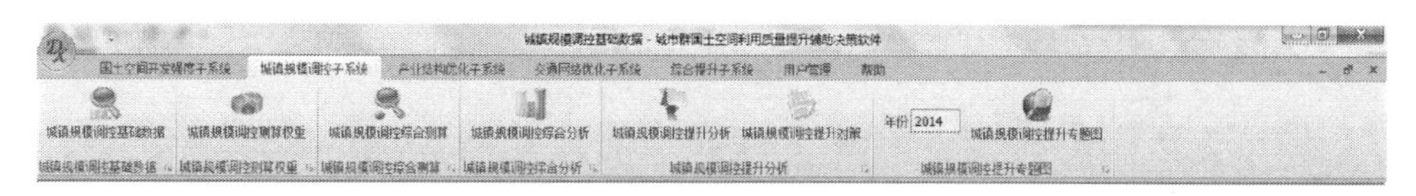

图 5.38　城镇规模体系提升子系统菜单界面

1）城镇规模调控基础数据

城镇规模调控基础数据功能用于管理参与城镇规模调控综合测算的基础数据。点击城镇规模调控基础数据菜单下的城镇规模调控按钮，系统会自动跳出基础数据管理界面，如图 5.39 所示。当用户关闭基础数据管理窗体后，若想再次显示该窗口，可再次点击城镇规模调控基础数据菜单下的按钮即可。

城镇规模调控基础数据管理界面按功能共分为 4 个功能区：工具条区、数据显示区、数据控制区及数据状态栏。

（1）工具条区主要包括添加、编辑、删除、保存、导入、导出、打印、刷新、合并等功能，请参考“国土空间开发基础数据”部分指标菜单中的工具条功能。

（2）数据显示区、数据控制区、数据状态栏的功能说明请参考“国土空间开发基础数据”部分指标菜单中对应的功能说明。

2）城镇规模调控测算权重

城镇规模调控测算权重用于管理城镇规模调控测算权重。点击城镇规模调控测算权重菜单下的城镇规模调控测算权重按钮，系统会自动跳出权重管理界面，如图 5.40 所示。当用户关闭权重窗体后，若想再次显示该窗口，再次点击城镇规模调控测算权重菜单下的按钮即可。

城镇规模调控测算权重界面按功能共分为 4 个功能区：工具条区、数据显示区、数据控制区及数据状态栏。

（1）工具条区主要包括添加、编辑、删除、保存、导入、导出、打印、刷新、合并等功能，请参考“国土空间开发基础数据”部分指标菜单中的工具条功能。

（2）数据显示区、数据控制区、数据状态栏的功能说明请参考“国土空间开发基础数据”部分指标菜单中对应的功能说明。

3）城镇规模调控综合测算

城镇规模调控综合测算用于测算城镇规模结构体系合理性。点击城镇规模调控综合测算菜单下的城镇规模调控综合测算按钮，系统会自动测算城镇规模结构体系合理性，

选择	年份	市县区	GDP（亿元）	市区人口（万人）	建成区面积（km2）
	2005	安丘市	79.4679487179487	10.7	26.93
	2005	高密市	160.692307692308	16.26	38.87
	2005	昌邑市	104.647435897436	8.25	19.54
	2005	威海市区	85.8012820512817	45.22	82
	2005	荣成市	200.961538461538	26.6	28.1
	2005	文登市	273.076923076923	24.95	30.88
	2005	乳山市	133.653846153846	13.3	20.3
	2005	日照市区	317.590497737557	41.5	58.29
	2005	五莲县	58.2852564102561	14	15
	2005	莒县	85.5769230769231	20	26
	2000	济南市区	669.72828166858	322.5	119.57
	2000	平阴县	34.6823574435515	7	12
	2000	济阳县	37.7918101798699	12	11
	2000	商河县	35.8763008036739	7	11
	2000	章丘市	122.305140961857	9.7	12.5
	2000	青岛市区	801.331383945655	167.43	119.09
	2000	胶州市	146.09165709912	14.27	23.11
	2000	即墨市	163.60186248246	11.98	16.05
	2000	平度市	116.955287664243	15.26	17.25

记录 1 of 172

图 5.39　城镇规模调控基础数据管理界面

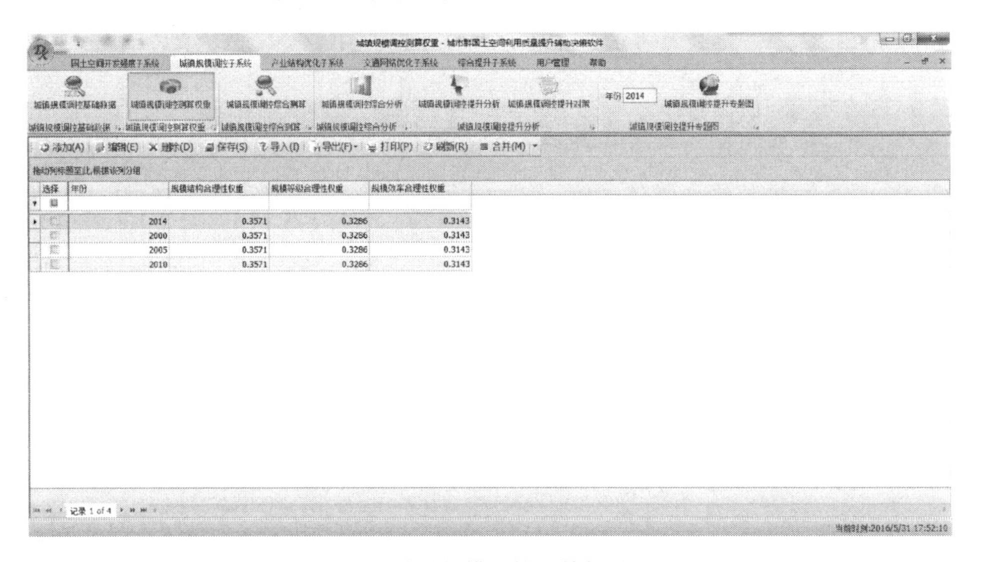

选择	年份	规模结构合理性权重	规模等级合理性权重	规模效率合理性权重
	2014	0.3571	0.3286	0.3143
	2000	0.3571	0.3286	0.3143
	2005	0.3571	0.3286	0.3143
	2010	0.3571	0.3286	0.3143

记录 1 of 4

图 5.40　城镇规模调控测算权重界面

并将测算后的结果弹出，如图 5.41 所示。当用户关闭测算窗体后，若想再次显示该窗口，再次点击城镇规模调控综合测算菜单下的按钮即可。

城镇规模调控综合测算界面按功能共分为 4 个功能区：工具条区、数据显示区、数据控制区及数据状态栏。

（1）工具条区主要包括添加、编辑、删除、保存、导入、导出、打印、刷新、合并等功能，请参考“国土空间开发基础数据”部分指标菜单中的工具条功能。

（2）数据显示区、数据控制区、数据状态栏的功能说明请参考“国土空间开发基础数据”部分指标菜单中对应的功能说明。

4）城镇规模调控综合分析

城镇规模调控综合分析功能用于分析城市群规模结构体系合理性情况。点击城镇规

选择	年份	市县区	规模结构合理性	规模等级合理性	规模效率合理性	规模体系结构格局合理性	合理性分区
	2010	济南市	1	3	2	1.9715	低合理城市
	2010	青岛市	2	2	3	2.3143	低合理城市
	2010	淄博市	2	2	5	2.9429	中等合理城市
	2010	东营市	2	2	1	1.6857	低合理城市
	2010	烟台市	2	3	2	2.3286	低合理城市
	2010	潍坊市	4	4	3	3.6857	较高合理城市
	2010	威海市	4	3	2	3.0428	中等合理城市
	2010	日照市	3	2	2	2.3571	低合理城市
	2005	济南市	2	3	3	2.6429	中等合理城市
	2005	青岛市	2	2	3	2.3143	低合理城市
	2005	淄博市	2	2	3	2.3143	低合理城市
	2005	东营市	1	2	1	1.3286	不合理城市
	2005	烟台市	2	3	2	2.3286	低合理城市
	2005	潍坊市	3	4	3	3.3286	中等合理城市
	2005	威海市	4	3	2	3.0428	中等合理城市
	2005	日照市	3	2	2	2.3571	低合理城市
	2000	济南市	2	3	3	2.6429	中等合理城市
	2000	青岛市	3	2	3	2.6714	中等合理城市
	2000	淄博市	4	3	3	3.3571	中等合理城市

记录 1 of 32

图 5.41　城镇规模调控综合测算界面

模调控综合分析按钮，系统会自动弹出综合分析面板，如图 5.42 所示，选择需要分析的年份、行政区域、指标，点击查询按钮即可。用户可根据实际需要，选择是否分析所有数据。

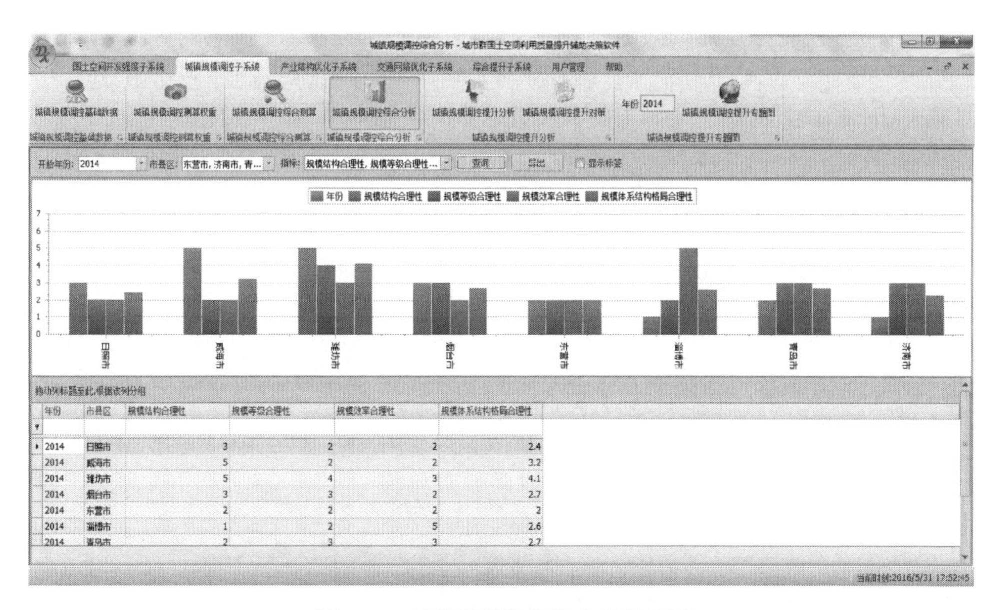

年份	市县区	规模结构合理性	规模等级合理性	规模效率合理性	规模体系结构格局合理性
2014	日照市	3	2	2	2.4
2014	威海市	5	2	2	3.2
2014	潍坊市	5	4	3	4.1
2014	烟台市	3	3	2	2.7
2014	东营市	2	2	2	2
2014	淄博市	1	2	5	2.6
2014	青岛市	2	3	3	2.7

图 5.42　城镇规模调控综合分析界面

城镇规模调控综合分析界面按功能共分为 3 个功能区：工具条区、图表显示区及数据显示区。

（1）工具条区主要包括开始年份、结束年份、指标、查询、导出、显示标签等功能。

开始年份：鼠标左键点击开始年份旁的下拉框，选择相应的年份作为数据查询的起始年份。

结束年份：鼠标左键点击结束年份旁的下拉框，选择相应的年份作为数据查询的结束年份。

指标：鼠标左键点击指标旁的下拉框，选择相应的指标作为查询的数据。

查询：鼠标左键点击查询按钮，进行查询。

导出：鼠标左键点击导出按钮，选择相应的导出格式，将数据表格中的数据和图表导出为对应的格式。

显示标签：鼠标左键点击勾选显示标签按钮。如果选中，则图表区中的数据将显示标签；如果不选中，则图表区中的数据将不显示标签。

（2）图表显示区是按照年份、指标的不同，将数据以图表的形式进行可视化展示。

（3）数据显示区是将数据以表格形式进行展示，用户可以在表格对数据进行修改、排序、筛选等。

5）城镇规模调控提升分析

城镇规模调控提升分析用于测算城镇规模调控的提升效果。点击城镇规模调控提升分析按钮，系统会自动测算提升城镇规模调控强度，并将测算后的结果弹出，如图 5.43 所示。当用户关闭测算窗体后，若想再次显示该窗口，再次点击城镇规模调控提升分析菜单下的按钮即可。

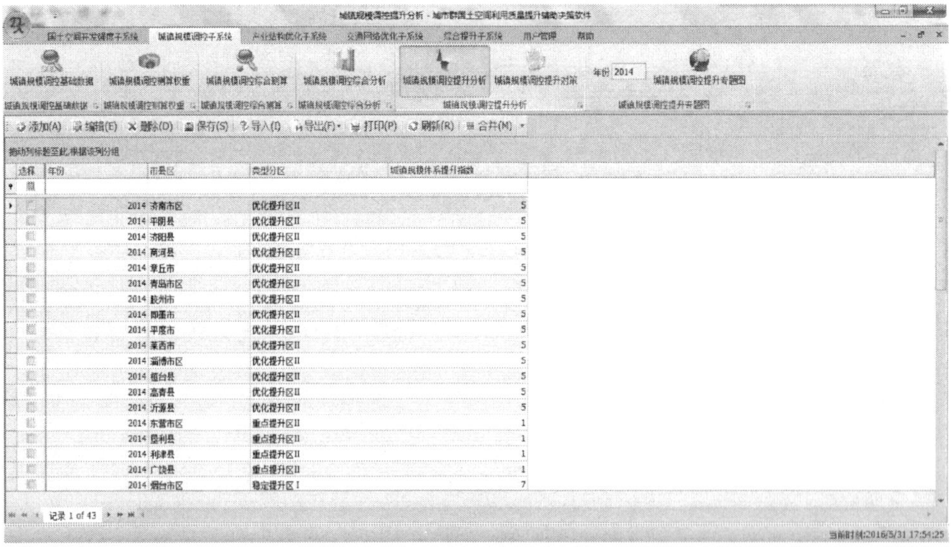

图 5.43　城镇规模调控提升分析界面

城镇规模调控提升分析界面按功能共分为 4 个功能区：工具条区、数据显示区、数据控制区及数据状态栏。

（1）工具条区主要包括添加、编辑、删除、保存、导入、导出、打印、刷新、合并等功能，请参考“国土空间开发基础数据”部分指标菜单中的工具条功能。

（2）数据显示区、数据控制区、数据状态栏的功能说明请参考“国土空间开发基础数据”部分指标菜单中对应的功能说明。

点击城镇规模调控提升对策按钮，系统会自动分析提升城镇规模调控强度对策，并将结果弹出，如图 5.44 所示。当用户关闭测算窗体后，若想再次显示该窗口，再次点击城镇规模调控提升对策菜单下的按钮即可。

城镇规模调控提升对策界面按功能共分为 4 个功能区：工具条区、数据显示区、数据控制区及数据状态栏。

（1）工具条区主要包括添加、编辑、删除、保存、导入、导出、打印、刷新、合并等功能，请参考“国土空间开发基础数据”部分指标菜单中的工具条功能。

（2）数据显示区、数据控制区、数据状态栏的功能说明请参考“国土空间开发基础数据”部分指标菜单中对应的功能说明。

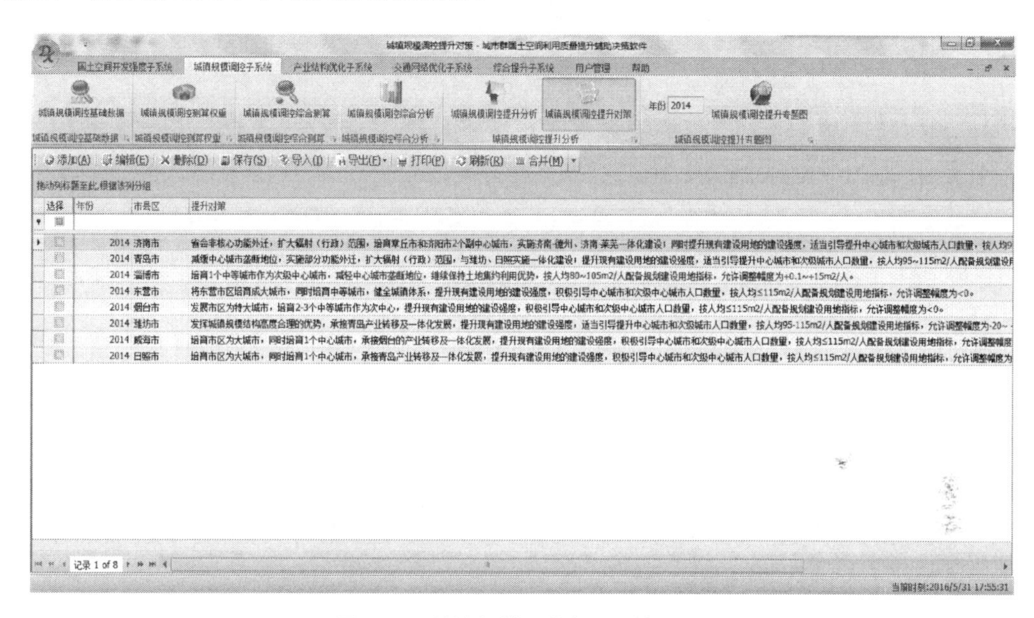

图 5.44　城镇规模调控提升对策界面

6）城镇规模调控提升分析专题图

城镇规模调控提升分析专题图的功能是生成专题地图。点击城镇规模调控提升分析专题图按钮，系统将自动生成城镇规模调控提升分析专题图，如图 5.45 所示。

4. 产业结构优化子系统

点击产业结构优化子系统菜单，系统会显示功能菜单的二级菜单。基础功能菜单主要包括城产业结构优化基础数据、产业结构优化权重、产业结构优化综合测算、产业结构优化综合分析、产业结构优化提升分析、产业结构优化提升专题图 6 个二级菜单，如图 5.46 所示。

1）产业结构优化基础数据

产业结构优化基础数据功能用于管理参与产业结构优化的基础数据。点击产业结构

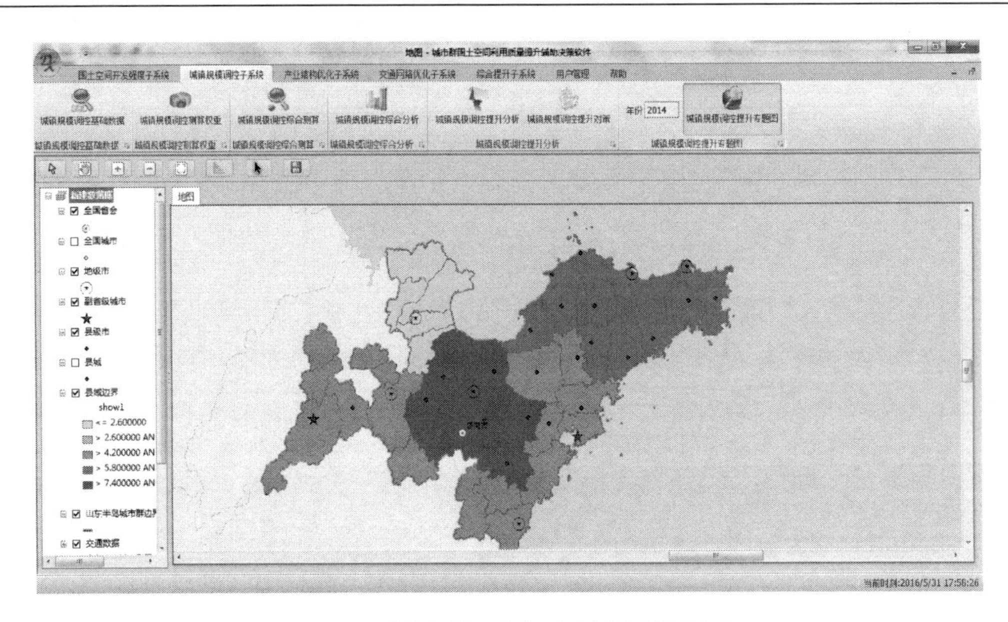

图 5.45 城镇规模调控提升分析专题图界面

图 5.46 产业结构优化子系统菜单

优化菜单下的产业结构优化基础数据按钮，系统会自动跳出基础数据管理界面，如图 5.47 所示。当用户关闭基础数据管理窗体后，若想再次显示该窗口，再次点击产业结构优化基础数据菜单下的按钮即可。

年份	市县区	能源开采业（千亿元）	矿物采选业（千亿元）	烟酒副食制造业（千亿...	纺织服饰鞋帽制造业（...	家具生活文化用品制造...	石油加工、炼焦和核燃...	医药制造业（千
2014	青岛	0	0.04579	1.95352	1.20254	1.12943	0.97335	
2010	青岛	0	0.0818505	1.2338	1.0039	0.4468	1.1631	
2010	日照	0	0.023922	0.4591	1.00211666666667	0.09010625	0.16728	0.00484444
2010	威海	0	0.02635	0.5624	0.3451	0.2458	0.1644	
2010	淄博	0.391476	0.133968	0.14576875	0.297075	0.27176	6.48525	0.193221
2010	东营	1.424268	0.262536	0.30964375	0.512625	0.139066666666667	7.226475	0.0662631
2010	潍坊	0.023424	0.1068	0.99714375	1.16416666666667	0.512146666666667	3.705888	0.137557
2010	济南	0.03084	0.029148	0.26799375	9.16666666666667E-05	0.0634466666666667	0.80327	0.0831842
2010	烟台	0.203052	0.89123	1.03565	0.404275	0.200226666666667	0.976768	0.0874421
2005	青岛	0	0.0389438	0.3341259	0.4864147	0.1557357	0.2877548	
2005	日照	0	0.0125905263157895	0.153033333333333	0.477198412698413	0.03465625	0.0597428571428571	0.00173015
2005	威海	0.0024	0.0242495	0.2973605	0.2941577	0.1584345	0.1369	
2005	淄博	0.4306236	0.066984	0.0520602678571429	0.129163043478261	0.108704	2.41986940298507	0.0715633
2005	东营	1.5666948	0.131268	0.110587053571429	0.222880434782609	0.0556266666666667	2.69644589552239	0.024541
2005	潍坊	0.0257664	0.0534	0.356122767857143	0.506159420289855	0.204858666666667	1.38279402985075	0.0509473
2005	济南	0.033924	0.014574	0.0957120535714286	3.98550724637681E-05	0.0253786666666667	0.299727611940299	0.0308089
2005	烟台	0.2233572	0.445615	0.369875	0.175771739130435	0.0800906666666667	0.364465671641791	0.0323859
2000	青岛	0	0.0112439	0.1373463	0.1971695	0.0502428	0.0164097	
2000	日照	0	0.00503621052631579	0.0850185185185185	0.183537851037851	0.0115520833333333	0.0149357142857143	0.000432539

图 5.47 产业结构优化基础数据管理界面

产业结构优化基础数据管理界面按功能共分为 4 个功能区：工具条区、数据显示区、数据控制区及数据状态栏。

（1）工具条区主要包括添加、编辑、删除、保存、导入、导出、打印、刷新、合并等功能，请参考“国土空间开发基础数据”部分指标菜单中的工具条功能。

（2）数据显示区、数据控制区、数据状态栏的功能说明请参考“国土空间开发基础数据”部分指标菜单中对应的功能说明。

2）产业结构优化权重

产业结构优化权重用于管理产业结构优化测算权重。点击产业结构优化权重菜单下的产业结构优化权重按钮，系统会自动跳出权重管理界面，如图 5.48 所示。当用户关闭权重窗体后，若想再次显示该窗口，再次点击产业结构优化权重菜单下的按钮即可。

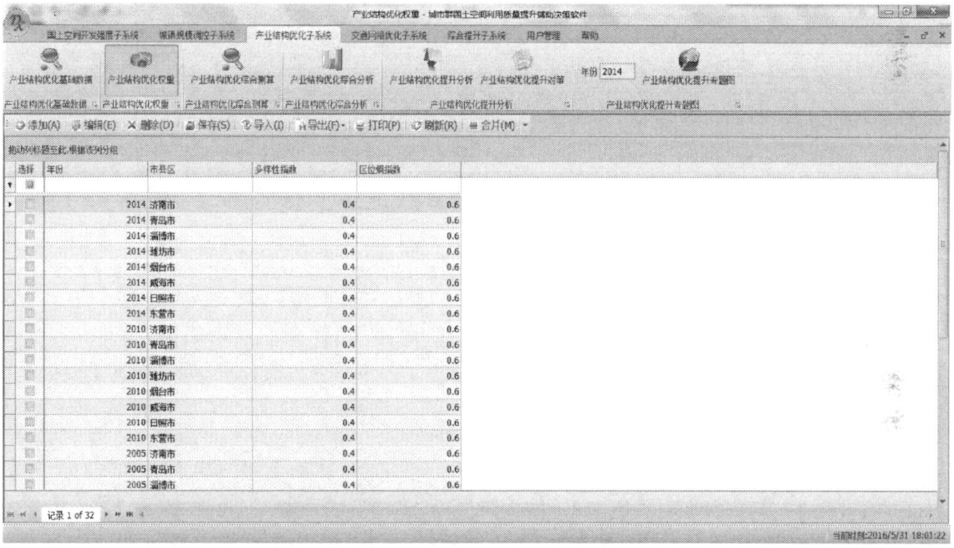

图 5.48　产业结构优化权重界面

产业结构优化权重界面按功能共分为 4 个功能区：工具条区、数据显示区、数据控制区及数据状态栏。

（1）工具条区主要包括添加、编辑、删除、保存、导入、导出、打印、刷新、合并等功能，请参考“国土空间开发基础数据”部分指标菜单中的工具条功能。

（2）数据显示区、数据控制区、数据状态栏的功能说明请参考“国土空间开发基础数据”部分指标菜单中对应的功能说明。

3）产业结构优化综合测算

产业结构优化综合测算用于测算产业结构优化合理性。点击产业结构优化综合测算菜单下的产业结构优化综合测算按钮，系统会自动测算产业结构优化合理性，并将测算后的结果弹出，如图 5.49 所示。当用户关闭测算窗体后，若想再次显示该窗口，再次点击产业结构优化综合测算菜单下的按钮即可。

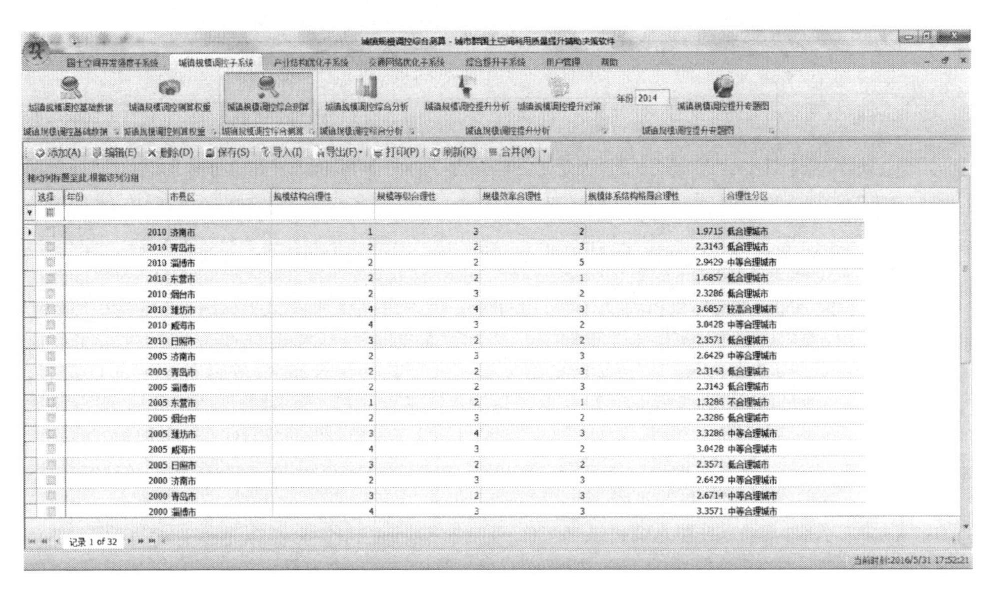

图 5.49　产业结构优化综合测算界面

产业结构优化综合测算界面按功能共分为 4 个功能区：工具条区、数据显示区、数据控制区及数据状态栏。

（1）工具条区主要包括添加、编辑、删除、保存、导入、导出、打印、刷新、合并等功能，请参考“国土空间开发基础数据”部分指标菜单中的工具条功能。

（2）数据显示区、数据控制区、数据状态栏的功能说明请参考“国土空间开发基础数据”部分指标菜单中对应的功能说明。

4）产业结构优化综合分析

产业结构优化综合分析功能用于分析产业结构优化情况。点击产业结构优化综合分析（不考虑资源环境）、产业结构优化综合分析（考虑资源环境）按钮，系统会自动弹出综合分析面板，如图 5.50 所示，选择需要分析的年份、行政区域、指标，点击查询按钮即可。用户可根据实际需要，选择是否分析所有数据。

产业结构优化综合分析界面按功能共分为 3 个功能区：工具条区、图表显示区及数据显示区。

（1）工具条区主要包括开始年份、结束年份、指标、查询、导出、显示标签等功能。

开始年份：鼠标左键点击开始年份旁的下拉框，选择相应的年份作为数据查询的起始年份。

结束年份：鼠标左键点击结束年份旁的下拉框，选择相应的年份作为数据查询的结束年份。

指标：鼠标左键点击指标旁的下拉框，选择相应的指标作为查询的数据。

查询：鼠标左键点击查询按钮，进行查询。

导出：鼠标左键点击导出按钮，选择相应的导出格式，将数据表格中的数据和图表导出为对应的格式。

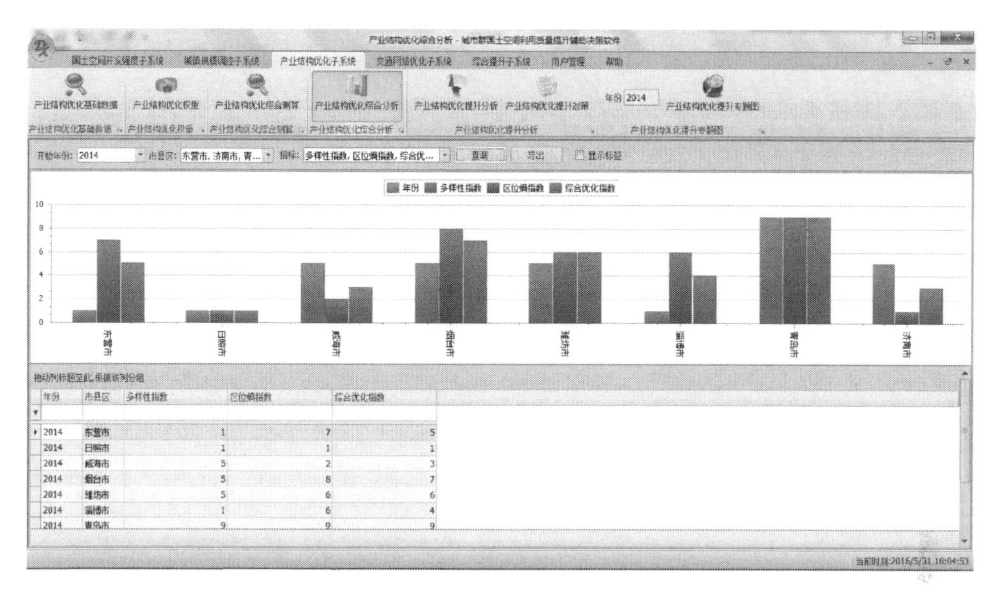

图 5.50　产业结构优化综合分析界面

显示标签：鼠标左键点击勾选显示标签按钮。如果选中，则图表区中的数据将显示标签；如果不选中，则图表区中的数据将不显示标签。

（2）图表显示区是按照年份、指标的不同，将数据以图表的形式进行可视化展示。

（3）数据显示区是将数据以表格形式进行展示，用户可以在表格对数据进行修改、排序、筛选等。

5）产业结构优化提升分析

产业结构优化提升分析用于测算产业结构优化的提升效果。点击产业结构优化提升分析按钮，系统会自动测算提升产业结构优化程度，并将测算后的结果弹出，如图 5.51 所示。当用户关闭测算窗体后，若想再显示该窗口，再次点击产业结构优化提升分析菜单下的按钮即可。

产业结构优化提升分析界面按功能共分为 4 个功能区：工具条区、数据显示区、数据控制区及数据状态栏。

（1）工具条区主要包括添加、编辑、删除、保存、导入、导出、打印、刷新、合并等功能，请参考“国土空间开发基础数据”部分指标菜单中的工具条功能。

（2）数据显示区、数据控制区、数据状态栏的功能说明请参考“国土空间开发基础数据”部分指标菜单中对应的功能说明。

点击产业结构优化提升对策按钮，系统会自动分析提升产业结构优化强度对策，并将结果弹出，如图 5.52 所示。当用户关闭测算窗体后，若想再次显示该窗口，再次点击产业结构优化提升对策菜单下的按钮即可。

产业结构优化提升对策界面按功能共分为 4 个功能区：工具条区、数据显示区、数据控制区及数据状态栏。

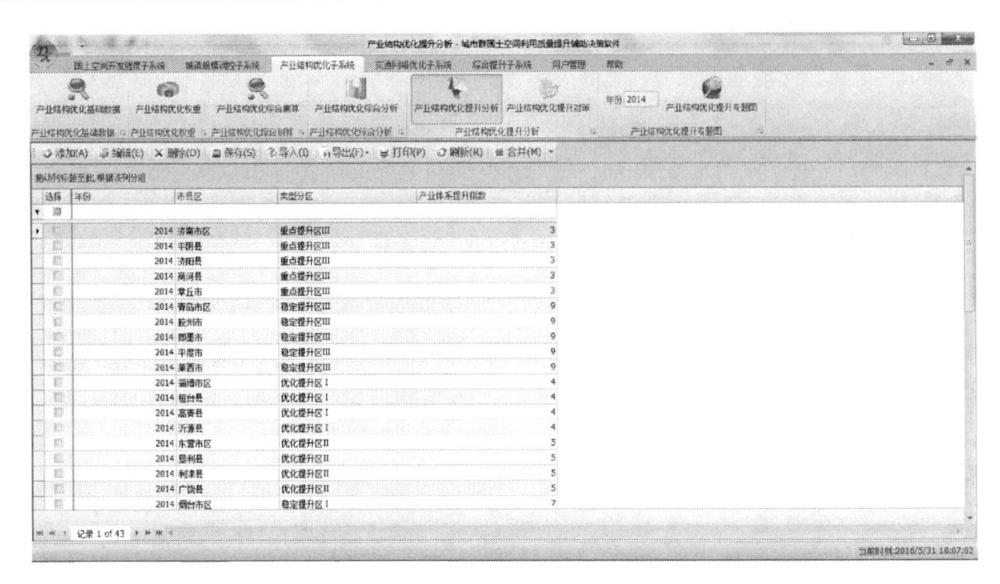

图 5.51　产业结构优化提升分析界面

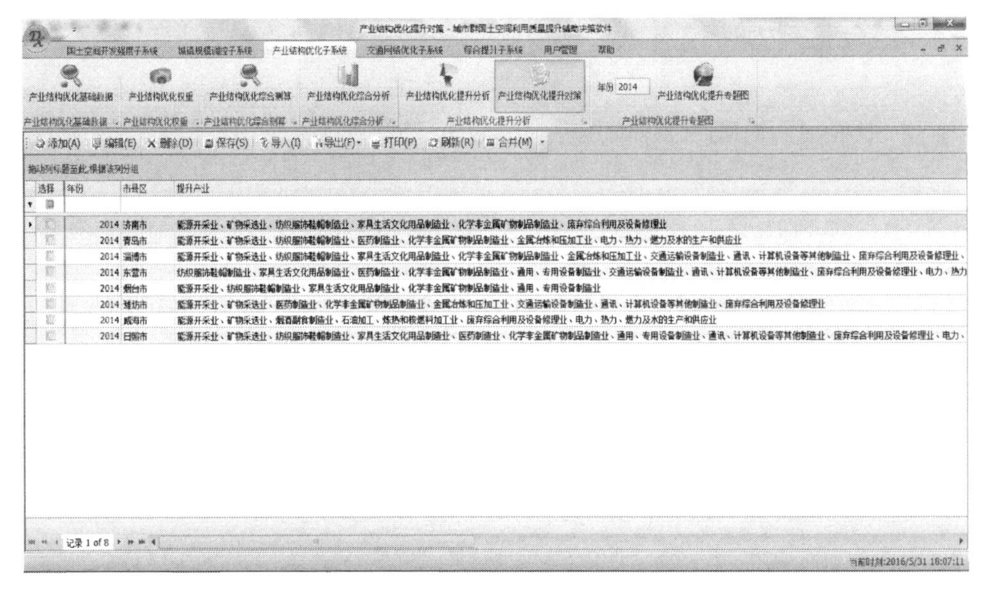

图 5.52　产业结构优化提升对策界面

（1）工具条区主要包括添加、编辑、删除、保存、导入、导出、打印、刷新、合并等功能，请参考“国土空间开发基础数据”部分指标菜单中的工具条功能。

（2）数据显示区、数据控制区、数据状态栏的功能说明请参考“国土空间开发基础数据”部分指标菜单中对应的功能说明。

6）产业结构优化提升分析专题图

产业结构优化提升分析专题图的功能是生成专题地图。点击产业结构优化提升分析专题图按钮，系统会自动生成产业结构优化提升分析专题图，如图 5.53 所示。

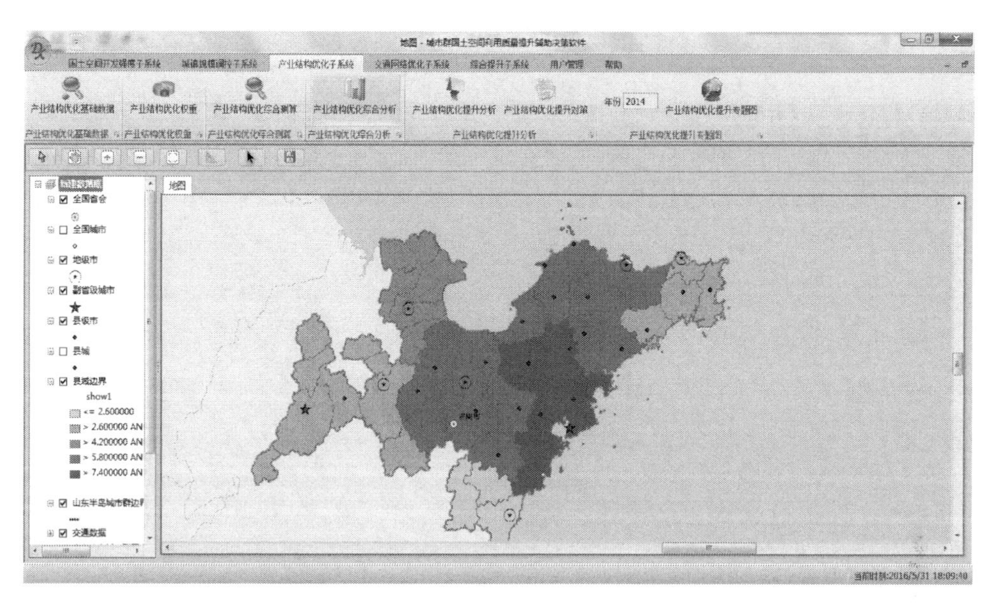

图 5.53　产业结构优化提升分析专题图界面

5. 交通网络优化子系统

点击交通网络优化子系统菜单，系统会显示功能菜单的二级菜单。基础功能菜单主要包括交通网络优化基础数据、交通网络优化权重值、交通网络优化综合测算、交通网络优化综合分析、交通网络优化提升分析、交通网络优化提升分析专题图 6 个二级菜单，如图 5.54 所示。

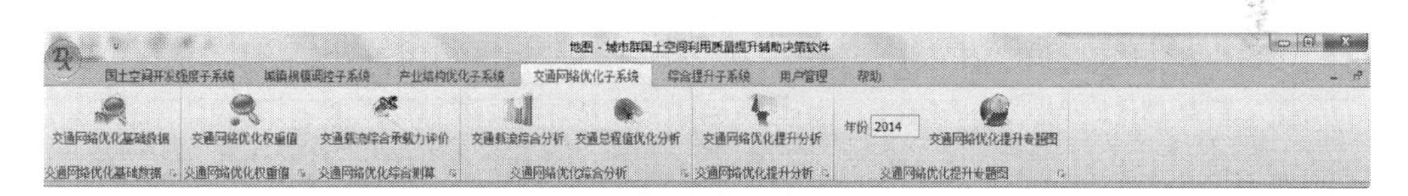

图 5.54　交通网络优化子系统菜单

1）交通网络优化基础数据

交通网络优化基础数据功能用于管理参与交通网络优化的基础数据。点击交通网络优化基础数据菜单下的交通网络优化基础数据按钮，系统会自动跳出基础数据管理界面，如图 5.55 所示。当用户关闭基础数据管理窗体后，若想再次显示该窗口，再次点击交通网络优化基础数据菜单下的按钮即可。

交通网络优化基础数据管理界面按功能共分为 4 个功能区：工具条区、数据显示区、数据控制区及数据状态栏。

（1）工具条区主要包括添加、编辑、删除、保存、导入、导出、打印、刷新、合并等功能，请参考“国土空间开发基础数据”部分指标菜单中的工具条功能。

（2）数据显示区、数据控制区、数据状态栏的功能说明请参考“国土空间开发基础数据”部分指标菜单中对应的功能说明。

选择	年份	市县区	高速铁路（公里）	高速公路（公里）	铁路（公里）	国道（公里）	省道（公里）	城市主干道（公里）	其他道路（公里
	2005	莱州市	0	886.84429109961	366.110791642706	441.505335122356	640.214682767874	256.852597278129	22.5757
	2005	蓬莱市	0	571.20950737972	0	294.549869017954	297.105616254552	421.05935722957	5.1114
	2005	招远市	0	408.280621046578	95.8405213724363	95.2015845632867	378.889527825698	251.741102804933	56.2264
	2005	栖霞市	0	882.371733435563	255.57472365983	158.456328669095	512.427320937959	128.426298639065	19.5940
	2005	海阳市	0	794.837390582071	198.070410836368	215.960641492556	421.05935722957	329.691393521181	59.2081
	2005	潍坊市区	0	1352.62922496965	522.650309884352	745.639256277554	660.021723851511	1477.86083956297	61.3379
	2005	临朐县	0	0	93.284774135838	0	578.876749089515	122.036930547569	23.4276
	2005	昌乐县	0	158.456328669095	136.732477158009	295.827742636253	288.799437735608	189.125295508274	13.6306
	2005	青州市	0	644.048303622772	531.595425212446	230.017251293847	623.602325729985	212.765957446809	8.51915
	2005	诸城市	0	930.930930930931	295.827742636253	306.689668391796	507.315826464763	418.503609992972	70.2830
	2005	寿光市	0	906.012395374097	461.312376205993	0	612.101463165293	796.75420100952	32.3727
	2005	安丘市	0	0	70.9219858156028	258.130470896428	257.491534087279	339.914382467574	143.121
	2005	高密市	0	417.225736374673	460.034502587694	0	219.155325538304	434.477030221711	60.0600
	2005	昌邑市	0	951.376908823717	362.916107596959	245.351734713437	251.741102804933	277.298575170916	96.692
	2005	威海市区	0	170.596128042937	119.481183310971	0	884.288543863012	660.021723851511	9.37107
	2005	荣成市	0	0	0	86.8954060443422	973.100760334803	436.39384064916	10.6489
	2005	文登市	0	684.301322599195	228.739377675548	369.944412497604	846.591272123187	307.328605200946	16.1863
	2005	乳山市	0	664.494281515558	369.944412497604	323.302025429685	473.452175579835	179.541243371031	15.7604
	2005	日照市区	0	1463.80422976168	444.700019168104	253.657913232381	458.117692160245	1187.78352820906	26.4093

记录 1 of 176　当前时刻:2016/5/31 18:11:20

图 5.55　交通网络优化基础数据管理界面

2）交通网络优化权重值

交通网络优化权重值用于管理参与测算交通网络优化的权重值。点击交通网络优化权重值菜单下的交通网络优化权重值按钮，系统会自动跳出权重值管理界面，如图 5.56 所示。当用户关闭权重值窗体后，若想再次显示该窗口，再次点击交通网络优化权重值菜单下的按钮即可。

选择	年份	市县区	高速铁路（Q）	高速铁路（PI）	高速公路（Q）	高速公路（PI）	铁路（Q）	铁路（PI）	国道（Q）
	2010	潍坊市区	15	15	10	11	8	12	
	2010	临朐县	15	15	10	10	8	8	
	2010	昌乐县	15	15	10	11	8	11	
	2010	青州市	15	15	10	12	8	13	
	2010	诸城市	15	15	10	10	8	13	
	2010	寿光市	15	15	10	10	8	12	
	2010	安丘市	15	15	10	10	8	8	
	2010	高密市	15	15	10	12	8	13	
	2010	昌邑市	15	15	10	11	8	15	
	2010	威海市区	15	15	10	10	8	9	
	2010	荣成市	15	15	10	10	8	8	
	2010	文登市	15	15	10	10	8	11	
	2010	乳山市	15	15	10	10	8	12	
	2010	日照市区	15	15	10	10	8	13	
	2010	五莲县	15	15	10	10	8	8	
	2010	莒县	15	15	10	10	8	13	
	2005	济南市区	15	15	10	10	8	15	
	2005	平阴县	15	15	10	10	8	18	
	2005	济阳县	15	15	10	10	8	9	

记录 1 of 172　当前时刻:2016/5/31 18:11:33

图 5.56　交通网络优化权重界面

交通网络优化权重值界面按功能共分为 4 个功能区：工具条区、数据显示区、数据控制区及数据状态栏。

（1）工具条区主要包括添加、编辑、删除、保存、导入、导出、打印、刷新、合并等功能，请参考“国土空间开发基础数据”部分指标菜单中的工具条功能。

（2）数据显示区、数据控制区、数据状态栏的功能说明请参考“国土空间开发基础数据”部分指标菜单中对应的功能说明。

3）交通网络优化综合测算

交通网络优化综合测算用于测算并优化交通网络。点击交通网络优化综合测算菜单下的交通载流综合承载力评价按钮，系统会自动测算优化交通网络，并将结果弹出，如图 5.57 所示。当用户关闭测算窗体后，若想再次显示该窗口，再次点击交通网络优化综合测算菜单下的按钮即可。

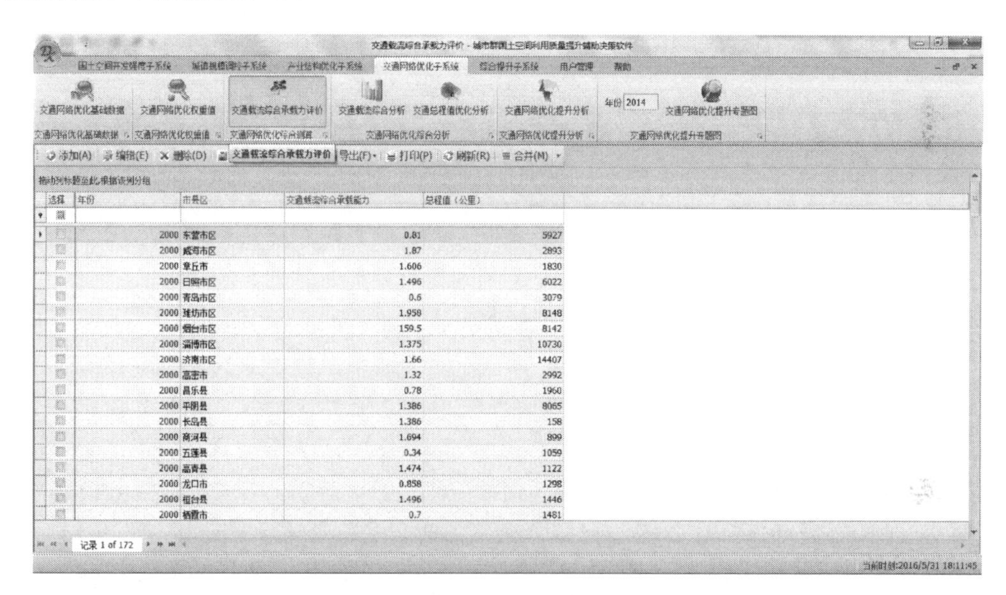

图 5.57　交通网络优化综合测算界面

交通网络优化综合测算界面按功能共分为 4 个功能区：工具条区、数据显示区、数据控制区及数据状态栏。

（1）工具条区主要包括添加、编辑、删除、保存、导入、导出、打印、刷新、合并等功能，请参考“国土空间开发基础数据”部分指标菜单中的工具条功能。

（2）数据显示区、数据控制区、数据状态栏的功能说明请参考“国土空间开发基础数据”部分指标菜单中对应的功能说明。

4）交通网络优化综合分析

交通网络优化综合分析用于分析交通网络优化结果。点击交通网络优化综合分析菜单下的交通载流综合分析按钮，系统会自动分析交通载流评价结果，并将结果弹出，如图 5.58 所示。当用户关闭优化窗体后，若想再次显示该窗口，再次点击交通网络优化综合分析菜单下的按钮即可。

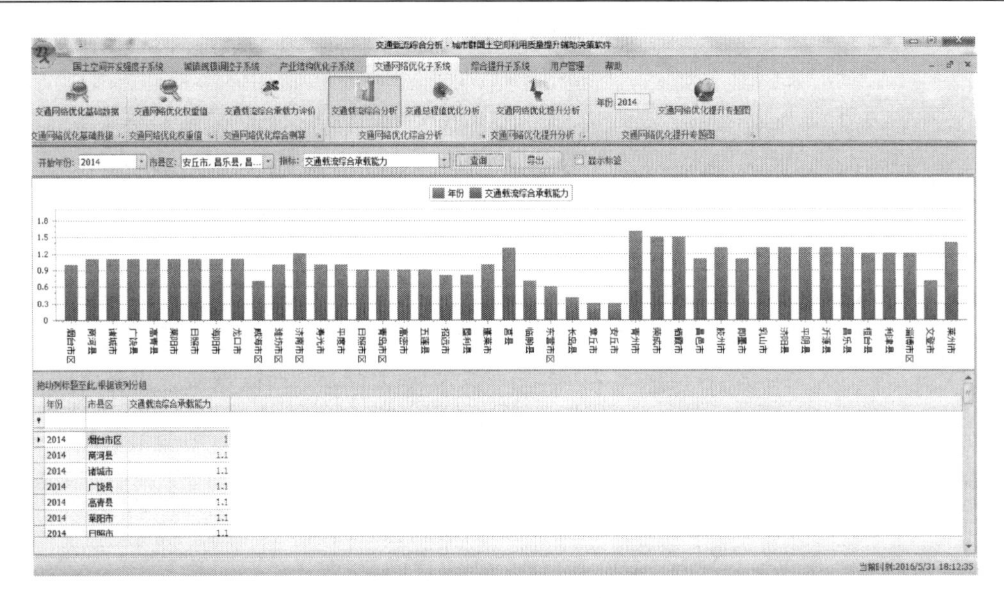

图 5.58　交通载流综合分析界面

交通载流综合分析界面按功能共分为 4 个功能区：工具条区、数据显示区、数据控制区及数据状态栏。

（1）工具条区主要包括添加、编辑、删除、保存、导入、导出、打印、刷新、合并等功能，请参考“国土空间开发基础数据”部分指标菜单中的工具条功能。

（2）数据显示区、数据控制区、数据状态栏的功能说明请参考“国土空间开发基础数据”部分指标菜单中对应的功能说明。

交通总程值优化分析用于分析交通总程值结果。点击交通网络优化综合分析菜单下的交通总程值优化分析按钮，系统会自动分析交通总程值结果，并将结果弹出，如图 5.59 所示。当用户关闭优化窗体后，若想再次显示该窗口，再次点击交通网络优化综合分析菜单下的按钮即可。

交通总程值优化分析界面按功能共分为 4 个功能区：工具条区、数据显示区、数据控制区及数据状态栏。

（1）工具条区主要包括添加、编辑、删除、保存、导入、导出、打印、刷新、合并等功能，请参考“国土空间开发基础数据”部分指标菜单中的工具条功能。

（2）数据显示区、数据控制区、数据状态栏的功能说明请参考“国土空间开发基础数据”部分指标菜单中对应的功能说明。

5）交通网络优化提升分析

交通网络优化提升分析用于测算交通网络优化强度的提升效果。点击交通网络优化提升分析按钮，系统会自动测算提升交通网络优化程度，并将测算后的结果弹出，如图 5.60 所示。当用户关闭测算窗体后，若想再次显示该窗口，再次点击交通网络优化提升分析菜单下的按钮即可。

交通网络优化提升分析界面按功能共分为 4 个功能区：工具条区、数据显示区、数据控制区及数据状态栏。

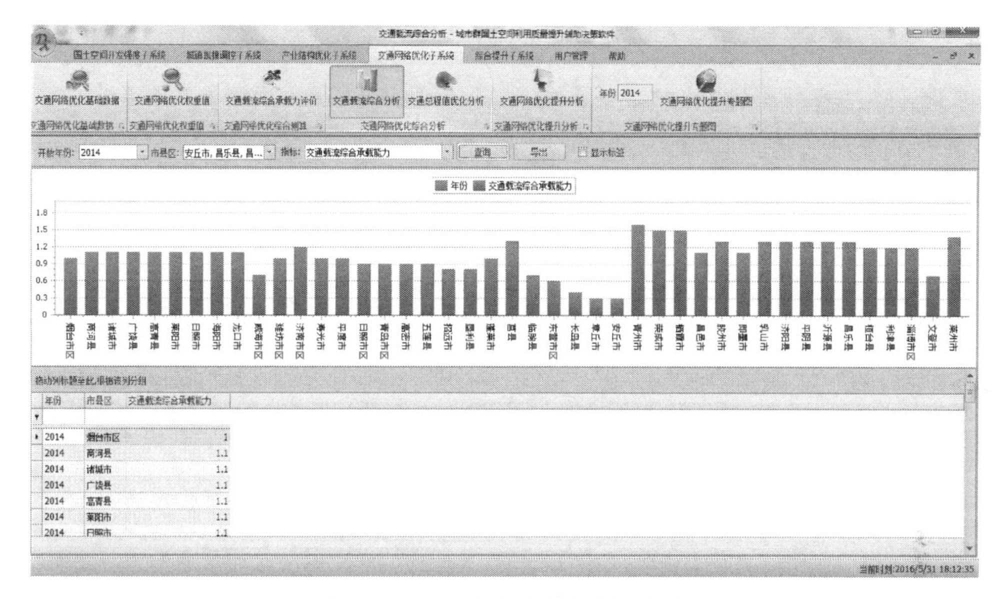

图 5.59　交通总程值优化分析界面

交通网络优化提升分析 - 城市群国土空间利用质量提升辅助决策软件

国土空间开发强度子系统　城镇规模调控子系统　产业结构优化子系统　交通网络优化子系统　综合提升子系统　用户管理　帮助

交通网络优化基础数据　交通网络优化权重值　交通载流综合承载力评价　交通载流综合分析　交通总程值优化分析　交通网络优化提升分析　年份 2014　交通网络优化提升专题图

添加(A)　编辑(E)　删除(D)　保存(S)　导入(I)　导出(F)　打印(P)　刷新(R)　合并(M)

拖动列标题至此,根据该列分组

选择	年份	市县区	类型分区	提升里程	交通体系提升指数
	2014	平阴县	稳定提升区III	95	9
	2014	济阳县	稳定提升区II	152	8
	2014	商河县	稳定提升区III	46	9
	2014	章丘市	优化提升区III	394	6
	2014	青岛市区	重点提升区III	1339	1
	2014	胶州市	优化提升区III	379	6
	2014	即墨市	优化提升区III	391	6
	2014	平度市	优化提升区III	257	6
	2014	莱西市	稳定提升区I	288	7
	2014	淄博市区	重点提升区II	967	2
	2014	桓台县	稳定提升区III	138	9
	2014	高青县	稳定提升区III	94	9
	2014	沂源县	稳定提升区II	134	8
	2014	东营市区	稳定提升区I	479	7
	2014	垦利县	稳定提升区II	176	8
	2014	利津县	稳定提升区II	188	8
	2014	广饶县	稳定提升区II	192	8
	2014	烟台市区	优化提升区II	661	5
	2014	长岛县	稳定提升区III	9	9

记录 1 of 43

当前时间:2016/5/31 18:18:18

图 5.60　交通网络优化提升分析界面

（1）工具条区主要包括添加、编辑、删除、保存、导入、导出、打印、刷新、合并等功能，请参考“国土空间开发基础数据”部分指标菜单中的工具条功能。

（2）数据显示区、数据控制区、数据状态栏的功能说明请参考“国土空间开发基础数据”部分指标菜单中对应的功能说明。

6）交通网络优化提升分析专题图

交通网络优化提升分析专题图的功能是生成专题地图。点击交通网络优化提升分析专题图按钮，系统会自动生成交通网络优化提升分析专题图，如图 5.61 所示。

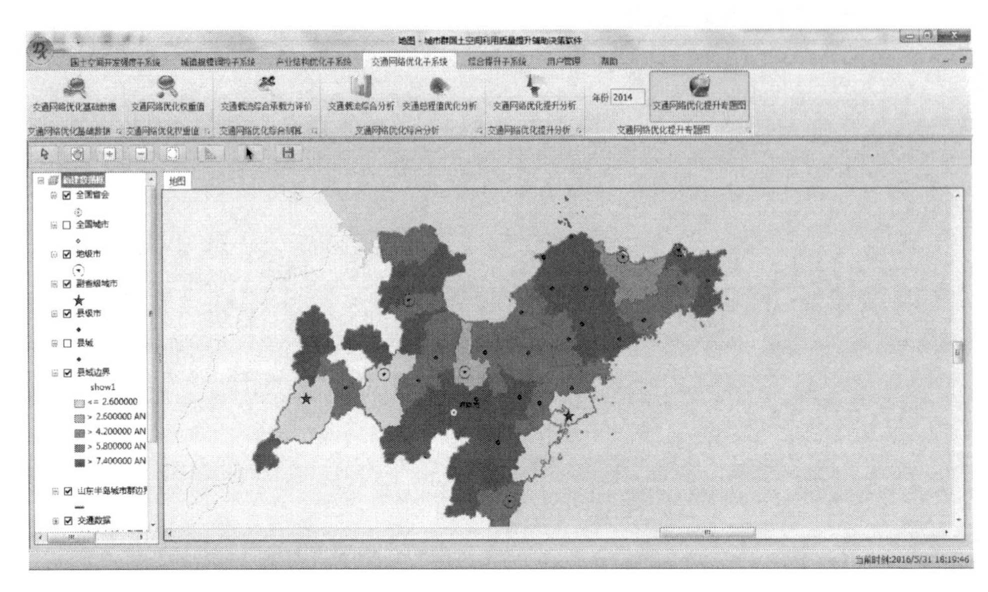

图 5.61　交通网络优化提升分析专题图界面

6. 综合提升子系统

点击综合提升子系统菜单，系统会显示功能菜单的二级菜单。基础功能菜单主要包括综合提升测算、综合提升分析、综合提升分析专题图 3 个二级菜单。

1）综合提升测算

综合提升测算用于将国土空间开发强度、城镇规模调控强度、产业结构优化程度、交通网络优化程度 4 项因子进行综合提升测算。点击综合提升测算菜单下的综合提升测算按钮，系统会自动测算，并将结果弹出，如图 5.62 所示。当用户关闭测算窗体后，若想再次显示该窗口，再次点击综合提升测算菜单下的按钮即可。

综合提升测算界面按功能共分为 4 个功能区：工具条区、数据显示区、数据控制区及数据状态栏。

（1）工具条区主要包括添加、编辑、删除、保存、导入、导出、打印、刷新、合并等功能，请参考“国土空间开发基础数据”部分指标菜单中的工具条功能。

（2）数据显示区、数据控制区、数据状态栏的功能说明请参考“国土空间开发基础数据”部分指标菜单中对应的功能说明。

2）综合提升分析

综合提升分析用于分析综合提升结果。点击综合提升分析按钮，系统会自动分析结果，并将结果弹出，如图 5.63 所示。当用户关闭测算窗体后，若想再次显示该窗口，再次点击综合提升分析菜单下的按钮即可。

综合提升分析界面按功能共分为 4 个功能区：工具条区、数据显示区、数据控制区及数据状态栏。

选择	年份	市县区	国土空间开发强度提升指数	城镇规模体系提升指数	产业体系提升指数	交通体系提升指数	综合提升指数
	2014	济南市区	9	5	3	1	4.
	2014	平阴县	4	5	3	9	5.
	2014	济阳县	5	5	3	8	5.
	2014	商河县	6	5	3	9	5.
	2014	章丘市	6	5	3	6	5.
	2014	青岛市区	9	5	9	1	6.
	2014	胶州市	9	5	9	6	7.
	2014	即墨市	9	5	9	6	7.
	2014	平度市	6	5	9	6	6
	2014	莱西市	9	5	9	7	7.
	2014	淄博市区	8	5	4	2	4.8
	2014	桓台县	9	5	4	9	6.8
	2014	高青县	6	5	4	9	6.0
	2014	沂源县	5	5	4	8	5.5
	2014	东营市区	6	1	5	7	4.
	2014	垦利县	3	1	5	8	4.
	2014	利津县	3	1	5	8	4.
	2014	广饶县	9	1	5	8	5.
	2014	烟台市区	9	7	7	5	7.

记录 1 of 43

当前时刻:2016/5/31 18:25:12

图 5.62　综合提升测算界面

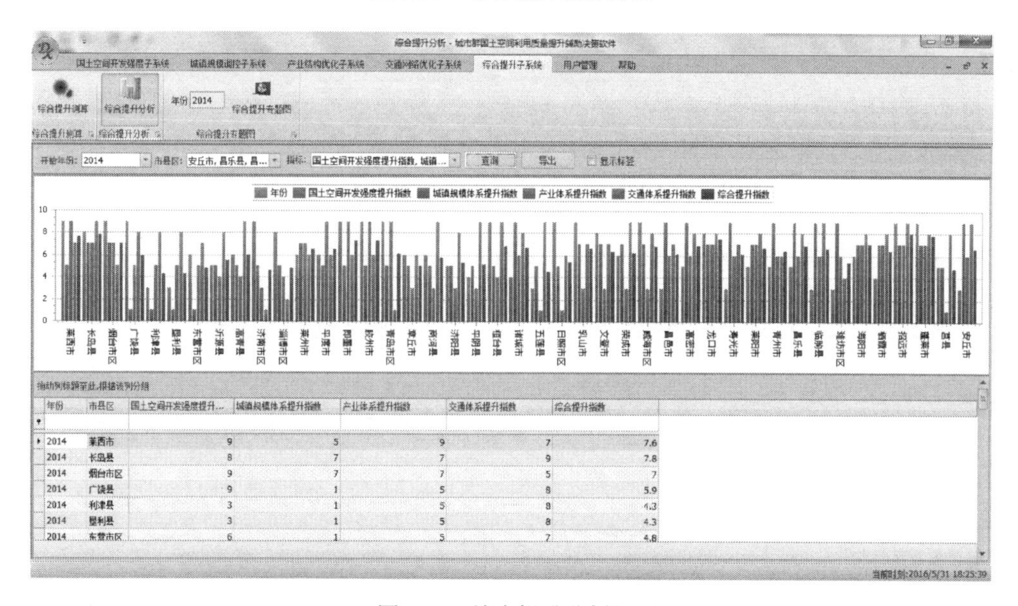

图 5.63　综合提升分析界面

（1）工具条区主要包括添加、编辑、删除、保存、导入、导出、打印、刷新、合并等功能，请参考“国土空间开发基础数据”部分指标菜单中的工具条功能。

（2）数据显示区、数据控制区、数据状态栏的功能说明请参考“国土空间开发基础数据”部分指标菜单中对应的功能说明。

3）综合提升分析专题图

综合提升分析专题图的功能是生成专题地图。点击综合提升分析专题图按钮，系统会自动生成综合提升分析专题图，如图 5.64 所示。

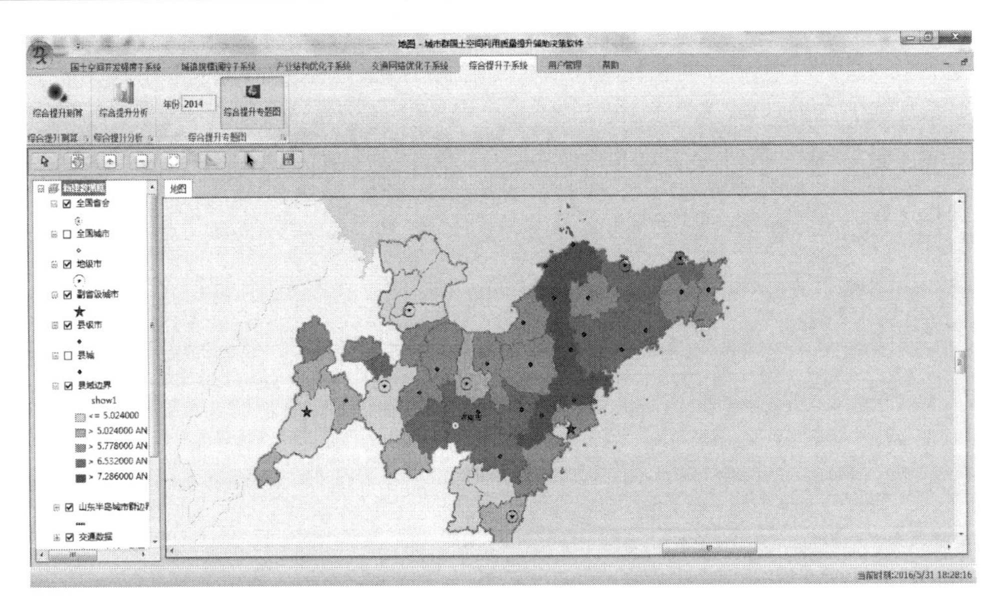

图 5.64　综合提升专题图界面

主要参考文献

[1] 方创琳, 张小雷, 史育龙. 中国城镇产业布局分析与决策支持系统. 北京: 科学出版社, 2011.

[2] 方创琳. 区域发展规划决策支持系统集成扩展模式与功能初探.应用基础与工程科学学报, 1999, 7(3): 259-266.

[3] 李满春. GIS 设计与实现. 北京: 科学出版社, 2003.

第6章　城市群地区国土空间利用质量分级分区与提升路径

城市群地区国土空间利用质量地域功能分区是指在非农生产空间、农业生产空间、生活空间和生态空间四大功能评价的基础上，结合自然本底要素、土地利用数据和国土空间不同功能区评价结果及区域发展态势和战略定位，应用数学模型，将城市群地区划分为若干功能区，因地制宜地确定各功能区的提升路径。当前，自组织神经网络已成为地域功能分区分类的一种常用的方法。本书以山东半岛城市群为例，采用自组织神经网络法开展国土空间利用功能分区；根据分区结果组织国土空间利用功能区建设，构建功能导向的区域发展策略和国土空间利用质量提升路径研究，其是实施国土空间地域管理、规范国土空间开发秩序、实现国土空间协调发展的重要途径。

6.1　城市群地区国土空间利用质量分级方法与结果

6.1.1　城市群地区国土空间利用质量的分级方法

国土空间利用质量综合评价模型是对生态空间利用质量、生活空间利用质量、非农生产空间利用质量和农业生产空间利用质量等多方面进行综合分析的结果，反映了地区国土空间利用质量的综合利用水平。国土空间利用质量三维评价模型从生产空间、生活空间和生态空间3个维度对国土空间利用质量进行分析，是对不同维度空间利用质量的剖析。这里从总体和分类两个维度对国土空间利用质量进行评价。

1. 综合指数模型与分级方法

综合指数评价模型是采用熵技术支持下的层次分析法对国土空间利用质量各指标进行加权求和，所得结果能从整体上反映区域国土空间利用程度。国土空间利用质量高-中和中-低的分界点分别为0.5631和0.4598。

2. 三维判定模型与分级方法

综合指标评价方法得出的国土空间利用质量的结果虽然从整体上反映了地区国土空间利用质量的概况，但高值分类项与低值分类项进行叠加所得的分值容易掩盖低值区的短板问题，而根据木桶原理，木桶所能达到的最大容积量往往由最短木板决定，因此不能忽略最低短板的问题。在此借鉴王岩[1]的三维评价模型，对国土空间利用质量进行分类划分。

1）三维评价模型

三维评价模型是按照 3 个维度分为 X 轴、Y 轴和 Z 轴，每个坐标轴分为低、中、高 3 个级别（图 6.1）。把每个坐标轴分为三等分，从各点各引出 X 轴、Y 轴和 Z 轴的垂线，形成一个 3×3×3 的三维立体直方图，共计 27 个单元格，每个单元格代表不同的生产空间、生活空间和生态空间的组合。在综合评价中，采取了生态空间利用质量子系统、生活空间利用质量子系统、非农生产空间利用质量子系统、农业生产空间利用质量子系统，为了使两种分类方法保持一致，对非农生产空间利用质量子系统、农业生产空间利用质量子系统按照权重进行归并，即生产空间子系统。按照最小原则进行归类，即最低的等级原则进行划分，如生态空间低、生活空间高、生产空间高，仍归为国土空间利用质量低的类型。

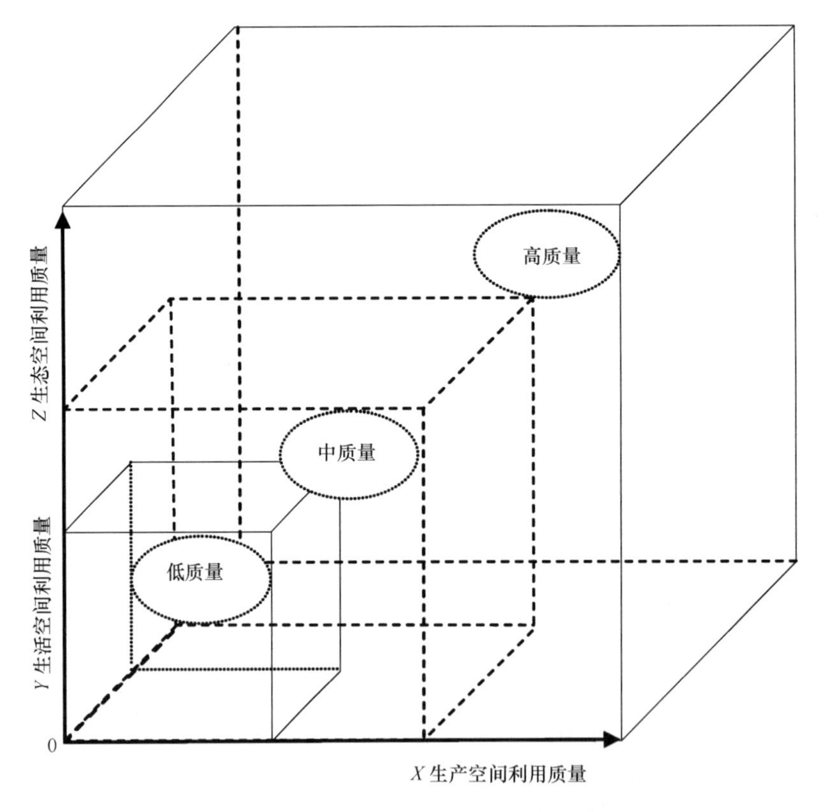

图 6.1　国土空间利用质量三维评价模型

2）划分类型

当 $X=Y=Z=3$ 时，国土空间利用质量属于高质量；当 $X=Y=Z=2$ 时，国土空间利用质量属于中质量；当 $X=Y=Z=1$ 时，国土空间利用质量属于低质量。但当 X、Y、Z 不一致时，如何划分。在此，考虑极小值的方法，即 X、Y、Z 至少有一个小于 2 时，判定为低质量。

6.1.2　城市群地区国土空间利用质量的分级结果

1. 综合指数模型分级结果

基于综合指数评价模型，按照国土空间利用质量的大小，将 44 个县级单元划分为 3 个级别，低 TUQ（0.3817～0.4598）、中 TUQ（0.4598～0.5631）、高 TUQ（0.5631～0.6874）（表 6.1）。

表 6.1　城市群地区国土空间质量分级的综合指数模型判定结果（2012 年）

质量分级	所在区（县）	数量
高质量区	烟台市市辖区、青岛市市辖区、济南市市辖区、诸城市、招远市、平度市、莱西市、蓬莱市、龙口市、荣成市、章丘市	11
中质量区	沂源县、栖霞市、文登市、乳山市、高密市、淄博市市辖区、莱州市、广饶县、海阳市、五莲县、东营市市辖区、胶南市、潍坊市市辖区、威海市市辖区、青州市、日照市市辖区、临朐县、莱阳市、安丘市、桓台县、昌乐县、平阴县	22
低质量区	济阳县、即墨市、莒县、利津县、昌邑市、寿光市、高青县、垦利县、胶州市、商河县、长岛县	11

2. 三维判定模型分级结果

根据三维判定模型，44 个县域单元被分为低质量区、中质量区和高质量区 3 个级别。2012 年，低质量区覆盖县域 21 个，中质量区覆盖县域 20 个，高质量区覆盖县域 3 个（表 6.2）。

表 6.2　城市群地区国土空间质量分级的三维评价模型判定结果（2012 年）

质量分级	所在区（县）	数量
高质量区	烟台市市辖区、青岛市市辖区、济南市市辖区	3
中质量区	诸城市、招远市、平度市、莱西市、蓬莱市、龙口市、荣成市、章丘市、文登市、乳山市、淄博市市辖区、莱州市、海阳市、胶南市、潍坊市市辖区、威海市市辖区、青州市、日照市市辖区、莱阳市、东营市市辖区	20
低质量区	沂源县、栖霞市、高密市、广饶县、五莲县、临朐县、安丘市、桓台县、昌乐县、平阴县、济阳县、即墨市、莒县、利津县、昌邑市、寿光市、高青县、垦利县、胶州市、商河县、长岛县	21

6.2　城市群地区国土空间利用质量分区识别方法

6.2.1　国土空间利用质量分区识别方法

国土空间利用区域划分的核心方法是区域方法[2]，应用地理学中的区域方法来系统地总结不同县区国土空间利用的区域发展类型。之所以选择区划方法作为国土空间利用的分区识别的核心方法，主要是可以更好地刻画每个区域不同的特征，为针对性地提出提升策略提供依据。

在区划中应注重自然和人文地域分异规律相结合[3]。在地域划分中，应充分重视自然和人文方面的地域分异规律，并把它们结合起来加以考虑。应重视时间尺度及区域社会经济发展程度在地域划分中的作用，同时也要考虑到未来的区域发展趋势。

行政区域单元的划分既反映不同地域发展的历史背景和相互联系，也对区域发展有重要作用，而且与所需资料数据的获取也有密切关系，是综合地理区域划分中应当考虑的因素。

宏观区域框架与地域类型相结合。综合地理区划所涉及的因素很复杂，其形成过程和空间分异不一，而且随着社会经济发展阶段的不同呈现出错综纷杂的现象。考虑到综合地理区划对象比较复杂，划分不宜太细。较高等级自然区的划分可为综合地理区划提供关于自然条件方面的一个轮廓框架。

1. 国土空间利用质量分区定量识别方法

从具体区划方法来看，叠置法、主导因素法和分级区划方法是传统区划最常用的方法。从区划基本单元和定界的角度看，区划方法分为区域单元划分方法和单位边界定界方法。传统的方法以定性分析为主，但存在基础知识和经验要求高的缺点。定量分析方法有效提高了分析效率，但单纯的定量化分析往往会出现较大偏差。因此，在分析方法上需要将定性分析与定量分析有机结合。

指标体系是划分区域基本单元及确定区域界线的主要依据。根据国土空间利用质量功能识别的基本目标，指标体系需要遴选能够反映国土空间利用质量水平与各地区特色和差异性的指标。而区域划分的基底是土地利用/土地覆被数据。从国土空间利用质量的内涵来看，国土空间利用结构是表征国土空间内在关系的核心。国土空间利用质量得分值作为表征国土空间利用的指标也应该是区域划分的基础性指标。由于国土空间利用质量利用不仅仅是土地利用问题，更是社会经济和自然环境要素综合作用的结果。因此，除了这些核心指标外，其他表征自然环境本底的指标和表征社会经济发展的指标也应该加以考虑。

综合以上分析，通过最终的遴选，决定以土地利用数据为基底，选择土地利用指标、国土空间利用质量指标、土地适宜性指标作为基础性指标。选择自然要素中的海拔指标和坡度指标表征国土空间利用的本底差异，选择国土空间利用质量指数表征各地区不同的国土空间功能。

这里主要应用人工神经网络（ANN）的理论框架，对山东半岛城市群国土空间利用模式进行区划。ANN 模型由输入、隐藏和输出 3 层组成。输入层有 n 个神经元对应着 n 个空间变量。输入层变量为每个单元的属性值，每个单元的属性值包括国土空间非农生产空间利用质量、农业生产空间利用质量、生活空间利用质量和生态空间利用质量、自然环境指标、社会经济指标的分级值，继而设置每个变量。然后，利用隐藏层对空间变量进行模拟。隐藏层对信号的响应被直接输出到输出层。输出层只有一个神经元，负责输出最后的信号。最后，输入变量进行“三生空间”国土空间利用模式区划。

2. 国土空间利用质量分区定性校正与调整

定性调整主要是针对定量识别结果与客观实际不符之处的修正和调整。定性判读的基础方法是叠置法，不同图件的叠置处理主要在 ArcGIS10.1 中完成，叠置处理时需要充分考虑不同指标的优先级问题。一般来讲，本章将基础性指标赋予高度的优先级，社会经济指标赋予中度的优先级，赋予自然环境指标以低度的优先级。通过 3 个级别指标的逐一核准来最终确定区域的划分单元和单位边界界定。

6.2.2　国土空间利用质量分区识别的数据支撑

1. 行政区划数据

国土利用质量分区识别的行政区划数据来源于中国科学院资源环境科学数据中心提供的 2008 年全国分县行政区划图。空间行政边界矢量数据来自 1∶400 万中国基础地理信息数据。

2. 自然条件数据

DEM 数据来自美国国家航空航天局（NASA）测量的 SRTM 产品。SRTM 地形数据按精度可以分为 SRTM1 和 SRTM3，分别对应的分辨率精度为 30m 和 90m 数据，本书采用精度较准确的 SRTM3 产品。该数据产品于 2003 年公开发布，并经过多次修订，该版本是由国际热带农业中心（CIAT）利用新的插值算法得到的 SRTM 地形数据。坡度数据通过 DEM 数据，在 ArcGIS10.1 平台的支持下，通过空间分析工具处理得到。按照级别的要求，将山东半岛城市群海拔数据划分为 5 个级别，分别是低于 100m、100～200m、200～400m、400～800m，以及 800m 以上 5 个级别（图 6.2）。按照国家标准对全国坡度进行划分，低于 3°、3°～8°、8°～15°、15°～25°及大于 25° 5 个级别（图 6.3）。土壤肥力分为差、较差、中、较高 4 个级别（图 6.4）。

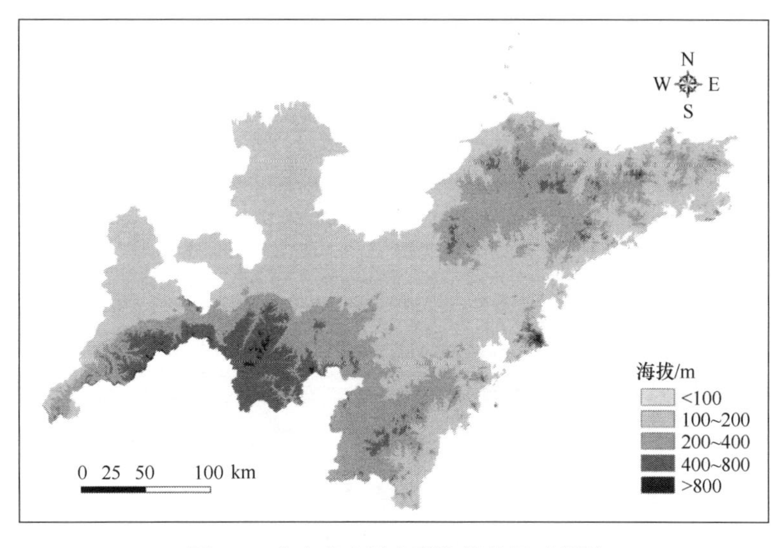

图 6.2　山东半岛城市群海拔分级示意图

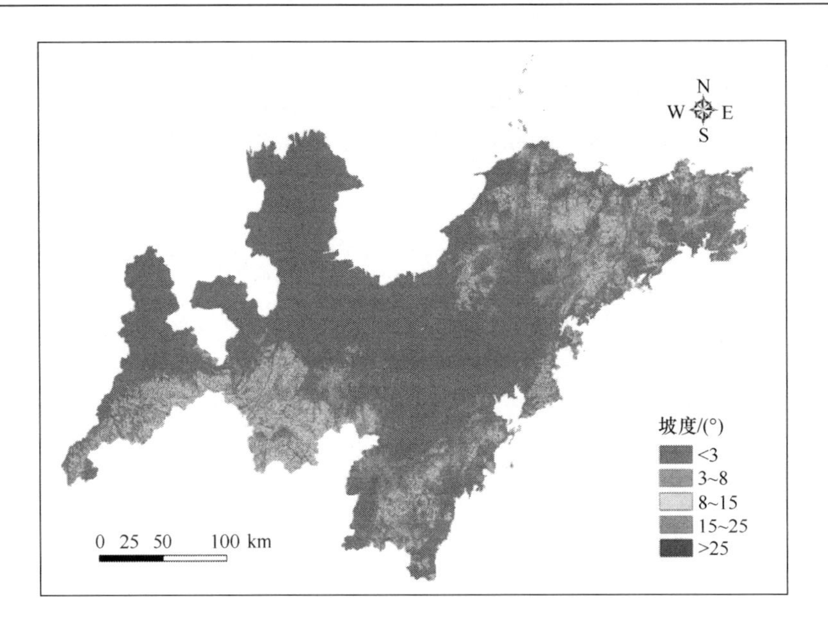

图 6.3　山东半岛城市群坡度分级示意图

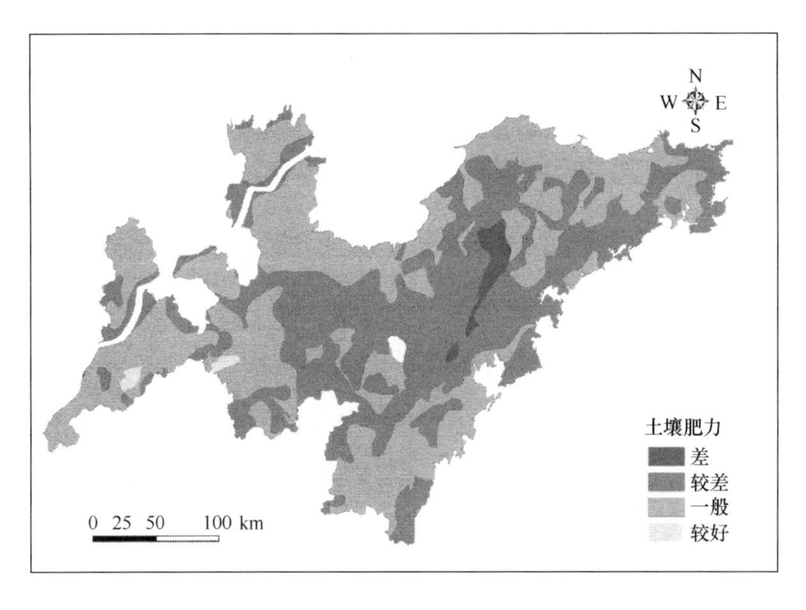

图 6.4　山东半岛城市群土壤肥力分级示意图

3. 土地利用/土地覆被基础数据

土地利用数据共有 1990 年、1995 年、2000 年、2005 年和 2008 年（图 6.5）5 期数据。数据主要来源于全国资源环境数据库，采用全数字作业方式完成。目的在于比较系统、全面地反映土地覆盖状况及其在 20 世纪 90 年代以来的变化情况，从而为资源环境研究和国家宏观决策提供科学支持。

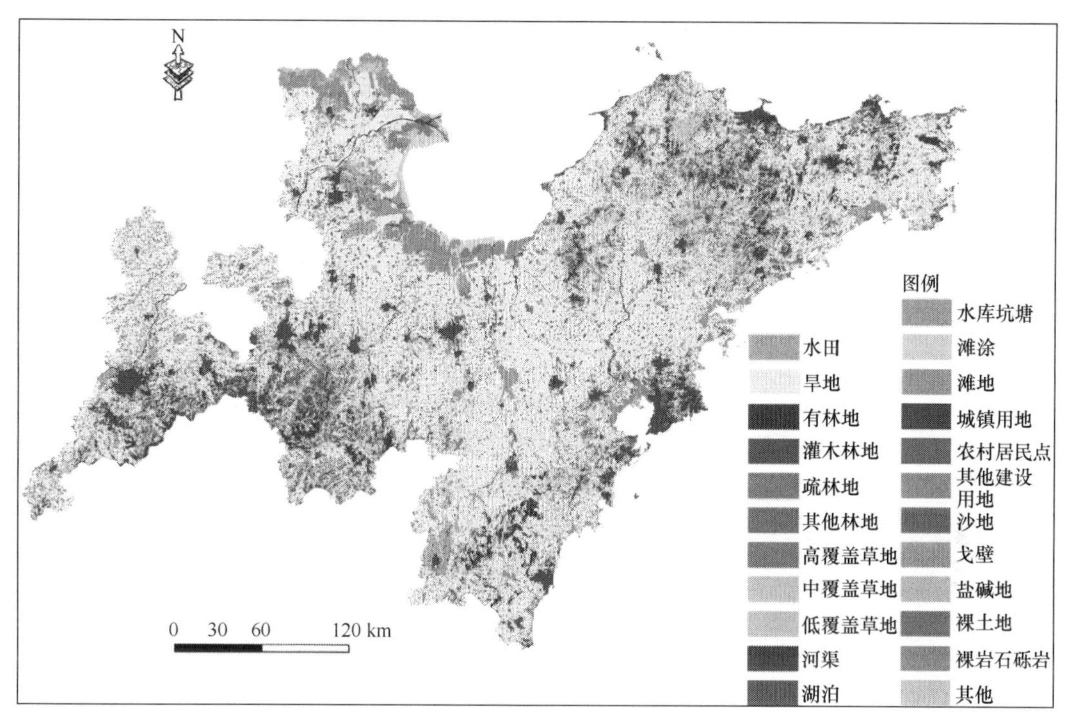

图6.5　山东半岛城市群1∶10万土地利用现状图（2008年）

6.3　城市群地区国土空间利用质量分区识别结果

根据区域划分的原则，在非农生产空间、农业生产空间、生活空间和生态空间四大功能评价的基础上，结合自然本底要素、土地利用数据和国土空间不同功能区评价结果及区域发展态势和战略定位，基于传统区划的叠置法、主导因素法和分级区划方法，应用人工神经网络方法进行山东半岛城市群的区域划分，得到胶东丘陵非农生产功能区、滨海平原非农生产功能区、黄河南平原非农生产功能区、胶莱冲积平原农业生产功能区、鲁沂丘陵农业生产功能区、其他农业生产功能区、黄河三角区生态功能区和沂河上游山地生态功能区，山东半岛城市群划分结果如图6.6和表6.3所示。各分区国土空间利用质量子系统的得分值见表6.4～表6.7。

6.3.1　胶东丘陵非农生产功能区Ⅰ-1

1. 主要特征

胶东丘陵非农生产功能区包括青岛市辖区等区域（图6.7）。该区是山东半岛城市群经济发展的重要增长极，该区域改革发展走在山东省前列，是人口与产业最集中的地区之一，具有优越的条件，可以发挥集约高效的规模效应。2012年，二、三产业增加值为5334亿元，消费品零售总额较高，二、三产业增加值占比较高，城镇化率达到62.63%，森林覆盖率为9.44%。

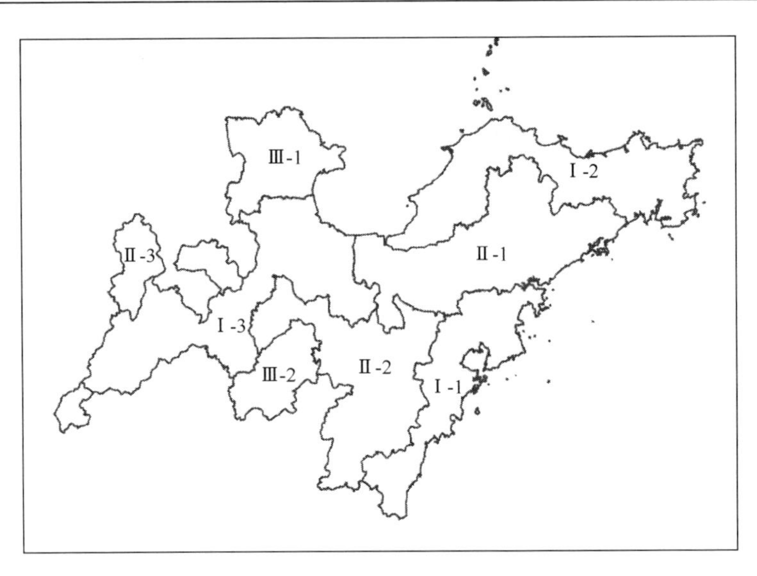

图 6.6 山东半岛城市群国土空间利用功能区划示意图

表 6.3 山东半岛城市群国土空间利用质量指数功能分区及其主要指标特征

国土空间利用质量功能分区代码	国土空间利用质量功能分区名称
Ⅰ-1	胶东丘陵非农生产功能区
Ⅰ-2	滨海平原非农生产功能区
Ⅰ-3	黄河南平原非农生产功能区
Ⅱ-1	胶莱冲积平原农业生产功能区
Ⅱ-2	鲁沂丘陵农业生产功能区
Ⅱ-3	其他农业生产功能区
Ⅲ-1	黄河三角洲生态功能区
Ⅲ-2	沂河上游山地生态功能区

表 6.4 2012 年山东半岛城市群非农生产空间利用质量分区一览表

分区代码	二、三产业增加值/亿元	消费品零售总额/亿元	二、三产业增加值占比	人均建设用地/（m^2/人）	人均农村居民点用地/（m^2/人）	单位建设用地二、三产业产值/（亿元/km^2）	非农生产空间利用质量指数
Ⅰ-1	5 534	2 402	0.940 0	129.03	380.15	8.89	0.483 8
Ⅰ-2	5 227	2 255	0.935 4	118.25	321.47	13.16	0.605 9
Ⅰ-3	8 611	4 384	0.939 3	127.81	371.24	9.68	0.544 1
Ⅱ-1	3 387	1 375	0.872 2	106.81	369.00	9.42	0.586 1
Ⅱ-2	1 560	831	0.860 8	112.92	249.56	6.17	0.580 2
Ⅱ-3	793	362	0.832 3	97.03	385.09	10.92	0.526 4
Ⅲ-1	1 844	341	0.926 6	236.56	664.19	8.29	0.272 8
Ⅲ-2	258	193	0.849 0	129.07	177.13	6.31	0.610 9
总计或平均	27 214	12 143	0.89	132.19	364.73	9.10	0.53

表 6.5　2012 年山东半岛城市群农业生产空间利用质量分区一览表

分区代码	粮食总产量/t	油料、水果、肉类、奶类总产量/t	粮食单产/（kg/hm²）	人均耕地面积/hm²	农业生产空间质量指数
Ⅰ-1	1 704 359	1 060 635	3 313	0.088	0.4127
Ⅰ-2	2 163 849	4 266 010	3 070	0.112	0.3993
Ⅰ-3	4 283 298	1 906 128	5 044	0.098	0.5134
Ⅱ-1	4 063 384	5 335 842	3 933	0.151	0.4454
Ⅱ-2	3 576 885	2 002 310	4 021	0.149	0.5185
Ⅱ-3	2 412 330	674 772	7 462	0.147	0.6332
Ⅲ-1	268 182	349 667	869	0.292	0.3609
Ⅲ-2	391 685	1 533 197	2 134	0.122	0.3275
总计或平均	18 863 972	17 128 561	3 730	0.1445	0.4513

表 6.6　2012 年山东半岛城市群生活空间利用质量分区一览表

分区代码	城镇化率/%	农民人均纯收入/元	城乡年末人均储蓄余额/元	万人拥有医院床位数/张	生活空间利用质量指数
Ⅰ-1	62.63	13 587	26 910	40.98	0.5573
Ⅰ-2	56.36	14 590	48 490	84.86	0.5409
Ⅰ-3	60.50	12 447	42 593	52.06	0.5270
Ⅱ-1	46.15	12 094	31 700	45.23	0.4454
Ⅱ-2	40.05	11 109	20 963	35.94	0.3967
Ⅱ-3	35.18	10 410	16 861	30.95	0.3593
Ⅲ-1	52.36	11 070	45 503	44.48	0.4611
Ⅲ-2	34.35	10 731	16 936	29.42	0.3603
平均	48.45	12 004	31 244	45.49	0.4560

表 6.7　2012 年山东半岛城市群生态空间利用质量分区一览表

分区代码	湿地覆盖率/%	森林覆盖率/%	生物丰度指数	生态空间利用质量指数
Ⅰ-1	2.92	9.44	0.0486	0.3574
Ⅰ-2	2.90	13.19	0.0559	0.4253
Ⅰ-3	4.37	8.22	0.0721	0.4121
Ⅱ-1	4.77	7.70	0.0656	0.4184
Ⅱ-2	3.24	7.12	0.0463	0.3343
Ⅱ-3	2.22	2.16	0.0155	0.1786
Ⅲ-1	11.82	0.59	0.0560	0.5776
Ⅲ-2	2.38	20.29	0.0876	0.5242
平均	4.3275	8.5887	0.0559	0.4034

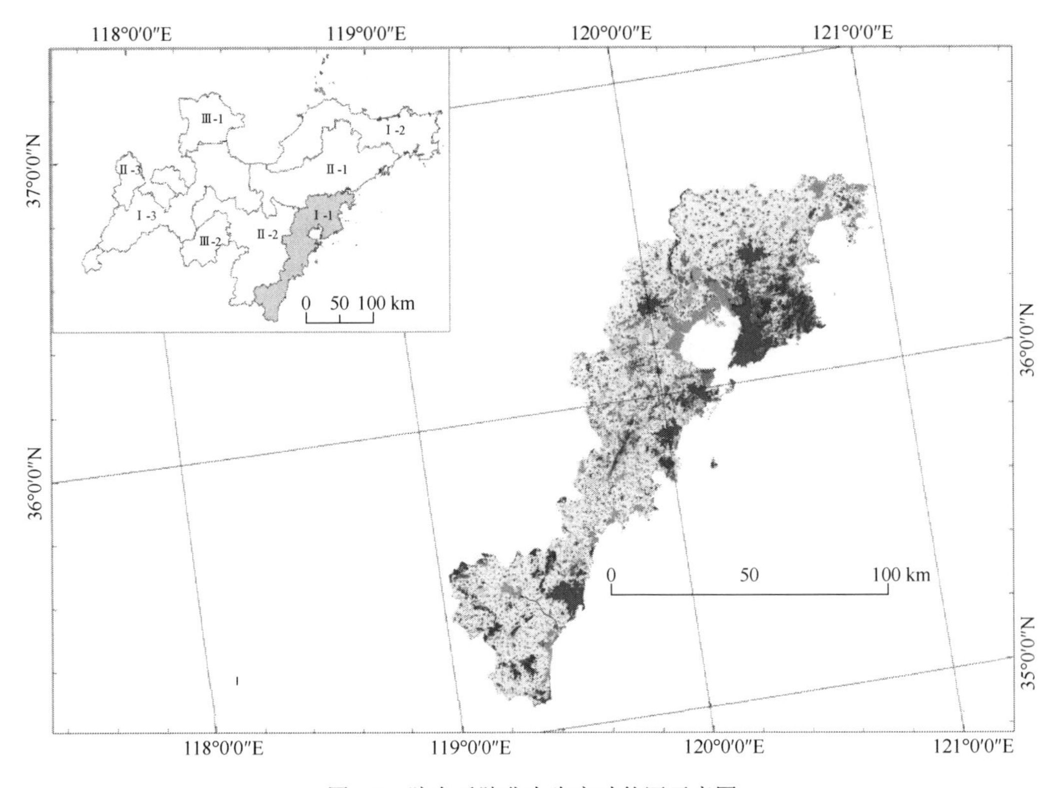

图 6.7 胶东丘陵非农生产功能区示意图

该区经济总量较高，但单位建设用地二、三产业产值仅为 8.89 亿元/km^2，人均建设用地为 129.03m^2/人，人均农村居民点用地为 380.15m^2/人，用地结构粗放。由于经济社会发展迅速，建设用地需求量大，土地资源“瓶颈”作用明显，人地矛盾日趋尖锐。

2. 提升路径

该区具有优越的条件，可以发挥集约高效的规模效应，客观上也要求土地资源的集约高效利用，走紧凑型的城市化道路。由于地域空间有限，积极整合城乡空间，提高工业用地的集约水平，加强工业项目用地的投资强度和容积率，促使建设向垂直空间要地，提高单位土地面积的工业产值和就业人口，可以有效地节约工业用地规模，推促优化产业结构、拓展产业深度、提高效益方向转变；统筹城乡土地配置，促成城乡融合一体化，充分借助产业发展转型与城镇化发展动力平台，实现城乡用地良性挂钩，盘活存量土地，优化低效利用土地，使区域居住中心社区化。优化调整农村建设用地结构，实施“中心村建设”和“内部挖潜”为主的农村居民点用地整理工作，在非农产业发达、耕地资源紧缺的近郊区开展中心村和中心社区建设，实施社区化管理模式；在远郊区县，盘活村内的空闲、废弃宅基地，促进宅基地的合理、有序流转（图 6.8）。

产业转型方面，根据打造山东半岛蓝色经济区，着力在海洋生物、海洋工程、海洋生态环保等海洋高科技领域实现重大突破。加快建设山东半岛高端产业聚集区，推进经济布局向滨海地带拓展，全力打造高技术含量、高附加值、高成长性的战略性新兴产业

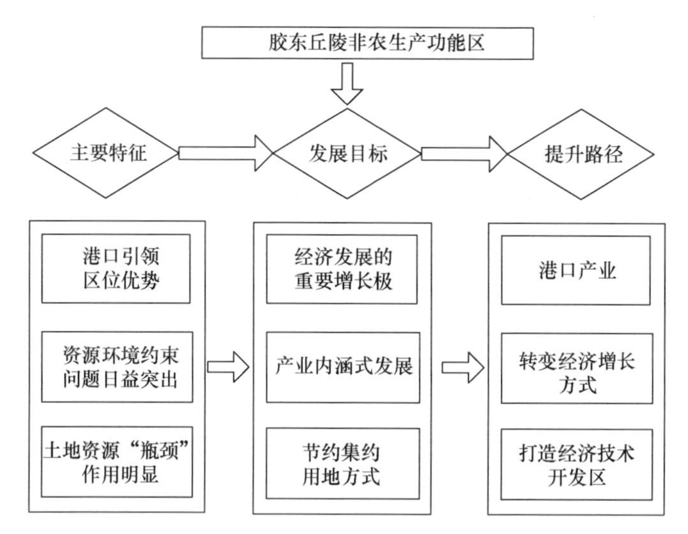

图 6.8　胶东丘陵非农生产功能区提升路径示意图

集群。增强青岛市现代工业的集聚功能和国际港湾功能，着力构建先进制造业、高新技术产业基地、现代服务业基地和区域性经济中心，建设东北亚国际航运中心。

6.3.2　滨海平原非农生产功能区 I -2

1. 主要特征

滨海平原非农生产功能区包括烟台市市辖区和威海市市辖区及周围区县（图 6.9）。该区海岸线长，航运业较为发达，经济发展较为迅速，劳动力富裕，产业发展较快。该区 2012 年二、三产业增加值为 5227 亿元，单位建设用地二、三产业产值达到 13.16 亿元/km^2，人均建设用地为 118.25m^2/人，人均农村居民点用地为 321.47m^2/人。该区油料、水果、肉类、奶类总产量等非粮食农业产品产量较高，但粮食总产量较低，仅为 3070kg/hm^2，森林覆盖率为 13.19%。该区建设用地需求旺盛，人均建设用地偏高，耕地减少速度较快，粮食产量较低。

2. 提升路径

结合区域资源特征与经济发展导向，优化土地空间结构和产业结构，加大存量土地挖潜力度，盘活闲置、批而未供等低效利用土地，加快“去库存化”速度；严格执行用地标准，确保项目设计、施工和建设各环节符合节约集约用地的要求；加快山丘地区综合治理，减少工矿和农村建设用地。“退二进三”腾土地，随着中心城区的不断扩大、经济的转型升级和市区土地功能分区的变化，一些位于城区的企业用地利用效率趋于低效，而且市区用地紧张的现状也使企业发展空间受限。因此，按照“区域集中、产业聚集、开发集约”的原则，大力实施“退二进三”工程，制定优惠政策，鼓励工业企业进入园区发展，腾退城区土地发展第三产业。“合村并居”节土地，“政府主导+政策推动+统一规划+市场运作”的旧村改造模式，即由开发区管理委员会负责安置小区的组织实

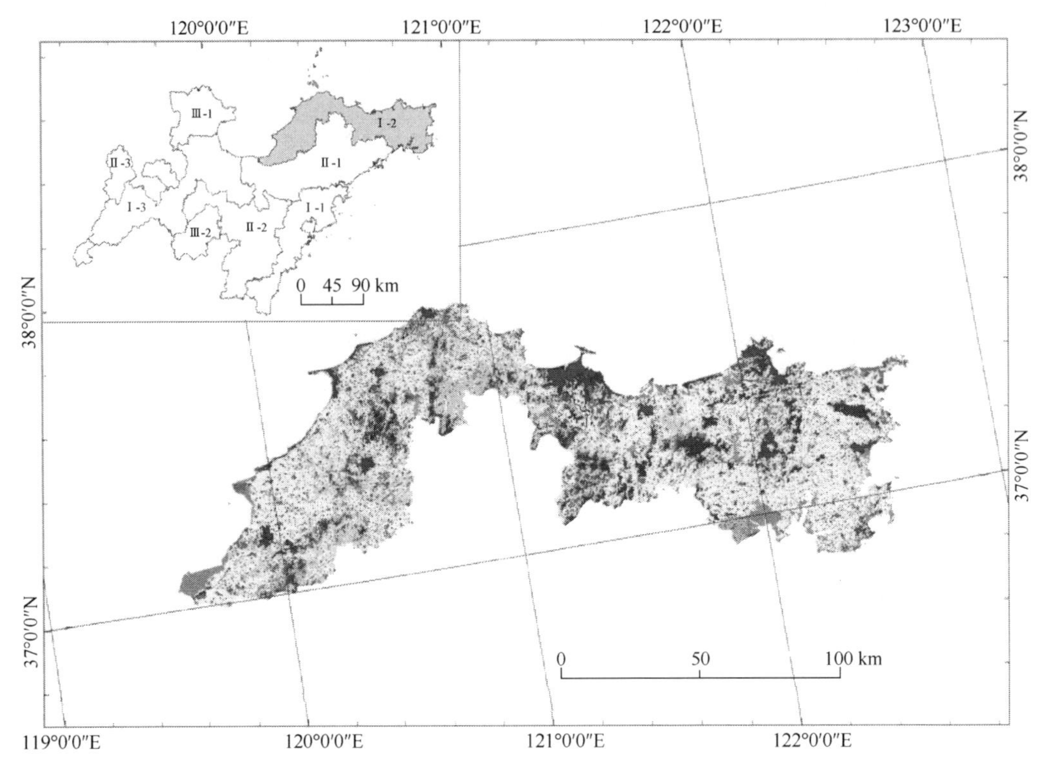

图 6.9　滨海平原非农生产功能区示意图

施工作；拆迁安置项目采取财政投资或 BT 模式建设，统一规划布局，实行组团建设集中安置；安置小区建设采取“招拍挂”方式供地，推行市场化运作模式。根据市场需求调整农用地利用结构，改造中低产田，大力发展品牌农业，提高农用地的利用效率。要改善生产设施和农机装备条件，加大科技兴农力度，加快科技创新和科技成果转化，深化产业化经营，发展规模化生产，打造产业带和产业区，提高农业综合产出能力，发展高效、生态、安全的现代农业（图 6.10）。

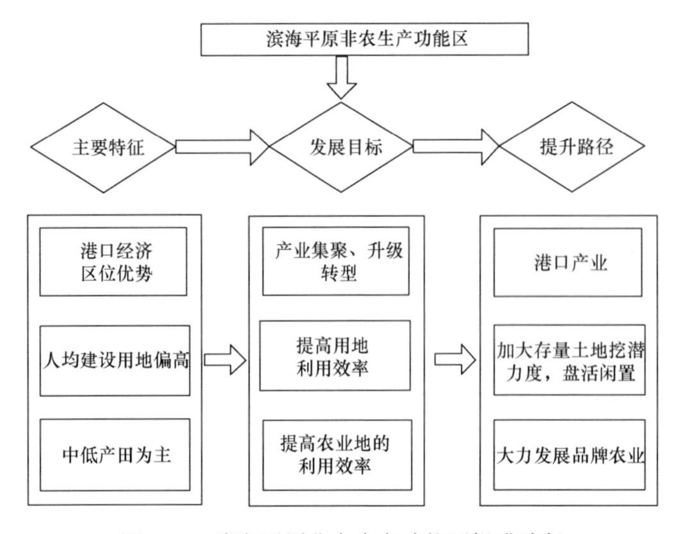

图 6.10　滨海平原非农生产功能区提升路径

打造沿滨海岸带的建设，加强与京津冀、辽中南和长三角的经济沟通和联系，以烟台市辖区和威海市辖区为核心，依托海洋优势，以港口产业为主导产业，大力发展机械制造（汽车、造船）、电子信息、食品加工、黄金、新材料产业、生物技术产业、装备制造业等支柱产业，发展现代渔业及精深加工，建设现代化的农产品物流基地。

6.3.3　黄河南平原非农生产功能区Ⅰ-3

1. 主要特征

黄河南平原非农生产功能区包括济南市辖区、淄博市辖区等区县（图 6.11）。该区 2012 年二、三产业增加值为 8611 亿元，单位建设用地二、三产业产值达到 9.68 亿元/km^2。

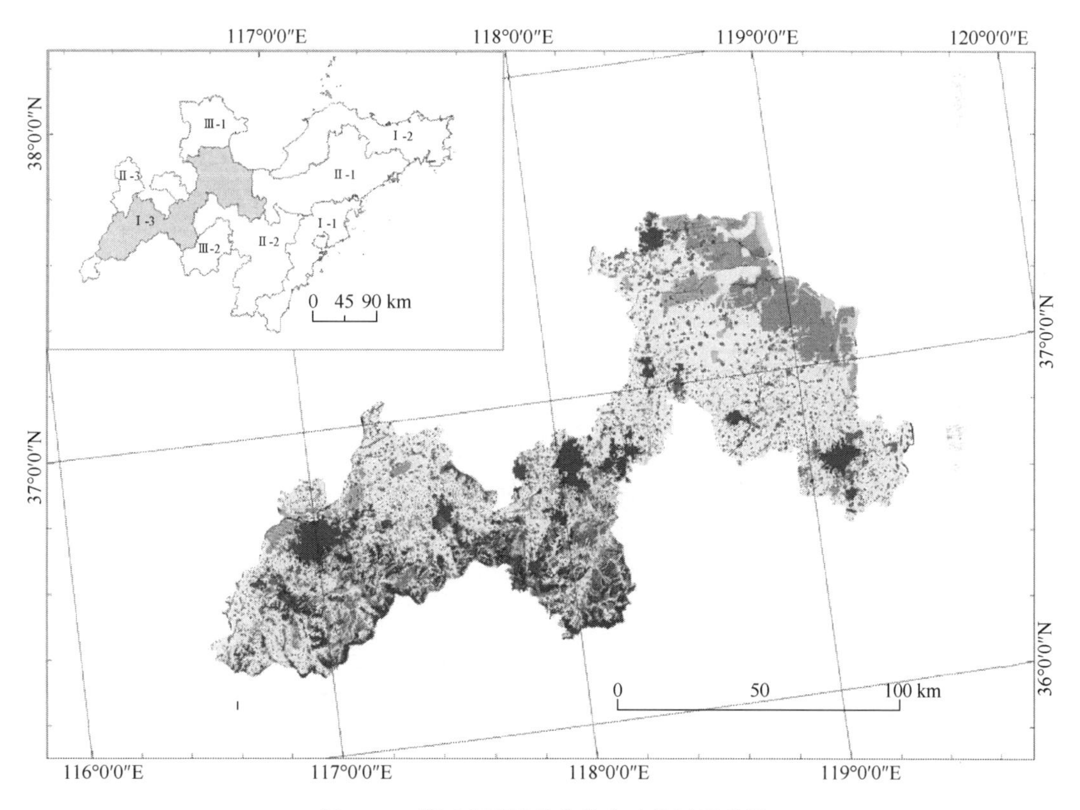

图 6.11　黄河南平原非农生产功能区示意图

人均建设用地为 127.81m^2/人，人均农村居民点用地为 371.24m^2/人。该区粮食总产量较高，森林覆盖率较低。该区是重要的人口聚集区，经济发展较快，产业结构以第二产业为主，地均三废排放量较高，空气质量优良指数不高。

2. 提升路径

坚持“严控总量、盘活存量、集约高效”的原则，转变土地利用方式，全面推进节约集约用地。在用地供应上，坚持有保有压，从严从紧供应建设用地。建设用地供应优先保障基础设施和城镇发展。从严从紧控制独立选址项目的数量和用地规模，优先安排低耗能、低污染、高效益的项目用地。充分挖掘建设用地潜力，提高用地效益，深入挖潜，盘活存量建设用地。积极推行以旧城镇、旧厂房和旧村庄为主要内容的“三旧”改造工作（图 6.12）。

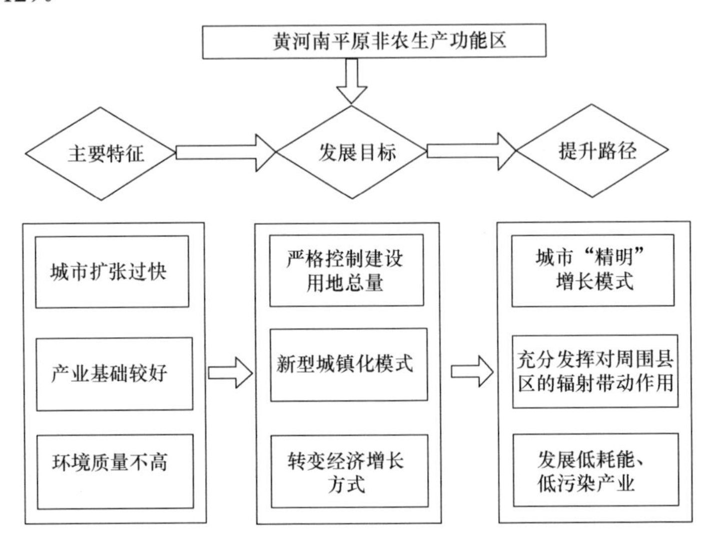

图 6.12　黄河南平原非农生产功能区提升路径

以省会城市为核心的济南都市圈是环渤海的重要组成部分，在承接产业转移、配置生产要素、拓展经济腹地、提升综合实力等方面具有得天独厚的优势。其功能定位为以发展现代服务业为重点，加快构筑现代制造研发基地，壮大优势产业集群，完善提升基础设施，扩大集聚扩散效应。济南市作为区域增长的中心，要充分发挥其是全省最大的人流、物流、信息流、资金流等生产要素集散地的优势，进一步吸引资本、技术、人才等要素集聚，加快打造产业高地和研发基地，提高服务山东省、辐射带动周边发展的能力，搞好与周边地区的产业整合，合理定位产业分工，提高区域配套能力，放大产业集聚效应，壮大电子信息、先进装备制造业、汽车、新能源、软件业及服务外包等区域优势产业集群，促进区域整体实力的提高，使其成为带动区域整合发展的“服务型”和“创新型”的增长极，发展高新技术产业，提高资源利用效率，降低污染物排放。

6.3.4　胶莱冲积平原农业生产功能区Ⅱ-1

1. 主要特征

胶莱冲积平原农业生产功能区包括平度市、栖霞市等地区（图 6.13）。该区位于城市群的东部地区，地面坡降平缓，北部丘陵分布较多，南部以平原为主。区域内农业综合实力较强，粮食、蔬菜、畜牧等产业优势突出。该区 2012 年二、三产业增加值为 3387 亿元，消费品零售总额为 1375 亿元，单位建设用地二、三产业产值为 9.42 亿元/km^2。

第一产业比重为 12.78%，比例相对极高。该区人均建设用地为 106.81m²/人，用地较为集约；但人均农村居民点用地为 369.00m²/人。

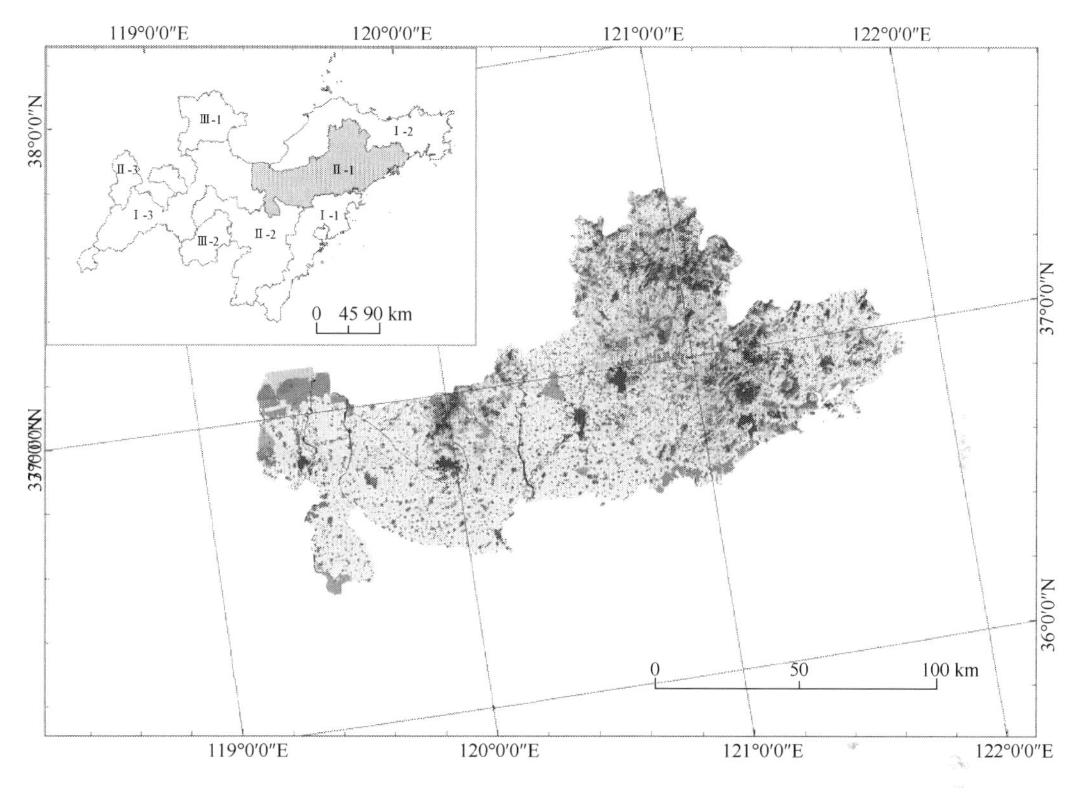

图 6.13　胶莱冲积平原农业生产功能区示意图

2. 提升路径

依托区域农业资源优势，以保障粮食安全、增加农民收入、改善农业生态环境为目标，大力实施农业功能拓展战略，延伸产业链，实现区域农业生产功能的提升和乡村社会经济的稳步发展。适时推进农业加工园区建设，构筑粮棉油加工企业群，促进区域非农国土空间利用质量提升，实现农产品在产业循环中的增值；以粮保畜，以畜促粮，推进畜禽生产的规模化、标准化和良种化，加强动物防疫、检疫体系建设，培植农产品加工与流通业（图 6.14）。

强化耕地和基本农田保护，围绕“稳定面积、优化布局、提高单产、改善品质、增加效益”的思路发展现代农业，推进粮棉油向优质、专用的方向发展，稳定并提升区域农业生产功能。通过“中心村提升、大村扩容、小村归并、散户搬迁”的整合模式；以空心村整治为切入点，逐步形成完善的城乡等级结构体系；空心村整治增地以还田为主，结合土地开发整理工程和基本农田建设项目，构建大型现代农业园区，集中发展高效、特色、节水农业；充分利用沟、渠、路、村内边角构建绿色廊道，杜绝“林粮争地”现象；继续推进以粮食、蔬菜、棉油、畜产品等为重点的农业结构调整战略，形成全区宏观多样性、区域优化集中、县域微观特色突出的优势农产品生产格局；基于现有产业基础，强化农产品加工园区建设，提高区域农产品的市场竞争力。

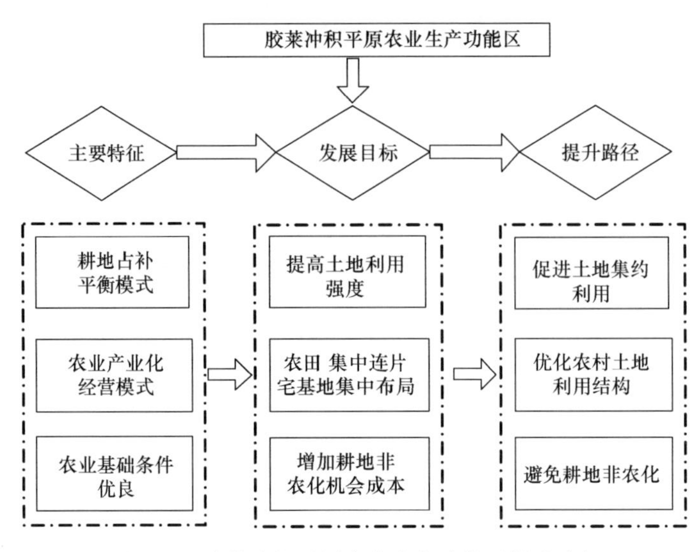

图 6.14 胶莱冲积平原农业生产功能区提升路径

6.3.5 鲁沂丘陵农业生产功能区Ⅱ-2

1. 主要特征

鲁沂丘陵农业生产功能区包括青州市、昌乐县等地区（图 6.15）。该区 2012 年二、三产业增加值为 1560 亿元，消费品零售总额为 831 亿元，单位建设用地二、三产业产值为 6.17 亿元/km^2。第一产业比重为 13.92%，比例相对极高。该区人均建设用地为 112.92m^2/人；人均农村居民点用地为 249.56m^2/人，该区农民人均纯收入和万人拥有医院床位数分别为 11 109 元和 35.94 张，城镇化率较低，为 40.05%。

该区地貌属于冲积平原，地势平坦，土壤肥沃，具备推广大中型农业机械的基础条件，农业机械化率高于全国平均水平，粮食生产优势明显；农用地灌溉保证率高，农业生产相对稳定。人口密集，人地关系比较紧张，人均耕地面积较大，但耕地“破碎化”经营导致地块偏小。

2. 提升路径

要改善生产设施和农机装备条件，应加大科技兴农力度，加快科技创新和科技成果转化，深化产业化经营，发展规模化生产，打造产业带和产业区，提高农业综合产出能力，发展高效、生态、安全的现代农业。基于资源优势，着力推进商品粮基地建设，以及设施农业、观光农业和生态农业建设，建成融生产、生活、生态等多功能于一体的复合型产业体系，推进县域经济发展；加大农业科技创新投入，鼓励农民发展各种专业合作组织，提高农业生产的社会化服务水平（图 6.16）。

以保护耕地、保障粮食安全、凸显区域粮食生产功能为核心，切实保护耕地资源，加强基本农田建设，加快农业的标准化、基地化、优质化和清洁化发展。适时推进农村居民点整理，凭借集中连片的优质耕地资源，重点建设规模化、专业化和标准化的大宗

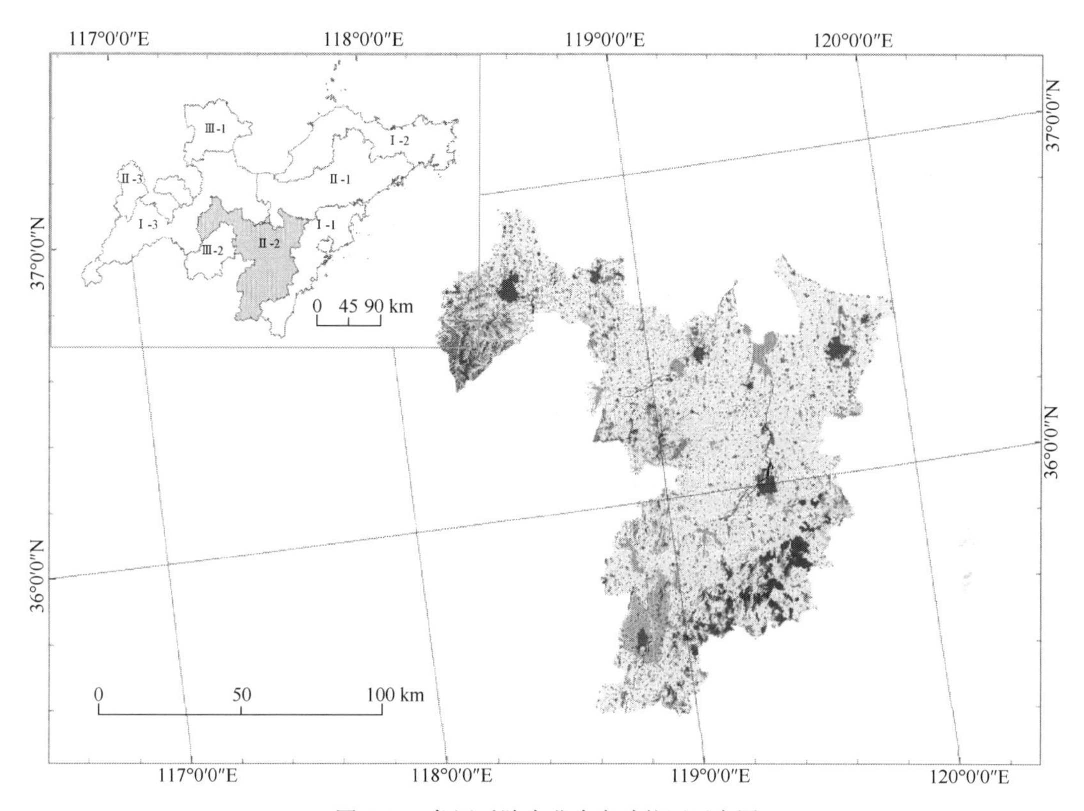

图 6.15　鲁沂丘陵农业生产功能区示意图

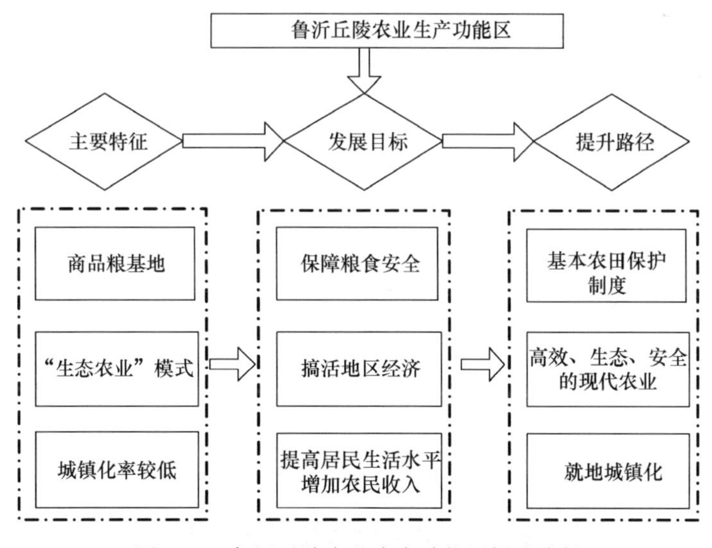

图 6.16　鲁沂丘陵农业生产功能区提升路径

农产品生产和加工基地；制订粮食生产促进计划，完善基础设施建设，以治水改土为中心，加强中低产田改造，强化农田生态环境的治理和保护。大力发展生态旅游业，搞活农村经济。

发展以中心城市为龙头，以县域中小城市为主要载体，以特色乡镇为基本内容，以美好乡村建设为有机补充，着力构建市、县、镇、村“四位一体”的城乡发展新体系，在推进农村居民生活集中区和产业集聚区建设，促进就地加工转化、就地创业就业、就地就近享受公共服务等方面进行探索，促进城乡共同繁荣。

6.3.6　黄河三角洲生态功能区Ⅲ-1

1. 主要特征

黄河三角洲生态功能区主要包括河口区、利津县和垦利县（图 6.17）。该区 2012 年二、三产业产值为 1844 亿元，消费品零售总额为 341 亿元，单位建设用地二、三产业产值 8.29 亿元/km^2。该区人均建设用地为 236.56m^2/人；人均农村居民点用地为 664.19m^2/人，用地极为粗放。农民人均纯收入为 11 070 元，湿地覆盖率为 11.82%，为全区最高。

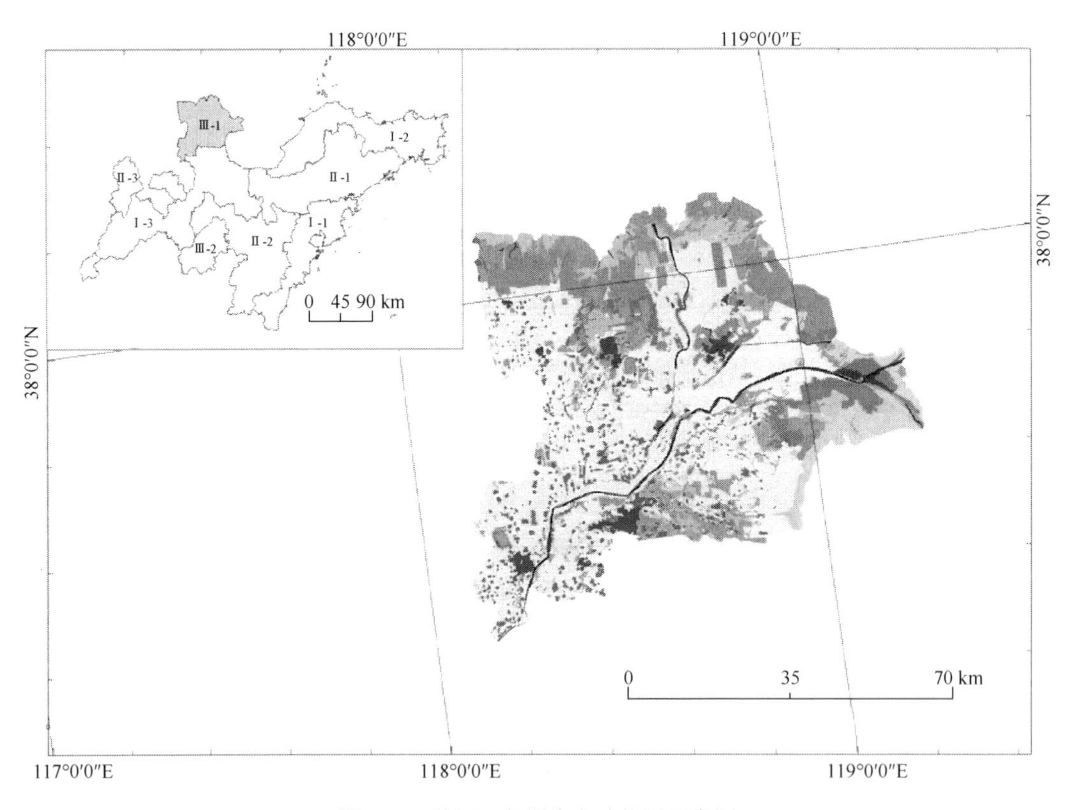

图 6.17　黄河三角洲生态功能区示意图

该区黄河决口泛滥使得大量泥沙下泄，决口处形成大面积的决口冲积扇。该区以沙耕地、盐碱地和其他退化土地为主，可用耕地多属于中低产田，农业生产低而不稳，生态环境不断恶化。由于人类各项生产建设活动，大量的油田开采活动，油田大量抽采地下水，造成地下水位下降、地表下沉、水资源极度匮乏。产业方面以石油产业为中心，该区为我国重要的战略石油储备基地后方配套设施区之一。

2. 提升路径

在风蚀严重的区域进行大面积的封沙育林，建立自然保护区，建立稳固的防护林体系，防止该区风沙继续恶化。在可耕地区建立旅游观光农业基地、林果示范基地，建立集生态保护、自然观光、生态教育于一体的示范性教育基地，促进生态的可持续发展。引进的现代绿色农业项目、生态产业、绿色产业的快速兴起，推动了区域经济社会的可持续发展。在该区建设黄河三角洲高效生态经济区，建设全国重要的循环经济示范区（图 6.18）。加快以石油装备、海洋装备、汽车零部件为重点的高端装备制造业快速壮大，提高新能源、新材料为代表的战略性新兴产业规模，提升工业产业层次和产品附加值，启动“政企校”合作模式，依托黄河口高新技术企业创业园，引导企业与科研院所合作共建研发基地、院士工作站、博士后工作站和工程（技术）研发中心，为企业发展提供创新源动力。

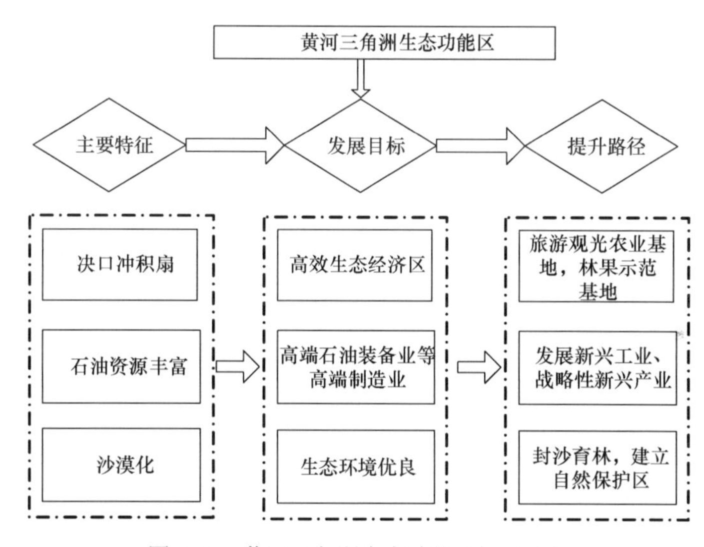

图 6.18　黄河三角洲生态功能区提升路径

6.3.7　沂河上游山地生态功能区Ⅲ-2

1. 主要特征

沂河上游山地生态功能区包括博山区、沂源县、临朐县（图 6.19）。该区 2012 年二、三产业增加值为 258 亿元，消费品零售总额为 193 亿元，单位建设用地二、三产业产值为 6.31 亿元/km^2，经济发展水平相对落后。该区人均建设用地为 129.07m^2/人；人均农村居民点用地为 177.13m^2/人，用地较为集约。森林覆盖率为 20.29%，为全区最高。

该区域林地占主导，沂源县平均海拔为 400 多米，是山东省平均海拔最高的地区，素有“山东屋脊、生态高地”之称。沂源是沂河、汶河、弥河的发源地，境内山峦起伏，河流纵横，生态环境优良，境内无客水流入，无“三废”污染，主要环境质量指标达标

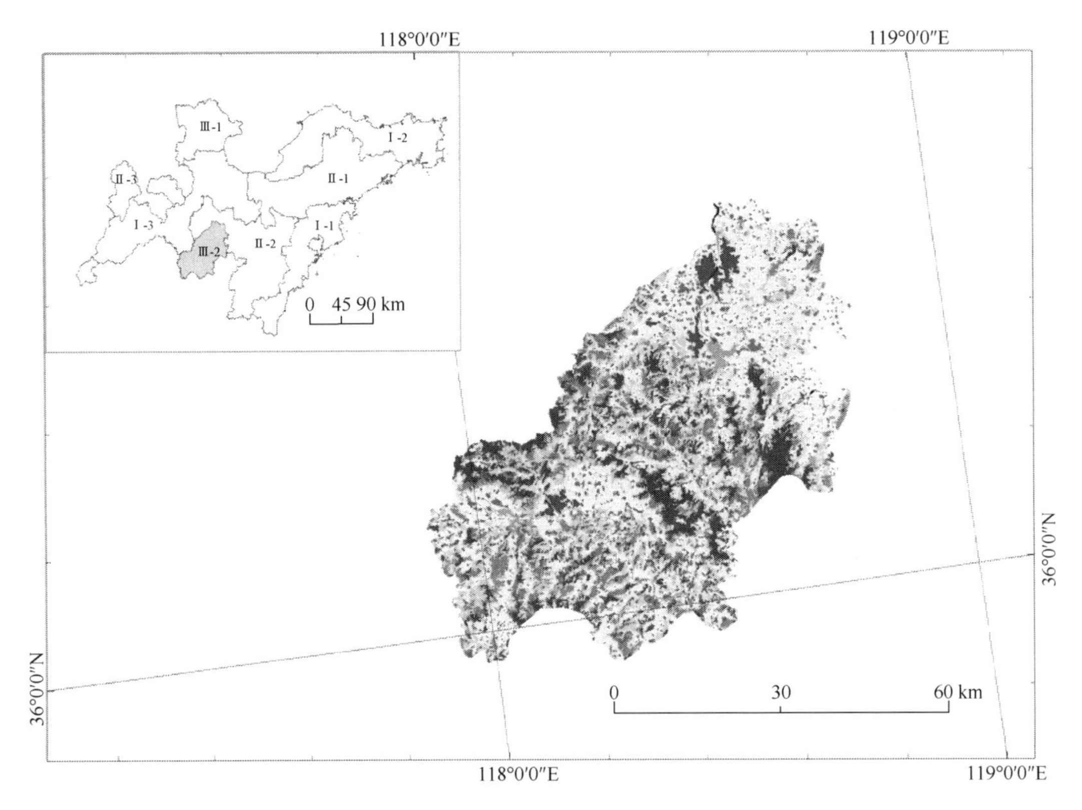

图 6.19　沂河上游山地生态功能区示意图

率较高。但由于人口集聚增加，人类活动的干扰和破坏愈加强烈，该区域林地大面积减少，大量转为耕地。从林地质量来看，有林地面积比重不断下降，灌木林地和疏林地减少速度较慢，高质量林地面积不断减少。部分地区林地砍伐仍较为突出，毁林开荒、乱砍滥伐和毁林耕种现象时有发生。由于人口增加和人类活动的干扰，该区域生态脆弱性明显增加，生态保护压力增大。

2. 提升路径

该地区是具有多种生态服务功能的重要区域和保障生态安全的重要屏障，加强水资源涵养保护的工作在维护生态平衡、促进社会和经济持续发展等方面发挥着主要作用，要以修复生态、保护环境、提供生态产品为首要任务，增强水源涵养、水土保持和维护生物多样性等提供生态产品的能力，因地制宜地发展资源环境可承载的适宜产业，引导超载人口逐步有序转移（图 6.20）。

严格控制建设用地总量，积极盘活存量建设用地，创新节约集约用地方式和管理机制，推进城乡建设用地布局的优化调整，保障新型产业用地，加快经济转型。

优先确定林地在生态保护中的地位，将林业放在生态建设和环境保护的首位，坚持“保护优先、科学经营、持续利用”的原则，着力提高现有林地的管理水平。全面落实林地占用生态补偿机制，禁止毁林开垦和非法占用土地，严格控制建设用地占用

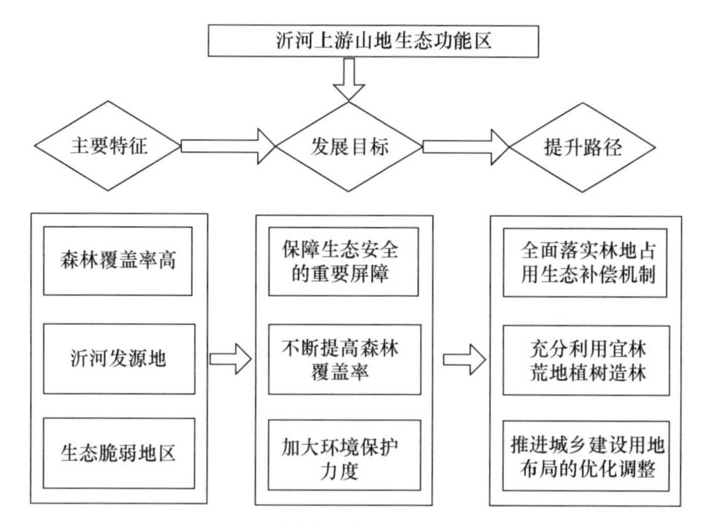

图 6.20　沂河上游山地生态功能区提升路径

公益林、天然林、自然保护区、森林公园、重要湿地及江河源头等生态位置重要及生态脆弱地区的林地。加快受损林的恢复和重建，充分利用宜林荒地植树造林，不断提高森林覆盖率。

6.4　城市群地区国土空间利用质量总体提升路径

6.4.1　建立新型城乡用地格局的优化配置机制

适应新型城镇化进程的土地利用优化配置，紧扣新型城镇化进程的动力机制与效应，城镇化、工业化、农业现代化是新型城镇化进程的重要动力，人口的城乡聚集，区域产业的发展升级转型，促使新型城镇化进程的土地资源占用及土地非农化的需求，区域土地资源的有限性和土地资源位置的相对固定性决定了土地资源供给的有限性。土地的供给和需求是相互联系、相互影响的，土地的需求量取决于区域经济发展情景和土地利用方式，而区域经济发展情景和土地利用方式的选择往往又取决于土地的供给状况，这种相互制约的土地供需关系影响着土地利用的发展方向。区域土地利用总是在土地供需关系的变化过程中寻求土地供需的平衡，其与经济社会发展相协调。土地利用优化配置的最终目的就是土地资源利用的经济、生态、社会效益的最大化，区域发展空间结构着重体现在产业的土地利用上，土地是产业发展的空间承载体，区域主导产业和产业部门的结构直接影响土地资源的配置。依据区域发展的点-轴理论，合理的城镇等级是区域良性新型城镇化进程的必然要求。人口非农化转移与土地城镇化的同步协调促成健康城镇化，产业发展转型与土地城镇化的协同发展促进区域产业有序合理化。其中，土地资源的优化配置是核心，土地资源的配置涉及土地资源利用的结构优化和空间配置，结构优化是土地资源宏观优化目标，空间优化配置是土地优化配置的具有操作性的关键步骤。土地资源利用优化配置是优化调控城乡发展空间结构的基础，其以“人口-土地-产业”三者挂钩为原则（图 6.21）。同时，在土地资源利用优化配置的制度保障方面，深入剖析土地制度，转变目前以政府为主导的土地利用优化配置模式。

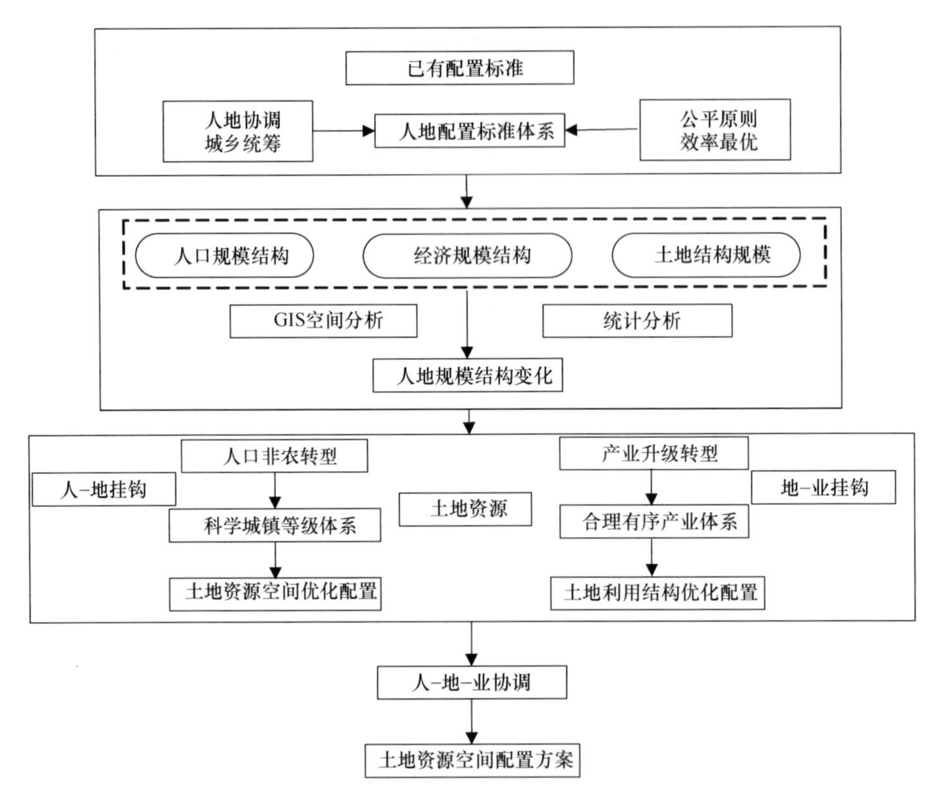

图 6.21　适应新型城镇化进程的土地利用提升路径

6.4.2　统筹城乡用地需求

促进城乡要素平等交换和公共资源均衡配置，形成以工促农、以城带乡、工农互惠、城乡一体的新型工农城乡关系。统筹城乡发展，关键要在土地、资本、劳动力等生产要素的流动上有所突破，其中土地要素的流转尤为重要。当前，城市土地利用效率较高但数量严重不足，农村建设用地比较粗放，数量相对宽松；实施城乡建设用地挂钩，通过优化整合农村建设用地，提高其集约利用程度，将节省的建设用地支持城市建设。此举一方面可以缓解城市建设用地紧张的局面，另一方面又极大地推动了农村城镇化进程，提高了农村建设用地集约的程度，可谓一举多得。在统筹城乡土地利用的过程中要规范土地征用制度，充分显化农村土地资产价值，确保农民利益不受侵害。探索合理途径、创新城乡土地流转制度，推动“土地流”和“劳动力流”由农村流向城市，“资金流”“技术流”“信息流”等由城市流向农村，打造农村支援城市、城市反哺农村的良性互动局面。土地升值所得收益宜成立专项资金，重点支持新农村建设，谋求城乡共赢、共同繁荣的良好局面（图 6.22）。

统筹城乡发展是区域经济发展中的一种实践模式，是指土地、资本、劳动力、物质、信息等社会经济要素在城乡空间的双向流动与优化配置。土地作为最为重要的生产要

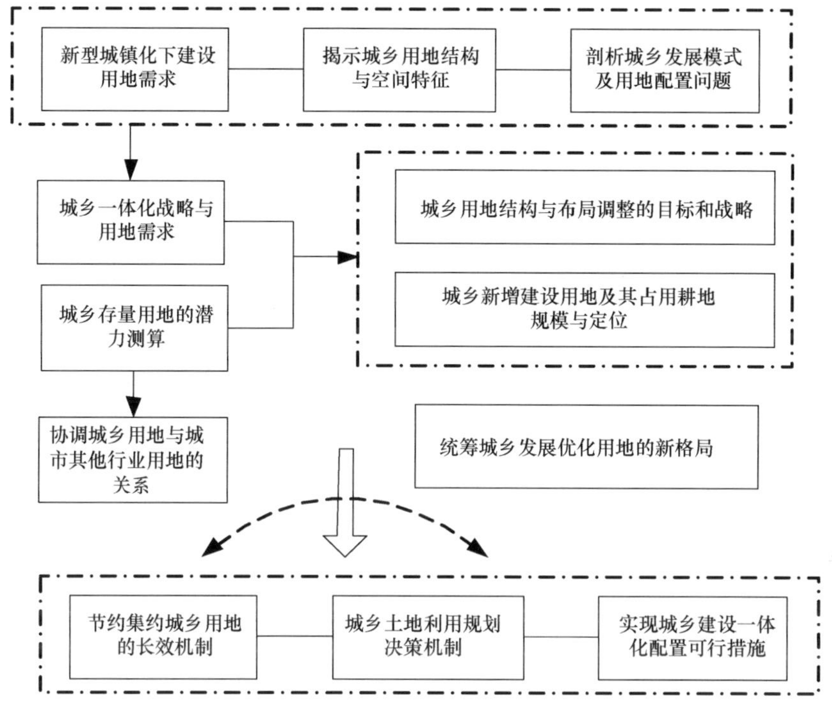

图 6.22　新型城镇化进程下的城乡一体化用地配置

素，是统筹城乡发展中不可或缺的重要环节，而土地利用规划与优化配置是统筹城乡发展的核心。统筹城乡是针对长期形成的城乡二元结构，以弥补牺牲农村发展支持城市发展的历史欠账，正确处理城乡关系、工农关系的理论与创新，是破解“三农”问题的重大战略举措。伴随着城市化和工业化的快速发展，无论是农业用地还是建设用地，集约利用水平明显偏低，不同区域的土地利用效率也存在很大差异，其影响了区域经济发展方式的转变和新型城镇化进程的均衡发展。土地市场发育的不成熟，制度设计和政策落实的有待加强，多种因素相互作用和相互影响，导致土地利用效率偏低，应积极注重不同层次土地利用和管理主体行为的规范和协调，合理运用包括行政、经济、法律、技术和制度等在内的多种手段，确保集约用地政策和战略的实施。

实施城乡一体化用地战略，协调城乡土地利用。城乡一体化用地战略就是着眼于区域城乡转型发展的趋势及其对城乡土地利用优化调整的客观需求，探讨构建城乡一体化土地利用规划与管理的新制度、新体制，通过科学分析统筹城乡发展用地的新态势、新格局，深入探究城乡土地集约节约利用的长效机制和统筹决策的协调机制，提出实现城乡建设用地一体化配置的可行措施。

统筹城乡土地利用是在城乡一体化战略的框架下，本着公平、和谐、高效的原则，促进土地资源在城乡之间合理流动，以优化城乡土地利用结构和空间布局，显化农村集体所有制土地的资产性属性，推动土地高效集约利用，实现粮食安全、生态保护和经济建设的统筹协调，满足城市化和工业化进程中建设用地的需求，促进新农村建设的顺利开展。按照建设社会主义和谐社会的要求，坚持以人为本，统筹处理好城乡用地关系，既要保证城镇化建设合理的用地需求，又要保证农民群众的切身利益不受侵犯，切实做好农民安置工作，安排好失地农民的就业转移，保证农民失地不失业；切实保障农民生活必需的长期稳定收入，从根本上实现农民向市民的过渡和转变。城市化和工业化是区域新型城镇化进程的重要的动力引擎，土地资源在一段时间内，是支撑快速城市化的重要基础，因此，耕地的非农化是不可避免的。同时，由于农用地被征用，促使部分农民向二、三产业转移就业。在当前就业竞争愈发激烈的情况下，如何保障失地农民的稳定收入和长远生计，如何实现农民向市民的顺利转变，解决这些问题都需要以统筹城乡土地利用为核心，实施全面的城乡统筹战略。统筹城乡土地利用有利于协调粮食安全、生态安全与城市建设的矛盾，有利于推动农村的城镇化进程，有利于保护农民权益、促进社会和谐。

6.4.3 注重城市土地集约利用

土地节约集约利用是以区域可持续发展为导向，改变传统的以外延扩展为主的土地利用观念和土地利用方式，注重土地内涵挖潜，通过在有限土地面积上增加单位面积劳动力、资本、技术等生产要素投入，实现土地与其他生产要素的优化整合，以达到提高单位面积产出、扩展经济发展地域空间的目的，其是建设资源节约型社会的重要举措。统筹保障发展和保护资源的根本路径是选择土地节约集约利用模式。坚持将节约集约用地作为基本的用地理念，切实实现各业各类用地由外延扩张向内涵挖潜、由粗放低效利用向集约高效利用的转变，增强稀缺的土地资源在经济社会快速发展时期的保障能力。社会经济发展空间来源于土地，更来源于观念创新、制度创新、技术革新和产业转变。在土地利用过程中，应充分发挥土地的调控作用，严控建设用地总量，盘活建设用地存量，用好建设用地增量，从严控制新增建设用地，特别是工业用地，加大建设用地空间管制力度，优化城乡建设用地结构和布局，创新土地利用模式，通过盘活存量土地、优化整合低效利用土地、加强土地投入强度定额限制、产业结构调整、产业技术革新等方式，提高土地节约集约利用水平，促进经济发展方式的转变和宜居城乡环境的形成。城镇地域的土地利用，通过增加单位土地面积投资和降低 GDP 的土地资源消耗，实现土地节约集约利用；优化产业结构，合理调整生产力布局，推进经济增长转变方式，走资源集约型发展模式，践行生态文明建设目标导向。

（1）进行土地立体开发，创新土地立体化利用。一是进行地下空间的立法。明确地下空间国家所有，开发利用地下空间时应当取得地下空间使用权。地下空间有偿、有限期使用。建立以三维土地空间权利登记为核心的国土资源利用空间权属统一登记与管理制度。二是加强基础勘测，加快编制地下空间利用规划。统筹地上、地下开发建设集交通、人防、商业等功能于一体的地下空间网络。三是鼓励多种形式的地下空间开发模式，推动道路系统、垃圾、污水处理设施、雨水储备设施电站、轨道车辆段等公共基础设施陆续进入地下空间。四是通过减免地价、融资变通、税后调节、公共空间的开发建设投资等措施，综合引导，推动地下空间开发。

（2）严格规划管控倒逼城镇发展模式转型。以开展土地利用总体规划为契机，按照“三规合一”的要求，同步编制土地利用总体规划、城市总体规划和产业发展规划，做到相关规划的高度衔接和一致，实现保障基本农田控制线、产业区块控制线和规划建设用地控制线“三线合一”，实现城乡建设用地和土地规划衔接，形成规划一张图。针对村级土地利用规划缺位的问题，实行规划下沉，建立健全土地利用规划微观管理体制。先试点编制村级土地利用规划，从微观层面推进耕地管控性保护。

（3）开展存量土地二次开发。针对存量挖潜中“有能力，没动力”的问题，从完善利益分配机制入手，充分调动各方对“三旧”（旧村镇、旧村庄、旧厂房）改造的主动性。一是需搬迁的国有企业用地，由当地政府依法回收后，通过公开方式出让的，土地出让纯收益可按一定比例，专项用于支持企业发展。二是在旧村庄改造中，政府征收集体建设用地进行经营性开发的，土地出让纯收益可按一定比例，专项用于支持该农村集体经济组织的发展。三是没有合法手续的“三旧”用地，按照用地发生时的法律法规落实处罚后，再按照现状完善征收手续。四是现有工业用地改造后不改变原用途，提高容积率的不再缴纳土地价款。

6.4.4　加快农村居民点用地整理

从优化乡村地域系统结构与功能出发，不同地域类型的村落和农村建设用地都应在创新体制机制和保障农民合法权益的前提下加以科学整治。在区域层面，应科学判断农村空心化发展阶段和类型，明晰农村空心化整治重点，遵循因地制宜、分类、分区的原则展开整治与政策设计。经济发展落后型空心村应加强村庄规划引领，推进农村组织、产业与空间“三整合”，建设中心村，发展现代农业，促进农村土地集约利用，合理配置公共资源，以免造成新的废弃浪费或重复投资，规避城乡土地资源的“双重”占用，强化“建新拆旧”和“旧宅翻新”的机制创新，构建以中小城市—中心城镇—中心村（社区）—基层村为架构的健康城镇化体系；经济高度发达类型区域的农村，应注重农村居住、生产与生态空间重构，优化现有村庄布局，形成人口、产业和组织的中心集聚，促进生产规模化、生活集中化和环境生态化，实现农村资源、环境、经济与社会协调发展，通过空心村整治与城镇化建设，促使空心村向实心化发展，最终达到城乡地域分异、生活品质同等、城乡协调发展的新格局；经济发展水平居中类型空心村，应依据农村要素非农化特点与路径，积极探索农民真正进城落户、实现安居乐业属地转变难题的破解途径，从土地制度设计上进行深入探索，使进城农民在土地流转与权益保障的前提下实现真正的“农转非”，促进农村城镇化与经济社会的良性互动和可持续发展，特别是平原农区中远离市区或中心镇，以及农村空心化问题突出、土地闲置面积大、村落比较密集、农民就业以农业为主的村庄类型，应以农村土地整治为突破口，以农业产业化与现代化为动力，重构新农村经济，逐步实现农村居住中心化、生产组织化、土地经营规模化。总体上，推进空心村综合整治的动力引擎在于新型城镇化，通过优化提升城镇化质量，有针对性地重构农村组织、产业与空间结构，促进新农村建设与城乡等值化发展。

改革开放以来，我国经济社会发展取得巨大成就，但是发展过程是以牺牲资源、环境为代价的，多年来粗放的经济发展方式造成了严重的资源、环境和社会问题，出现了诸如资源短缺、环境污染、交通拥堵、城乡差距增大等问题，这些问题共同导致了国土空间利用质量的下降，影响着可持续发展。新时期应大力实施新型城镇化战略，全面提升城镇化质量，提升国土空间利用质量。新型城镇化是国家全面建成小康社会和实现可持续现代化的必由之路，是解决农业、农村、农民问题的重要途径，是推动区域协调发展的有力支撑，是扩大内需和促进产业升级的重要抓手，是解决国土空间利用质量低下的有效手段。新型城镇化的推进应从统筹城乡、以人为本、生态文明 3 个方面共同实施。

6.4.5 加强国土空间主导功能的区域绩效考核与调控

建立和完善区域政绩考核体系，按照主导功能定位和建设重点，实施各自侧重的区域政府政绩考核评价体系。非农生产空间主导功能区强化对经济增长、产业结构调整、低碳减排、自主创新、财政贡献等的评价，重点考核经济增长、资源利用效率、排污总量控制、节能降耗水平、环境污染治理与生态恢复水平、自主创新能力等；农业生产空间主导功能区政绩考核以粮食产量、粮食综合生产能力提升度、粮食商品化率为主要指标，重点强化农产加工转化、产业结构升级、农民收入、水土资源数量与质量、耕地资源撂荒等方面的评价；生态空间主导功能区重点强化对城乡一体化布局、森林生态功能、湿地生态功能、农村面源污染治理等方面的评价，政绩考核以森林覆盖率、水土流失和荒漠化治理率、植树造林面积等为主要考核指标，逐步弱化对地区生产总值、城镇化率等指标的考核。不同县域的主导功能指数与多功能指数可作为省、市政府乃至国家对各县域单元进行功能定位、绩效考核和制定调控战略的重要依据。

在国家层面具有主导功能显示度的区域将纳入国家及相关部委的考核体系，非农生产大县、农业生产大县和生态保育强县对国家和区域作出的贡献具有同等重要的地位。乡村地域多功能绩效评价立足于区域差异，注重主导功能凸显、区域间功能协调的发展布局，规避所有区域发展都以 GDP 增长为核心而引发的区域间无序竞争和盲目重复建设。

合理的土地利用战略是在多维空间上对土地资源的优化配置，除了土地利用观念上的改变和土地利用的空间扩展，还要注重当前利用与长远利用的关系，即合理安排开发时序。不同的社会经济发展阶段所面临的土地利用问题明显不同，必须充分结合各个发展阶段的特点，制定适合时宜的土地利用战略，用地要凸显地域特色，优先保障重点项目、主导产业用地，兼顾一般产业用地，要统筹协调部门之间、产业之间、区域之间、规划期内和规划期外、城市建设与生态保护之间的用地矛盾。在优化国土空间开发格局目标的导向下，坚持以经济社会生态效益相统一为原则，控制开发强度，调整空间结构，促进生产空间集约高效、生活空间宜居适度、生态空间凸显地域功能，构建科学合理的城市化格局、新农村格局、农业发展格局、生态安全格局。在土地节约集约利用战略的指导下，可以通过实现严格控制建设用地规模，优化配置城镇建设用地，整合规范农村建设用地，保障必要的基础设施用地，加强建设用地空间管制等目标，推动建设用地的集约化水平；在统筹区域土地利用战略的指导下，通过构建区域一体化的经济发展空间格局及加强区域内各用地协调等途径，实现区域土地利用统筹；采取规范土地征用程序、加强农村宅基地管理、稳步推进农村建设用地整治等措施，推动形成城乡一体化土地利用的格局；通过探索环境友好型土地利用模式，协调土地利用与生态建设，构建良好的土地利用景观格局。

主要参考文献

[1] 王岩. 城市脆弱性的综合评价与调控研究. 北京：中国科学院博士学位论文，2014.
[2] 任美锷，杨纫章. 从矛盾观点论中国自然区划的若干理论问题——再论中国自然区划问题. 南京大学学报(自然科学版), 1963, (2): 1-12.
[3] 郑度, 欧阳, 周成虎. 对自然地理区划方法的认识与思考. 地理学报，2008, 63(6): 563-573.

附件一　城市群地区国土空间利用质量评价系统的技术导则

1　总则

1.0.1　为了科学合理评估城市群区域国土空间利用质量，制定城市群区域国土空间利用质量评价指标体系和评价技术，从而为高效、合理、可持续利用国土空间提供依据。

1.0.2　本导则适用于城市群地区的国土空间利用质量评价，分析对象为城市群地区。

1.0.3　本导则的编制依据是城市群地区国土空间利用质量评价的框架和评价系统。

1.0.4　本导则规定了城市群尺度国土空间利用质量评价的一般性原则、内容、工作程序、方法及要求。

1.0.5　本导则适用于在中华人民共和国领域内的城市群区域国土利用质量评价。

2　术语定义

2.0.1　国土空间。国土空间的广义理解应是国家主权管辖范围内的全部陆地、领海和大陆架，包括地面、水面及其上空和下层；狭义的理解主要是指国家管辖的土地（包括河流、湖泊等水面），在我国就是指 960 万 km^2 的国土。

2.0.2　国土空间利用质量。简单说，国土空间利用质量是国土空间的利用能够满足人类发展需要能力的特性总和。具体说，国土空间利用质量是指国土空间利用这一人类活动过程或结果能够满足人类健康可持续发展需要的各项能力的总和；人类健康可持续发展需要是一种与国土空间利用相匹配的明确或隐含的需要，可用一系列具有明确理想值或隐含理想区间的指标来表达（建立一系列规范，是动态变化的）；国土空间利用的当前状态接近理想值（或理想区间）的程度即是能力的体现；国土空间利用的一系列能力的总和就形成国土空间利用质量。不同尺度国土空间利用质量关注人类发展的方面不同，因此具有不同的指标和标准。

2.0.3　城市群。城市群指在特定地域范围内，以 1 个以上特大城市为核心，以 3 个以上都市圈（区）或大中城市为基本构成单元，依托发达的交通通信等基础设施网络所形成的空间组织紧凑、经济联系紧密并最终实现高度同城化和高度一体化的城市群体。在此群体内，将突破行政区划体制束缚，实现区域性产业发展布局一体化、基础设施建设一体化、区域性市场建设一体化、城乡统筹与城乡建设一体化、环境保护与生态建设一体化、社会发展与社会保障体系建设一体化，逐步实现规划同编、产业同链、城乡同筹、交通同网、信息同享、金融同城、市场同体、科技同兴、环保同治、生态同建的经济共同体和利益共同体。

2.0.4　评价文件。本标准所指评价文件包括城市群尺度国土空间利用质量评价指标层评价结果及其分析、准则层评价结果及其分析和最终结果及其分析 3 部分内容。

3　技术原则

3.0.1　完整性原则。评价数据齐全，评价过程完整，部分指标评价结果不能片面解释，需要综合所有评价结果，进行全面分析。

3.0.2　针对性原则。针对城市群这一空间尺度的国土空间进行评价，城市群单元需要符合国家和权威专家的界定标准。

3.0.3　广泛参与原则。在评价指标选择和阈值确定方面，广泛吸收相关学科专家、有关单位及各地管理部门的意见。

4　工作程序

4.0.1　前期准备和工作方案阶段。在接受城市群尺度国土空间利用质量评价委托后，开展研究相关技术文件和其他文件，确定评价对象的范围边界和包含单元，并制订质量评价的工作方案。

4.0.2　数据库建设和评价阶段。建设城市群尺度国土空间数据库，开展指标层评价、指标权重判定、准则层评价和准则权重判定相关工作，最后完成城市群尺度国土空间利用质量总体评价。

4.0.3　城市群尺度国土空间利用质量评价文件编制阶段。进行城市群尺度国土空间利用质量评价结果分析，并编制城市群尺度国土空间利用质量评价文件。

5　数据库建设

5.0.1　数据库构成。数据库由城市群行政区划边界矢量数据、统计数据和土地利用变更调查数据构成。

5.0.2　数据来源。统计数据主要包括各地级市各产业年末单位就业人口数、各地市城镇常住人口数、地区生产总值、工业增加值、三次产业增加值、城市道路长度、城市建设用地面积、每万人拥有公共汽（电）车辆（市辖区）、工矿建设用地面积（工业用地面积）、年末人口总量、建设用地总面积、市辖区公用管理与公共服务用地面积、道路交通用地面积、公用设施用地面积、市辖区年末人口数、工业用水总量、农业用水总量、万元 GDP 能耗、建成区绿化覆盖率、幼儿园、小学、初中和高中学校总数、区域面积、医院床位数、总人口、财政用于科学支出、国际互联网用户、城市居民人均可支配收入、农村居民人均纯收入等相关指标，由《中国城市统计年鉴》、《中国城市建设统计年鉴》、相关省统计年鉴、各地市统计年鉴获得；土地利用变更调查数据（2000～2013 年）由省土地调查规划院提供。

5.0.3　数据处理方式。应用模糊隶属度函数模型对相关数据进行标准化处理。

6　阈值厘定

依据国际通用标准、国家标准、城市群统计测算结果、调查结果和重要文献研究结论等，确定各指标的理想区间和标准值，具体见表 1。

7　权重确定

7.0.1　方法选取。综合运用熵权法、标准离差法和 CRITIC 法 3 种客观赋权方法来综合确定权重，以此来提高权重确定的客观性和科学性。

表 1　城市群国土空间利用质量各指标标准值

具体指标	理想区间和标准值
城市群区域城市职能协调指数	城市职能规模理想阈值 24 万～30 万人（S 值选取 27 万人）
城市群区域城镇规模协调指数	Zipf 指数 q=1 认为此时城市体系处于自然状态下的最优分布
城市群区域产业紧凑度	赫芬达尔–赫希曼指数的标准值定为 0.5； CR_i 为产业结构集中度指数，标准值定为 0.8
城市群区域交通便捷度	快速和主干道路网络密度理想阈值为 0.9～1.4km/km^2（S 取值 1.2） 城市群每万人拥有公共交通车辆数定为 9～15 标台（S 取值 12）
工矿建设用地产出率/（万元/km^2）	理想阈值 13 亿～18 亿元/km^2（S 值选取 15）
单位建设用地人口承载量/（万人/ km^2）	理想区间 0.7 万～1.2 万人/km^2（S 值选取 0.9）
国土空间产出强度/（万元/km^2）	理想区间 0.8 亿～1.0 亿元/km^2（S 值选取 0.9）
国土空间开发强度/%	理想阈值 23%～26%（S 值选取 25%）
人均基础设施用地面积/（km^2/万人）	理想阈值 0.19～0.26 km^2/万人（S 值选取 0.23）
万元 GDP 用水量/m^3	理想阈值为 28～33 m^3（S 标准值设为 30 m^3）
万元 GDP 能耗/（tce/万元）	理想阈值为 0.2～0.5 tce/万元（S 值选取 0.5）
绿地覆盖率/%	理想阈值 50%～56%（S 值选取 55%）
景观多样性指数	理想阈值 1.4～1.8（S 值选取 1.6）
建设用地与地质灾害重合度/%	理想阈值 0～15%（S 值选取 15%）
公共服务设施配置完备度	教育服务配置密度的标准值定为 30 所/km^2； 医疗配置强度的标准值定为 60 个/ km^2； 社会福利及养老服务保障密度的标准值定为 3 个/km^2； 互联网普及率的标准值定为 66 户/100 人
城市间通勤时间成本/min	理想阈值 60～100 min（S 值选取 90 min）
城市空气质量优良率/%	理想值为 100%
区域性重大基础设施共建共享程度/%	交通干线长度比例的标准值为 25%
城乡收入协调度	理想阈值为 0.5～0.7（S 值选取 0.6）
城市群经济联系强度	理想阈值为 3000～5000（S 值取 5000）

7.0.2　熵权法。熵值的概念源于信息论，是对系统状态不确定性程度的度量。使用熵值法确定权重，可消除权重确定的主观因素。一般而言，如果某个指标的信息熵越小，就表明其指标值的变异程度越大，提供的信息量越大，对综合评价的影响程度越高，则其权重也越大。反之，某指标的信息熵越大，就表明其指标的变异程度越小，提供的信息量越小，在综合评价中所起的作用越小，则其权重也应越小。

7.0.3　标准离差法。标准离差方法的计算原理与熵权法相似，一般地，如果某个指标的标准差越大，就表明其指标的变异程度越大，提供的信息量越大，在综合评价中所起的作用越大，则其权重也应越大。反之，某指标的标准差越小，就表明其指标值的变异程度越小，提供的信息量越小，在综合评价中所起的作用越小，则其权重也应越小。

7.0.4　CRITIC 法。CRITIC 法是由 Diakoulaki 提出的一种客观赋权方法，该方法同时考虑了指标的变异性和指标间的冲突性。指标变异性常用标准差来表示，标准差越大，说明各方案之间取值的差距越大；用相关系数表示指标之间的冲突性，如果两个指标呈正相关，则说明两者的冲突性较低。

8 评价流程

8.0.1 指标层评价。参照相关计算模型，分别对城市群区域城市职能协调指数、城市群区域城镇规模协调指数、城市群区域产业紧凑度、城市群区域交通便捷度、工矿建设用地产出率、单位建设用地人口承载量、国土空间产出强度、国土空间开发强度、人均基础设施用地面积、万元 GDP 用水量、万元 GDP 能耗、绿地覆盖率、景观多样性指数、建设用地与地质灾害重合度、公共服务设施配置完备度、城市间通勤时间成本、城市空气质量优良率、区域性重大基础设施共建共享程度、城乡收入协调度、城市群经济联系强度进行评价。

8.0.2 准则层评价。准则层包含 5 个指数，每个指数由多个指标加权组成。统筹协调质量指数由城市群区域城市职能协调指数（RUFR）、城市群区域城镇规模协调指数（RUSR）、城市群区域产业紧凑度（UICD）、城市群区域交通便捷度（UTCD）4 个指标来体现；集约高效质量指数由区域工矿建设用地产出率（IMPR）、单位建设用地人口承载量（CPCP）、国土空间产出强度（NSOI）、国土空间开发强度（NPDI）和人均基础设施用地面积（IFPC）5 个指标构成；生态文明质量指数由万元 GDP 用水量（WCPC）、万元 GDP 能耗（ENPC）、绿地覆盖率（UFCR）和景观多样性指数（LDVI）4 个指标来体现；安全宜居质量指数分别由建设用地与地质灾害重合度（ORCH）、公共服务设施配置完备度（PFSR）、城市间通勤时间成本（ICCC）和 城市空气质量优良率（UAQR）4 个指标构成；传承共享质量指数由区域性重大基础设施共建共享程度（RMIC）、 城乡收入协调度（URIC）和城市群经济联系强度（UERI）3 个指标构成。

8.0.3 利用质量总体评价。城市群国土空间利用质量总体评价结果由准则层加权得出。

9 文件编制

9.0.1 包括结果展示和分析两个部分。

9.0.2 结果展示分别对指标层的 20 个指数、准则层的 5 个指数和城市群国土空间利用质量最终评价结果三块内容进行显示，展示方法为数据和多年图示。

9.0.3 分析部分主要找出异常值和城市群内部各地市内部差异分析。

9.0.4 内容表述要清楚，利于阅读和审查，所用数据要注明来源；引用参考文献应注意时效性，并列出目录。

10 用语说明

10.0.1 表示很严格，非这样做不可的用词：正面词采用“必须”；反面词采用“严禁”。

10.0.2 表示严格，在正常情况下均应这样做的用词：正面词采用“应”；反面词采用“不应”或“不得”。

10.0.3 表示允许稍有选择，在条件许可时首先这样做的用词：正面词采用“宜”；反面词采用“不宜”。

10.0.4 本导则中指定应按其他有关导则、标准和规范执行时，写法为“应符合……

的规定”或“应按……执行”。

11　条文说明

11.0.1　本导则的总则阐明编制导则的目的、适用范围、主要依据和技术内容。

11.0.2　本导则的术语对涉及的主要名词作出解释，便于在城市群区域国土空间利用质量评价系统中正确理解和应用本导则。

11.0.3　本导则的技术原则和工作程序详细介绍了城市群区域国土空间利用质量评价遵循的原则，以及评价工作开展阶段及其内容。

11.0.4　本导则的数据库建设、阈值厘定、权重确定、评价流程内容详细介绍了城市群区域国土空间利用质量评价的关键步骤。

11.0.5　本导则的文件编制介绍了评价结果的表达和报告的写作要求。

附件二　城市群地区国土空间利用质量提升系统的技术导则

城市群国土空间利用质量提升系统技术导则是为指导提升城市群国土空间利用质量，以满足其健康可持续发展需要所遵循的一系列行为准则和技术要求。城市群国土空间利用质量提升系统的技术导则要求以新型城镇化战略对区域统筹和协调发展的总体要求为背景，以城市群为研究对象，以城市群国土空间利用质量存在的问题为基础，以国土资源部门管理和规划需求为目标，从城市群国土空间的开发强度控制、城市群城镇规模调控、城市群产业空间布局优化、城市群交通网络优化等方面提升城市群国土空间利用质量，最终达到城市群国土空间利用统筹协调、集约高效、生态文明、安全宜居和传承共享的目的。

1　总则

1.0.1　为了使城市群有限的国土资源得到最有效的利用，优化城市群国土空间资源配置，提升城市群国土空间利用效率，实现城市群经济效益和环境效益的双赢，特制定本技术导则。

1.0.2　本导则适用于中华人民共和国领域内的城市群国土空间利用质量的提升，分析对象为城市群地区。

1.0.3　本导则的编制依据是新型城镇化规划和城市群尺度国土空间利用质量提升技术。

1.0.4　本导则规定城市群国土空间利用质量提升系统构建的技术原则、技术内容与方法、技术指标、技术流程和技术要求。

1.0.5　本导则以新型城镇化对国土空间利用的要求为依托，为城市群国土空间的优化与开发技术导则提供技术支撑。

1.0.6　本导则适用于在中华人民共和国领域内的城市群区域国土空间利用质量提升。

2　术语定义

2.0.1　国土空间，国家主权与主权权利管辖下的地域空间是国民生存的场所和环境，包括陆地、陆上水域、内水、领海、领空等。

2.0.2　城市群，在特定地域范围内，以 1 个以上特大城市为核心，以 3 个以上都市圈（区）或大中城市为基本构成单元，依托发达的交通通信等基础设施网络所形成的空间组织紧凑、经济联系紧密并最终实现高度同城化和高度一体化的城市群体。

2.0.3　新型城镇化，以城乡统筹、城乡一体、产城互动、节约集约、生态宜居、和谐发展为基本特征的城镇化，是大中小城市、小城镇、新型农村社区协调发展、互促共进的城镇化。

2.0.4 国土空间脆弱区，指依法设立的各级各类自然、文化保护地，以及对建设项目的某类污染因子或者生态影响因子特别敏感的区域。

2.0.5 “产城网基”一体，指城市群内的产业体系、城镇体系、交通体系、国土空间开发强度一体化。

2.0.6 城市群国土空间开发程度，城市群建设用地面积占总行政区域面积的比值（%）。

2.0.7 建设用地，包括城镇、独立工矿、农村居民点、交通、水利设施（不包括水库水面）、其他建设空间等所有建设用地。

2.0.8 城市群国土空间开发支持能力，指国土空间开发的自然潜力、接受外来辐射的能力，以及社会经济发展程度等方面。

2.0.9 国土开发的自然潜力，指在未利用国土中，根据自然条件可开发建设的国土空间面积。

2.0.10 地质条件限制区，指自然因素或者人为活动引发的危害人民生命和财产安全的崩塌、滑坡、泥石流、地面塌陷、地裂缝、地面沉降等与地质作用有关的灾害区域。

2.0.11 坡度地形条件限制区，指最大坡度超过 25%的区域。

2.0.12 水资源限制区，指研究区的浅层地下水超采区。

2.0.13 水土流失限制区，指研究区存在水土流失现象的区域。

2.0.14 基本农田限制区，指研究区依据土地利用总体规划确定的不得占用的耕地区。

2.0.15 城镇规模体系，指城镇体系结构即“群体量的结构”、城镇规模等级结构即“层的结构”和城市规模效率结构即“个体质的结构”所组成的三维城镇体系。

2.0.16 经济效益指标，指产业结构优化的根本目标，以工业总产值为主要衡量因子。

2.0.17 就业效益指标，指产业结构优化的社会目标，以就业人员总量和各行业从业人员数为主要因子。

2.0.18 环境效益指标，指产业结构优化的根本门槛，以能耗、化学需氧量、SO_2排放、氨氮排放、氮氧化物排放等指标为主要因子。

2.0.19 载流量，指交通线路所承载的人流量或货流量。

2.0.20 理论载流权重，城市群经济良性发展需要区域交通与其相适应，一定的区域经济发展水平与规模将决定一定的交通流量，后者可进一步转化为一定数值的交通里程。国土系数模型可以有效解释理论载流权重。

2.0.21 实际载流权重，交通现状分类权重表明实际的载流能力，前提是道路建设良好，分类标准统一，管理服务完善。

3 技术原则

3.0.1 依法评价原则。要求城市群国土空间利用质量提升系统构建要贯彻执行我国城市群和区域开发相关的法律法规、标准、政策。

3.0.2 早期介入原则。要求城市群国土空间利用质量提升研究应尽早介入工程前期工作中，重点关注选址（或选线）、工艺路线（或施工方案）方案的可行性。

3.0.3 完整性原则。根据城市群国土空间承载的项目类型及其特征，对城镇体系、产业体系、交通体系和国土空间开发强度的内容、目标、发展阶段、影响因子和作用因子进行分析、评价，突出国土利用影响评价的重点。

3.0.4　广泛参与原则。城市群国土空间利用质量提升研究应广泛吸收相关学科和行业的专家、有关单位和个人及当地环境保护管理部门的意见。

3.0.5　评价文件。本标准所指评价文件包括城市群地区国土空间利用质量开发强度子系统、城镇体系子系统、产业体系子系统和交通体系子系统的提升结果及其分析，以及城市群国土空间利用质量综合提升结果及其分析两部分内容（图1）。

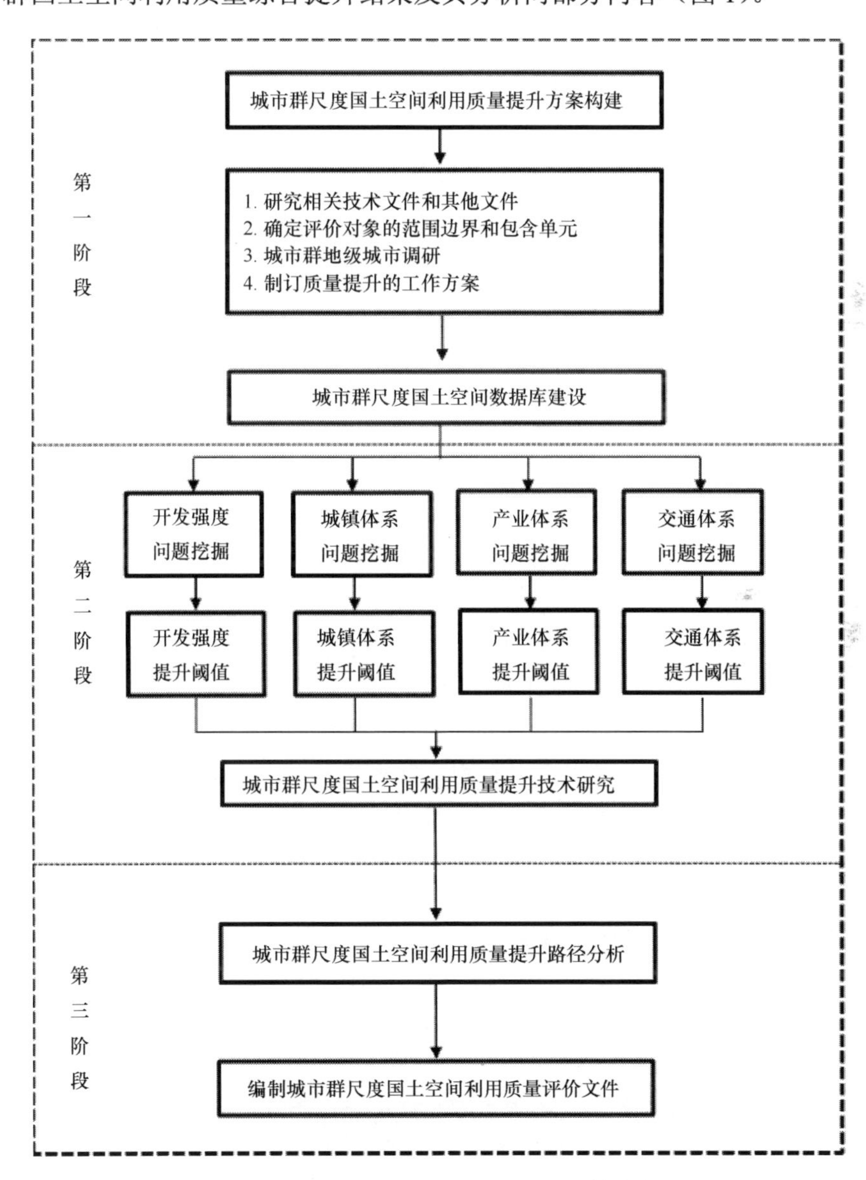

图1　城市群国土空间利用质量提升评价流程图

4　技术内容与要求

4.0.1　技术内容。基于“产城网基”一体的城市群国土空间利用质量提升指标体系及调控模型构建包括总目标层、子目标层、因素层和因子层的城市群国土空间利用质量提升的指标体系。指标的标准化采用极差标准化和标准差标准化方法，采用德尔菲法和层次分析法，根据各个指标对评估目标的贡献率确定指标权系数（表 1）。

根据“产城网基”一体的城市群国土空间利用质量提升指标体系，城市群国土空间利用质量提升模型由基于生态空间一体化的国土空间开发强度控制模型、基于城乡空间一体化的城市群城镇规模调控模型、基于增量-就业-减排空间一体化的城市群产业结构优化模型和基于载流空间一体化的交通网络优化模型构成，计算公式为

表 1　基于“产城网基”一体的城市群国土空间利用质量提升指标体系

总目标层	分目标层	基准层	准则层
A 城市群国土空间利用质量提升指数	B1 国土空间开发强度提升 0.270	国土空间开发强度指数	建设用地比例及年增长率
		国土空间开发支持指数	国土空间开发自然潜力、区位、城市发展水平
		国土空间开发利用指数	承载强度、产业效率
	B2 规模体系结构提升 0.235	城镇体系规模结构指数	Zipf 指数
		规模等级结构指数	城镇规模等完整性
		单个城市规模效率指数	建成区人口和用地协调度
	B3 产业体系结构提升 0.245	经济效益指数	工业生产能力
		就业效益指数	行业就业规模
		环境效益指数	能耗与减排能力
	B4 交通体系结构提升 0.250	道路系统实际承载能力	道路系统实际载流程值
		道路系统实际需求能力	道路系统理论载流程值

$$\mathrm{QILU} = y_1\mathrm{SDIC} + y_2\mathrm{USFR} + y_3\mathrm{ISO} + y_4\mathrm{TNO} \tag{1}$$

式中，QILU 为城市发展格局合理性综合诊断指数；y_1 为基于生态空间一体化的国土空间开发强度控制指数 SDIC 的权系数；y_2 为基于城乡空间一体化的城市群城镇规模调控指数 USFR 的权系数；y_3 为基于增量-就业-减排空间一体化的城市群产业结构优化指数 ISO 的权系数；y_4 为基于载流空间一体化的交通网络优化指数 TNO 的权系数，采用熵技术支持下的层次分析法，计算得到 y_1=0.270，y_2=0.235，y_3=0.245，y_4=0.250。

4.0.2　技术要求。本导则的应用在模型计算的技术上，还需 ArcGIS 空间分析模型。

5　技术指标

5.0.1　基于生态空间一体化的国土空间开发强度技术指标

（1）建设用地扩展的限制性区域 Ar：

$$\mathrm{Ar} = \mathrm{Agr} + \mathrm{Asr} + \mathrm{Awr} + \mathrm{Apr} + \mathrm{Acr} \tag{2}$$

式中：Agr 为地质条件限制区域，按地质灾害防治规划的等级划分标准，划分为重点防护区、次重点防护区、一般防护区和无灾害区 4 种类型，分别赋予 9、5、1、0 的属性；Asr 为坡度地形条件限制区域，大于 25%的坡度为禁止建设用地，赋予 9，其余赋值 0；Awr 为水资源限制区域，根据地下水超采区在开发利用时期的年均地下水位持续下降速率、年均地下水超采系数，以及环境地质灾害或生态环境恶化的程度，将地下水超采区划分为严重超采区、一般超采区和动态监测区，分别赋予 9、5、3 的属性；Apr 为水土流失限制区域，划分为剧烈流失区、强度流失区、中度流失区、轻度流失区和微度流失区，分别赋予 9、7、5、3、1 的属性；Acr 为基本农田限制区域，其属性为 9。

（2）国土空间建设用地潜力 Ac：

$$\mathrm{Ac} = \mathrm{Ar}_1 k_1 + \mathrm{Ar}_3 k_3 + \mathrm{Ar}_5 k_5 + \mathrm{Ar}_7 k_7 + \mathrm{Ar}_9 k_9 - \mathrm{Ae} \quad (3)$$

式中，Ac 为建设用地潜力；Ae 为现有建设用地面积；k 为各类限制区域的国土空间利用潜力指数，根据相关研究（Wang et al.，2015），确定 k_1=1，k_3=0.8，k_5=0.6，k_7=0.4，k_9=0，即非限制区国土空间可以全部利用，低限制区的国土空间可利用率为 0.8，中限制区的国土空间可利用率为 0.6，较高限制区的国土空间可利用率为 0.4，限制区的国土空间可利用率为 0。

（3）开发适宜度 L：

$$L = \mathrm{sqrt}\left[(x-3)^2 + (y-3)^2 + (z-3)^2\right] \quad (4)$$

式中，L 的几何含义表示区域 A（x，y，z）与最适宜开发区（3，3，3）之间的欧氏距离。

5.0.2　基于城乡空间一体化的城市群城镇规模调控技术指标

（1）城市规模体系合理性（Zipf 指数 Q）判别：

$$Q_{ij} = \frac{\ln P_1 - \ln P_i}{\ln R_i} \quad R = 1,2,\cdots,n \quad (5)$$

式中，n 为城市的数量；R_i 为城市 i 的位序；P_i 为按照从大到小排序后位序为 R_i 的城市规模；P_1 为首位城市的规模。

（2）城镇等级效率指数（G）判别：

$$G_{ij} = \beta_1\chi_1 C_1 + \beta_{21}\chi_{21}C_{21} + \beta_{22}\chi_{22}C_{22} + \beta_3\chi_3 C_3 + \beta_{41}\chi_{41}C_{41} + \beta_{42}\chi_{42}C_{42} \quad (6)$$

式中，G 为城镇等级效率指数；β 为权重，β_1=0.3，β_{21}=0.25，β_{21}=0.2，β_3=0.15，β_{41}=0.1，β_{42}=0.05；χ 为某等级城镇数量，城镇数量为 1，则 χ=1，城镇数量为 2，则 χ=2，城镇数量多于（含）3，则 χ=3；C_1 为特（超）大城市；C_{21} 为 Ⅰ 型大城市；C_{22} 为 Ⅱ 型大城市；C_3 为中等城市；C_{41} 为 Ⅰ 型小城市；C_{42} 为 Ⅱ 型小城市。

（3）单个城市的规模效率（F）判别：

$$F_{ij} = \frac{\mathrm{LS}_i}{\mathrm{PS}_i} \quad (7)$$

式中：F 为城市规模效率指数；LS_i 为 i 城市的城市建成区用地规模；PS_i 为 i 城市的城市建成区人口规模。

（4）城市群城镇规模提升指数 R：

$$R = \sum_{i=1}^{m} \alpha_i R_{ij} = \alpha_1 Q_{ij} + \alpha_2 G_{ij} + \alpha_3 F_{ij} \quad (8)$$

式中，R 为城市规模结构合理性评价；$\alpha_1 Q_{ij}$ 为 j 区域（市）相对 Zipf 指数 Q 的隶属度函数值，α_1=0.35；$\alpha_2 F_{ij}$ 为 i 城市 j 区域（市）的隶属度函数值，α_2=0.65；m 为指标体系里具体指标的个数。

5.0.3　基于增量-就业-减排空间一体化的城市群产业结构优化技术指标

（1）城市群产业结构优化度指数 I：

$$I = \sum_{i=1}^{m} \alpha_i I_{ij} = \alpha_1 D_{ij} + \alpha_2 L_{ij} \tag{9}$$

式中，I 为产业结构优化度指数；$\alpha_1 D_{ij}$ 为 i 城市 j 区域（市）的产业多样化指数函数值；$\alpha_i I_{ij}$ 为 i 城市 j 区域（市）的区位熵函数值；m 为指标体系里具体指标的个数。

（2）城市群产业结构优化模型

$$\begin{cases} \max f(x) = r_1 f_1(x) + r_2 f_2(x) \\ \sum_{i=1}^{n} (a_i - R_1) x_i \leqslant 0 \\ \sum_{i=1}^{n} (b_i - R_2) x_i \leqslant 0 \\ \sum_{i=1}^{n} (c_i - R_3) x_i \leqslant 0 \\ \sum_{i=1}^{n} (d_i - R_4) x_i \leqslant 0 \\ \sum_{i=1}^{n} (e_i - R_5) x_i \leqslant 0 \end{cases} \tag{10}$$

式中，$\max f(x) = \sum_{i=1}^{n} x_i$，$x_i$ 为优化后的 i 的产业产值，n 为参与优化的行业数量；$\max f_2(x) = \sum_{i=1}^{n} \beta_i x_i$，$x_i$ 为优化后的 i 的就业人数，n 为参与优化的行业数量，β_i 为 i 行业的就业系数；R_1～R_5 分别为能耗、化学需氧量、SO_2 排放、氨氮排放、氮氧化物排放等的减排约束指标。

5.0.4　基于载流空间一体化的交通网络优化技术指标

（1）理论载流权重 L：

$$L_i = K \times \sqrt{P \times A} \tag{11}$$

式中，L 为区域交通网理论长度（km）；K 为经济发展水平系数；A 为国土面积（km^2）；P 为人口数（10^3 人）。K 值可通过人均国民生产总值与交通网长度的调查资料进行统计回归分析确定。中国的经验模型如下：K=3.01+0.000 32PCGNP，相关系数 R=0.74，PCGNP 为人均国民生产总值（美元）。

（2）道路合理载流权重 P_i：

$$P_i = \frac{L_0}{\sum_{i}^{n}(L_i \times Q_i)} \times \frac{Q_i}{B} \tag{12}$$

式中，L_0 为区域的合理程值；L_i 为实际里程；Q_i 为载流权重；B 为区域总理论程值与实际程值之比；i= 1，2，…，7，分别代表高速铁路、高速公路、铁路、国道、省道、城市主干道和县道。

（3）载流对比矩阵模型 H：

借助 ArcGIS 空间分析模型，将理论载流能力与实际载流能力建立空间转换矩阵。载流权重差值 H，标识为区域斑块的属性值。若 $H>0$，表明交通紧张；若 $H<0$，表明交通相对松缓，H 绝对值的大小表明相对程度。

（4）城市群综合承载力 N_0：

$$N_0 = \sum(H_i \times L_i) \Big/ \sum(L_i \times Q_i) \tag{13}$$

式中，N_0 为区域综合承载能力指数；$\sum$（$H_i \times L_i$）为该区域缺口里程；$\sum$（$L_i \times Q_i$）为该区域实际里程。

（5）城市群各交通类型载流能力评价 T_i：

将单类交通类型各区域载流权重差值（H_i）与其实际里程相乘（L_i）；进行整个区域单类汇总；除以各区域单类实际里程汇总值，即

$$T_i = \sum(H_i \times L_i) \Big/ \sum L_i \tag{14}$$

式中，H_i 为单类交通类型各区域载流权重差值；L_i 为实际里程值。

若整个区域某交通类型的承载能力 $T_i>0$，表明单类交通不能更好地满足现状需求，应加强该交通线路建设或者分流，直至交通类型为负值；若 $T_i<0$，表明整体满足需要，但也可能存在局部紧张、结构不完善等问题。

（6）城市群交通体系优化指数 T_Δ：

将不同类型的交通线路设置不同的载流权重，即高速铁路、高速公路、铁路、国道、省道、城市主干道和县道的载流权重分别为 15∶10∶8∶5∶3∶2∶1，具体公式为

$$T_\Delta = \sum_{i=1}^{m} \alpha_i L_i = \alpha_1 \mathrm{Hr}_i + \alpha_2 \mathrm{Hw}_i + \alpha_3 \mathrm{Rw}_i + \alpha_4 \mathrm{Nw}_i + \alpha_5 \mathrm{Pw}_i + \alpha_6 \mathrm{Uw}_i + \alpha_7 \mathrm{Cw}_i \tag{15}$$

式中，T_Δ 为交通体系优化指数；L 为 $\alpha_1 \mathrm{Hr}_i$ 为 i 城市的高速铁路网络优化指数；$\alpha_2 \mathrm{Hw}_i$ 为 i 城市的区位熵函数值；$\alpha_3 \mathrm{Rw}_i$ 为 i 城市的铁路网络优化指数；$\alpha_4 \mathrm{Nw}_i$ 为 i 城市的国道网络优化指数，$\alpha_5 \mathrm{Pw}_i$ 为 i 城市的省道网络优化指数，$\alpha_6 \mathrm{Uw}_i$ 为 i 城市的主干道网络优化指数；$\alpha_7 \mathrm{Cw}_i$ 为 i 城市的乡道网络优化指数；m 为指标体系里具体指标

的个数。

6　技术流程

6.0.1　基于生态空间一体化的国土空间开发强度技术流程

（1）根据国土空间开发强度控制指标体系（表 2），收集整理各项数据，并用 ArcGIS 空间化。

表 2　国土空间开发强度控制指标体系

目标层	基准层	准则层/权重	指标层	单位
A1 国土空间开发强度控制体系	B1 国土空间开发指数	C1 建设用地比例指数/0.5	D1 建设用地面积/行政区面积	%
		C2 建设用地比例年均增速指数/0.5	D2 2000～2014 年平均增长率	%
	B2 国土空间开发支持指数	C3 国土开发自然潜力指数/0.4	D3 适宜坡度（<25°）	（°）
			D4 水土流失程度	级
			D5 地质灾害易发程度	级
			D6 地下水开发强度	级
			D7 基本农田面积	km^2
			D8 可利用国土空间规模	km^2
		C4 区位条件指数/0.3	D9 与城市中心距离/0.45	km
			D10 道路密度/0.55	km/km^2
		C5 城市发展指数/0.3	D11 人均 GDP	元
	B3 国土空间开发利用指数	C6 承载强度指数/0.45	D12 建设用地的常住人口密度/0.5	人/km^2
			D13 建设用地的固定资产投资密度/0.5	亿元/km^2
		C7 产出效率指数/0.55	D14 建设用地的 GDP	亿元/km^2

（2）根据建设用地扩展的限制性区域获取公式，应用栅格图层叠加方法，采用取大原则对以上 5 种类型的图层进行叠加，得出城市群国土空间建设限制性分区图层 Ar。

（3）根据国土空间建设用地潜力公式，获取城市群国土空间建设潜力分区图层 Ac。

（4）以国土空间开发支持能力为 *X* 轴，国土空间利用效率为 *Y* 轴，国土空间建设强度为 *Z* 轴，建立城市群国土空间开发强度三维坐标系，根据开发适宜度 *L* 确定的国土空间开发强度控制分区矩阵（表 3）划分城市群国土空间功能分区，获得基于生态空间一体化的国土空间开发强度控制指数 SDIC。

表 3　城市群国土空间开发强度控制分区矩阵表

功能分区	矩阵单元
优先开发区	（2，2，3）、（2，3，2）、（3，2，2）、（2，3，3）、（3，2，2）、（3，2，3）、（3，3，2）、（3，3，3）
稳定开发区	（2，1，1）、（2，1，2）、（2，1，3、（2，2，1）、（2，2，2）、（2，3，1）、（3，1，1）、（3，1，2）、（3，1，3）、（3，2，1）、（3，3，1）
限制开发区	（1，1，1）、（1，1，2）、（1，1，3）、（1，2，1）、（1，2，2）、（1，2，3）、（1，3，1）、（1，3，2）、（1，3，3）

6.0.2　基于城乡空间一体化的城市群城镇规模调控技术流程

（1）根据 Zipf 判别公式，获取城市规模体系合理性指数 *Q*。

（2）根据城市等级效率指数模型，获取城市等级体系合理性指数 *G*。

（3）根据单个城市规模效率指数模型，获取城市等级体系合理性指数 F。

（4）根据城市群城镇规模提升指数模型，获取城市等级与规模结构合理性指数 R。

（5）按照城市群规模结构合理性诊断标准，对 R 进行标准化和重新分类（表 4），获得城市群城镇规模调控指数 USFR。

表 4　城市群规模结构合理性诊断标准

合理性分级	高合理城市	较高合理城市	中等合理城市	低合理城市	不合理城市
Q 值	$Q<0.1$	$0.1<Q<0.3$	$0.3<Q<0.6$	$0.6<Q<1$	$Q>1$
G 值	$G\geqslant2$	$1\leqslant G<2$	$0.6\leqslant G<1$	$0.3\leqslant G<0.6$	$G<0.3$
L 值/（m^2/人）	$L<80$	$80<L<100$	$100<L<120$	$120<L<150$	$L>150$
F 值/（万人/km^2）	$F>1.25$	$1<F<1.25$	$0.83<F<1$	$0.67<F<0.83$	$F<0.67$
R 值	$R>0.64$	$0.55<R<0.63$	$0.47<R<0.54$	$0.37<R<0.46$	$R<0.36$
R 值（标准化）	9	7	5	3	1

6.0.3　基于增量-就业-减排空间一体化的城市群产业结构优化技术流程

（1）根据产业结构优化度指数公式，获取城市群产业体系结构提升指数 I。

（2）按 1-2-3-4-5-6-7-8-9 对 I 进行标准化和重新分类，获得城市群产业结构优化指数 ISO。

（3）根据城市群产业结构优化模型，获取产业结构优化方案。

6.0.4　基于载流空间一体化的交通网络优化技术流程

（1）根据理论载流量模型获取城市群理论载流权重 L。

（2）根据交通现状分类权重得出城市群的实际程值，构建实际载流权重 P。

（3）利用 ArcGIS 平台计算载流对比矩阵 H，并根据 N_0 对城市群综合承载力进行分区。

（4）根据区域某交通类型承载能力 T 结果，获取交通网络优化指数 TNO。

6.0.5　“产城网基”一体的城市群国土空间利用质量提升技术流程

（1）根据基于生态空间一体化的国土空间开发强度技术流程、基于城乡空间一体化的城市群城镇规模调控技术流程、基于增量-就业-减排空间一体化的城市群产业结构优化技术流程、基于载流空间一体化的交通网络优化技术流程，计算城市群空间质量提升的国土空间开发强度指数，城镇规模调控指数，产业结构优化指数和交通网络优化指数。

（2）根据城市群国土空间利用质量提升模型计算出国土空间利用质量提升指数。

7　技术系统

7.0.1　依据城市群国土质量提升模型，基于 ArcGIS 平台，开发出了《国土空间利用质量提升系统》。

7.0.2　《国土空间利用质量提升系统》采用数据库与模型计算相结合的应用模式，数据库采用 Access。

7.0.3　《国土空间利用质量提升系统》应在《国土空间利用质量提升系统安装说明》的指导下运行，并结合《国土空间利用质量提升系统使用手册》执行。

7.0.4　本导则可结合《国土空间利用质量评价系统》软件执行。

8　用语说明

8.0.1　表示很严格，非这样做不可的用词：正面词采用“必须”；反面词采用“严禁”。

8.0.2　表示严格，在正常情况下均应这样做的用词：正面词采用“应”；反面词采用“不应”或“不得”。

8.0.3　表示允许稍有选择，在条件许可时首先这样做的用词：正面词采用“宜”；反面词采用“不宜”。

8.0.4　本导则中指定应按其他有关导则、标准和规范执行时，写法为“应符合……的规定”或“应按……执行”。

9　条文说明

9.0.1　本导则的总则阐明编制导则的目的、适用范围、主要依据和技术内容及要求。

9.0.2　本导则的术语对涉及的主要名词作出解释，便于在城市群国土空间利用质量提升系统中正确理解和应用本导则。

9.0.3　本导则的技术内容与要求详细介绍了城市群国土空间利用质量提升系统模型（QILU 模型），提出了城市群国土空间利用质量提升的原则，以及城市群国土空间利用质量提升的主要内容。

9.0.4　本导则的技术指标提出了城市群国土空间利用质量提升的主要技术指标体系及其辨识方法。

9.0.5　本导则的技术流程介绍了城市群国土空间利用质量提升的技术流程。

9.0.6　本导则的技术系统介绍了城市群国土空间利用质量提升系统的开发平台及运行环境。提出了《城市群国土利用质量提升系统》的应用模式，针对应用中指标参数的区域性特点，系统模型管理中将支持模型计算中相关数据项设定的灵活性和指标参数的可扩展性。计算结果方面，除了以表格表示外，系统将提供直方图等图形表达。